U0370158

环境污染源头控制与生态修复系列丛书

功能化黏土矿物与污染控制

吴平霄　黄柱坚　阮　博　琚丽婷　杨珊珊　陈梅青　著

科学出版社

北　京

内 容 简 介

本书基于笔者研究团队近10年的研究成果，主要阐述了阳离子型黏土矿物功能化方法，以及其在环境吸附、高级氧化和新型能源材料等方面的应用和机理研究的相关成果，阐述了黏土矿物与生命物质相互作用的机理，并对黏土矿物在环境修复中的应用前景进行展望。

本书可供矿物学、环境科学、材料科学等专业和相关学科的科研工作者使用，也可作为高等院校相关专业研究生的教材或课外读物。

图书在版编目（CIP）数据

功能化黏土矿物与污染控制 / 吴平霄等著. —北京：科学出版社，2019.1

（环境污染源头控制与生态修复系列丛书）

ISBN 978-7-03-059296-5

Ⅰ. ①功… Ⅱ. ①吴… Ⅲ. ①黏土矿物-功能材料-应用-环境污染-污染控制 Ⅳ. ①X506

中国版本图书馆CIP数据核字（2018）第247688号

责任编辑：万群霞 耿建业 / 责任校对：彭 涛
责任印制：徐晓晨 / 封面设计：耕者设计工作室

科 学 出 版 社 出版
北京东黄城根北街16号
邮政编码：100717
http://www.sciencep.com
北京厚诚则铭印刷科技有限公司 印刷
科学出版社发行 各地新华书店经销
*
2019年1月第 一 版 开本：720 × 1000 1/16
2019年5月第二次印刷 印张：22
字数：430 000

定价：158.00元

（如有印装质量问题，我社负责调换）

主要作者简介

吴平霄　1968 年生，江西上饶人，中国科学院广州地球化学研究所矿物学专业理学博士，华南理工大学教授，博士生导师，获得过教育部“新世纪优秀人才支持计划”和广东特支计划“百千万工程领军人才”资助和奖励；中国矿物岩石地球化学学会环境矿物学专业委员会委员、矿物岩石材料专业委员会委员、矿物物理矿物结构专业委员会委员；现任广东省环境纳米材料工程技术研究中心副主任。主要从事新型环境功能材料与污染物多介质界面反应及削减机理、有机及重金属污染土壤/水体修复理论与技术、重金属及有机污染物环境风险防控及应急处置等领域的研究工作。先后承担国家及省部级科研项目 30 余项，在国内外学术刊物上发表论文 200 余篇，其中 SCI 收录 100 余篇，获授权国家发明专利 20 余件。获侯德封矿物岩石地球化学青年科学家奖、教育部高校科学研究优秀成果一等奖、广东省自然科学一等奖、全国发明展览会金奖、广东省专利优秀奖等奖励。

序

随着世界人口的快速增长和经济的高速发展，人类文明同自然环境之间的矛盾进一步激化，导致环境的恶化，引发全球性的环境问题。目前，全球性的环境危机已经成为威胁人类生存的最严重的问题之一，如何应对日趋严峻的环境形势，是摆在科研工作者面前的一道难题。黏土矿物具有大的比表面积和优良的孔道结构，作为环境友好材料，黏土矿物及其改性材料以其独特的优势在环境污染控制领域得到了广泛的研究和应用。

黏土矿物储量丰富，具有独特的优异性能，如耐热性、耐酸碱性、硬度、导电性、绝缘性、润滑性、吸附性、膨胀性等物理性能及各种化学性能。这些性能使其被广泛用于冶金、化工、石油、轻工、建材、机械、农业、国防及环保等工业部门。许多国家非常重视黏土矿物在环境污染修复方面的应用，如蒙脱石、蛭石、坡缕石、硅藻土、海泡石、凹凸棒石等在空气、水体及土壤的污染治理中都得到了不同程度的应用。随着科学技术的发展和工业化程度的不断提高，黏土矿物发展十分迅速。近年来黏土矿物在环境保护中的应用不断加强，已成为日常生活、工农业及高科技等领域不可缺少的矿物原料。近年来随着交叉学科领域的相互渗透，其在碳纳米材料、功能高分子材料、生物医学材料等新型领域也有了新的研究与进展。

十多年来，华南理工大学吴平霄教授及其研究团队在环境科学、环境地球化学、环境微生物学、材料学、物理化学和矿物学等多学科紧密结合的基础上，长期从事超强功能化黏土材料的研究与开发，特别是在毒害污染物的环境功能材料及环境地球化学行为等方面开展了大量研究工作，形成了丰富的学术积累。主要包括：①针对重大突发环境污染事故造成的流域环境有机或重金属污染，研制出一系列针对不同污染物的、具有超强吸附性能的环境修复材料，如通过系统研究柱撑黏土(pillared interlayered clays，PILCs)对 Cu^{2+}、Pb^{2+}、Zn^{2+}、Cd^{2+}、Cr^{3+}的吸附容量、吸附选择性及其制约机制，发现柱撑黏土对重金属离子的吸附量、吸附富集系数远高于未改性黏土，可用作突发污染事故的吸附材料。②采用现代分析测试技术，系统研究了不同链长有机表面活性剂柱撑黏土的晶体化学特征及其层间微结构；结合有机黏土层间有机相微结构与相态变化的研究，系统地考察了有机柱撑黏土对有机污染物的吸附作用及机制，从结构特征上揭示了有机黏土对有机污染物吸附作用的科学构效关系，为有机黏土在材料制备与环境修复中的应用提供了重要的理论依据。③结合黏土矿物研制了黏土矿物微生物复合材料，可提高细菌对毒害污染物的耐受能力，促进微生物对污染物的降解。这些研究成果为功能化黏土材料对重金属及毒害性有机污染土壤修复提供了理论基础和技术保障。

该书是一本利用黏土矿物修复环境污染的专著，系统地阐述了环境修复技术的研究方向和应用发展趋势，主要介绍了阳离子黏土矿物的改性构建方法及其在环境吸附、高级氧化、碳纳米材料等方面的应用和机理研究的相关成果，分析了阳离子黏土矿物与生命物质及微生物相互作用的机理。该书是国内在环境修复领域理论与实际紧密结合的一本优秀著作，该书的出版对推动我国环境修复材料的应用具有重要的学术价值和现实意义。

谢先德

俄罗斯国家科学院院士

2018年5月于广州

前　言

黏土矿物广泛存在于各种地质体中，系含水二维空间延展的网层骨架硅酸盐矿物。典型的黏土矿物包括蒙脱石、蛭石、高岭土、累托石、云母、叶蜡石、埃洛石和蛇纹石等，其层板往往带负电，其层间通过 Ca^{2+}、Mg^{2+}、K^{+}、Na^{+}等阳离子进行电荷平衡。黏土矿物在结构单元层间存在层间域，这是一个良好的化学反应场所。黏土矿物特殊的晶体结构赋予其诸多优异性能，如阳离子交换性、吸附性、分散性、稳定性、膨胀和收缩性、可塑性等，因而也是理想的污染物固定场所和离子交换吸附材料。黏土矿物的诸多优点引起众多学者的关注，使其在环境修复和污染控制等诸多领域得到广泛的应用。

近年来，黏土矿物及其功能化材料在环境修复方面的研究发展迅速。开发黏土矿物与其他功能组分(如金属氧化物、碳纳米材料、生命物质、聚合物、表面活性剂、小分子有机酸等)构建的功能化黏土材料，探索改性黏土材料中矿物与改性剂间的相互关系及其协同作用，将有利于扩展黏土改性材料在环境修复领域的应用。黏土矿物的层间可调性和层板带电性等独特的性质，及其在吸附、高级氧化方面等所表现出优异的性能，都展现了其在土壤、水体、大气等各类环境中的应用潜力。黏土矿物的层间可交换阳离子可与环境中其他阳离子进行交换，因而可用作离子交换材料。另外，可以将各种阳离子(如无机和有机阳离子及配合物)、疏水性有机物通过离子交换或形成化学键引入矿物层间或吸附在矿物表面，从而将目标污染物固定在黏土矿物层间或表面，达到锁定毒害污染物的目的。黏土矿物具有吸附性好、离子交换容量大、资源丰富、价格低廉、环境友好、再生性好等优点，将纳米材料负载后可以增大颗粒与污染物的接触面积，从而使纳米材料(如各种金属、非金属及其化合物)的反应活性得到增强，因此黏土矿物负载纳米材料具有极为广阔的应用前景。除此之外，黏土矿物具有生物相容性，可以作为氨基酸、多肽、DNA 等生命物质和微生物的良好载体，在生物医药和微生物降解领域有着广阔的应用前景。

本书基于笔者研究团队近十年的研究成果，先简要介绍了黏土矿物的基本情况及其相关特性、环境效应和功能化黏土材料的构建方法，并结合现代谱学手段分析材料的微结构特征，重点对黏土矿物在吸附、高级氧化、与生命物质的相互作用、与纳米材料的界面反应等方向的应用进行总结。

本书是在华南理工大学环境与能源学院吴平霄教授及其所指导的数届博士及硕士研究生的共同努力下完成的，数届研究生的科学实验、学位论文及所发表的学术论文是本书的写作基础。全书共 9 章，由吴平霄、黄柱坚、阮博、琚丽婷、杨珊珊、陈梅青负责设计、整理、撰写和审校工作，参与本书资料收集与整理工作的还有亢春喜、李丽萍、喻浪风、陈丽雅、杨奇亮、赖晓琳等博士和硕士研究生。

本书的研究成果主要基于国家重点研发计划项目“农田重金属污染地球化学工程修复技术研发(2017YFD0801000)”、国家自然科学基金项目“抗生素污染土壤中黏土矿物对抗性基因产生过程和环境归趋的调控机理研究(41673092)”“功能化石墨烯/黏土矿物复合材料的界面构建与强化光电催化机理研究(41472038)”“有机污染土壤降解菌/黏土矿物界面反应及其环境效应研究(41273122)”“表生环境中 DNA/黏土矿物界面反应特性及微结构变化研究(41073058)”“红壤中聚羟基交联黏土对毒害有机物锁定机理及可见光催化降解研究(40973075)”，也包含了广东省科技计划项目“基于秸秆资源化利用的农田土壤毒害污染物削减关键技术研发及应用(2016B020242004)”“功能化黏土复合材料修复珠三角重金属污染农田土壤技术开发(2014A020216002)”“持久有机污染土壤可见光光催化原位修复技术开发(2008B030302036)”、广东特支计划百千万工程“领军人才项目(2014201626011)”、广州市产学研协同创新重大专项“广州市有机污染农田土壤光催化-微生物联合修复技术开发与示范(201604020064)”等项目的部分成果，特此感谢。

最后特别感谢俄罗斯科学院院士谢先德研究员为本书作序。

由于作者水平及目前的认识程度有限，本书不足之处恳请广大读者批评指正。

作　者

2018 年 2 月

目　录

第1章　黏土矿物的分类与矿物学特征

1.1　黏土矿物概念、类型及其结构化学特征

黏土的本质是黏土矿物。黏土矿物是细分散的含水的层状硅酸盐和含水的非晶质硅酸盐矿物的总称。晶质含水层状硅酸盐矿物有高岭石、蒙脱石、伊利石、绿泥石等；含水非晶质硅酸盐矿物有水铝英石、胶硅铁石等。黏土矿物是黏土和岩石中最活泼的组分，它决定了整个黏土或岩石的性质。表 1-1 为黏土矿物的分类表。

表 1-1　黏土矿物和相关硅铝酸盐矿物分类表

结构类型		型(type)	族(group) (x 层间电荷)	层间物	亚族 (subgroup)	种(species)
晶质	层状硅酸盐	2∶1 $Si_4O_{10}(OH)_2$	滑石-叶蜡石 ($x=0$)	无	二八面体	叶蜡石、铁叶蜡石
					三八面体	滑石、镍滑石、杂蛇纹镁皂石
			蒙皂石 ($0.2<x<0.6$)	阳离子或水化离子	二八面体	蒙脱石、贝得石、绿脱石、铬绿脱石
					二或三八面体	斯温福石
					三八面体	皂石、锂皂石、锌皂石、锂蒙脱石、斯皂石
			蛭石 ($0.6<x<0.9$)		二八面体	二八面体蛭石(黏粒蛭石)
					三八面体	三八面体蛭石
			伊利石 ($0.6<x<1$)		二八面体	伊利石、海绿石、水白云母、绿鳞石
			云母 ($x≈1$)		二八面体	白云母、钠云母、钒云母、多硅白云母、铬云母
					二或三八面体	锂云母、铁锂云母、锂铍云母
					三八面体	金云母、黑云母、镁黑云母、铁云母
			脆云母 ($x≈2$)		二八面体	珍珠云母
					三八面体	绿脆云母、黄绿脆云母
		2∶1 规则间层	规则间层 (x 不定)	可变	二八面体	累托石、托苏石
					三八面体	柯绿泥石、滑间皂石、绿泥间滑石、水黑云母
		2∶1∶1 $Si_4O_{10}(OH)_8$	绿泥石 (x 易变)	氢氧化物层	二八面体	顿绿泥石、硼锂绿泥石
					二或三八面体	须藤绿泥石、锂绿泥石
					三八面体	叶绿泥石、斜绿泥石、鲕绿泥石

续表

结构类型		型(type)	族(group)(x 层间电荷)	层间物	亚族(subgroup)	种(species)
晶质	层状硅酸盐	1∶1 $Si_2O_5(OH)_4$	高岭石—蛇纹石 ($x=0$)	无或有水分子	二八面体	高岭石、迪开石、珍珠陶土、埃洛石
					二或三八面体	镁绿泥石、绿锥石、凯利石、正鲕绿泥石
					三八面体	(斜)纤洛石、叶蛇纹石、镁绿泥石、镍蛇纹石、斜叶蛇纹石
	链状硅酸盐	2∶1 层链状	纤维棒石 ($x\approx0.1$)	水化阳离子	二或三八面体	坡缕石、约绨贴石、锰坡缕石
					三八面体	海泡石、镍海泡石、蛸螵石
非晶质	水铝英石、硅铁石、伊毛缟石、硅锰矿					

注：1967 年国际矿物学会(International Mineralogical Association，IMA)审查通过。

黏土矿物的晶体结构主要是由两个最基本的结构单元组成，即硅氧四面体(tetrahedron，T)和铝氧八面体(octahedron，O)，并沿 X 轴方向发展。四面体的中心是正四价的硅，而四个负二价的氧分布于四面体的四个顶角，四面体的四个面均为等边三角形[图 1-1(a)]；有时四面体中的氧原子被氢氧根代替，四面体的底面落在同一平面上，以三个尖顶彼此连结，第四个尖顶均指向同一个方向，在平面上组成六角形网格状结构或链状结构，成为四面体层(片)[图 1-1(b)]。

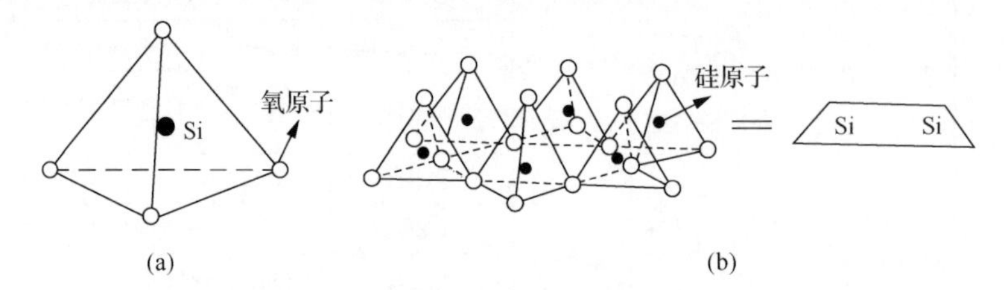

图 1-1　硅氧四面体(T)结构示意图

八面体由六个氧原子或氢氧根以等距排列而成，Al^{3+}(或 Mg^{2+})居于中心[图 1-2(a)]；八面体亦可排列成层状态结构，成为八面体层(片)[图 1-2(b)]。

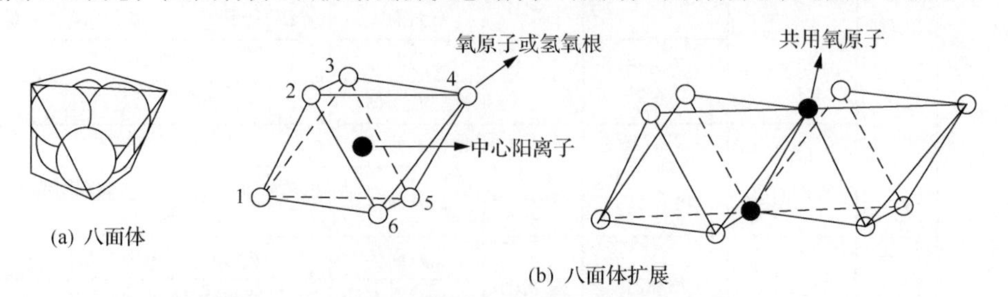

图 1-2　铝氧八面体(O)结构示意图

由于单位晶格的大小相近，四面体层与八面体层很容易沿 c 轴叠合而成为统一的结构层，此结构层称为结构单位层，简称晶层，几个结构层组成晶胞。四面体层与八面体层的不同组合堆叠重复，便构成了各种黏土矿物的不同层状结构。由一个四面体层与一个八面体层重复堆叠的称为 1∶1 型结构单位层(如高岭石等)，也称为二层型；由两个四面体层间夹一个八面体层重复堆叠的称为 2∶1 型结构单位层(如蒙脱石、伊利石等)，也称为三层型。在层状结构中，四面体层与八面体层间共用一个氧原子层，故四面体层与八面体层间连结较强，连结较强，但在 1∶1 型或 2∶1 型结构单位层间并不共用氧原子层，层间的联结较弱。

在高岭石类黏土矿物中，结构单位层为 TO 型(1∶1)结构(图 1-3)，发生堆叠时，在相邻两晶层之间，除了范德瓦尔斯力(van der Waals)增扩的静电能外，主要为表层(羟)基及氧原子之间的氢键，将相邻两晶层紧密地结合起来，使水不易进入晶层之间。即使有表面水合能撑开晶层，但不足以克服晶层间大的内聚力，几乎无阳离子交换[阳离子交换容量很小，其 CEC(cation exchange capacity)值为 3～15cmol/kg 干土]和类质同象置换现象，其基本层是中性的。同时，高岭石晶体基面间距(c 轴间距或 d_{001} 值)小(约 7.2Å)，没有容纳阳离子的地方，即晶层无阳离子存在。高岭石晶体只有外表面，没有内表面，比表面积很小(一般远小于 $100m^2/g$)，被吸附的交换性阳离子(如 Na^+、Ca^{2+}等)仅存于高岭石矿物外表面，这对晶层水合无重要影响。所以高岭石是较稳定的非膨胀性黏土矿物，层间联结强，晶格活动性小，最活跃的表面是在晶体的断口、破坏及残缺部位的边缘部分，浸水后结构单位层间的距离(c 轴间距或 d_{001} 值)不变，使高岭石膨胀性和压缩性都较小，但有较好的解理面。

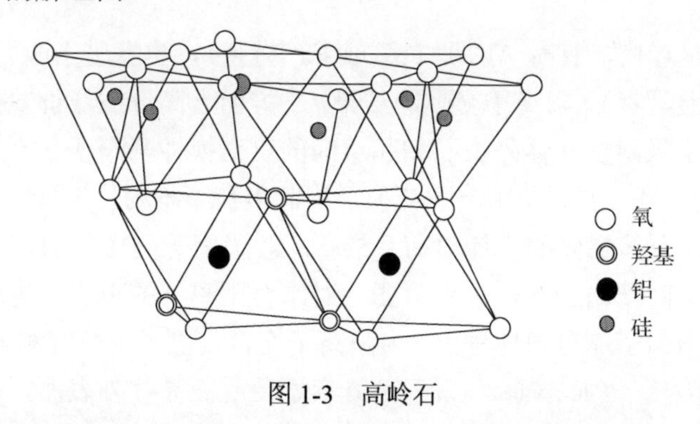

图 1-3　高岭石

蒙脱石类黏土矿物中结构单位层为 TOT 型(2∶1 型)结构(图 1-4)，相邻两晶层之间的联结力主要为范德瓦尔斯力，层间联结极弱，易于拆分。蒙脱石既有外表面，又有内表面，比表面积大(理论值为 $800m^2/g$ 左右)，其类质同象置换比较普遍，单位结构层内的阳离子[Al(Ⅲ)、Si(Ⅳ)]能被其他阳离子(Ca^{2+}、Mg^{2+}、Na^+)部分置换，一般发生于八面体中(高价阳离子被低价阳离子置换，如 Al^{3+}被 Mg^{2+}置

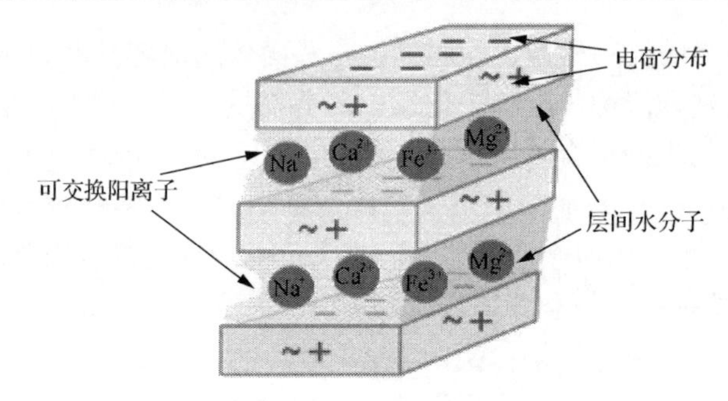

蒙脱石“三明治”结构图

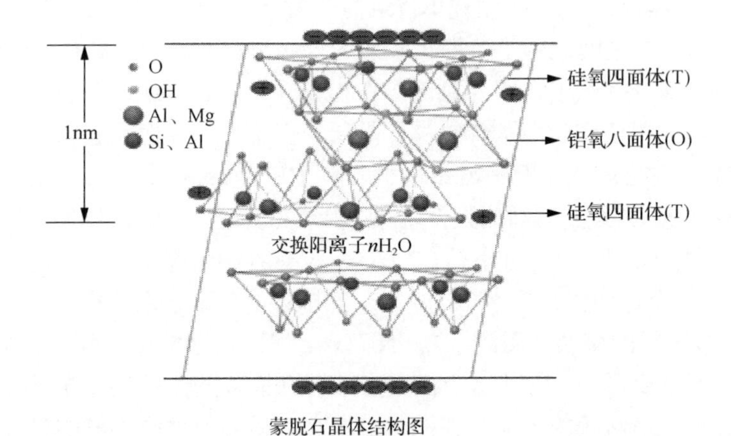

蒙脱石晶体结构图

图 1-4 蒙脱石

T：tetrahedron；O：octahedron

换，Mg^{2+}被 Na^{+}置换，有时 Al^{3+}被 Fe^{3+}或 Fe^{2+}置换)，也发生于四面体中[少量的 Si(Ⅳ)被 Al(Ⅲ)置换)。阳离子交换的结果，一方面是高价被低价置换后所造成的正电荷亏损，由吸附在晶体外表面和晶层间的可交换性阳离子(Ca^{2+}、Mg^{2+}、Na^{+}等)来中和平衡；另一方面是阳离子交换后引起电荷不均匀，八面体层内的平衡电荷(33%)大于四面体层内的平衡电荷(15%)，即阳离子交换后的主要电荷在八面体上，但它距层间阳离子远，吸引力弱，对水合阳离子的吸引力更弱。因此，层间可交换性的阳离子能自由地进出，为阳离子交换提供了十分有利的条件。可见，吸附的交换性阳离子(如 Na+、Ca^{2+}等)既存于蒙脱石晶体外表面，也充填于晶体内表面(晶层间)，故蒙脱石类黏土矿物的晶格活动性极大，其晶体基面间距(c 轴间距或 d_{001} 值)和阳离子交换容量比高岭石大(蒙脱石类黏土矿物阳离子交换容量为 70～130cmol/kg 干土)，层间无氢键，仅靠范德瓦尔斯力联系，范德瓦尔斯力较弱，所以允许交换性阳离子带着大量水分子和其他极性分子进入晶层(结构层)之间，并将其沿着 c 轴推动，表现出极强的膨胀性和极高的压缩性。蒙脱石内外表面能量具有不等价性，即表面的阳离子与一个外部表面相作用，而层间的阳离子与两个表面(内表面)相互作用，结果使后者具有较多的配位数，使其电场应力减小，它们与其相互作用的物质之间的连结减弱。因此，当蒙脱土类黏土矿物水化时，其层间阳离子的配位圈保持水分子的能力比表面阳离子弱。

伊利石类黏土矿物与蒙脱石类黏土矿物同属于 2∶1 型结构单位层，但伊利石的四面体六角形网眼中央嵌有 K^+(图 1-5)。伊利石阳离子交换容量比蒙脱石少，约 9.7cmol/kg 干土，其阳离子交换主要发生在 Si—O 四面体晶片内[Si(Ⅳ)被 Al(Ⅲ)置换]，所以不均衡电荷也主要在四面体晶片内，距层间阳离子很近，当结构层中出现阳离子 K^+时，便被紧紧地吸附住，并恰好嵌在上下两个四面体晶片氧原子的六角形网眼中(K^+离子半径约 1.33Å，两个四面体六角形网眼为 1.34Å，上下两个为 2×1.34Å)形成一种较强的离子键，致使水难以进入晶层间，不会引起晶层的膨胀，对水的活跃性只是在表面外部。所以，伊利石属于非膨胀性黏土矿物，其晶格活动、膨胀性及压缩性均介于高岭石与蒙脱石之间。

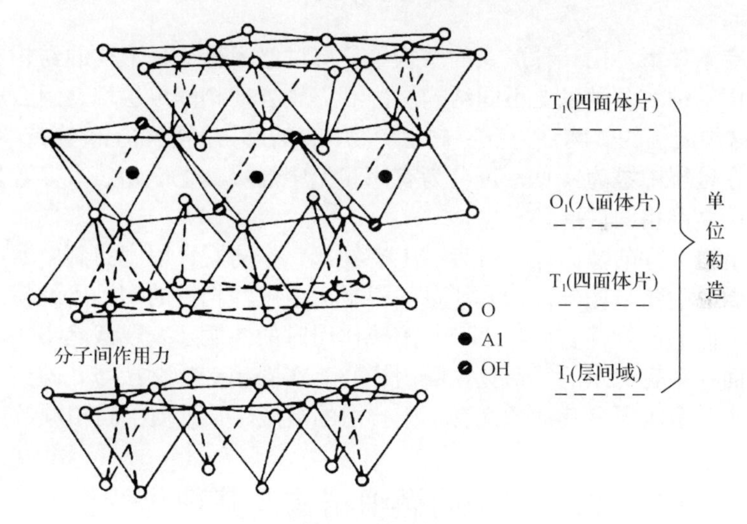

图 1-5　伊利石

绿泥石类黏土矿物类似于伊利石结构，即两个硅氧四面体片夹一个八面体片，不同之处是它多出一个氢氧镁石(水镁石)八面体片(图 1-6)。绿泥石的阳离子交换容量比蒙脱石少，近似于伊利石。在绿泥石两个硅氧四面体片夹一个八面体片中，由于低价 Al(Ⅲ)置换高价 Si(Ⅳ)所造成的正电荷亏损，由其附加在晶层间的八面体晶片中的高价阳离子 Al^{3+}置换低价阳离子 Mg^{2+}所赢得正电荷来平衡。可见，绿泥石的晶层间作用力除了范德瓦尔斯力和水镁石八面体上氢氧原子形成的氢键外，就是阳离子交换后形成的静电力，所以绿泥石晶层一般不具有膨胀性。

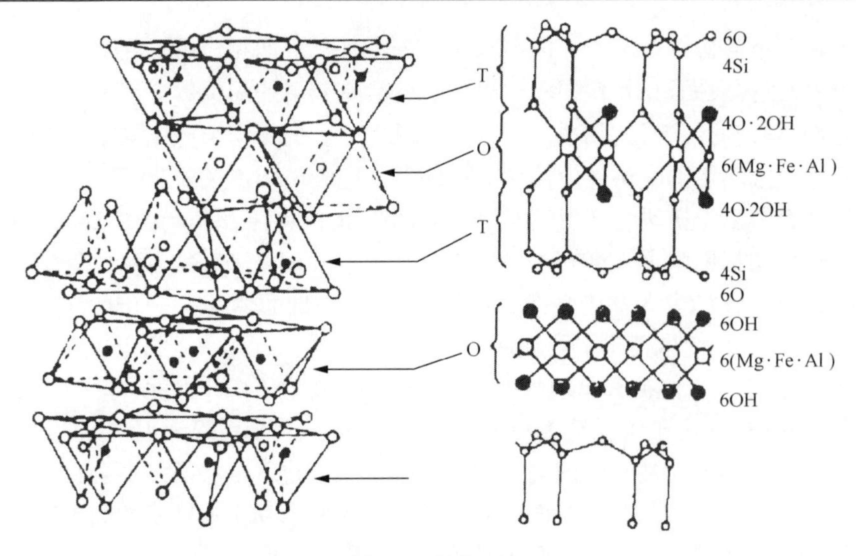

图 1-6　绿泥石

在一定条件下，由一种形式的结构单位层过渡为另一种形式的结构单位层，形成一类由两种或两种以上不同结构层，沿 c 轴方向相间成层堆叠组合成的晶体结构，具这类结构的矿物称为混层黏土矿物，有的称为间层黏土矿物或混层矿物。这类矿物在地层中极为常见，可分为有序和无序混层黏土矿物，大多数是膨胀层与非膨胀层黏土相间混层。

除了平坦平行的基面外，所有黏土矿物都有不同发育程度的侧面断口的活化表面，在微晶的角、棱部位，其能量的不平衡由电性相反的离子所补偿。黏土矿物在结构方面的差异使它们与水及水溶液作用时的性质及表现截然不同。由于黏土矿物表面存在有对水的"活化"吸附中心，在固相矿物颗粒与孔隙溶液的界面上便形成了一个水层，其性质既有别于自由的溶液，又不同于固相颗粒。

1.2　黏土矿物的微细结构及其理化特性

上述黏土矿物结构化学特征是最基本的理想模型，实际上因黏土矿物晶体的缺陷带来的微细结构将影响其理化性质。黏土矿物的实际晶体结构与理想模型之间的大多数偏差与下列几方面有关：①晶体结构中类质同象置换；②四面体和八面体晶格畸变；③四面体和八面体晶格在层中和层间相互叠置不规则。

1.2.1　晶体结构中类质同象置换

所谓类质同象置换，就是矿物晶体格架中一部分阳离子被另一部分阳离子置换后，矿物的晶体结构类型保持不变，只是晶格常数、化学成分和物化性质有所改变的现象。除了高岭石外，其他黏土矿物如伊利石簇、蒙脱石簇、绿泥石簇、混层黏土矿物等均广泛存在类质同象置换现象。无论是四面体晶格，还是八面体晶格均如此。晶体结构中类质同象置换的结果将导致：①异价阳离子置换后晶体结构的电荷中性被破坏和产生过剩负电荷；②矿物晶体格架中进入新的阳离子，即使这种阳离子的半径与被置换的阳离子很接近，也会引起四面体和八面体晶格几何大小的变化及四面体中阳离子位置的改变，即引起晶格常数的变化；③类质同象置换引起黏土矿物结构层中过剩电荷补偿阳离子的出现，这些补偿阳离子进入结构层之间的空间，分布于晶体边棱上，从根本上影响着黏土矿物的结构特征和理化性质。

1.2.2　八面体和四面体晶格畸变

1) 八面体层阴离子晶格畸变

层状硅酸盐的理想结构是假设八面体顶面的一些氧原子呈六角形网格。实际上，几乎这些晶格的所有结构都发生了变形，并具有较复杂的形状。而八面体黏土矿物中八面体阴离子晶格畸变的主要原因是阳离子所占据的位置不平衡。这种畸变是由八面体晶格中应力的分布平均造成的。该应力是由阳离子(Al^{3+})的同性电荷相互排斥所引起的，其结果是使八面体阴离子晶格中 O—O、OH—OH 和 O—OH 键的长度发生变形，从而使八面体的公共晶棱受到挤压力而缩短到 2.4～2.5Å；而非共同的晶棱则相反，稍许伸长至 2.8～2.9Å。个别八面体的变形引起所有八面体层结构骨架的畸变，其表现为：①八面体顶面氧原子的规则正六角形格架被破坏，结果是理想八面体晶格 *ab* 面(水平方向)上氧原子的正六角形格架[图 1-7(a)]转变成实际结构为复三角形的格架[图 1-7(b)]；②八面体层沿 *c* 轴(垂直方向)压缩，而沿 *ab* 轴伸展；③由于一些棱边缩短，另一些棱边延长，充填八面体的上顶面和下底面相对于法线以相反方向旋转 3º～5º；④类质同象置换也将引起八面体阴离子晶格畸变，如类质同象置换引起阳离子与阴离子之间的长度改变；⑤具有较大直径的层阳离子(K^+)的云母，其八面体层阴离子晶格的某些畸变，可能是由于晶格的大小与四面体晶格的参数不相应，并缺少靠弯转使四面体缩短的条件的原因；⑥三八面体矿物，由于所有八面体的方位都被充填，其阴离子晶格的变形较轻。

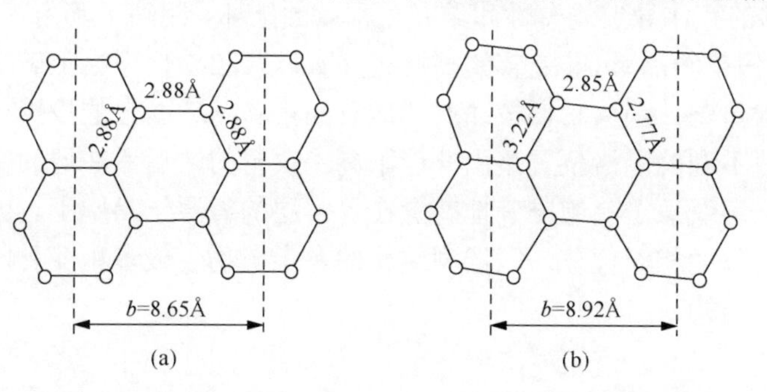

图 1-7　高岭石结构中八面体晶格氧原子顶面的复三角形格架

2）四面体晶格畸变

从大量不同程度类质同象置换的层状硅酸盐结构的实测资料看出，四面体阳离子在结构中的位置可依 Al^{3+}含量的不同而改变。特别是当少量 Si(Ⅳ)被 Al^{3+}置换时，四面体阳离子从其几何中心移向四面体的底面而削弱其与顶端氧原子的相互联系。当四面体中有相当数量的类质同象置换时，阳离子则移向相反方向，即向四面体的顶尖移动，说明其与基底氧原子的联系减弱，氧原子与离子补偿的联系则加强。可以预料，当八面体中类质同象置换程度很高，而四面体中的置换并不大时，则八面体和四面体共顶点上阴离子价将出现严重的不饱和，因此，四面体的阳离子可以移向这些顶点。当四面体层中类质同象置换定位时，四面体的阳离子可向四面体底面移动。这种情况与八面体负电荷仅部分被层间阳离子补偿有关。四面体负电荷的剩余部分靠八面体的阳离子补偿。在这种情况下，顶端氧原子靠八面体的阳离子满足了其大部分原子价，而它们与四面体阳离子的连结减弱了。当出现类质同象置换时，在阳离子从四面体中心迁移的同时，阳离子与氧原子间的个别距离发生了变化，四面体形状也发生畸变。阳离子从几何中心的迁移和原子间距离的改变导致四面体形状的畸变，即具类质同象置换阳离子的四面体(与规则的相比较)被拉长或缩短。四面体的畸变是由某一棱边因其余棱边缩短而被拉长所造成的。

1.2.3　八面体和四面体的相互叠置特征

黏土矿物的重要特性是存在层内和相邻层内四面体与八面体晶格相互不同接合的可能性。层与晶格相互叠置、彼此相似的多样性受以下因素控制：①相邻晶格与层的表面上，原子的对称排列可能有几种相互接合的方式，而其能量差别很小；②相邻层沿层理面相互作用的能量不高。1∶1 型矿物(如高岭石类)结构中的八面体晶格可有两个互相相反的方位，而其中的每一个方位可能有三种四面体晶格的连结方式，这样在 1∶1 型矿物的同一层内，晶格的相互位移类型可能有六种，而且位移具有有序和无序的特性，有序位移的存在使其结构单一，且结晶程度完善；无序位移的存在导致均一性和结完善程度的破坏，制约了其由三斜晶系(完整的高岭石)向假单斜晶系(非完整的高岭石)的过渡。2∶1 型黏土矿物层位的各种叠置类型不太显著，因为它们按邻层的硅氧晶格和 *ab* 面上的投影一致的方式连结，这种能量不利的晶格位置是由补偿阳离子决定的，后者在层间空间中的八面体配位要求一层氧原子晶胞准确地叠置在另一层的氧原子晶胞上。因此，层间阳离子阻碍了层位的相对位移。三层型结构的黏土矿物生成多种变种的可能性大大低于二层型的结构。

第2章　黏土矿物的无机改性方法

黏土矿物是一类具有层状结构，含有不同化学组成、结构和表面性质各异的矿物材料石，由于具有颗粒微小、比表面积大、吸附性能良好和化学性质多样等特征，使其成为非常有活力的材料。因此，黏土矿物在物理、化学和环境领域都引起了人们的广泛注意。随着人类改变黏土矿物性质技术的进步及对黏土矿物改性方法的改进，黏土矿物在工业上的应用越来越广泛。

目前，黏土矿物的无机改性方法主要有无机插层、无机柱柱撑、金属离子掺杂等改性方法。Zhu 等[1]研究了水聚合 Fe 蒙脱石及三个不同 Fe/Al 比例(物质的量比，下同)的水聚合 Fe-Al 蒙脱石对磷酸盐的吸附效果。结果表明，插入 Fe、Al 后，蒙脱石的表面性能如阳离子交换容量、比表面积、零电位下的 pH 都有很大的改变。在 pH 为 3.0～6.5 的研究范围内，磷的吸附量随 pH 的增加而降低，但是这种影响随着 Fe 含量的增加而减少。Fe-Al 蒙脱石的吸附量比 Al 和 Fe 的吸附量更大，这可能是由于 Fe-Al 蒙脱石中 Fe 和 Al 氧化物的结晶度降低的缘故。Fe 含量的增加可提高磷吸附的原始动力速率。

无机柱撑蒙脱石也越来越多地被应用到催化反应中。Bineesh 等[2]研究了一系列的钒掺杂锆柱撑蒙脱石对 H_2S 的选择性催化性能。结果表明，柱撑后的蒙脱石比单纯柱撑锆催化性能更好，在 220～300℃温度下催化反应后没有大量的 SO_2 排放。

许多研究表明，掺杂金属离子的蒙脱石具有良好的光催化性能。半导体氧化物薄膜(如 TiO_2、ZnO 和 SnO_2)及其光催化性能显示了利用太阳能的可行性。但 TiO_2 的激发能阈值是 3.2eV(波长 387nm)，所以必须使用高能量的紫外线(UV)光照射才能激发 TiO_2。研究发现，加入金属离子可以增加可见光范围内光催化剂的光子吸附性能。Hamal 和 Klabunde[3]制备了掺杂有 Ag、C、S 的 TiO_2，结果表明，UV 光下的光催化效率比文献中未掺杂其他金属离子的 TiO_2 效率低，但可见光范围内的催化效率却更高。向 TiO_2 晶体结构引入金属离子，并不总是加强光催化性能，悬浮物的稳定性可能由于聚合作用出现下降，从而限制了其实际应用。

柱撑黏土矿物的研究是矿物资源精加工和利用方面的新课题，有利于矿物加工与其他学科交叉发展。近年来，国内逐步开展柱撑黏土矿物的研究，并取得了一定的科研成果。国外在这方面的研究内容由于起步早，目前研究已深入到制备、形成机理和应用等方面。随着柱撑黏土矿物制备方法、柱撑机理及结构与性能间的联系的进一步研究，以及高新测试技术在柱撑黏土矿物中的应用，柱撑黏土矿物的研究将走向更深层次并逐步实现工业化应用。

2.1 羟基铁柱撑蒙脱石(或蛭石)

2.1.1 羟基铁柱撑蒙脱石(或蛭石)的制备

1. 蒙脱石(或蛭石)的提纯

由于蒙脱石(或蛭石)原矿含有部分杂质，为了进一步利用，需对其进行提纯。蒙脱石(或蛭石)的提纯采用沉降法，取一定量烘干后的蒙脱石(或蛭石)原矿，研磨后通过 150 目筛，再溶于一定量蒸馏水中制备成浆液，剧烈搅拌一段时间静置 5min 左右，去掉底部的沉渣，即得到提纯的蒙脱石(或蛭石)。

2. 聚羟基铁溶液的制备

在高速搅拌的条件下，将 Na_2CO_3 粉末缓慢加入到 $Fe(NO_3)_3$ 溶液中，使其 $[Na^+]/[Fe^{3+}] = 0.75:1$，且最终 $[Fe^{3+}] = 0.2mol/L$。将所得的红褐色半透明柱撑液继续搅拌 2h，将反应溶液在 30℃条件下陈化 24h，即制得聚羟基铁柱化液。

3. 铁柱撑蒙脱石(或蛭石)的制备

在不断搅拌的条件下，按 $n_{Fe}/m_{蒙脱石(或蛭石)}$=10mmol/g 的比例(*n* 表示物质的量，*m* 表示质量，下同)，将制备好的聚羟基铁柱化剂缓慢地滴入 2%的蒙脱石(或蛭石)浆液中，滴完后继续搅拌 2h；将上述蒙脱石(或蛭石)浆液置于 60℃水浴中老化 24h；然后将柱撑产物置于离心机中以 4000r/min 离心分离 10min，弃去清液，用去离子水清洗 5～7 次；最后将柱撑产物在 80℃温度下烘干，然后研磨过 200 目筛，得到铁柱撑蒙脱石(或蛭石)。

2.1.2 羟基铁柱撑蒙脱石表征分析

1. 铁柱撑蒙脱石的 XRD 分析

随着射线衍射技术的成熟，射线衍射技术在矿物学研究中的应用迅速发展起来。有机分子进入层间的最明显的特征就是矿物的层间距变化。因此，通过射线衍射分析可以确定层间复合物的构型，还可以根据空间测量和分子几何学推断有机分子可能的堆垛和定位方式。

1912 年德国学者通过实验证明了当射线穿过矿物晶体时，晶体仿佛起着光学衍射光栅的作用，据此 Laue 创立了晶体 X 射线衍射(X-ray diffraction，XRD)学说，提出了 Laue 方程。1913 年英国物理学家 Bragg 父子利用 X 射线分析了 NaCl 晶体结构，证明 Laue 晶体 X 射线衍射学说的正确性，并大大地简化了 Laue 对 X 射线衍射条件的数学处理，提出了晶体产生 X 射线衍射所必须遵从的 Bragg 方程，即 $n\lambda = 2d\sin\theta$ (式中，d 为晶面间距，θ 为 X 射线与相应晶面的夹角，λ 为 X 射线的波长，n 为衍射级数，表示只有照射到相应两晶面的光程差是 X 射线波长的 n 倍时才产生衍射)。

直到现在，X 射线衍射数据仍然是了解改性蒙脱石空间结构特征最常用且有效的手段，虽然不能直接探测层间域内柱撑离子空间结构状态，但通过精确测定合成物质的层间距的变化可以反映阳离子在黏土矿物层间域的存在情况。

铁柱撑蒙脱石和蒙脱石原土的 d_{001} 值及 X 射线衍射图分别见表 2-1 和图 2-1。

表 2-1　不同蒙脱石的 d_{001} 值

蒙脱石类型	d_{001}/nm
蒙脱石原土	1.56
铁柱撑蒙脱石	1.60

从图 2-1 可知，经柱撑后，羟基铁阳离子插入到蒙脱石硅酸盐层中间，导致层间距小幅增加，使铁柱撑蒙脱石的底面间距 d_{001} 从 1.56nm 增至 1.60nm。此

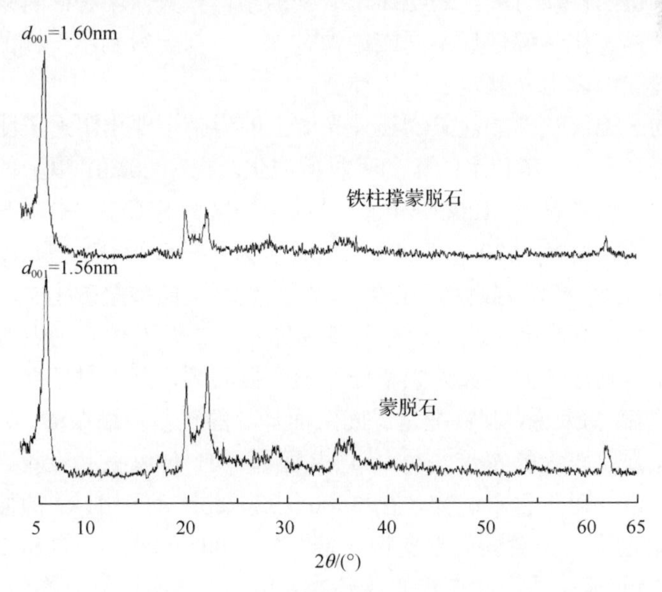

图 2-1　不同蒙脱石的 XRD 图

外，在 XRD 谱图中未发现 Fe_2O_3 晶相的特征峰，这可能是因为 Fe_2O_3 并非以晶相形态存在，而是以单层分散形式存在，这种高分散状态能够使催化剂具有更高的催化活性[4]。

此外，与蒙脱石原土相比，羟基铁柱撑蒙脱石的 XRD 峰强度都变弱，可能是羟基铁聚合离子进入蒙脱石层间，在一定程度上破坏了蒙脱石的层状结构，从而降低了蒙脱石的结晶度。

2. 铁柱撑蒙脱石的 FTIR 分析

一般将用波长 2.5～50μm（频率为 4000～200cm^{-1}）的光波照射样品引起分子内振动和转动能级跃迁所产生的吸收光谱称为红外光谱。红外吸收光谱常以透过率或吸光度为纵坐标，以波长 λ 或波数 ν（μm 或 cm^{-1}）为横坐标作图。波数与波长的换算公式为：波数（cm^{-1}）=10^4/波长（μm）。

近红外区（0.8～2.5μm）主要用来研究分子中化学键（如 O—H、N—H 和 C—H 键）的倍频和组合频吸收。远红外区（50～1000μm）主要用于研究金属有机化合物的金属有机键振动及无机化合物的键振动、晶格振动及分子的纯转动。大多数的有机化合物和许多无机化合物的基频均位于中红外区（2.5～50μm）。因此，在结构和组分分析中中红外区最为重要。红外光谱之所以能够用于黏土矿物的分析和鉴定，是因为每一种黏土矿物都有自己的特征吸收带，即红外光谱和黏土矿物有严格的对应关系。此外，由于特征吸收峰的位置和强度不但与组成黏土矿物的各原子质量和化学键的性质有关，还与黏土矿物的结构有关，两种矿物只要组成分子的原子量不一样、化学键性质不同或结构有差异，都会得到不一样的红外光谱，所以红外光谱法可以用来鉴定黏土的类型。

黏土矿物这类层状硅酸盐矿物红外光谱上的谱带主要由阴离子团、八面体阳离子、层间阳离子、羟基和水的振动吸收所产生。在 3000cm^{-1} 以上的高频区为羟基和水的伸缩振动吸收区，1200～600cm^{-1} 的中频区为 Si（Al）—O、Si—O—Si（Al）振动和 OH 形变吸收区，600cm^{-1} 以下的低频区为 Si—O 形变、与八面体阳离子相关的 M—O 振动及平动吸收区。在 2∶1 型层状黏土硅酸盐矿物中，当只有一种八面体阳离子时，高频区上只有一个羟基伸缩带。二八面体矿物中的 O—H 轴近于平等解理面，其羟基伸缩振动频率低，形变振动频率高。对于层间含有氢氧化物层的 2∶1 型矿物来说，其特征是层间八面体片的羟基伸缩振动，大多表现为两个频率较低、强度较大的宽带。2∶1 层八面体 OH 伸缩振动吸收则表现为高于 3600cm^{-1} 的弱带。对于含水矿物，在 3500～3200cm^{-1} 有个 H_2O 的伸缩振动带，在 1630cm^{-1} 附近有一个较弱的形变振动带。在 1200～600cm^{-1} 的 Si（Al）—O 和 Si—O—Si（Al）的伸缩振动带，二八面体矿物、层间充填有氢氧化物的 2∶1 型矿物大多数分裂成多个带，为 1150～950cm^{-1}。二八面体的—OH 面内形变频率较高，出现在 950～900cm^{-1}。Si(Al)—O 的形变振动带，阳离子的 M—O 振动带和 OH 平动带，一般出现在 600cm^{-1} 以下。2∶1 型的二八面体矿物在此区明显地分裂成 2～4 个强度不等的带。

将分析测试得到的红外光谱图与标准谱图对照，便可对黏土矿物进行定性分析，因而红外光谱法是表征黏土及相关矿物的有效方法。

蒙脱石原土的红外光谱 FTIR(Fourier transform infrared spectroscopy)图(图 2-2)的高频区有两个吸收峰，一个在 3625cm^{-1} 处归属于 Al—OH 的伸缩振动，另一个在 3423cm^{-1} 处较宽的吸收峰归属于层间水分子的伸缩振动；中频区 1642cm^{-1} 处归属于层间水分子的弯曲振动；低频区的 1088cm^{-1} 和 1034cm^{-1} 处归属于 Si—O 的伸缩振动；低频区晶格弯曲振动带中 914m^{-1} 处归属于黏土矿物八面体层 Al—O(OH)—Al 的平移振动，839cm^{-1} 处可能是由 Si—O—Mg 或 Mg—OH 引起的，519cm^{-1} 处可能是 Si—O—Al 引起的。

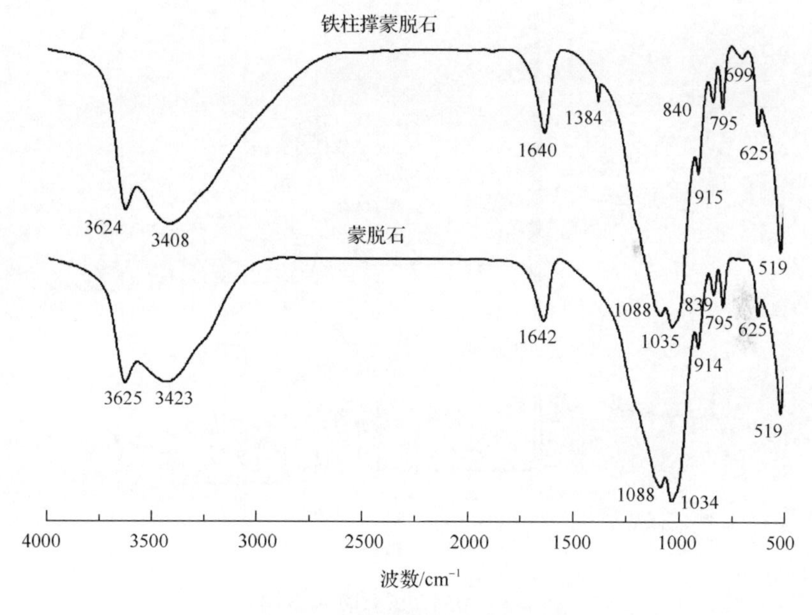

图 2-2　不同蒙脱石的 FTIR 图

从图 2-2 可以看出，羟基铁柱撑蒙脱石与蒙脱石原土的 FTIR 峰形基本相似。说明柱撑过程中，蒙脱石的基本骨架没有发生明显增加的改变。铁柱撑蒙脱石的 FTIR 图与蒙脱石原土没有太大差别，只是在 1384cm^{-1} 处出现一个新峰，袁鹏等[5]认为这是由于 NO_3^- 伸缩振动引起的，充当着电荷平衡离子的角色，平衡位于蒙脱石颗粒层外的聚合羟基铁簇合物所带的正电荷。与蒙脱石的 FTIR 图对比，铁柱撑蒙脱石在 699cm^{-1} 处出现了新的峰，说明聚羟基铁进入蒙脱石层间。

3. 铁柱撑蒙脱石的 XPS 分析

蒙脱石原土及铁柱撑蒙脱石的X射线光电子能谱(X-ray photoelectron spectroscopy，XPS)全谱扫描结果如图 2-3 所示。

XPS 扫描结果表明，蒙脱石的主要元素为 O、Al、Fe、Mg、Ca、Si 等，所有元素的峰也出现在改性后的全谱扫描图谱中。从图 2-3 可以看出，O 的信号最强，说明蒙脱石中氧的含量很大，这是因为蒙脱石的主要成分是 SiO_2、Al_2O_3、Fe_2O_3、MgO、CaO、H_2O，此外还含有 K_2O、Na_2O、MnO、FeO、TiO_2 等，而原土蒙脱石的 Fe 信号很弱。柱撑改性后，Fe 峰的信号增强明显，说明蒙脱石近表面 Fe 含量增加。

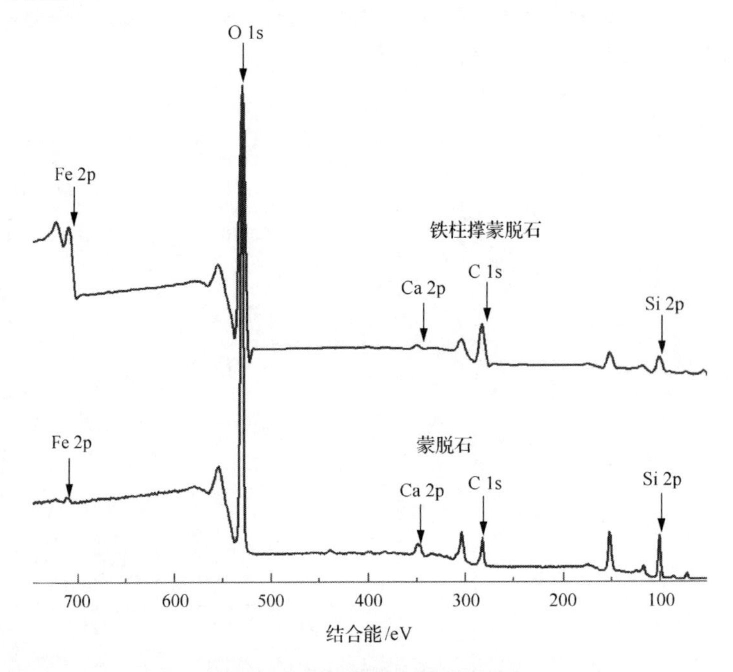

图 2-3 不同蒙脱石的 XPS 图

铁柱撑蒙脱石的表面结合能和原子含量见表 2-2，可见 Fe 2p 的结合能为 711.6eV。

表 2-2 铁柱撑蒙脱石的 XPS 全谱元素峰位置

元素	结合能/eV	元素	结合能/eV
C	284.6	Fe 2p	711.6
O	531.6	Si 2p	102.6
Al	73.6	Ca 2p	350.6

4. 铁柱撑蒙脱石的比表面积分析

表 2-3 为蒙脱石和铁柱撑蒙脱石的比表面积和介孔。从表 2-3 可知，相对蒙脱石而言，铁柱撑蒙脱石的比表面积大幅增长，达到 122.8m^2/g，比未改性的蒙脱石增加了 56.1%。这说明由于羟基铁的进入，使铁柱撑蒙脱石的层间形成了更加发达的孔隙结构，同时预示铁柱撑蒙脱石能为催化提供良好的反应空隙。

表 2-3　样品的比表面积和介孔

样品	比表面积/(m^2/g)	孔体积/(cm^3/g)	孔径/nm
蒙脱石	78.5	0.153	7.81
铁柱撑蒙脱石	122.8	0.142	4.63

图 2-4 为蒙脱石和铁柱撑蒙脱石的氮气吸附-解吸曲线图。由图 2-4 可知，照 IU PAC（International Union of Pure and Applied Chemistry）的分类标准，所有实验样品的吸附等温线均为第二类吸附等温线，在相对压力将达到 1 时，其吸附量还远远未达到饱和，说明吸附剂中存在着较大的孔。

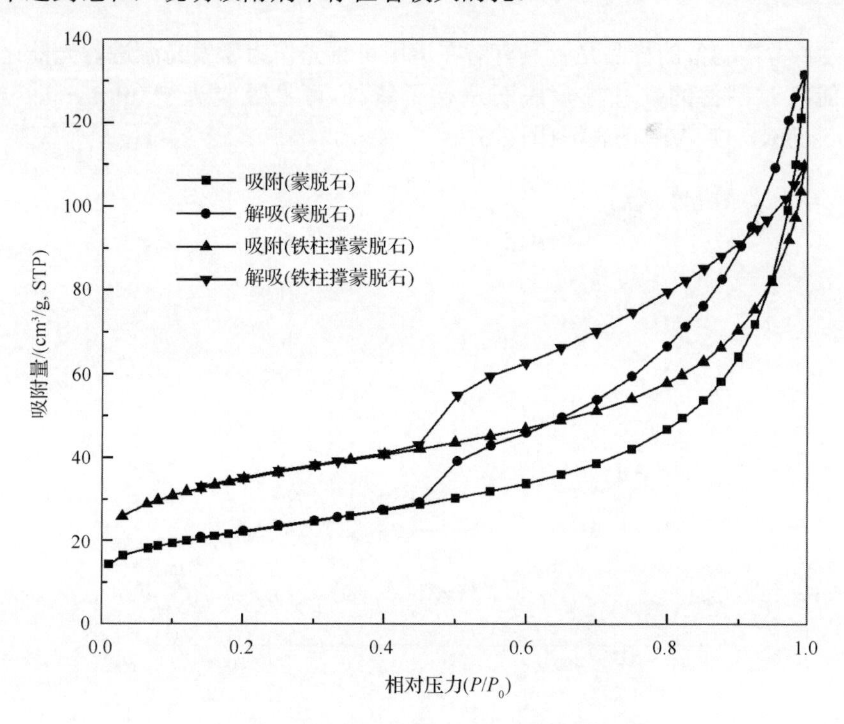

图 2-4　不同蒙脱石的氮气吸附-解吸曲线图

STP 指标准温度和压力（273.15K，101.325kPa）

5. 铁柱撑蒙脱石的 XRF 分析

表 2-4 为蒙脱石和铁柱撑蒙脱石的 X 射线荧光光谱(X-ray fluorescence，XRF)分析结果，可知蒙脱石的主要元素为 O、Al、Si 等，与 XPS 的测试结果基本一致。经羟基铁柱撑后，Fe 的含量从 2.07%增加到 11.2%，相应地 Al、Ca、Mg 等元素含量出现下降。

表 2-4　样品的化学组成

元素	质量含量/%		元素	质量含量/%	
	蒙脱石	铁柱撑蒙脱石		蒙脱石	铁柱撑蒙脱石
O	50.8	55.3	Fe	2.07	11.2
Mg	1.86	1.07	Ti	0.08	0.04
Si	32.4	19.0	K	0.09	0.05
Na	0.72	0.56	N	1.56	8.39
Ca	1.70	0.01	Al	6.75	4.40

6. 铁柱撑蒙脱石的 UV-Vis 分析

为了考察制备的样品是否具有潜在运用可见光作为激发光源进行光催化反应的性能，对制备的铁柱撑蒙脱石进行了紫外-可见吸收光谱(ultraviolet-visible spectroscopy，UV-Vis)的表征(图 2-5)。

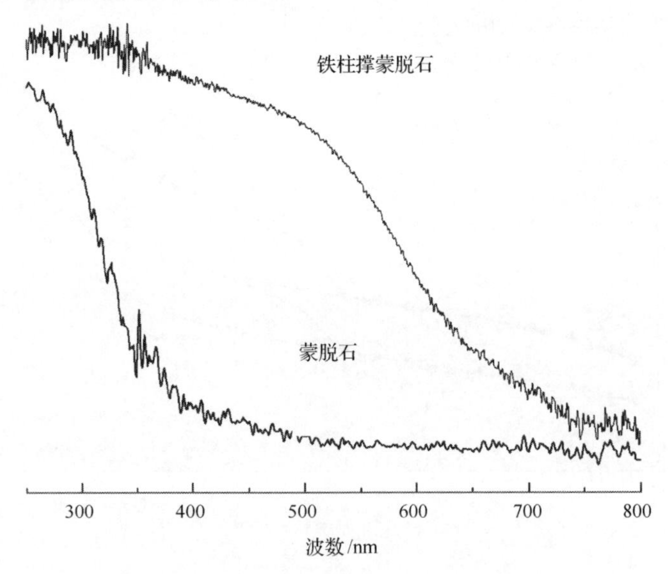

图 2-5　不同蒙脱石的 UV-Vis 光谱图

测试采用日本岛津公司生产的型号为 UV-2501PC 的紫外-可见吸收光谱仪进行测试。波长扫描范围为 190～900nm，分辨率为 0.1nm，标准物质为 $BaSO_4$。

由图 2-5 可见，铁柱撑蒙脱石与蒙脱石相比，出现了红移，大大地扩展了对光吸收波长范围，从 400nm 增加到 600nm；对光的吸收能力增强了，在可见光区出现明显的吸收峰。这说明羟基铁柱撑蒙脱石提高了对可见光的利用率及吸收能力，从而提高了光催化反应活性。

2.1.3　羟基铁柱撑蛭石表征分析

1. 铁柱撑蛭石的 XRD 分析

在蛭石原矿的 XRD 图谱(图 2-6)中，2θ 为 17.62°对应聚合铁八面体。同时，由于蛭石的层间结构，在 3.06°出现了一个较大的宽峰。经柱撑后，蛭石的 d_{001} 值增大到 1.43nm。同时，5.92°处的波峰消失，这很可能是由于羟基铁离子取代了蛭石层间的阳离子(如 K^+)。在 36.8°处则出现了一个新的波峰，其形态很可能是 FeOOH 晶体。

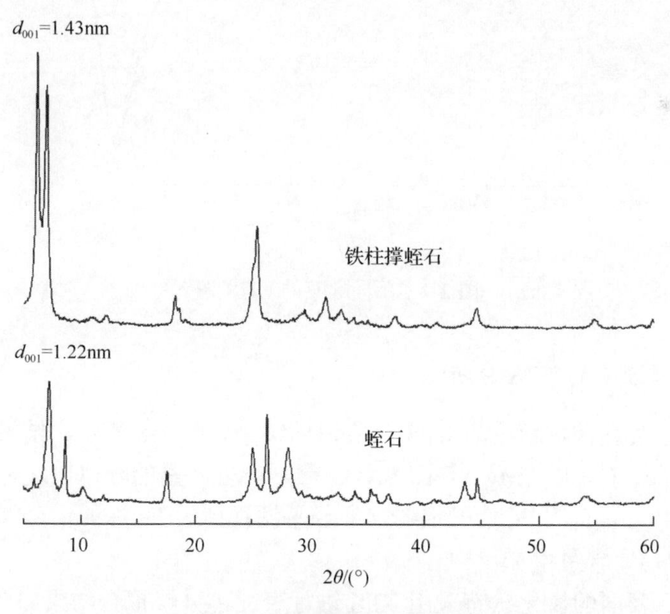

图 2-6　不同蛭石的 XRD 图

2. 铁柱撑蛭石的 FTIR 分析

在蛭石 FTIR(图 2-7)中发现，靠近 3400cm^{-1} 的主要吸收谱带对应着水的羟基伸缩振动。1651cm^{-1} 为 H—O—H 的弯曲振动，993cm^{-1} 吸收带属于四面体片 Si—O—Si 的伸缩振动。由铁柱撑蛭石红外谱图可见，铁柱撑后蛭石的结构没有发生明显改变。但经羟基铁柱撑后的蛭石在 3716cm^{-1} 附近的金云母的 Mg—OH 伸缩振动峰消失，可以认为是云母晶层中的 K^+ 与羟基铁发生了交换反应，云母晶层转变为与蛭石晶层相同的结构。

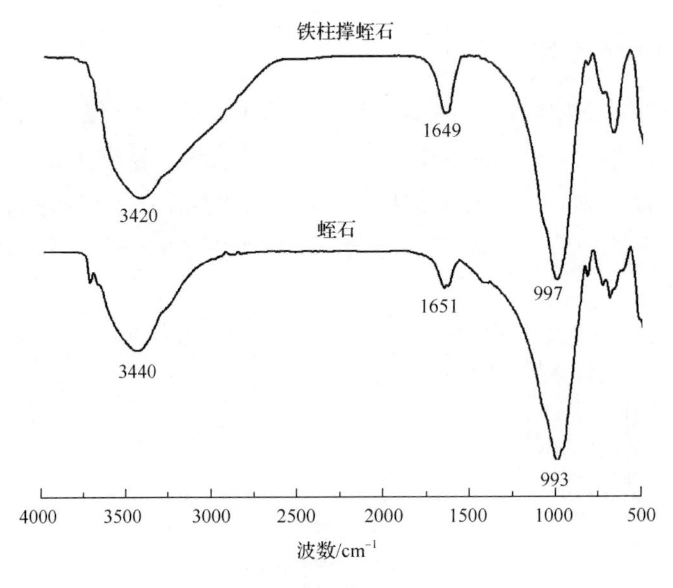

图 2-7　不同蛭石的 FTIR 图

3. 铁柱撑蛭石的 XPS 分析

蛭石原土及铁柱撑蛭石的 XPS 全谱扫描结果如图 2-8 所示，结果表明蛭石的主要元素为 Fe、O、K、Mg、Ca、Si、C 等，所有元素的峰也出现在改性后的全谱扫描图谱中。蛭石的 Fe 信号很弱，经羟基铁柱撑后 Fe 峰的信号增强明显，说明蛭石近表面 Fe 含量增加。

铁在蛭石表面的氧化状态采用 XPS 进行表征，分峰拟合结果如图 2-9 所示。铁柱撑蛭石 XPS 谱图经过分峰软件处理后(图 2-10)，得到两个峰的结合能分别为 710.6 和 712.3eV。本书把结合能位于 710.6eV 的物质归为 Fe_2O_3，认为结合能位于 712.3eV 的物质可能是 FeOOH 聚合物。

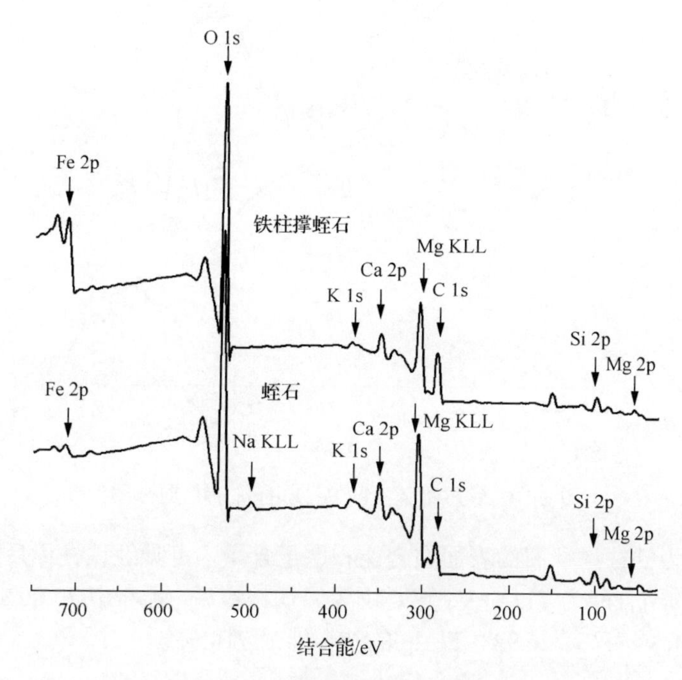

图 2-8　不同蛭石的 XPS 图

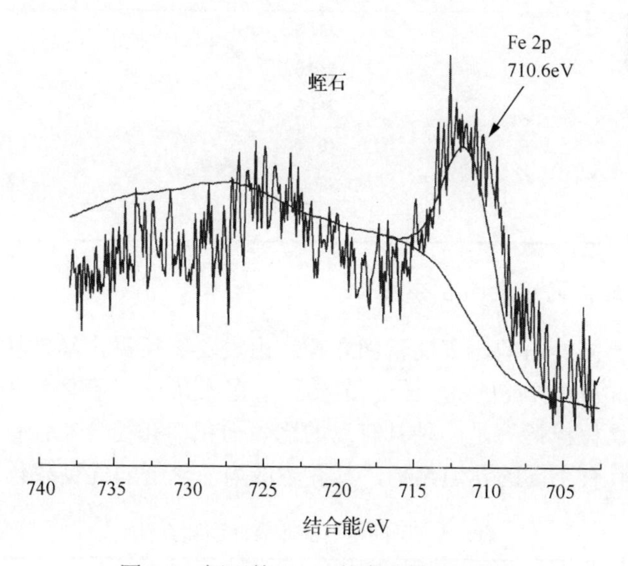

图 2-9　蛭石的 Fe 2p 的高分辨 XPS 图

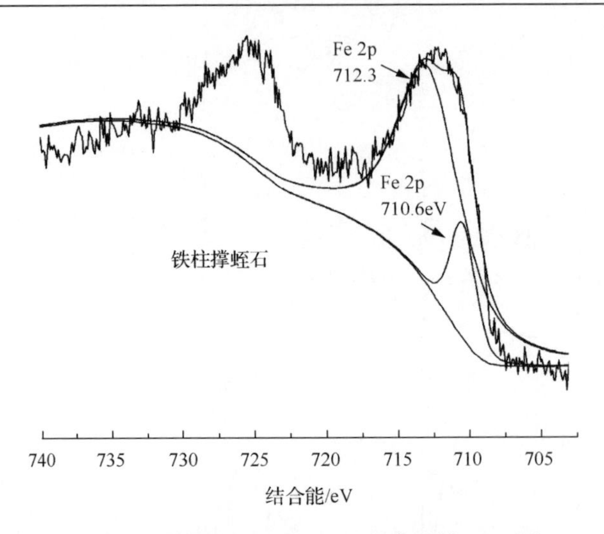

图 2-10　铁柱撑蛭石的 Fe 2p 的高分辨 XPS 图

表 2-5 为铁柱撑蛭石的表面结合能和原子含量，可见经铁柱撑后，铁柱撑蛭虫中 Fe 2p 的结合能为 711.6eV。这是因为经铁柱撑后，蛭石中 73.06% Fe 2p 的结合能为 712.3eV，只有 26.94% Fe 2p 的结合能为 710.6eV。

表 2-5　铁柱撑蛭石的表面结合能和原子含量

元素	结合能/eV	元素的含量(质量分数)/%
C	284.6	27.10
O	530.6	43.8
Fe	711.6	4.70
Si	101.6	12.8
Mg	87.6	8.82
Al	77.6	2.71

4. 铁柱撑蛭石的比表面积分析

表 2-6 为不同蛭石的比表面积和介孔。由表 2-6 可见，经铁柱撑后，样品比表面积为 24.9m^2/g，样品的孔径分布主要集中在 5.46nm，孔体积为 0.0339cm^3/g，这说明改性的铁柱撑蛭石是一种具有高的比表面积、孔径分布较宽、孔体积较大的介孔材料，具有不同的孔道结构，其有望成为催化剂的优良载体。

表 2-6　不同蛭石的比表面积和介孔

样品	比表面积/(m^2/g)	孔体积/($10^{-2}cm^3$/g)	孔径/nm
蛭石	3.15	0.68	8.68
铁柱撑蛭石	24.9	3.39	5.46

图2-11为蛭石和铁柱撑蛭石 N_2 等温吸附-脱附曲线。从图2-11可以看到，吸附和脱附曲线在相对压力为0.5～0.9，铁柱撑蛭石在低温下对氮气的吸附量明显增加，并且出现明显的滞后环，表明其具有介孔的结构，当相对压力大于0.9时，其吸附和脱附曲线急剧上升，说明还存在部分大孔结构。

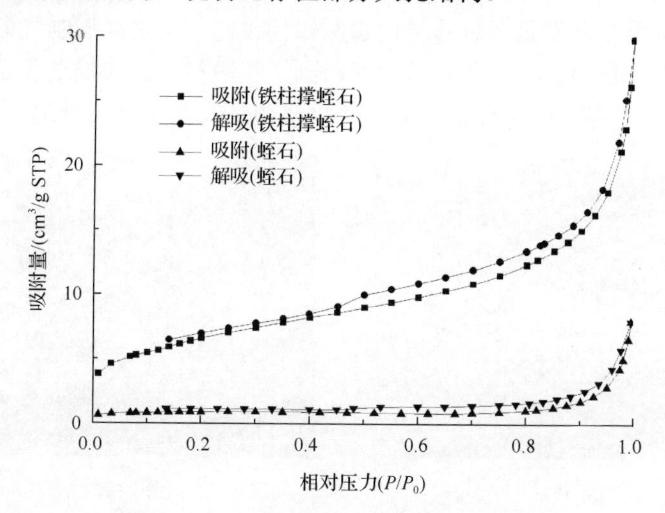

图2-11　样品的氮气吸附-解吸曲线图

5. 铁柱撑蛭石的XRF分析

表2-7为经XRF分析的不同蛭石的化学组成，可知蛭石中含量最多的是O，达到43.71%；其他元素含量从大到小依次为Si、Mg、Al、K、Fe、Ca、Na、Ti、Ba，Fe的含量为3.46%。经铁柱撑后，铁的含量有较大的增加，为12.13%，而Mg、Al、K、Ca、Na、Ti等的含量则有所下降。这表明铁柱撑的过程，层间的阳离子电荷被羟基铁离子取代。

表2-7　不同蛭石的化学组成

元素	质量含量/%		元素	质量含量/%	
	蛭石	铁柱撑蛭石		蛭石	铁柱撑蛭石
O	43.71	44.48	Fe	3.46	12.13
Mg	15.28	14.83	Ti	0.78	0.74
Si	19.91	19.50	K	5.28	2.31
Na	0.85	0.03	Ba	0.25	0.10
Ca	1.32	0.08	Al	7.91	5.70

6. 铁柱撑蛭石的 SEM 分析

扫描电镜(scanning electronic microscopy，SEM)的基本工作过程如下：用电子束在样品表面扫描，同时阴极射线管内的电子束与样品表面的电子束同步扫描，将电子束在样品上激发的各种信号用探测器接收，并用它来调制显像管中扫描电子束的强度，在阴极射线管的屏幕上就得到了相应衬度的扫描电子显微像。本测试采用日本日立 S-4500 型扫描电镜，10.0kV 电压。测试结果见图 2-12。

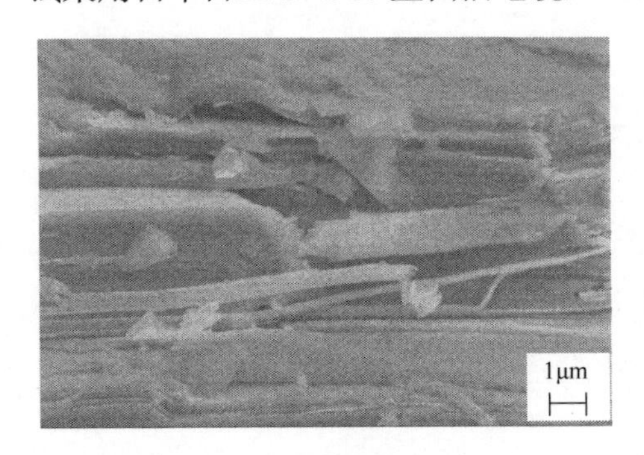

(a) 蛭石

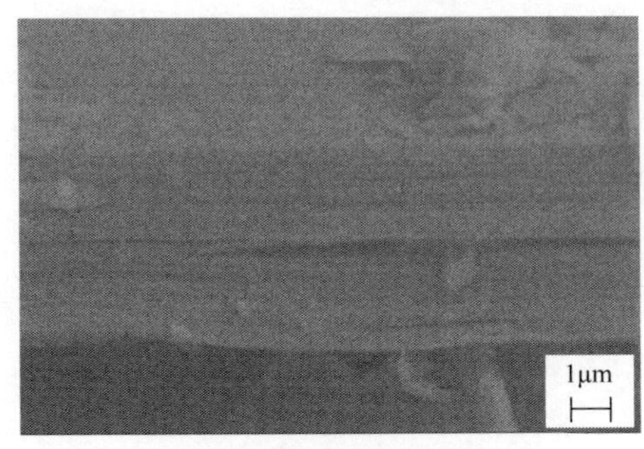

(b) 铁柱撑蛭石

图 2-12　不同蛭石的 SEM 图

由图 2-12 可以看出，铁柱撑后蛭石带状体的厚度增加且表面褶皱、扭曲增多。另外还可以清楚地观察到蛭石具有较完好的晶格特征，说明羟基铁掺入并没有破坏蛭石的晶格结构。

7. 铁柱撑蛭石的粒径分布

光在传播中，波前受到与波长尺度相当的隙孔或颗粒的限制，以受限波前处各元波为源的发射在空间干涉而产生衍射和散射，衍射和散射的光能的空间(角度)分布与光波波长和隙孔或颗粒的尺度有关。用激光做光源，光为波长一定的单色光后，衍射和散射的光能的空间(角度)分布就只与粒径有关，对颗粒群进行衍射，各颗粒级的多少决定着对应各特定角处获得的光能量的大小，而各特定角光能量占总光能量中的比例，应反映各颗粒级的分布丰度。按照这一思路建立表征粒度级丰度与各特定角处获取的光能量的物理模型，进而研制仪器，测量光能，由特定角度测得的光能与总光能的比较可推出颗粒群相应粒径级的丰度比例。

实验中样品粒径分布采用 HORIBA LA-920 型激光粒度分析仪进行测试，测试结果见图 2-13 和图 2-14。

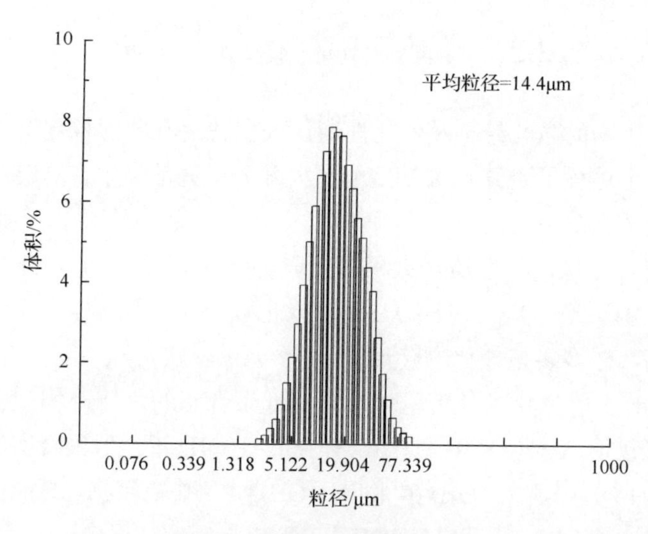

图 2-13　蛭石的粒径分布图

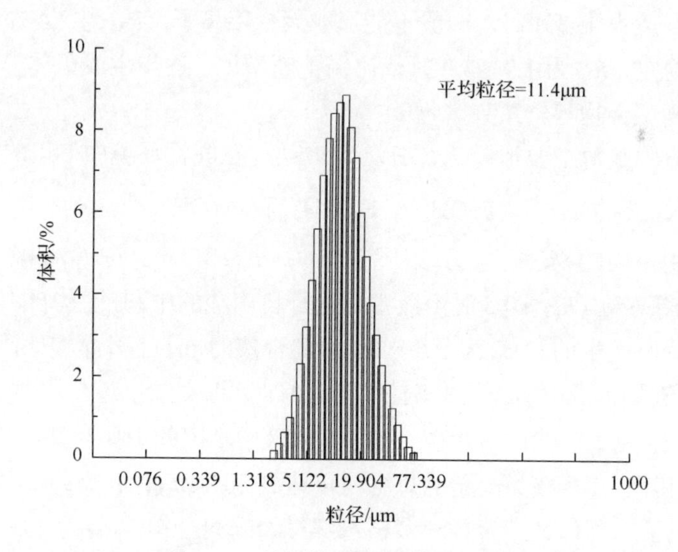

图 2-14　铁柱撑蛭石的粒径分布图

由图 2-13 可见，蛭石原土的平均粒径为 14.4μm，粒径集中于 1.5～80μm。由图 2-14 可见，经过柱撑后得到的铁柱撑蛭石平均粒径为 11.4μm，粒径集中于 1.5～77μm。可见，改性使蛭石的粒径变小，有利于催化反应的进行。

2.2 羟基铁铝柱撑黏土矿物

为了改善矿物的微孔结构及催化性能，人们使用不同的柱化剂和不同的柱化方法对柱撑黏土进行了研究。对 PILCs 的大部分研究都集中在 Al_xFe_y 聚合氧化物作为柱撑前驱体上。

研究表明，柱化剂的性质很大程度上取决于 OH^-/金属值。混合多核氧化物 $[Fe_xAl_{13-x}O_4(OH)_{24}(H_2O)_{12}]^{7+}$ (Fe_xAl) 的形成也取决于 $n_{OH^-}/n_{Al^{3+}+Fe^{3+}}$ 和 $n_{Fe^{3+}}/n_{Al^{3+}}$ 的值，比值越高，越多多核氧化物会形成。

Al^{3+} 离子的水解产物可分为单体形式、低聚合态的水解产物和中高聚物。其中，单体形式包括 $[Al(H_2O)_6]^{3+}$、$[AlOH]^{2+}$ 和 $[Al(OH)_2]^+$；低聚合态的水解产物包括 $[Al_2(OH)_2(H_2O)_8]^{4+}$、$[Al_3(OH)_4]^{5+}$ 和 $[Al_7(OH)_{17}]^{4+}$；中高聚物包括 $[Al_{10}(OH)_{12}]^{18+}$、$[AlO_4Al_{12}(OH)_{24}(H_2O)_{12}]^{7+}$ 和 $[Al_{24}(OH)_{60}]^{12+}$。

溶液中的 OH^- 对溶液中铁铝的水解产物有很大影响。聚合羟基铝中 $n_{OH^-}/n_{Al^{3+}}$ (R_M) 小于 1.9 或大于 3.0 时，一般不能形成聚合铝离子；R_M 为 2.4 左右时形成的聚合离子较稳定，R_M 为 1.9～3.0 时依比例不断增加，逐步生成单体形式、低聚合物形态、中高聚合物等一系列产物。

铁在溶液中水解主要形成 $Fe(OH)_y^{3-y}$ $(y \leqslant 4)$，在酸性环境中 Fe^{3+} 的水解产物主要是 $FeOH^{2+}$、$Fe_2(OH)_2^{4+}$、$FeOH^{2+}$、$Fe(OH)_3$ 和 $Fe(OH)_4^-$ [6]。

有学者用不同的物理化学方法研究了 $n_{Fe^{3+}}/n_{Al^{3+}}$ 和 $n_{OH^-}/n_{Al^{3+}+Fe^{3+}}$ 对柱化溶液组成的影响。结果表明，$R_M \leqslant 0.5$ 时溶液主要进行自由酸的中和，这些自由酸是 NaOH 使 $AlCl_3$ 水解而产生的。R_M 为 0.5～2.0 时混合液的 pH 上升缓慢，因为 $AlCl_3$ 的二聚体、三聚体和多聚体的形成消耗了 NaOH[3]。据文献报道，$AlCl_3$ 的多核水解产物可以在 R_M 为 1.8～2.5 时形成。Al_{13} 是溶液中 Al^{3+} 的主要类型，并且在 R_M 为 2.3～2.4 时，其在 Al 多核类离子的总含量可达到 80%。$n_{OH^-}/n_{Al^{3+}+Fe^{3+}}$ 值增大使 $FeCl_3$ 和 $AlCl_3$ 形成了二聚体、三聚体和多核水解产物的混合物。R_M 为 2.0～2.4 时混合 FeAl 复合体的形成可能是 Fe^{3+} 进入了 Al_{13} 多核类离子的结构体中而形成的。$n_{OH^-}/n_{Al^{3+}+Fe^{3+}} \leqslant 0.5$ 时，Fe 以三价氧化态分别存在于 $[FeO_4]$ 四面体或八面体基团中[7]，当 $n_{Fe^{3+}}/n_{Al^{3+}}$ 小时，溶液中的 Fe^{3+} 主要以八面体或畸变八面体的形式代替 Keggin 离子中的部分 Al^{3+} 存在；随着 $n_{Fe^{3+}}/n_{Al^{3+}}$ 增大，Fe 主要以羟基配位的不定型态存在。随着 $n_{OH^-}/n_{Al^{3+}+Fe^{3+}}$ 的增加，Fe^{3+} 可进入 Al_{13} 结构中。越多 Fe^{3+} 进入含 Al 聚合物的框架结构中，Fe_yO_x 低聚体含量越低。当 Fe^{3+} 含量增加时，溶液中 Fe^{3+} 出现自己的聚合形态如 α-Fe_2O_3、γ-FeOOH 等形态，致使溶液中聚合离子的形态改变。所以，铁铝含量不同，形成的聚合羟基离子也不同。

2.2.1　羟基铁铝柱撑蒙脱石的制备方法

1. Keggin 离子的制备

称取一定量的结晶 $AlCl_3$ 溶于去离子水中，配置成 0.5mol/L 的 $AlCl_3$ 溶液。然后按 $n = [OH^-]/[Al^{3+}] = 2.4$ 用无水 Na_2CO_3 配置 1.0mol/L 的 Na_2CO_3 溶液。不断搅拌并控制反应温度在 80℃左右，将 Na_2CO_3 溶液滴加到 $AlCl_3$ 溶液中，反应结束后继续搅拌 2h，然后将溶液置于室温下老化 24h。

2. 羟基铁铝柱化液的制备

配置 0.2mol/L 的 $FeCl_3$ 溶液，将 Na_2CO_3 粉末缓慢加入 $FeCl_3$ 溶液中，使$[Na^+]/[Fe^{3+}]=0.75:1$。再按一定的 Fe/Al 比例(本实验中分别取 $n_{Fe^{3+}}/n_{Al^{3+}} = 0.1$，0.3，0.5，0.8，1.0，1.2)滴加到 Keggin 离子中；反应结束后继续搅拌 2h；所得柱化液在室温下老化 24h。

按 $n_{Fe^{3+}+Al^{3+}}/m_{蒙脱石}=10mmol/g$ 的比例称取一定质量的蒙脱石，用去离子水配成 2%(质量分数)的蒙脱石溶液，超声波处理 30min；不断强烈搅拌下，将柱化液缓慢滴加到蒙脱石悬浮液中；继续搅拌 3h；室温下老化 48h；所得溶液离心(4000r/min，10min/次)分离并用蒸馏水洗涤 6～7 次，80℃下干燥、研磨，过 200 目筛备用。

最后制得 $n_{Fe^{3+}}/n_{Al^{3+}}$分别为 0.1、0.3、0.5、0.8、1.0、1.2 的羟基铁铝柱撑蒙脱石，原土及样品分别标记为 Mt、FeAl-$Mt_{0.1}$、FeAl-$Mt_{0.3}$、FeAl-$Mt_{0.5}$、FeAl-$Mt_{0.8}$、FeAl-$Mt_{1.0}$、FeAl-$Mt_{1.2}$。

2.2.2　羟基铁铝柱撑蒙脱石表征分析

1. 柱撑蒙脱石的 XRD 结果分析

如上所述，柱撑实验在室温条件下进行。图 2-15 是提纯蒙脱石及以不同 Fe/Al 比例改性后的羟基铁铝柱撑蒙脱石的定向粉晶 XRD 图。表 2-8 列出了不同 Fe/Al 柱撑蒙脱石的 d_{001} 值。

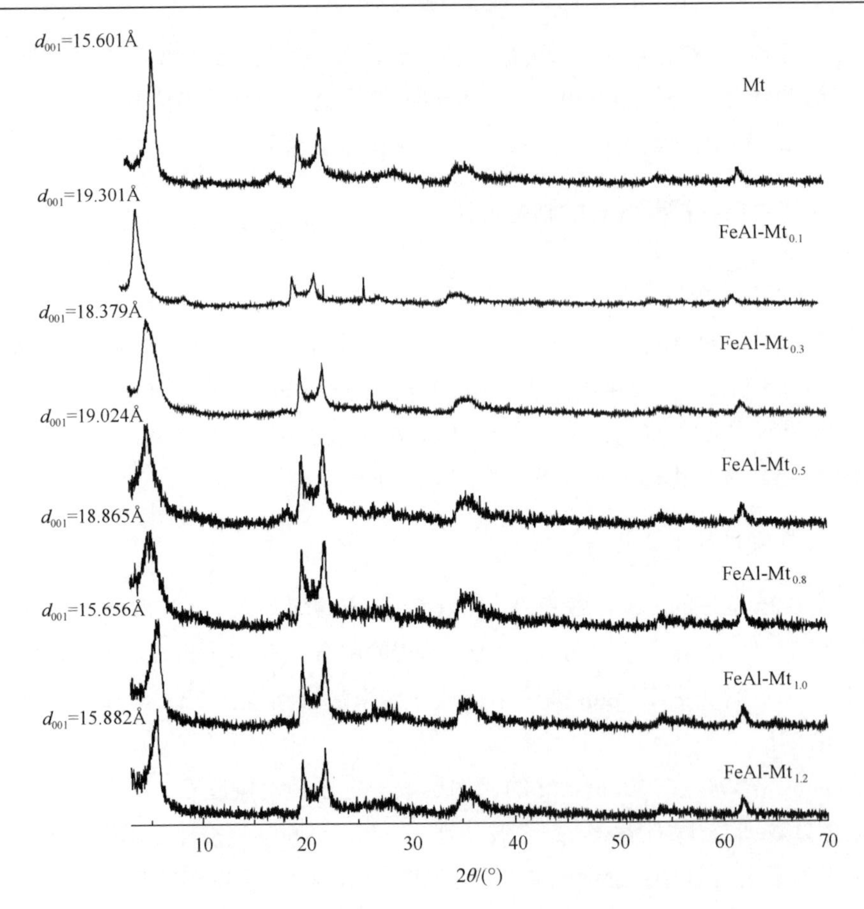

图 2-15　蒙脱石及不同 Fe/Al 比例的羟基铁铝柱撑蒙脱石的 XRD 图

表 2-8　蒙脱石及不同 Fe/Al 比例的羟基铁铝柱撑蒙脱石的 d_{001} 值

样品	d_{001}/Å	样品	d_{001}/Å
Mt	15.601	FeAl-$Mt_{0.8}$	18.865
FeAl-$Mt_{0.1}$	19.301	FeAl-$Mt_{1.0}$	15.656
FeAl-$Mt_{0.3}$	18.379	FeAl-$Mt_{1.2}$	15.882
FeAl-$Mt_{0.5}$	19.024		

对提纯的蒙脱石进行扫描得到图 2-15，从图中可以看到，原土的 d_{001} 峰清晰而尖锐，为钙基蒙脱石的特征峰，提纯后的蒙脱石含量较高。蒙脱石原土在 $2\theta = 5.660°$处的衍射峰代表了蒙脱石的层间域，其 d_{001} 值为 1.560nm。其 d_{001} 衍射峰峰形尖锐而强，高角度一侧较陡，低角度一侧舒缓，说明其有序程度较高，属于薄晶体。经过柱撑后，其 d_{001} 值分别为 1.930nm、1.838nm、1.902nm、1.887nm、1.566nm、1.588nm，分别对应 $n_{Fe^{3+}}/n_{Al^{3+}}$= 0.1、0.3、0.5、0.8、1.0、1.2 改性的蒙脱石的 d_{001} 值。在 $n_{Fe^{3+}}/n_{Al^{3+}}$=0.1 时，d_{001} 值增大最明显，达到 1.930nm，而当 $n_{Fe^{3+}}/n_{Al^{3+}}$

为 1.0 和 1.2 时，d_{001} 值只是略微增加。$n_{Fe^{3+}}/n_{Al^{3+}}$例较低时能有效地支撑开层间距，但 $n_{Fe^{3+}}/n_{Al^{3+}}$达到 1.0 后，对层间距增大作用不明显，所以 Al 对层间距增大起主要作用。比较蒙脱石原土和柱撑蒙脱石的层间域，可以确定柱化剂进入了蒙脱石的内层。

与原土相比，各柱撑蒙脱石的 XRD 峰强度都变弱，这可能是羟基铁、羟基铝及羟基铁铝等聚合离子进入蒙脱石层间，一定程度破坏了蒙脱石的层状结构，从而降低了蒙脱石的结晶度。

2θ=33.2°，35.7°，54.0°的峰是 α-Fe_2O_3 晶体的峰。虽然制备过程中使用的 Fe 含量很高，但扫描图谱中也没有出现其氧化物或氢氧化物的峰，因此 Fe 可能是以非常分散的形式存在于矿物的表面(晶体太小以至于 XRD 检测不出来)。这种在矿物表面分散良好的晶相，可以从 XRS 图谱中得到证明。

2. 柱撑蒙脱石的 FTIR 特征

图 2-16 是含 Fe 和 Al 不同比例的铁铝柱撑蒙脱石的 FTIR 谱图。如前面所述，FTIR 谱图显示了蒙脱石的特征峰，是在高频区和金属离子及水分子结合的羟基的伸缩峰。在 3624cm^{-1} 附近，蒙脱石具有典型宽化的羟基键(Al—O—H)伸缩振动峰；3433cm^{-1} 附近是层间水分子的伸缩振动，与中频波段的 1642cm^{-1} 的水分子弯曲振动相对应。Si—O—Si 伸缩振动为双峰结构，分别位于 1034cm^{-1} 和 1087cm^{-1} 附近。而矿物结构的特征峰则主要出现在低波段范围，914cm^{-1} 是八面体层 Al—O(OH)—Al 的平移振动引起的吸收谱峰，840cm^{-1} 则是 Al—Mg—OH 的吸收谱峰。519cm^{-1} 可能由 Si—O—Mg 或 Si—O—Al 引起。467cm^{-1} 可能由 Si—O—Fe 引起。626cm^{-1} 附近出现的吸收峰是 Fe 和蒙脱石结构中的 Al—O 和 Si—O 四面体中的氧原子配位。

蒙脱石原土的羟基键(Al—O—H)伸缩振动(ν_3)出现在 3624cm^{-1}，柱撑后蒙脱石的 O—H 伸缩振动峰和蒙脱石原土比较并没有很大的不同，只是在峰的强度上有差别。这一现象是合理的。因为此波数(3624cm^{-1})与黏土矿物层间的阳离子类型和含量无关，层间阳离子交换对 Al—O(OH)八面体中的 OH 结构没有影响，柱撑过程可能只是聚合金属阳离子的界面协调作用影响了表面羟基。

水分子具有三种基本振动模式，即对称伸缩振动(ν_1)、H—O—H 弯曲振动(ν_2)和不对称伸缩振动(ν_3)。3433cm^{-1} 处对应于蒙脱石中水的对称伸缩振动 ν_1(O—H)。从图 2-16 中可以看出，它的强度受层间阳离子的类型及浓度影响很大。Fe 和 Al 以 Fe/Al=0.1 比例引入蒙脱石时，ν_1 向高频区迁移，达到 3446cm^{-1}，并且柱撑蒙脱石的 ν_1(O—H)比原土的(3433cm^{-1})强度高。这是改性蒙脱石中氢键结合强度增加引起的，因为亲水性阳离子会增强水分子极化中氢键的结合。随着 Fe/Al 增加，ν_1 又向低频波数漂移，当 Fe/Al=1.0 和 1.2 时，O—H 伸缩振动分别为 3432cm^{-1} 和 3426cm^{-1}，这说明 Fe 含量增加时，氢键结合强度降低。

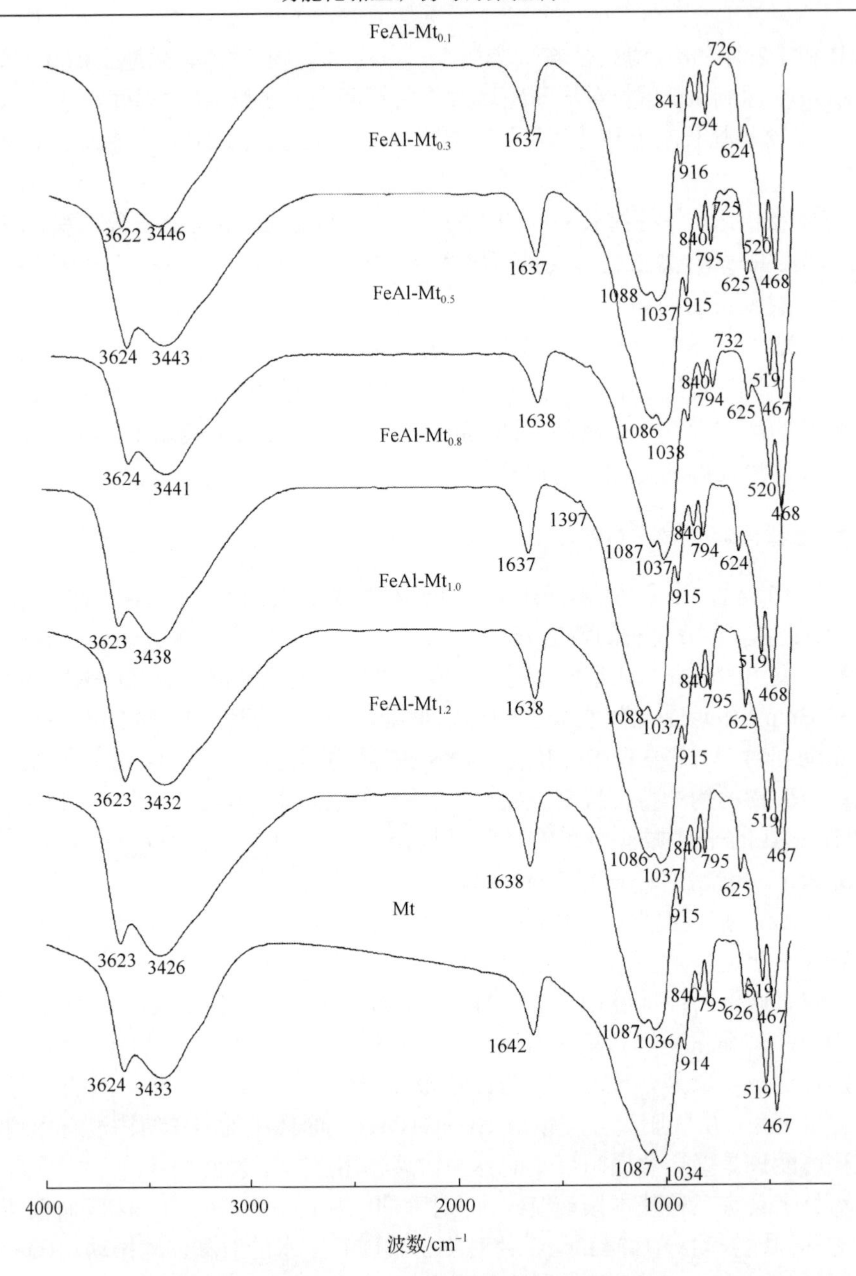

图 2-16　蒙脱石及不同 Fe/Al 比例的羟基铁铝柱撑蒙脱石的 FTIR 图

改性后，H—O—H 弯曲振动(ν_2)从 1642cm^{-1} 偏移到 1637($n_{Fe^{3+}}/n_{Al^{3+}}$= 0.1，0.3，0.8)及 1638cm^{-1}($n_{Fe^{3+}}/n_{Al^{3+}}$=0.5，1.0，1.2)，表明 FeAl-Mt 的亲水性经过改性后增加。ν_2 振动向低波数的漂移归因于水分子 2∶1 层的 Si—O 伸缩振动所形成的羟键的结果[1]。因为性阳离子会增强水分子极化中 H 键的结合，H—O—H 弯曲振动(ν_2)

向低波数漂移。

同时，由图2-16可见，柱撑后所有样品的H—O—H弯曲振动强度低于Mt，这是由于羟基铁铝阳离子进入蒙脱石层间空隙而导致FeAl-Mt含水量增加。

蒙脱石原土中Si—O的伸缩振动双峰出现在$1087cm^{-1}$和$1034cm^{-1}$，改性后分别出现在$1088cm^{-1}$和$1037cm^{-1}$、$1086cm^{-1}$和$1038cm^{-1}$、$1087cm^{-1}$和$1037cm^{-1}$、$1088cm^{-1}$和$1037cm^{-1}$、$1088cm^{-1}$和$1037cm^{-1}$、$1086cm^{-1}$和$1037cm^{-1}$、$1087cm^{-1}$和$1036cm^{-1}$。这说明羟基铁铝进入层间对Si—O基团没有很大的影响。Al—OH—Al弯曲振动从$914cm^{-1}$偏移到$916cm^{-1}$和$915cm^{-1}$。

根据以上分析，不同Fe/Al的柱化剂对蒙脱石的表面性质产生的影响不同，峰形的变化和偏移说明柱化剂的改性作用较明显。

2.3 铁锆柱撑黏土矿物

目前研究较多的复合柱化剂都是以羟基铝离子为基础，如Fe-Al、Zr-Al、Cr-Al、Pd-Al、Cu-Al、Si-Al、Ni-Al等。这主要是由于聚合羟基铝离子(即Keggin离子，Al_{13})具有比较明确、稳定的化学组成与结构，以及较高的电荷。如胡敏[8]利用离子交换法制备了Fe-Al柱撑蒙脱石，并对Fe-Al柱化剂离子的晶体结构进行了初步探讨，指出Fe-Al柱化剂离子的结构中Fe可能是以八面体或畸变八面体的形式替代Keggin离子中部分Al的位置，也可能是以类似聚合经基硅铝的结构存在于蒙脱石层间。

柱撑剂的性质决定了柱撑蒙脱石的性质，其选择依应用目的而定。聚合羟基铁离子是一种非常有效的吸附与催化组分，能够吸附去除水体中各种杂质[9]，同时具有比聚合羟基铝离子更高的电荷，因而关于Fe柱撑蒙脱石的吸附与催化的应用研究较多。如Cooper等[10]发现Fe柱撑蒙脱石比Al柱撑蒙脱石对重金属离子具有更高的亲和性。Mishra和Parida[11]用Fe与Cr的三聚醋酸盐复合物作为柱化剂，合成了Fe-Cr柱状蒙脱石材料。样品在773K煅烧后可作为碳氢化合物脱氢反应的高选择性的催化剂，脱氢的选择性可通过Fe对Cr的比率控制。但研究表明，Fe柱撑蒙脱石的层间距都较小，对其比表面积与孔结构有较大的影响，进而影响其反应活性。另一方面，聚合羟基锆离子是一种最为常用的柱撑剂，其组成为$[Zr_4(OH)_{14}(H_2O)_{10}]^{2+}$。Zr柱撑蒙脱石通常具有较大的层间距与丰富的微孔结构。Gil等[12]研究指出Zr柱撑蒙脱石比Al柱撑蒙脱石具有更高的热稳定性及更多的酸位，因而对有机物及金属离子具有更强的吸附能力。

2.3.1 聚合羟基 Fe、Zr 柱撑剂的制备

1. 聚合羟基铁柱撑液的制备

实验条件：$n_{OH^-}/n_{Fe^{3+}} = 2:1$，水浴反应温度 60℃，搅拌时间 2h，老化温度 60℃，陈化时间 24h。将 100mL Na_2CO_3 溶液(0.1mol)通过漏斗以大约 5mL/s 的速度滴加到 $FeCl_3$ 溶液中(0.1mol)；以上反应在水浴磁力搅拌器中进行，控制温度为 60℃，滴加完成后再均匀搅拌 2h；水浴 60℃陈化 24h。

2. 聚合羟基锆柱撑液的制备

将 0.1mol $ZrOCl_2 \cdot 8H_2O$ 添加到含 250mL 去离子水的烧杯中，配成 0.4mol/L 的溶液，在水浴磁力搅拌器中(60℃)均匀搅拌 2h；水浴 60℃陈化 24h。

3. 聚合羟基铁锆柱撑液的制备

将上述已经制备好的聚合羟基铁柱撑液和聚合羟基锆柱撑液按一定的体积比例(1∶1 和 4∶1)均匀混合在一起；在水浴磁力搅拌器中均匀搅拌 3h；水浴 60℃陈化 24h。

4. 聚合羟基 Fe/Zr 柱撑蒙脱石的制备

在不断搅拌的条件下，按 $n_M/m_{蒙脱石}$=10mmol/g 的比例(M 指 Fe、Zr 或 Fe/Zr 复合体)，将 2.2.2 节中制备好的柱化剂分别缓慢地滴入 2%的钠蒙脱石浆液中，控制滴加速度大约为 10mL/s，滴完后继续搅拌 2h，将上述混合浆液置于 60℃水浴中老化 24h，然后将柱撑产物置于离心机中以 4000r/min 离心分离 10min，弃去清液，用去离子水清洗 5～7 次，最后将柱撑产物在 80℃温度下烘 24h，研磨过 200 目筛，得到柱撑蒙脱石，分别记为 Fe-Mt、$Fe/Zr_{4:1}$-Mt、$Fe/Zr_{1:1}$-Mt 及 Zr-Mt。

2.3.2 聚合羟基 Fe/Zr 柱撑蒙脱石的表征与分析

1. XRF 分析

蒙脱石及柱撑蒙脱石的元素组成分析见表 2-9，XRF 分析结果表明，经过钠化处理的 Ca-Mt，Ca 含量急剧减少而 Na 含量显著增加，说明钙蒙脱石钠化成功。柱撑蒙脱石中的 K、Ca 及 Na 含量显著减少，同时 Fe 与 Zr 的含量随初始投加量而依次增加，说明聚合羟基 Fe、Zr 或 Fe/Zr 离子通过离子交换作用进入了蒙脱石层间域。

表 2-9　蒙脱石及柱撑蒙脱石的元素组成分析　　　　　　(单位：%)

样品	O	Si	Al	Mg	Ca	K	Na	Fe	Zr
Ca-Mt	50.8	32.4	6.75	1.86	1.7	0.09	0.72	2.07	
Na-Mt	48.08	33.07	7.73	2.22	0.38	0.11	3.68	1.28	
Fe-Mt	39.7	18.47	4.23	1.24	0.02	0.03	0.03	32.54	
Fe/$Zr_{4:1}$-Mt	40.64	20.89	4.49	1.29	0.03	0.05	0.07	17.73	10.37
Fe/$Zr_{1:1}$-Mt	40.96	22.25	5.17	1.45	0.03	0.06	0.09	10.61	15.12
Zr-Mt	40.41	21.07	5.42	1.67	0.05	0.1	0.04	1.05	27.35

2. XRD 分析

图 2-17 为 Na-Mt 及柱撑蒙脱石的 XRD 图。从图 2-17 可以看出，Na-Mt 的 001 衍射峰尖锐且强度大，这说明 Na-Mt 的结构有序、结晶度较好。而柱撑蒙脱石的 001 衍射峰强度较 Na-Mt 要弱得多，且对于 Fe/$Zr_{4:1}$-Mt，Fe/$Zr_{1:1}$-Mt 及 Zr-Mt，其 001 衍射峰变得宽而弥散，这可能主要是 Fe/Zr 或 Zr 柱化剂插入到蒙脱石层间，导致层间结构变得无序和混乱所致。另一方面，这也说明 Fe 柱化剂可能只有少量进入了层间域。Na-Mt 的层间距 d_{001}=1.27nm，柱撑反应后，Fe-Mt、Fe/$Zr_{4:1}$-Mt、Fe/$Zr_{1:1}$-Mt 及 Zr-Mt 的层间距 d_{001} 分别为 1.58nm、1.83nm、2.01nm 及 2.01nm，说明 Fe、Fe/Zr 和 Zr 柱撑剂成功进入了蒙脱石的层间域。同时可以发现，随着 Zr

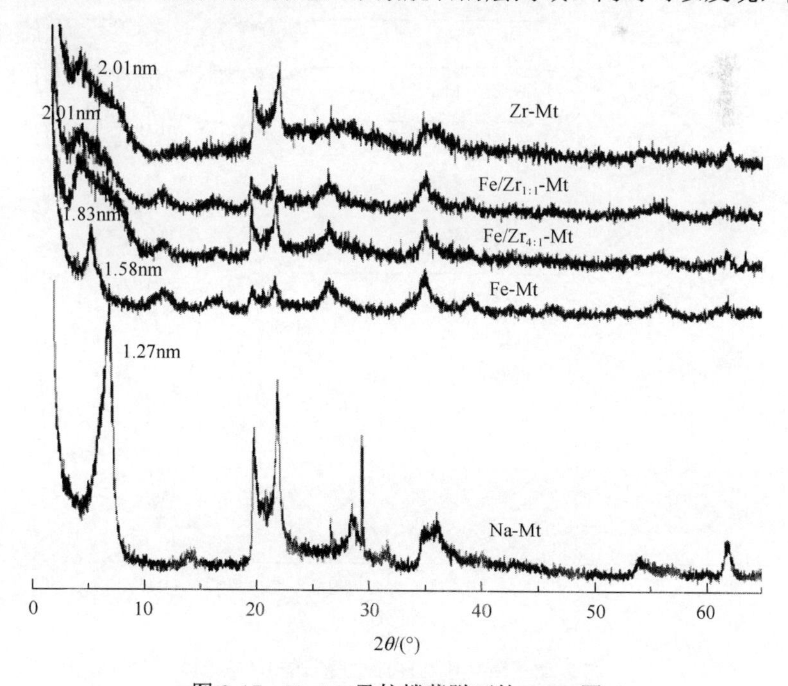

图 2-17　Na-Mt 及柱撑蒙脱石的 XRD 图

含量的增加，d_{001} 值也随之增大，这说明层间距的大小主要由 Zr 柱化剂决定。Fe-Mt 的层间距 d_{001} 明显小于 Fe/Zr-Mt 和 Zr-Mt，原因可能是 Fe 柱化剂主要发布在蒙脱石的外表面，少部分进入层间域，而 Fe/Zr 和 Zr 柱化剂更多地插入了层间域内。

从图 2-17 还可以看出，相对于 Na-Mt，柱撑蒙脱石的 001 衍射峰(2θ)向低角度方向飘移，从 $2\theta = 6.9°$分别移向 $2\theta=5.6°$、4.8°、4.7°及 4.3°，说明柱撑过程对蒙脱石层间结构产生了影响。另外，从 Fe-Mt、Fe/$Zr_{4:1}$-Mt 及 Fe/$Zr_{1:1}$-Mt 的 XRD 图中可发现 2 个新峰(约 $2\theta=12°$和 16.5°处)，对应着羟基氧化铁(FeOOH)结晶体，可能是在老化和干燥的过程中形成的结晶态 Fe。而在 Zr-Mt 中没有发现新峰，说明在制备的过程中 Zr 比 Fe 更难结晶化，在本次实验条件下可能只有非结晶态的 Zr 形成。

3. FTIR 分析

Na-Mt、Fe-Mt、Fe/$Zr_{4:1}$-Mt、Fe/$Zr_{1:1}$-Mt 和 Zr-Mt 的 FTIR 表征结果见图 2-18 及表 2-10 所示。从图 2-18 可以看出，Na-Mt 经过柱撑后，红外光谱峰形基本一致，说明蒙脱石的骨架没有发生明显的变化。同时在 $3628cm^{-1}$ 和 $915cm^{-1}$ 处的 Al—OH 伸缩与弯曲振动峰明显减弱，说明 Fe、Fe/Zr 和 Zr 柱化剂与蒙脱石中 Al—OH 存在化合作用。$919cm^{-1}$ 处吸收峰的减弱是因为柱化剂释放出 H^+进入铝氧八面体片后，

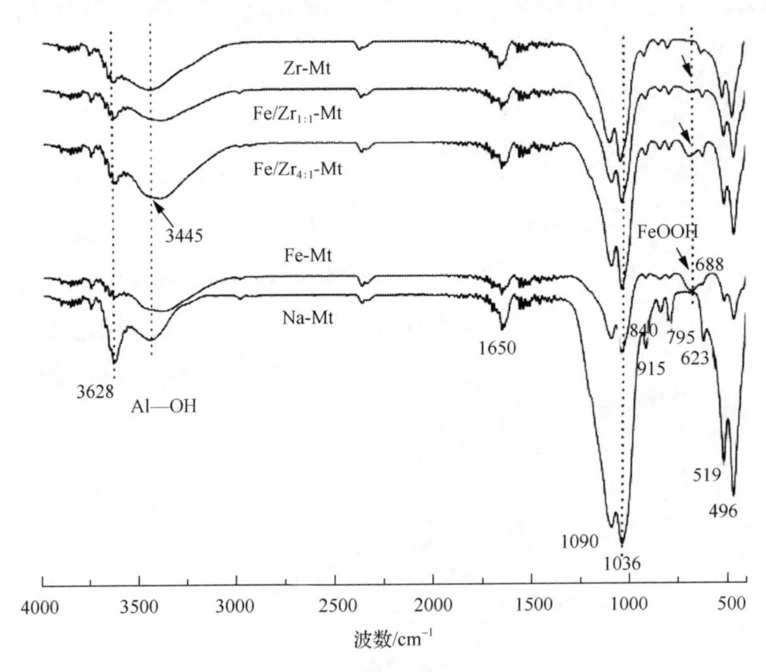

图 2-18 Na-Mt 及柱撑蒙脱石的 FTIR 图

与 Al—OH 中的—OH 发生水合作用。同时还可以观察到柱撑蒙脱石在 3440cm^{-1} 左右处的吸收峰较 Na-Mt(3445cm^{-1})向更低的波数飘移(表 2-10)，同时峰也变得更宽，这表明柱撑蒙脱石层间的水含量增加，这主要是金属柱撑剂中结合水的引入所致。

此外，与 Na-Mt 相比，柱撑蒙脱石在 1090～400cm^{-1} 的峰强有明显的下降，说明柱撑过程中的聚合羟基 Fe、Fe/Zr 和 Zr 离子与 Na-Mt 四面体片中的 Si—O 发生成键作用。同时还可注意到在 Fe-Mt 与 Fe/Zr-Mt 的 FTIR 图中，在 688cm^{-1} 处出现了新的吸收峰，对应羟基氧化铁(FeOOH)的弯曲振动，这与 XRD 结果一致。

表 2-10　吸附材料主要振动峰的位置变化　(单位：cm^{-1})

样品	Al—OH的伸缩和变形振动		水分子的羟基伸缩和变形振动		C—C 变形振动	Si—O 伸缩和变形振动		Al—Mg—OH 变形振动	FeOOH 变形振动
Na-Mt	3628	915	3445	1650		1090	1036	840	
Fe-Mt	3629	915	3387	1650		1091	1039	844	688
Fe/$Zr_{4:1}$-Mt	3628	915	3393	1650		1091	1038	841	693
Fe/$Zr_{1:1}$-Mt	3629	915	3386	1650		1089	1039	839	687
Zr-Mt	3628	915	3411	1650		1090	1038	839	
Fe-Mt-Cr	3629	915	3418	1650		1090	1038	842	691
Fe/$Zr_{1:1}$-Mt-Cr	3628	914	3420	1650		1088	1040	841	690
Zr-Mt-Cr	3627	916	3420	1643		1087	1039	840	
Na-Mt-Cu	3627	914	3451	1641	1384	1088	1034	840	
Fe-Mt-Cu	3622	916	3421	1635	1384	1092	1036	842	695
Fe/$Zr_{4:1}$-Mt-Cu	3619	916	3425	1634	1384	1090	1037	840	690
Fe/$Zr_{1:1}$-Mt-Cu	3618	916	3428	1634	1384	1090	1038	840	691
Zr-Mt-Cu	3619	916	3432	1634	1384	1089	1038	840	

4. 比表面积与孔结构分析(BET)

表 2-11 为 Na-Mt 与柱撑蒙脱石的零电荷点、层间距及孔结构信息，从表 2-11 可以看出，Na-Mt 的比表面积 S_{BET}=80.2433m^2/g，经过柱撑后的蒙脱石的比表面积都大幅提高，Fe-Mt、Fe/$Zr_{4:1}$-Mt、Fe/$Zr_{1:1}$-Mt 和 Zr-Mt 的比表面积分别达到了 163.800m^2/g、121.632m^2/g 和 176.942m^2/g。比表面积的提高说明柱撑过程使蒙脱石的结构中产生了更多的孔隙和微孔结构。值得注意的是，Fe-Mt 的比表面积虽然比 Na-Mt 大了一倍，但其微孔比表面积 S_{micro} 和微孔体积 V_{micro}(cm^3/g)却比 Na-Mt 小。关于这点，笔者认为主要原因可能是只有少量分子小的聚合羟基 Fe 离子进入了层间，大部分的 Fe 分布在蒙脱石的外表面。关于聚合羟基 Fe 柱撑蒙脱石较困难，之前也多有报道[13]。而进入层间或其他孔隙的小分子聚合羟基 Fe 离子可能充填了 Na-Mt 中大量的微孔结构，阻碍了蒙脱石结构中的一些主要通道，导致 N_2 不容易进入，故而采用 N_2 吸附脱附法测得微孔比表面积 S_{micro} 和微孔体积

V_{micro}都很低[13]。分布在蒙脱石外表面的聚合羟基 Fe，形成了大量的中等孔(孔径在 2～50nm)而导致比表面积 S_{BET} 增大。同时，随着 Zr 含量的增加，柱撑蒙脱石的微孔比表面积 S_{micro} 和微孔体积 V_{micro} 也随之增加，说明 Zr 的插入有利于蒙脱石微孔结构的生成。

表 2-11 Na-Mt 与柱撑蒙脱石的零电荷点、层间距及孔结构信息

样品	pH_{ZPC}	d_{001}/nm	S_{BET}/(m^2/g)	S_{ext}/(m^2/g)	S_{micro}/(m^2/g)	D_a/nm	V_t/(cm^3/g)	V_{micro}/(cm^3/g)
Na-Mt		1.27	80.2433	57.0050	23.2438	7.9684	0.2059	0.010358
Fe-Mt	5.8	1.58	163.800	156.142	7.65880	7.0805	0.2983	0.001823
Fe/$Zr_{4:1}$-Mt	4.0	1.83	145.173	92.0570	53.1164	5.6102	0.1987	0.023950
Fe/$Zr_{1:1}$-Mt	3.8	2.01	121.632	63.8010	57.8300	5.5001	0.1835	0.026415
Zr-Mt	4.3	2.01	176.942	71.3900	105.552	3.8493	0.1621	0.048548

注：D_a 为平均直径；S_{BET} 为 BET 比表面积，S_{ext} 为外表面积；V_t 为总孔体积。

图 2-19 展示了几种材料 N_2 吸附-脱附等温线及孔径分布曲线。所有材料的等温线均属于 IV 型等温线并具有 H3 型滞后环，这对应于介孔材料特性。H3 型滞后环的形状与材料中介孔的特性密切相关。从图 2-19 可以看出，Fe-Mt 的滞后环最大，这与其具有最多的中孔是一致的。另外，几种材料的平均孔径大小逐渐减小，这与微孔体积不断增加是统一的。

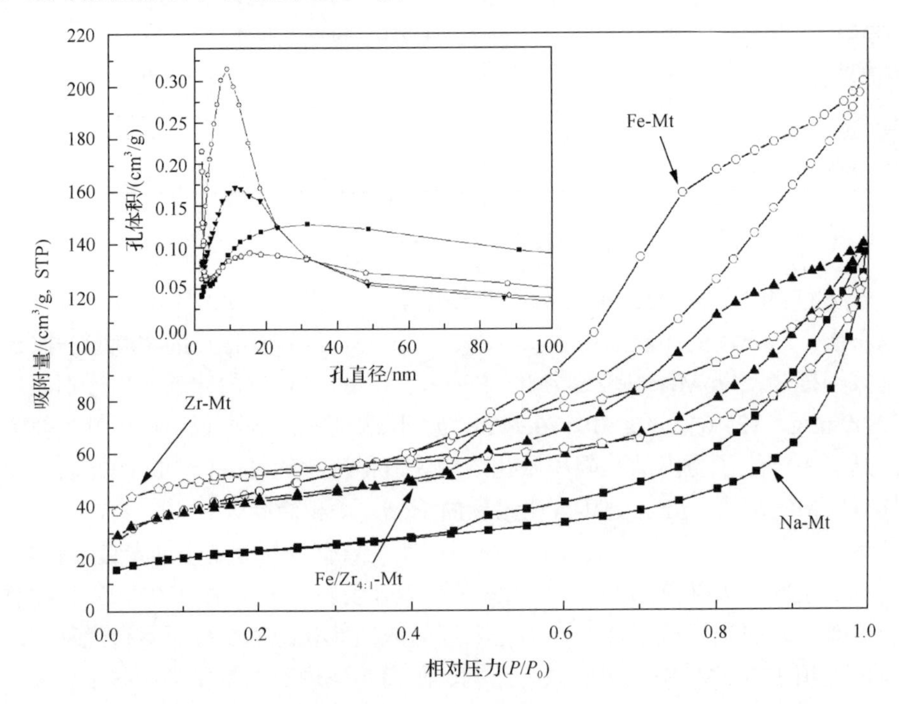

图 2-19 Na-Mt 与柱撑蒙脱石的 N_2 吸附/解吸等温曲线及孔径分布曲线

5. SEM 分析

图 2-20 为 Na-Mt、Fe-Mt 及 Fe/Zr-Mt 的 SEM 图，由图 2-20 可知，Na-Mt 的表面比较平滑，而 Fe-Mt 的表面出现了许多絮状的新物相，Fe/Zr-Mt 的表面则表现为微孔较多。Fe-Mt 表面新出现的物相即为结晶态的 Fe 的羟基化合物，这直观地印证了 XRD 与 FTIR 的表征结果。同时 SEM 图也直观地揭示了聚合羟基 Fe 离子主要分布在蒙脱石外表面的事实，以及前面的相关表征结果。

(a) Na-Mt　(b) Fe-Mt　(c) Fe/Zr-Mt

图 2-20　Na-Mt、Fe-Mt 及 Fe/Zr-Mt 的 SEM 图

6. Zeta 电位分析

不同 pH 下所有样品的 Zeta 电位值见图 2-21，Na-Mt 的 Zeta 电位在整个 pH 范围内都是负值，说明 Na-Mt 表面具有较多的负电荷。而柱撑蒙脱石 Fe-Mt、Fe/Zr-Mt 和 Zr-Mt 的 Zeta 电位值显著增加，表明正电荷在柱撑蒙脱石的表面逐渐积聚。从图 2-21 可以看出，Fe-Mt 的零电荷点(pH_{ZPC})最高(达 5.8)，原因在于聚

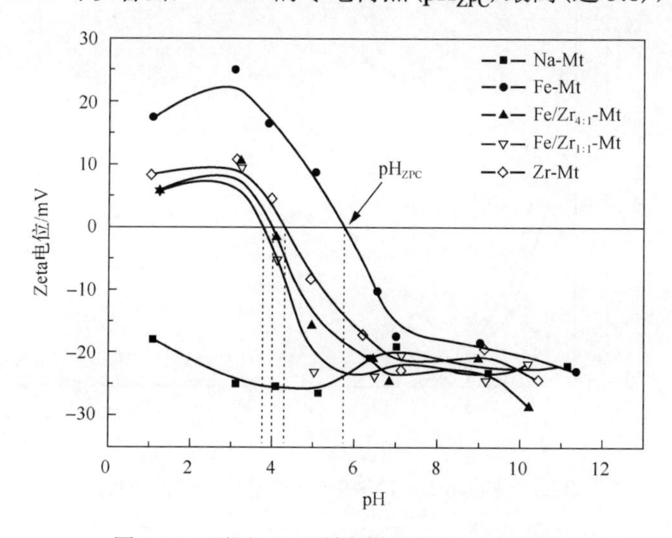

图 2-21　不同 pH 下所有样品的 Zeta 电位值

合羟基 Fe 带有正电荷，并且柱撑后主要分布于蒙脱石的外表面。值得注意的是，Fe/Zr-Mt 的零电荷点比 Zr-Mt 要低，尽管 Fe/Zr-Mt 中含有大量的聚合羟基 Fe，原因可能与聚合羟基 Fe/Zr 离子有关。聚合羟基 Fe/Zr 离子并不是聚合羟基 Fe 离子与聚合羟基 Zr 离子简单机械地混合，它具有区别于单一金属柱化剂的结构性质。据此推测，聚合羟基 Fe/Zr 离子可能能结合更多的羟基而降低了表面正电荷，故而降低了 pH_{ZPC}。

7. *柱撑蒙脱石稳定性分析*

柱撑蒙脱石的制备过程中，常常在完成插层反应后，对合成的材料进行煅烧处理，使柱化剂在层间生成金属氧化物。煅烧处理能够提高材料的热稳定性，常应用于催化领域。本实验中也对材料进行了煅烧处理，发现煅烧后的材料对 Cr(Ⅵ)及 Cu-EDTA(乙二胺四乙酸)均无吸附效果。但不经过煅烧处理，在溶液低 pH 下，聚合羟基离子有可能由于酸碱中和作用分解而导致金属离子释放到溶液中，引起二次污染问题。为了检查可能出现的金属离子泄露的问题，本节对 $Fe/Zr_{1:1}$-Mt 在不同的溶液 pH 下，溶液中 Fe 离子与 Zr 离子的含量进行了分析。如图 2-22 所示，实验结果表明，在 pH 为 2.0 和 3.2 时，溶液中的 Fe 离子的含量分别为 1.0mg/L 和 0.14mg/L，当 pH 高于 4.0 时，溶液中基本检测不到 Fe 离子和 Zr 离子。因此，可以认为在材料的最佳吸附 pH 范围内，材料的稳定性还是可以接受的，不存在引入二次污染的问题。

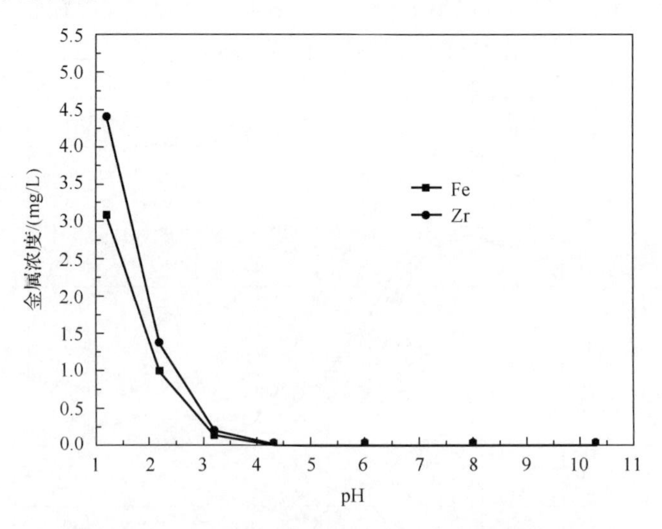

图 2-22　不同 pH 下溶液中 Fe 离子与 Zr 离子的含量

参 考 文 献

[1] Zhu M X, Ding K Y, Xu S H, et al. Adsorption of phosphate on hydroxyaluminum-and hydroxyiron-montmorillonite complexes. Journal of Hazardous Materials, 2009, 165(s 1-3): 645-651.

[2] Bineesh K V, Kim S Y, Jermy B R, et al. Synthesis, characterization and catalytic performance of vanadia-doped delaminated zirconia-pillared montmorillonite clay for the selective catalytic oxidation of hydrogen sulfide. Journal of Molecular Catalysis A Chemical, 2009, 308(1-2): 150-158.

[3] Hamal D B, Klabunde K J. Synthesis, characterization, and visible light activity of new nanoparticle photocatalysts based on silver, carbon, and sulfur-doped TiO_2. Journal of Colloids and Interface Science, 2007, 311(2): 514-522.

[4] Chen Q, Wu P, Li Y, et al. Heterogeneous photo-Fenton photodegradation of reactive brilliant orange X-GN over iron-pillared montmorillonite under visible irradiation. Journal of Hazardous Materials, 2009, 168(2-3): 901-908.

[5] 袁鹏, 杨丹, 陶奇, 等. 铁盐水解法制备铁层柱蒙脱石及其结构特性研究. 矿物岩石地球化学通报, 2007, 26(2): 111-117.

[6] Yan L, Sun D. Effect of CeO_2 doping on catalytic activity of Fe_2O_3/gamma-Al_2O_3 catalyst for catalytic wet peroxide oxidation of azo dyes. J Hazard Mater, 2007, 143(1-2): 448-454.

[7] Tang J, Yang Z F, Yi Y J. Enhanced adsorption of methyl orange by vermiculite modified by cetyltrimethylammonium bromide (CTMAB). Procedia Environmental Sciences, 2012, 13(10): 2179-2187.

[8] 胡敏. Fe-Al 柱撑蒙脱石的制备与表征. 长沙: 中南大学硕士学位论文, 2008.

[9] Jiang J Q, Graham N J D. Enhanced coagulation using Al/Fe(Ⅲ) coagulants: Effect of coagulant chemistry on the removal of colour-causing NOM. Environmental Technology, 1996, 17(9): 937-950.

[10] Cooper C, Jiang J Q, Ouki S. Preliminary evaluation of polymeric Fe- and Al-modified clays as adsorbents for heavy metal removal in water treatment. Journal of Chemical Technology and Biotechnology, 2002, 77(5): 546-551.

[11] Mishra T, Parida K. Transition metal oxide pillared clay: 5. Synthesis, characterisation and catalytic activity of iron–chromium mixed oxide pillared montmorillonite. Applied Catalysis A General, 1998, 174(1-2): 91-98.

[12] Gil A, Massinon A, Grange P. Analysis and comparison of the microporosity in Al-, Zr- and Ti-pillared clays. Microporous Materials, 1995, 4(5): 369-378.

[13] Peng Y, Annabi-bergaya F, QI T, et al. A combined study by XRD, FTIR, TG and HRTEM on the structure of delaminated Fe-intercalated/pillared clay. Journal of Calloid and Interface Science, 2008, 324(1-2): 142-149.

第3章　黏土矿物的有机改性方法

对黏土矿物进行有机改性可以提高材料的憎水性能、增大材料的层间距等。对黏土矿物的有机插层始于20世纪40年代，有机插层剂包括乙二胺、丙三醇等中性分子和脂肪胺等阳离子型物质，并采用XRD、FTIR和热重分析等表征方法对材料的结构进行了表征。此后，对黏土的有机改性研究一直没有间断过。有机改性一般集中在阳离子表面活性剂改性，阳离子和黏土间的反应集中在有机分子同黏土矿物层间及表面的反应，常用的有机阳离子为季铵盐阳离子。通过有机改性，黏土矿物材料从亲水性变为亲油性。

季铵盐性表面活性剂属于阳离子型表面活性剂。季铵盐改性法是有机改性黏土矿物最常用的方法。所用季铵盐通常为不同碳原子数的烷基铵盐，最常用的季铵盐就是十六烷基三甲基溴化铵(hexadecyl trimethyl ammonium bromide，HDTMAB)。由于季铵盐阳离子是体积较大的分子结构，通过离子交换到改性黏土矿物的层间域后，使层间距扩大，从而使结构层片间的作用力减弱，因而插层反应更容易进行。季铵盐是目前应用最广泛的一种黏土改性剂，季铵盐改性蛭石具有工艺简单，性能稳定等明显优点。

吴平霄[1-3]用HDTMAB对蛭石(VER)原土改性，深入地研究了HDTMAB在蛭石层间的排列特征及HDTMAB与蛭石之间的相互作用。研究表明：HDTMAB可较容易地进入蛭石层间域，以倾斜立式模式在蛭石层间排列；当其投加量相对较少时，HDTMAB与蛭石之间的相互作用主要是离子交换，当其投加量相对较多时，分子吸附起一定的作用，且进入层间的HDTMAB稳定性好，不易发生脱附。

另外一类新型发展起来的有机改性材料是通过硅烷偶联剂改性黏土。硅烷通过共价键或离子键等较强的键合作用将有机分子牢固而持久地固定在黏土矿物上面，从而使改性后的材料在使用时性能更加优越。硅烷偶联剂分子中同时存在两种不同性质的基团，一种是可水解基团，一种是非水解基团。最早是将硅烷偶联剂应用于玻璃纤维的表面，随后才扩大了它的用途。其与有机硅胶黏剂有许多相似之处，可以处理材料的表面而赋予材料表面静电、抗凝血、防腐和生理惰性等性质。硅烷对蒙脱石的嫁接较海泡石晚，但蒙脱石材料本身具有的优越性也使其得到广泛的研究。研究结果显示，硅烷改性蒙脱石材料的层间距增大，且其热稳定性增强[4]。鉴于硅烷改性蒙脱石材料特殊的性质，本章还通过将硅烷改性蒙脱石与烷基表面活性剂改性蒙脱石材料作对比，分析不同有机改性黏土矿物物化性质的差异。

3.1　阳离子表面活性剂(HDTMAB)改性蛭石

由于蛭石具有良好的吸附性及离子交换性，其在环境修复方面起重要的作用。但由于天然黏土矿物具有亲水性，不宜应用于疏水性污染物。然而有机阳离子替代黏土矿物层间域的无机阳离子后即有机插层黏土，有机阳离子的引入大大提高了蛭石疏水性，同时降低了蛭石亲水性，使蛭石具有很多优良性质，可作为环境中有机污染物的良好吸附剂。Tang 等[5]研究 HDTMAB 改性蛭石吸附甲基橙，在 30min 后达到吸附平衡，酸性条件有利于甲基橙吸附。有机蛭石对于放射性元素的吸附也有较好的应用效果。

此外，蛭石在隔热、阻燃、耐低温、抗菌、吸声和吸水等方面也有优异的性能，目前国内外利用有机蛭石作为前驱体，来制备纳米聚合物/蛭石复合材料。毛庆辉等[6]采用 HDTMAB 插层蛭石，制备得到有机蛭石，然后加入分散剂，制备蛭石水溶胶，研究其对纺织品的阻燃隔热效果，发现蛭石水溶胶具有很好的阻燃隔热性能。李秀华等[7]以有机蛭石为载体，通过添加高吸水性树脂得到树脂/蛭石复合材料，考察复合材料的吸水性能，研究表明改性后的复合材料吸水率得到 10%以上的有效提高。乔冬平等[8]研究了蛭石粉对橡胶吸声件的吸声性能的影响，发现蛭石粉与橡胶的添加质量比在 30%～40%时，吸声件的综合性能最好。

3.1.1　HDTMAB 改性蛭石的制备

1. 蛭石阳离子交换容量的测定

根据离子交换法，采用 0.5mol/L 的 NH_4Cl 溶液和 0.5mol/L 的 KCl 溶液作为交换液。首先将蛭石用 NH_4Cl 溶液处理，蛭石中的可交换阳离子即被交换到溶液中，蛭石转变成铵型蛭石，只带可交换的 NH_4^+。再用高浓度的 KCl 溶液处理铵型蛭石，使蛭石颗粒上的可交换铵离子进入溶液，测定溶液中的铵离子浓度，即可计算出蛭石的阳离子交换容量。经测定，该蛭石的阳离子交换容量为 85.5mmol/100g。

2. HDTMAB 改性蛭石的制备

HDTMAB 改性蛭石采用离子交换法制备。称取 10g 蛭石于 1000mL 烧杯中，加入 100mL 去离子水，用超声波处理 20min。按所测蛭石的阳离子交换容量以一的倍数(0.5、1.0、1.5、2.0 和 3.0 倍)称取相应质量的 HDTMAB 加入上述烧杯中，在 60℃下于磁力搅拌器中搅拌 4h，并在 60℃下陈化 2d 后用去离子水清洗，再用 4000r/min 转速的离心机离心 5min，如此反复洗涤 7～9 次后，60℃烘干，研磨过 200 目筛，备用。将制备的 HDTMAB 改性蛭石按加入改性剂的比例分别标记为 OVMT-0.5、

OVMT-1.0、OVMT-1.5、OVMT-2.0 和 OVMT-3.0。

3.1.2　HDTMAB 改性蛭石的表征分析

1. XRD 分析

对用不同改性剂比例改性的 HDTMAB 改性蛭石进行 XRD 分析，其衍射图见图 3-1。不同改性剂比例改性蛭石的层间域大小见表 3-1。

表 3-1　用不同改性剂比例改性的 HDTMAB 改性蛭石的 d_{001} 值

蛭石类型	d_{001}/nm
VMT	1.43
OVMT-0.5	3.66
OVMT-1.0	3.93
OVMT-1.5	4.40
OVMT-2.0	4.59
OVMT-3.0	4.50

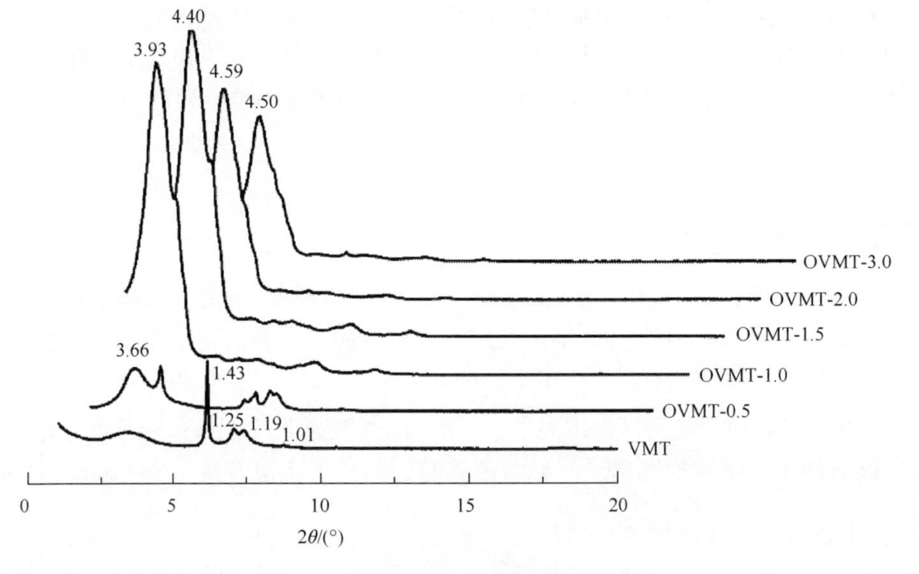

图 3-1　VMT 和 OVMT 样品的 XRD 图

从图 3-1 蛭石原样的 XRD 图可以看出，层间距为 1.43nm 的衍射峰大且峰形尖锐，是镁基蛭石的特征峰，另外也有 1.25nm、1.19nm、1.01nm 的特征峰出现，说明原样中主要是镁型蛭石，也含有少量钙型蛭石(1.25nm)，另外也有少量水黑云母(1.19nm)和金云母(1.01nm)的存在。从图 3-1 可以看出，经不同比例 CEC 有机改性之后，蛭石(d_{001})峰(1.43nm)渐渐变弱而出现了 3.66nm、3.93nm、4.40nm、

4.59nm、4.50nm 新衍射峰，当改性剂用量为 0.5 倍 CEC 时，HDTMAB 改性蛭石层间距为 3.66nm，随着改性剂用量的增加，有机插层蛭石层间距在总体上也逐渐增大，说明 HDTMAB 与蛭石层间阳离子发生交换反应，HDTMAB 进入了蛭石层间，层间距增大。另外从图 3-1 也可以看出，水黑云母特征峰对应层间距 1.19nm 和金云母特征峰对应层间距 1.01nm 均大大减弱，说明蛭石的云母晶层也与 HDTMAB 发生交换反应[9]。

2. FTIR 分析

图 3-2 为 VMT 和 OVMT 样品的 FTIR 图，从图 3-2 可以看到，在蛭石原土的红外吸收峰中，3440cm^{-1} 附近的宽吸收峰为蛭石表面和层间吸附水—OH 的伸缩振动吸收峰，1647cm^{-1} 附近的吸收峰为蛭石层间吸附水—OH 的弯曲振动峰，1001cm^{-1} 附近的吸收峰为蛭石 Si—O 的伸缩振动峰。453cm^{-1} 附近吸收峰则对应的是 Si—O 的弯曲振动峰，蛭石原土经过不同比例 CEC 的 HDTMAB 改性后，与蛭石原土红外分析谱图相比出现了明显的吸收峰，2851～2919cm^{-1} 处是甲基—CH_3 和亚甲基—CH_2—的对称和反对称伸缩振动引起的吸收峰，而 1471cm^{-1} 左右则对应亚甲基—CH_2—的弯曲振动，改性蛭石 FTIR 谱中新吸收峰的出现进一步证明蛭石层间存在 HDTMAB，说明部分 HDTMAB 进入蛭石层间，蛭石改性成功。

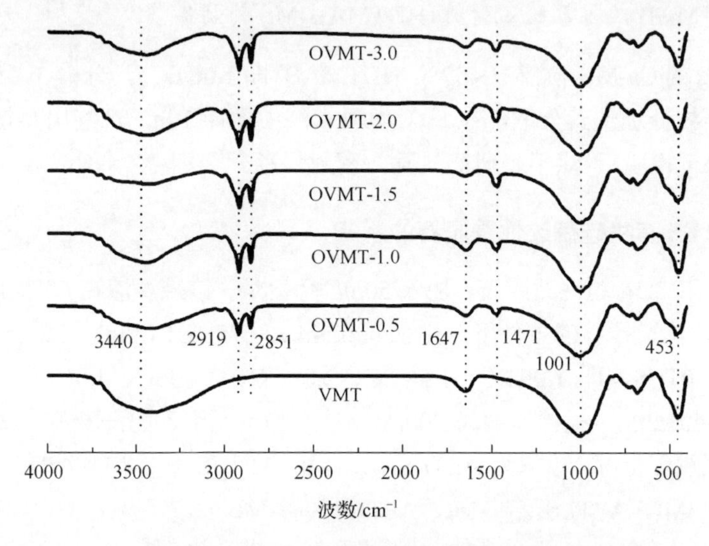

图 3-2　VMT 和 OVMT 样品的 FTIR 图

3.2　SDS、HDTMAB 及 APTES 改性蒙脱石分析对比

蒙脱石在环境中的应用以去除污染物而修复环境为主，众多文献对其进行了

研究，其吸附性能主要来源于离子交换性能和较大的比表面积。蒙脱石层间存在水合阳离子，其层间域是离子交换、催化、聚合和柱撑等反应的重要场所。尽管如此，蒙脱石对部分污染物的去除效果仍然不理想，因此改性蒙脱石以提高其吸附性能是必要的。有机柱撑是常用的蒙脱石改性方式，表面活性剂如十二烷基磺酸钠(sodium dodecyl sulfate，SDS)、HDTMAB、硅烷(aminopropyltriethoxysilane，APTES)等常被用来改性蒙脱石等黏土材料。改性后的材料在层间距、比表面积和孔隙结构等方面都获得了更加优越的性能[4]。本节制备了不同的有机改性蒙脱石，并利用 XRD、FTIR、BET 和 Zeta 电位等表征方式研究了材料的物化性质。

3.2.1　SDS 和 HDTMAB 改性蒙脱石的制备

1. SDS 改性蒙脱石材料(SDS-Mt)的制备

称取 5g 的 Ca-Mt，分散在 250mL 蒸馏水中，超声波处理使其分散。按 n_{SDS}：$m_{蒙脱石}$= 0.8mmol/g 的比例准确称取 1.0895g 的 SDS 加入混合液中(即 1.0 CEC)，用 0.1M① 盐酸溶液调节 pH 约为 1.0。在室温下搅拌 4 h，用去离子水清洗 5～7 次后，烘干，研磨，过 200 目筛，保存。

2. HDTMAB 改性蒙脱石材料(HDTMAB-Mt)的制备

称取 5g 的 Ca-Mt，加入 1.4578g HDTMAB(即 1.0CEC)，分散在 250mL 蒸馏水中，超声波处理使其分散，在 80℃恒温水浴中搅拌 10h。产物用蒸馏水清洗至无 Br^-(以 Ag^+检验)，烘干，研磨过筛，密封保存。

3.2.2　APTES 有机硅烷改性蒙脱石的制备

每份称取 2.5g 的钙蒙脱石，加入 50mL 环己烷，该悬浮液在 60℃下超声波处理 10min，在快速搅拌的条件下分别加入 0.5mL、0.75mL、1.0mL、1.25mL、1.5mL、2.0mL 的 APTES，即 1.0CEC、1.5CEC、2.0CEC、2.5CEC、3.0CEC、4.0CEC。在 80℃下回流 20h，搅拌速度为 400r/min。产物用无水乙醇洗 6 次，离心分离。得到的固体烘干保存，标记为 $APTES_{1.0CEC}$-Mt、$APTES_{1.5CEC}$-Mt、$APTES_{2.0CEC}$-Mt、$APTES_{2.5CEC}$-Mt、$APTES_{3.0CEC}$-Mt、$APTES_{4.0CEC}$-Mt。

① 1M = 1mol/L。

3.2.3　SDS、HDTMAB 及 APTES 改性蒙脱石的表征分析

1. XRD 分析

图3-3为Ca-Mt及不同有机改性蒙脱石的XRD图。Ca-Mt、SDS-Mt、HDTMAB-Mt和 APTES-Mt 的 d_{001} 值分别为 1.59nm、3.09nm、2.16nm 和 2.09nm，改性后材料的 d_{001} 值都有不同程度的增加，增加值分别为 1.50nm、0.57nm 和 0.5nm，增长的 d_{001} 值说明改性剂已经被插入到层间。从图 3-3 可以看出，Ca-Mt 的 001 衍射峰尖锐且强度大，说明其结构有序且结晶度较好。而不同有机改性后的 001 衍射峰要比原始蒙脱石的弱，说明有机改性剂在层间可能是无序排列。也有研究说存在原始蒙脱石中的无序多孔结构可能是有黏土片层聚合时产生了卡房结构[10]，因此增大的 d_{001} 值可能归咎于无序的多孔结构，但在研究中一般采用改性剂柱撑进入层间的说法来解释的。相对于原始蒙脱石，改性后材料的 001 衍射峰(2θ)向左边(即低角度方向)移动，说明有机改性剂进入蒙脱石层间，对材料的层间结构产生了影响。另外，材料 SDS-Mt 和 APTES-Mt 在低角度区有两个峰形，第一个峰是改性剂进入层间增大层间距引起的，第二个峰是 001 峰的衍射峰。

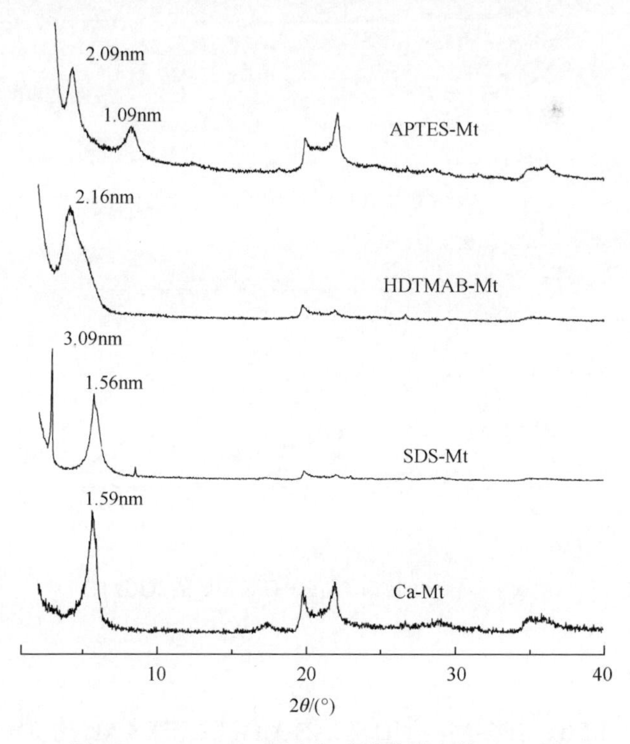

图 3-3　Ca-Mt 及不同有机改性蒙脱石的 XRD 图

如图 3-4 所示，改性剂 APTES 的量对材料层间距(d_{001})有较大的影响。总体而言，随着改性剂量的增加，材料的 d_{001} 值增大，直到改性剂量为 3 倍 CEC 的时候，d_{001} 值达到最大，而 4 倍 CEC 的时候，其 d_{001} 值有微小的下降。且改性后材料的 d_{001} 峰形变弱，衍射峰变得宽而弥散，这与图 3-3 的结果和分析是一致的。如图 3-4 所示，当改性剂量为 1 倍 CEC 的时候，其 d_{001} 值比原始蒙脱石小，这可能是在搅拌力的作用下，改性剂量太小无法起到聚合的作用，反而引起材料片层的松散和脱落。而当改性剂量增加时，会有更多的 APTES 进入层间，撑大蒙脱石的空间结构。当改性剂量为 3 倍 CEC 的时候，其层间距又稍微下降，但基本与 2.5 倍 CEC 时相差不大，此时可能是过多的 APTES 聚集在层间的入口而阻止其进入层间而引起的。因此，从材料改性的角度来说，2.5 倍 CEC 改性剂量是最合适的，但此时的衍射峰较弱，而 3.0 倍 CEC 改性时候的衍射峰是最强的。因此，此后在比较不同表面活性剂的吸附性能时选择了 $APTES_{3.0CEC}$-Mt。

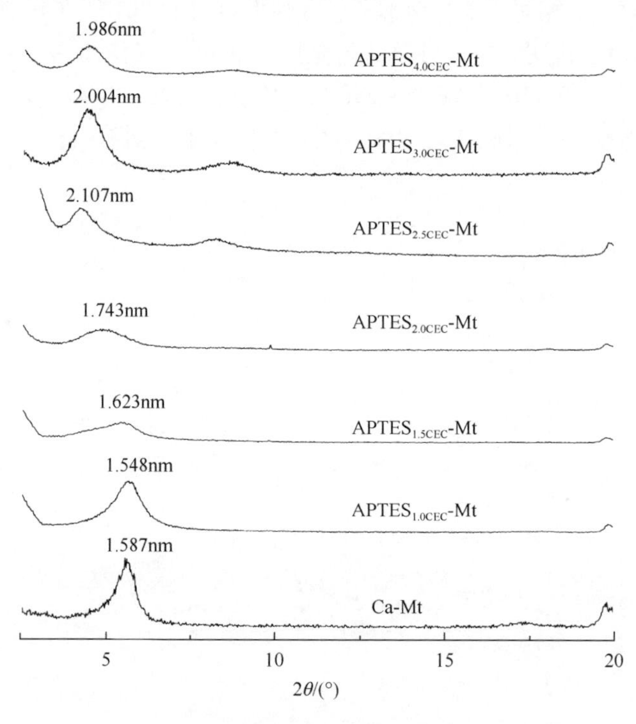

图 3-4 不同 CEC 改性 APTES-Mts 的 XRD 图

2. FTIR 分析

图 3-5 为 Ca-Mt、SDS-Mt、HDTMAB-Mt 和 APTES-Mt 的 FTIR 表征结果，红外频率数据见表 3-2。由图 3-5 可以看出，大部分波的振动位置保持不变，说明

改性前后基础钙蒙脱石的骨架结构基本没有变化。Ca-Mt 在表中的红外光谱列为原始的波谱带位置，而改性后材料新增的红外光谱列为新的波谱带位置。原始波谱包括：结构中—OH 的伸缩和变形，Si—O 的伸缩，Al—OH 的伸缩振动。SDS 改性后新增加的振动包括：在 $2956cm^{-1}$ 处的—CH_3 对称伸缩振动，在 $2918cm^{-1}$ 和 $2848cm^{-1}$ 处的 CH_2 伸缩振动，$1466cm^{-1}$ 处的—CH_2—弯曲振动，$1203cm^{-1}$ 和 $1182cm^{-1}$ 处 C—C 伸缩振动。HDTMAB 改性后新增加的振动有：$2922cm^{-1}$ 和 $2852cm^{-1}$ 处的—CH_2—伸缩振动，在 $1473cm^{-1}$ 处的—CH_2—弯曲振动。APTES 改性后，材料的红外光谱表征增加了—CH_2—、N—H、C—H 和 O—Si—O 的伸缩振动峰。因此可以看出，有机改性剂已经成功改性蒙脱石材料。图 3-6 的 $694cm^{-1}$、$695cm^{-1}$ 和 $697cm^{-1}$ 处出现了 O—Si—O 的不对称伸缩振动，说明改性材料中，硅烷已经与结构中的—OH 发生了脱水缩合反应，此时 APTES 已经通过化学键牢靠地固定在蒙脱石结构中。

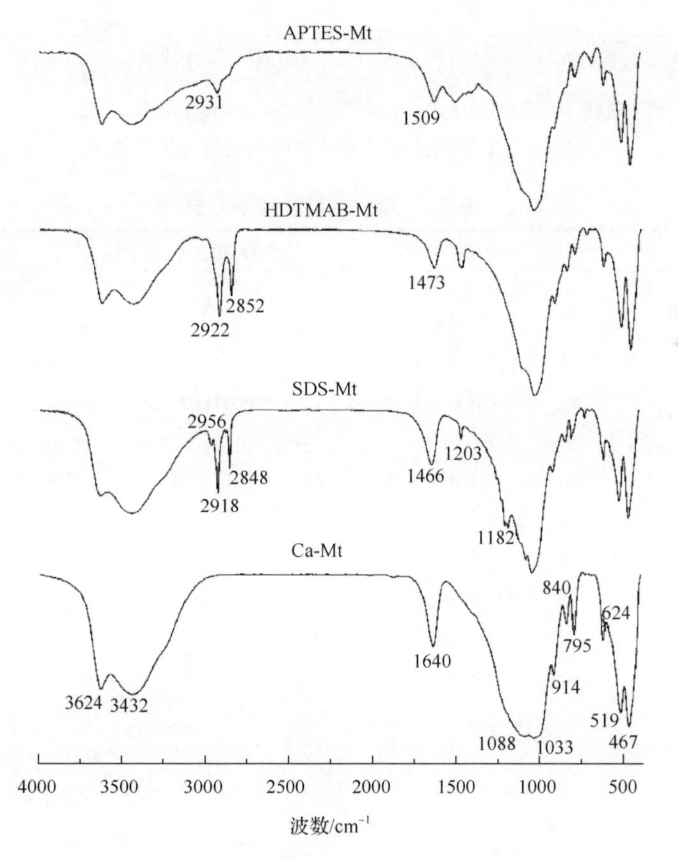

图 3-5　Ca-Mt 及不同有机改性蒙脱石的 FTIR 图

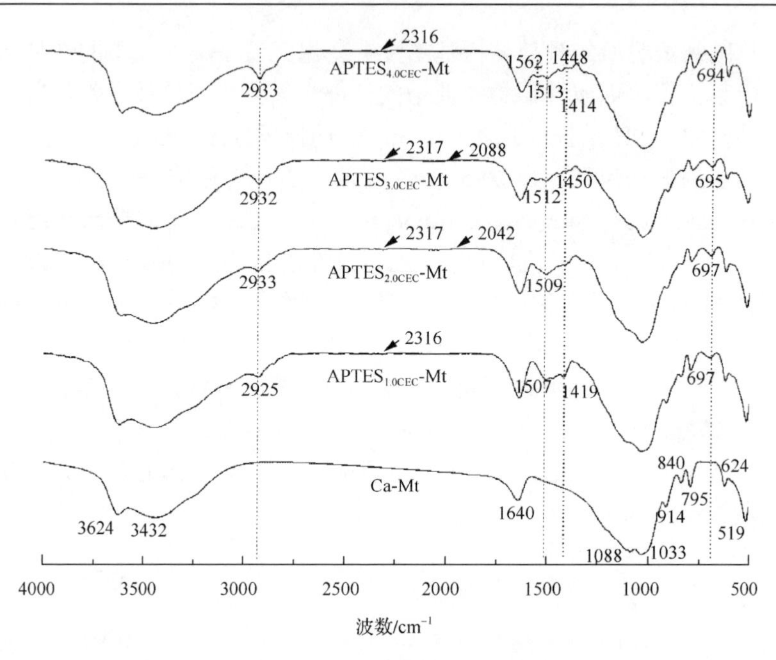

图 3-6　不同改性剂浓度的 APTES-Mts 的 FTIR 图

表 3-2　材料的红外频率列表

峰位置/cm^{-1}	振动类型	新峰位置/cm^{-1}	振动类型
3624	Al—OH 伸缩振动	2956	$—CH_3—$对称伸缩
3432	水—OH 的伸缩振动	2918	$—CH_2—$不对称伸缩
1640	水—OH 的弯曲振动	1203	C—C 伸缩振动
1088	Si—O 伸缩振动	2922/2925/2932/2933	$—CH_2—$不对称伸缩
1033	Si—O 伸缩振动	1473	$—CH_2—$弯曲振动
914	Al—Al—OH 形变振动	1507/1509/1512/1513	$—CH_2—$变形/$—NH_2$弯曲
840	Al—Mg—OH 弯曲振动	694/695/697	O—Si—O 不对称伸缩
795	Si—O 伸缩振动	1414/1419	C—H 伸缩振动
624	Si—O 形变振动	1562	$—NH_2$伸缩振动
519	Al—O—Si 形变振动	2848	$—CH_2—$对称伸缩
467	Si—O—Fe 形变振动	1466	$—CH_2—$弯曲振动
		1182	C—C 伸缩振动
		2852	$—CH_2—$对称伸缩
		2931	$—CH_2—$不对称伸缩
		1448/1450	$—CH_3—$不对称伸缩
		2042/2088	$—NH_2$不对称伸缩
		2316/2317	N—H 伸缩振动

3. XRF 分析

各材料在 900℃下煅烧 4h，烧失量依次为 20.77%、21.68%、24.92%、22.91%、22.1%、22.81%和 29.41%。从烧失量可以看出，改性后材料的烧失量增大，说明改性剂在煅烧过程中部分成分挥发了。如表 3-3 所示，Ca-Mt 层间的可交换元素以 Ca 和 K 为主，有少量的 Na，改性过后，Ca 和 K 的含量有所减少，说明其在改性过程中部分被交换出来了。对于 APTES 改性，随着改性剂量的增加，层间的可交换离子的含量下降，一方面是由于层间距撑大，方便了可交换离子自由活动而出入层间，另一方面也可以解释为 APTES 进入层间与层板上的—OH 发生化学反应而中和了部分电荷，从而导致可交换电荷减少，相当于 APTES 与层间的可交换离子发生了交换作用。另外，APTES 改性后的材料中 Si 的含量增加，说明 APTES 已经成功嫁接到材料上了。对于 SDS 改性，改性后材料中增加的 Na 是由 SDS 带入的；对于 HDTMAB-Mt，材料中的可交换离子的含量明显减少，这可能是由于 HDTMAB 撑大层间而引起的流失。SDS 和 HDTMAB 改性后材料的原始骨架元素含量基本没有变化。

表 3-3　钙蒙脱石及有机改性蒙脱石的元素组成分析　（单位：%）

样品	O	Si	Al	Fe	Mg	Ca	Na	K
Ca-Mt	46.015	30.291	8.125	3.533	2.760	2.258	0.018	0.173
SDS-Mt	46.523	30.558	8.445	3.575	2.778	1.964	0.042	0.16
HDTMAB-Mt	46.045	30.688	8.428	3.658	2.625	0.643		0.143
$APTES_{1.0CEC}$-Mt	46.277	31.2	7.613	3.275	2.536	2.093	0.036	0.161
$APTES_{2.0CEC}$-Mt	44.88	30.78	6.952	3.009	2.339	1.93	0.01	0.152
$APTES_{3.0CEC}$-Mt	45.182	31.355	6.658	2.919	2.289	1.853	0.016	0.141
$APTES_{4.0CEC}$-Mt	46.888	32.9	6.721	2.864	2.233	1.752		0.134

4. 比表面积与孔结构分析

表 3-4 为样品表面及孔结构特性数据，Ca-Mt 的比表面积 S_{BET}=71.15m^2/g，而经过有机改性后的材料比表面积和微孔体积大大减小。此种现象可以解释为有机改性剂对蒙脱石进行改性，使蒙脱石结构中的空隙减少，微孔数量降低。主要原因是大量的有机改性剂进入层间，而有机改性剂分子较小，因此容易在材料中堵塞微孔。蒙脱石的外表面积 S_{ext} 为 51.90m^2/g，而有机改性后此值减小，可能的原因是有机改性剂存在于蒙脱石表面占据表面空隙，这与比表面积 S_{BET} 的减小是一致的。总微孔体积的减小，可能的解释是有机改性剂填充了 Ca-Mt 中大量的微孔结构，阻碍了蒙脱石结构中的一些主要通道，导致 N_2 不容易进入，从而采用 N_2 吸附脱附法测得改性后的材料微孔体积 V_{micro} 和 V_t 都比较小。对于 APTES 改性，

随着改性剂量的增加，平均孔径增大，总体积、表面积和微孔体积减小，说明随着 APTES 增多，部分微孔被堵塞而导致其数量减少，而另外一部分微孔的内表面受活性剂的活化而变得平整，从而导致孔径的增大[11]。

表 3-4 Ca-Mt 与有机改性蒙脱石的零电荷点及层间距和孔结构信息

样品	d_{001}/nm	pH_{ZPC}	S_{BET}/ (m^2/g)	S_{ext}/ (m^2/g)	D_a/ (nm)	V_{micro}/ (cm^3/g)	V_t/ (cm^3/g)
Ca-Mt	1.59	—	71.15	51.90	13.629	0.00844	0.141403
SDS-Mt	3.09	—	16.54	11.89	27.573	0.00200	0.067723
HDTMAB-Mt	2.16	1.6	9.91	8.20	31.953	0.00061	0.050426
$APTES_{1.0CEC}$-Mt	1.55	2.2	81.54	33.62	196.22	0.02198	0.105614
$APTES_{2.0CEC}$-Mt	1.74	6.0	16.48	14.17	290.56	0.00078	0.065644
$APTES_{3.0CEC}$-Mt	2.00	7.8	17.59	15.07	264.43	0.00084	0.064276
$APTES_{4.0CEC}$-Mt	1.99	8.3	11.91	9.94	341.42	0.00067	0.052098

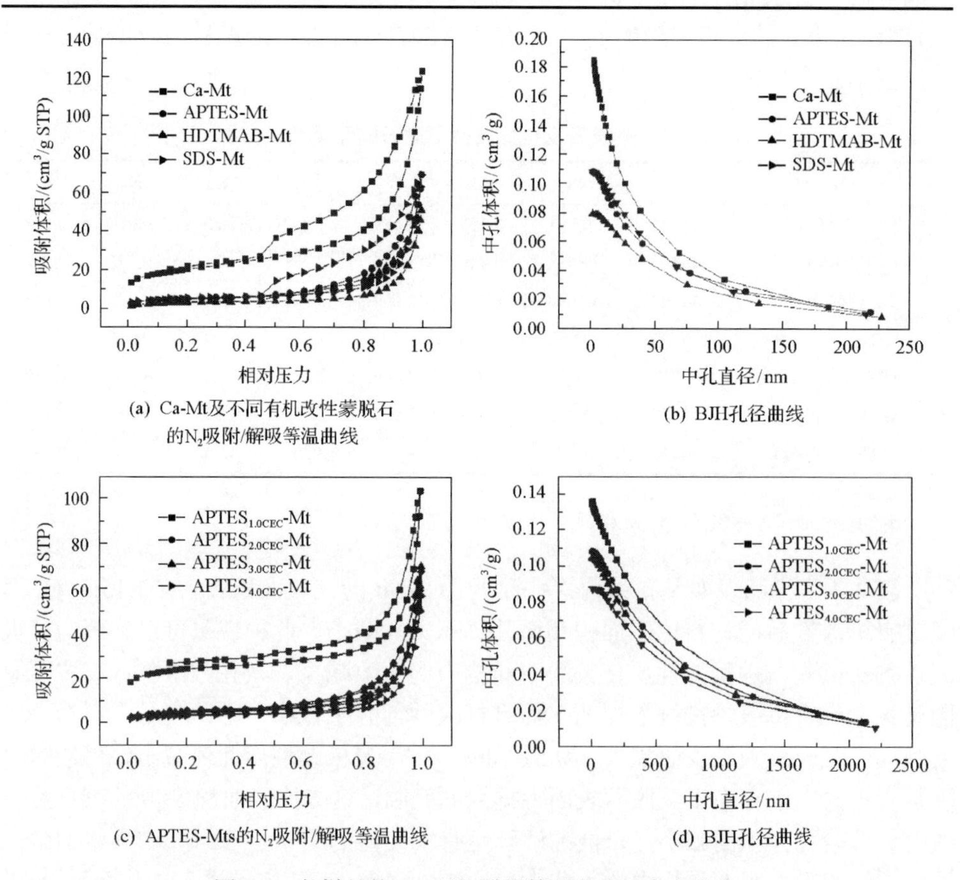

图 3-7 各样品的 N_2 吸附/脱附等温曲线及中孔曲线

图 3-7(a)和图 3-7(c)为样品材料的 N_2 吸附-脱附曲线，图 3-7(b)和图 3-7(d)为 BJH(Barrett-Joyner-Halenda)孔径分布曲线。从图 3-7 可以看出，所有样品都存在 H3 型回滞环，属于Ⅳ类吸附-脱附曲线，说明存在介孔结构，H3 型滞后环的形状与材料中介孔的特性密切相关。Ca-Mt 的滞后环最大，其次是 SDS-Mt，这与其中孔数量的大小是一致的。另外，改性后材料的平均孔径增加，而微孔体积不断减小，二者是统一的。对于不同 APTES 改性剂量改性后的材料，除 $APTES_{1.0CEC}$-Mt 外，其他三种材料的吸附解吸等温曲线非常接近，说明此时几种材料的孔隙分布结构类似。

5. SEM 分析

图 3-8 为 Ca-Mt、SDS-Mt、HDTMAB-Mt 和 APTES-Mt 的 SEM 图。改性前后依然保持基础蒙脱石的层状结构。不同的是，原始 Ca-Mt 表面有很多细微的小颗粒，改性之后表面的微颗粒大大减少，这可能是由有机改性剂的聚合作用引起。

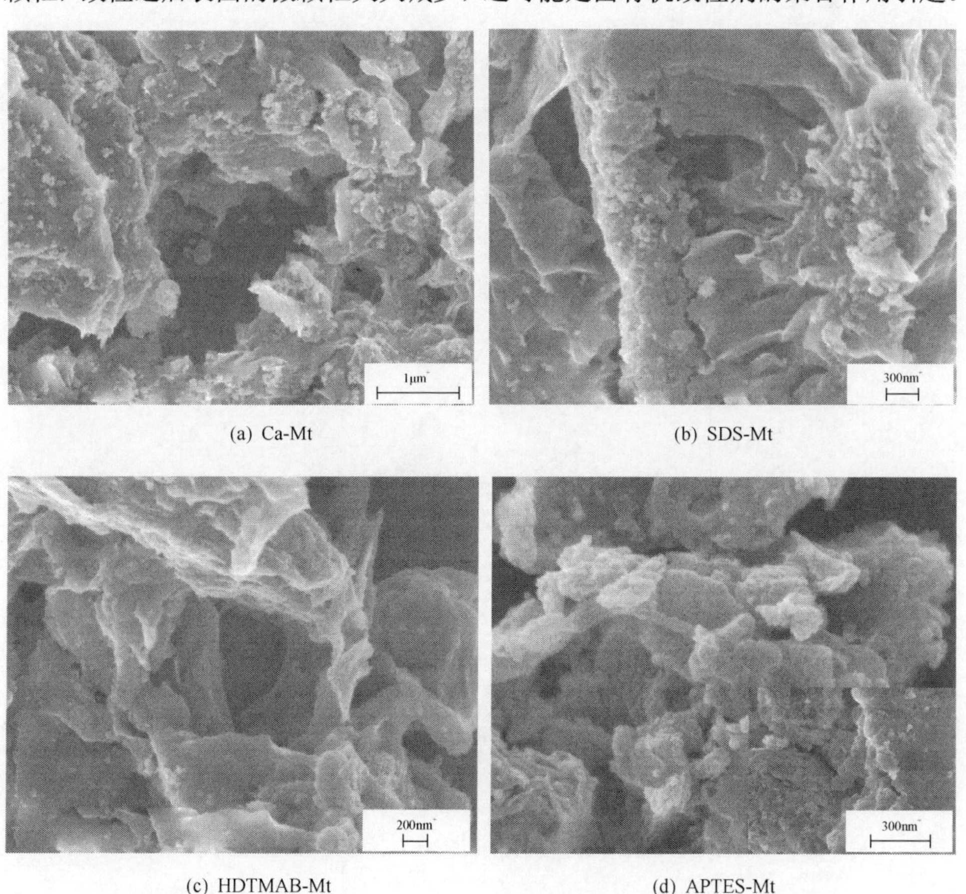

(a) Ca-Mt　(b) SDS-Mt

(c) HDTMAB-Mt　(d) APTES-Mt

图 3-8　Ca-Mt、SDS-Mt、HDTMAB-Mt 和 APTES-Mt 的 SEM 图

SDS 和 HDTMAB 改性后材料的表面很平整，特别是 HDTMAB 改性后，表面几乎没有其他颗粒。APTES 改性后材料表面很疏松，出现了很多纹路，这可能和 APTES 在蒙脱石表面与结构中的—OH 发生化学键作用有关。

6. Zeta 电位分析

图 3-9 为不同 pH 条件下材料的 Zeta 电位变化趋势，Ca-Mt、SDS-Mt 的 Zeta 电位在整个 pH 范围内都是负值，说明 Ca-Mt 和 SDS-Mt 表面具有较多的负电荷，这与 Ca-Mt 表面的—OH 及 SDS 是阴离子表面活性剂有关。在 pH＜2 时，HDTMAB-Mt 出现了 Zeta 电位的正值，说明在强酸性条件下，HDTMAB-Mt 表面产生了正电作用，这应该与 HDTMAB 属于阳离子表面活性剂及 H^+的静电作用有关。随着 pH 的增大，HDTMAB-Mt 的 Zeta 电位减小，并呈现负值，说明 HDTMAB 的阳性较弱，或是其在蒙脱石表面的负载量较低。APTES-Mt 的零电荷点最高，为 6.2 左右，原因在于 APTES 属于阳离子表面活性剂，分子中含有—NH_2，可以与溶液中的 H^+发生键合作用，从而使材料表面带有大量的正电荷。另外，也可以看出大量的 APTES 分布在蒙脱石的外表面，结合了更多 APTES 的蒙脱石的 Zeta 电位才会有更大的变化。

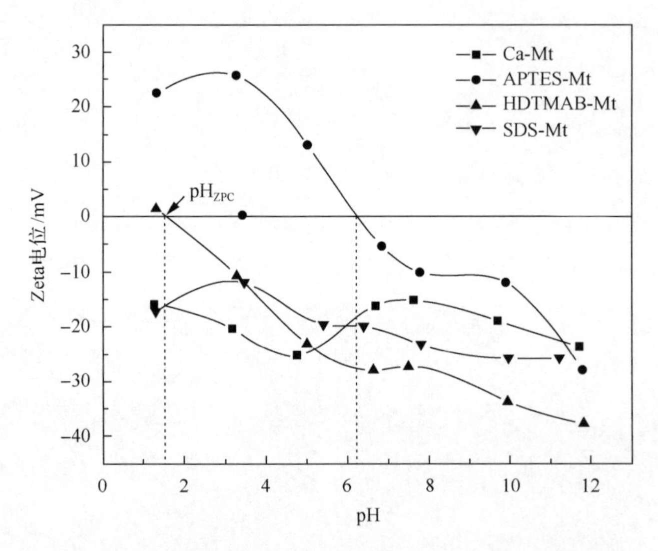

图 3-9　不同 pH 条件下不同有机改性样品的 Zeta 电位

3.3　两性表面活性剂(BS-12)改性黏土矿物

天然的黏土矿物材料因其自身结构的限制，并不能满足实际应用的要求，所以在实际应用前一般都要对黏土矿物进行改性，提高其对污染物的吸附性能。然而以往的研究主要是针对单一的重金属或有机物污染物，两性表面活性剂由于其独特的结构特点使其能够同时吸附重金属和有机污染物，在化学修饰剂的应用方面具有良好的发展前景。因此，本节拟以蒙脱石为基础，利用十二烷基二甲基甜菜碱(BS-12)作为改性剂，制得两性修饰蒙脱石；以批处理法研究两性修饰蒙脱石对四环素和 Cd^{2+}的吸附性能，同时考察 pH、初始浓度和时间对四环素和 Cd^{2+}吸附的影响。利用 XRD、FTIR、TG-DSC(thermogravimetric analysis-differential scanning calorimetry)和 Zeta 电位等表征手段研究改性蒙脱石的结构特征，结合结构特征和吸附性能分析其吸附机理。

3.3.1 两性表面活性剂(BS-12)改性黏土矿物的制备

1. 两性改性蒙脱石的制备

两性改性蒙脱石的制备是参照笔者课题组已有的制备方法来进行[12]。称取已提纯并过 200 目筛的蒙脱石 3g，加入 60mL 去离子水中，配置成 5%的悬浮液，然后超声波处理 10min，向悬浮液中加入十二烷基二甲基甜菜碱(BS-12)，直至 n_{BS-12}/m_{Mt}= 0.8mmol/g，用 0.1mol/L 硝酸溶液和氢氧化钠溶液调节混合液的 pH 至 2，在 40℃的水浴条件下匀速搅拌 24h 后，以 7500r/min 的速度离心 8min，用蒸馏水洗涤 3 次；得到的材料在 60℃烘箱内烘干，研磨过 200 目筛，密封保存；最终产品命名为 BS-Mt。

2. 两性改性蛭石的制备

将称取好的 3g 提纯蛭石(该蛭石的阳离子交换容量为 85.5mmol/100g)加入 100mL 去离子水中，配成 5%的悬浮液，超声波处理 10min 使其分散，向混合液中加入 1CEC 的 BS-12，即 n_{BS-12} : m_{VER}= 0.855mmol/g，调节混合液 pH 至 2。混合液在 40℃水浴条件下搅拌 24h，然后洗涤、离心分离、烘干，过 200 目筛，密封保存备用，所得产品命名为 BS-VER[13]。

3.3.2 两性改性蒙脱石的表征分析

1. X 射线衍射分析

图 3-10 为 BS-Mt 和 Mt 的 XRD 分析图，Mt 的 001 衍射峰尖锐且对称，说明原始蒙脱石较为纯净，结构有序且结晶度较好。经过 BS-12 改性之后，其峰形变弱，衍射峰变宽，这可能是因为经 BS-12 修饰后材料的有序化降低，结晶度变差所致。BS-12 的 d_{001} 为 1.50nm，与原始蒙脱石相比略微降低，这可能由两方面的因素所导致：一是 BS-12 是一种有机表面活性剂，当其进入蒙脱石层间时因层间作用力的减少容易导致层间结构发生轻微的坍塌和剥离现象[14]，BS-12 分子可能

是以平卧的方式进入蒙脱石层间，因为蒙脱石的层间电荷密度较低，且绝大部分分布在八面体结构中，BS-12 分子进入层间就有可能平行于蒙脱石片层排列[15]。另外，BS-Mt 的主要衍射峰峰形并没有发生太大的变化，说明经 BS-12 改性后蒙脱石的基本骨架并没有遭到太大的破坏。

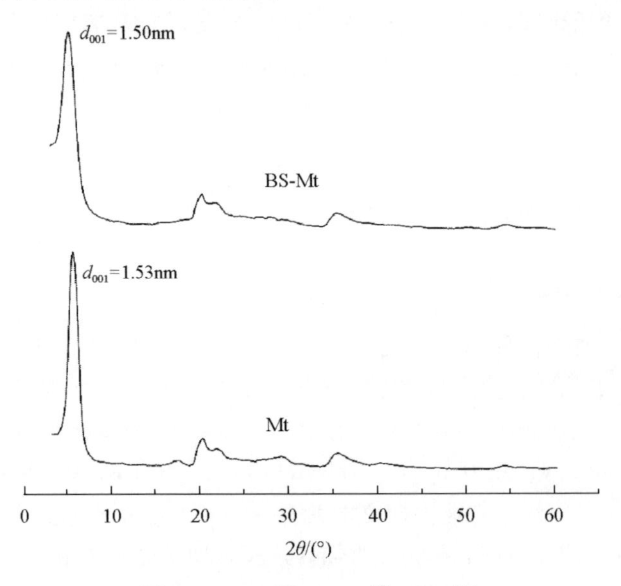

图 3-10　Mt 和 BS-Mt 的 XRD 图

2. FTIR 分析

图 3-11 为 Mt 和 BS-Mt 的 FTIR 分析结果。在 Mt 的 FTIR 中，3620cm^{-1} 和 914cm^{-1} 处分别为 Al—OH 的伸缩振动峰和弯曲振动峰；3426cm^{-1} 和 1641cm^{-1} 处分别为水分子中—OH 的伸缩振动峰和弯曲振动峰；1111cm^{-1} 和 1034cm^{-1} 处的吸收峰为 Si—O 的伸缩振动；841cm^{-1}、518cm^{-1} 和 463cm^{-1} 的吸收峰分别为 Mg(Al)—OH、Si—O—Mg 和 Si—O—Fe 的弯曲振动。对比两个红外光谱图发现，经 BS-Mt 改性后，材料中关于蒙脱石的特征峰仍然存在，说明 BS-12 的修饰并没有破坏蒙脱石的基本骨架；但材料中出现了新的吸收峰，2928cm^{-1} 和 2855cm^{-1} 处的吸收峰为—CH_2—的伸缩振动；1407cm^{-1} 处为—CH_2—的弯曲振动峰；1327cm^{-1} 处为 C—N 的伸缩振动峰；726cm^{-1} 处为—CH_2—的变形振动峰[16]。以上这些吸收峰都表明，含有烷基链的 BS-12 成功负载到了蒙脱石上。

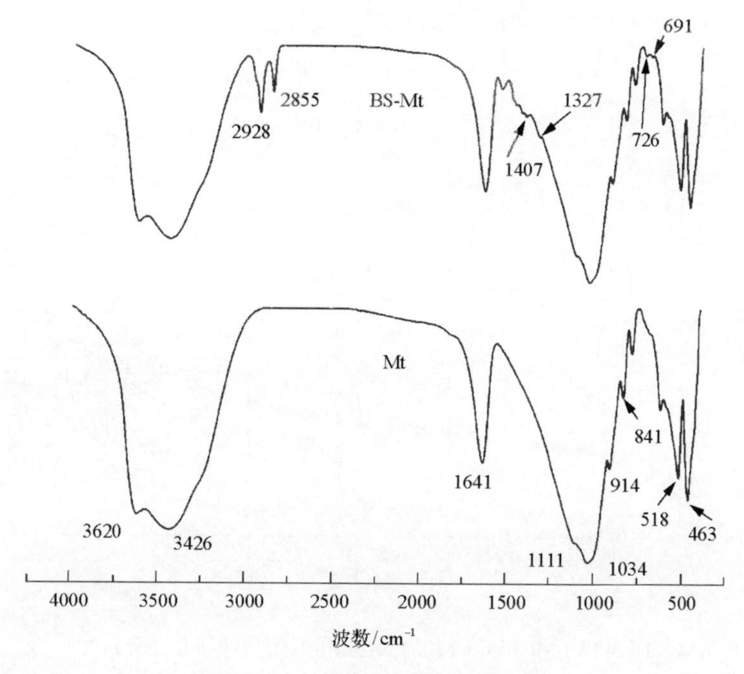

图 3-11　Mt 和 BS-Mt 的 FTIR 图

3. 比表面积和孔结构分析

蒙脱石改性前后 N_2 吸附-脱附曲线和孔结构分布情况如图 3-12 所示，Mt 和 BS-Mt 的 N_2 吸附-脱附曲线都存在 H3 型回滞环，属于典型的Ⅳ型等温线，H3 型回滞环的存在与材料中的介孔特性息息相关，说明在两种材料中都存在介孔结构。比较 Mt 和 BS-Mt 的 N_2 吸附-脱附曲线，Mt 的吸附/脱附量要比 BS-Mt 大，这与表 3-5 中 Mt 和 BS-Mt 的比表面积和孔结构结果一致。结合表 3-5 Mt 和 BS-Mt 比表面积和孔结构表征结果，改性后蒙脱石的比表面积从 64.35m^2/g 降至 13.28m^2/g，微孔体积从 0.01400cm^3/g 降至 0.01400cm^3/g，孔隙总的体积从 0.11080cm^3/g 降至 0.04768cm^3/g，而微孔直径从 6.89nm 增加到 14.36nm。导致这种现象的主要原因是 BS-12 分子结合在蒙脱石片层的边缘位置，片层中的部分微孔和其他孔结构被堵塞，因此比表面积和空隙体积都有所下降，同时因为孔道被堵塞，因此在做 N_2 吸附-脱附曲线时，N_2 在进入蒙脱石的孔隙中受到阻碍，N_2 吸附量较改性前有了一定的降低。同时，附着在蒙脱石表面的 BS-12 也是导致上述现象的原因之一。蒙脱石改性前后孔径都集中在 0～20nm，说明改性前后空隙结构没有太大变化。

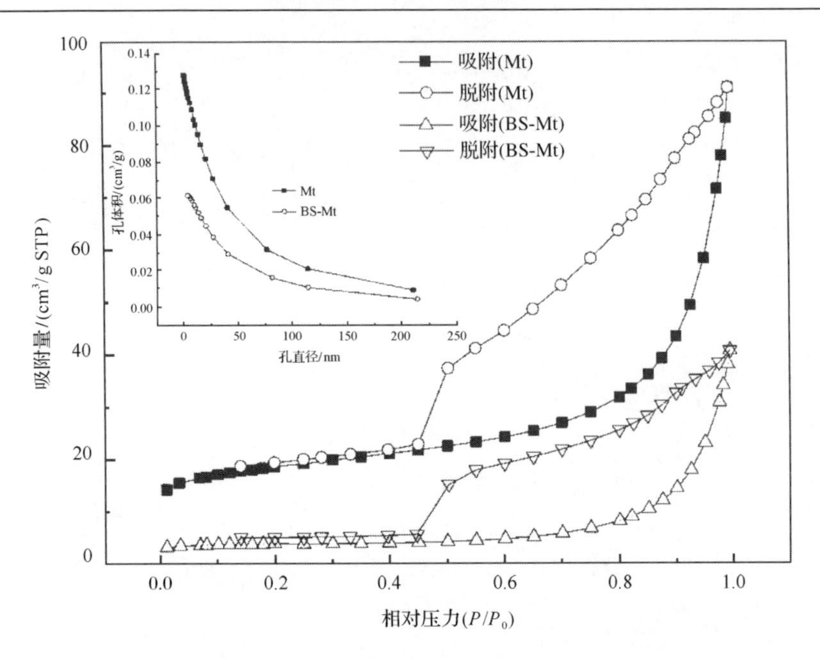

图 3-12　Mt 和 BS-Mt 的 N_2 吸附-脱附曲线和孔径分布

表 3-5　Mt 和 BS-Mt 的孔结构及比表面积

样品	S_{BET}/(m²/g)	D_a/nm	V_{micro}/(cm³/g)	V_t/(cm³/g)
Mt	64.35	6.89	0.01400	0.11080
BS-Mt	13.28	14.36	0.00466	0.04768

4. SEM/EDS 分析

图 3-13 为 Mt 和 BS-Mt 放大 10000 倍下的 SEM 图，从图 3-13 可以看出，原始

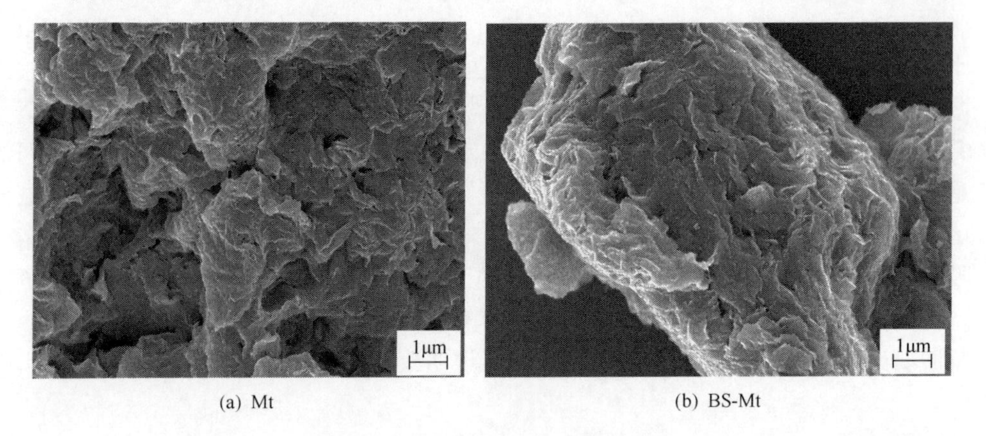

(a) Mt　　(b) BS-Mt

图 3-13　Mt 和 BS-Mt 的 SEM 图

蒙脱石表面较粗糙、疏松多孔，呈现不规则起伏的形貌，但改性后蒙脱石的表面变得较为光滑，结构变得更为紧密。这说明 BS-12 分子对蒙脱石改性的过程中，改变了蒙脱石的表面形貌，结构的紧密也进一步验证了改性蒙脱石比表面积和空隙体积的减少。

图 3-14 和表 3-6 分别为 Mt 和 BS-Mt 的能谱分析图及表面化学成分组成。从中可知，在原始蒙脱石中并未检测到氮元素的信号，且碳元素信号较弱，但经过 BS-12 分子改性后，检测到氮元素信号且碳元素的检测信号大大增强。由表 3-6 可知，改性前后蒙脱石中碳元素、氮元素的相对含量分别从 9.48%和 0%上升到 14.70%和 1.96%，说明 BS-12 已成功负载到了蒙脱石上。

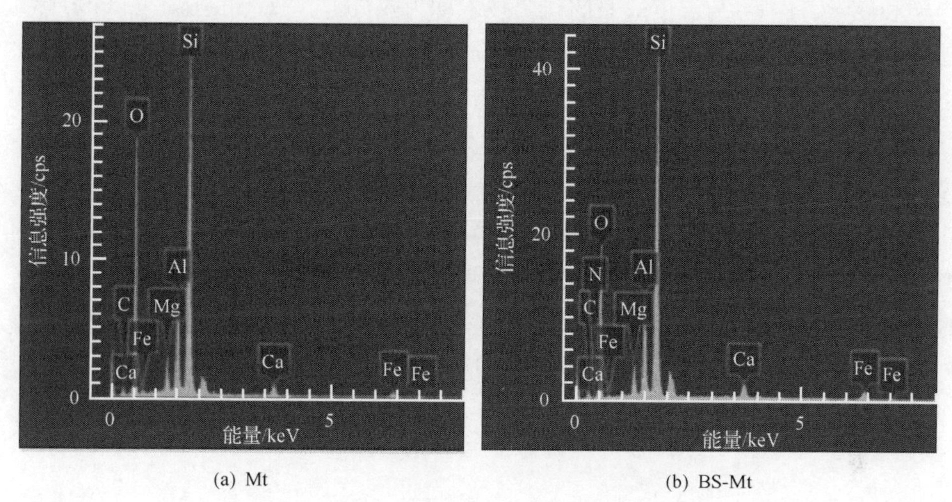

(a) Mt　　(b) BS-Mt

图 3-14　Mt 和 BS-Mt 的 EDS 能谱分析图

cps 表示次每秒

表 3-6　Mt 和 BS-Mt 表面化学成分

元素	Mt		BS-Mt	
	质量分数/%	原子百分比/%	质量分数/%	原子百分比/%
C	9.48	14.77	14.70	22.88
N	0	0	1.96	2.62
O	50.33	58.85	39.94	46.66
Mg	2.74	2.11	2.38	1.83
Al	7.26	5.03	7.35	5.09
Si	27.00	17.99	28.40	18.90
Ca	1.36	0.63	1.96	0.92
Fe	1.83	0.61	3.30	1.11

5. TG-DSC 分析

有机改性蒙脱石的热稳定性对其应用有着很大的影响。通常有机改性蒙脱石材料比无机改性蒙脱石矿物材料的热稳定性差，受热易分解。对于以有机插层蒙脱石为中间反应体或原材料制备的复合纳米层状材料，对其进行热动力学研究是极为重要的。

在程序控温下(通常指线性升温或线性降温，也包括恒温、循环或非线性升温、降温)测定物质的物理性质(质量、热焓、尺寸、力学特性、声学特性、光学特性、电学和磁学特性等)与温度关系的一类技术称为热分析。TG(thermal gravity)热重法是指在程序控制温度下，测量物质的质量与温度关系的一种技术。而记录 TG 曲线对温度或时间的一阶导数的技术称为微商热重法(differential thermal gravity，DTG)。差示扫描量热法是在程序控制温度下，测量物质和参比物的功率差与温度关系的一种技术。

热稳定性是评价材料实际应用的一个重要指标。图 3-15 为 Mt 和 BS-Mt 的 TG-DSC 图，蒙脱石的失重过程主要分为两个阶段：一是对应于差热曲线在 120℃处的吸收峰，这是层间水逸出的过程，这一过程大概有 12 %的失重；二是对应于差热曲线在 640℃处一个较强的吸收峰，这是黏土结构的内部脱羟基过程，这一区

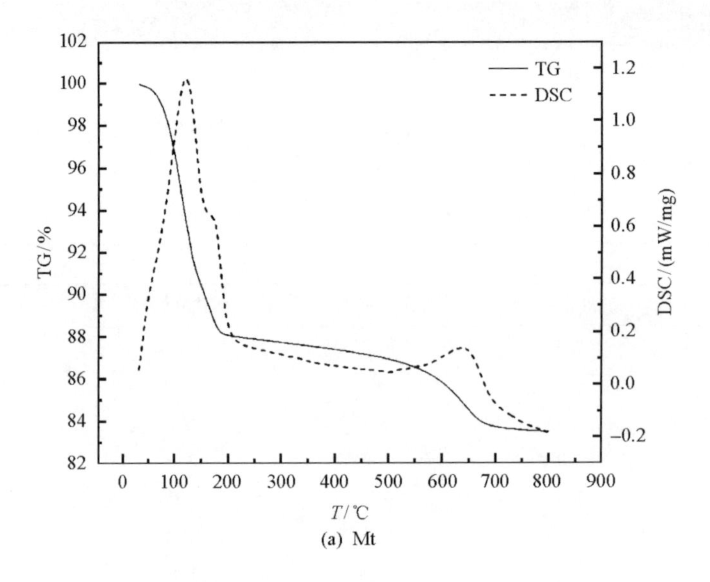

(a) Mt

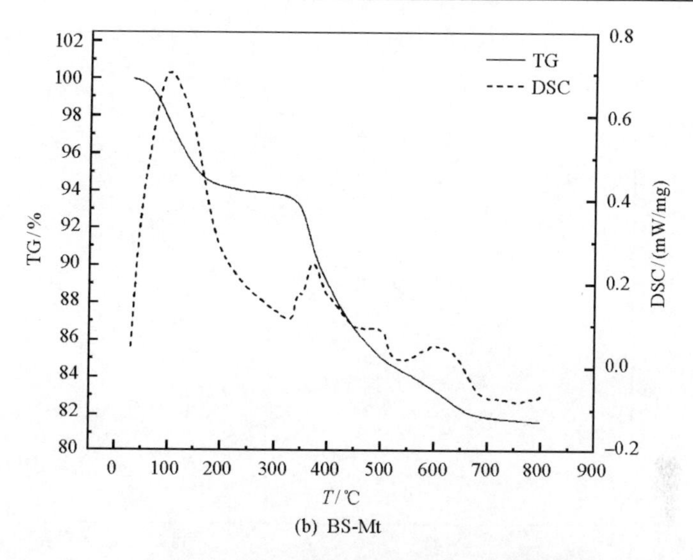

(b) BS-Mt

图 3-15　Mt 和 BS-Mt 的 TG-DSC 曲线

间大概有 3%的失重。总失重约为 16%。改性蒙脱石的热分析结果与原始蒙脱石具有完全不同的特征，其层间水逸出引起的吸热峰偏移到了 105℃附近，且其失重比例降为 6%左右，这表明经改性后因 BS-12 进入蒙脱石层间，导致其层间水减少；在 355℃和 480℃附近出现了原始蒙脱石的 DSC 图谱中不存在的吸热峰，说明此吸热峰属于一种新的成分或物相，这可能是层间 BS-12 分解逸出过程所导致；有机蒙脱石结构水脱羟基过程的吸收峰从 640℃降至 608℃附近，说明 BS-12 进入了蒙脱石层间，导致蒙脱石结构发生了一些变化；其总失重约为 18%，较原始蒙脱石失重较多，这是因为有机物进入蒙脱石层间，对黏土矿物的结构和热稳定性产生了一定影响。

6. Zeta 电位分析

图 3-16 为 Mt 和 BS-Mt 在不同 pH 条件下的 Zeta 电位值，可以观察到 Mt 和 BS-Mt 在 2～10 的 pH 范围内都呈电负性，这说明 Mt 和 BS-Mt 表面都带有负电荷。Mt 表面的负电荷主要是晶格中重金属的同类置换和表面断键水解作用所产生的。经过 BS-12 改性之后，矿物的 Zeta 电位在 pH 为 2.5～10 时比改性前有较大的降低，这可能是经改性后 BS-12 分子的羧基裸露在蒙脱石表面，水解产生更多的负电荷，这为 BS-Mt 与目标污染物之间发生电荷吸附提供了更有利的条件。

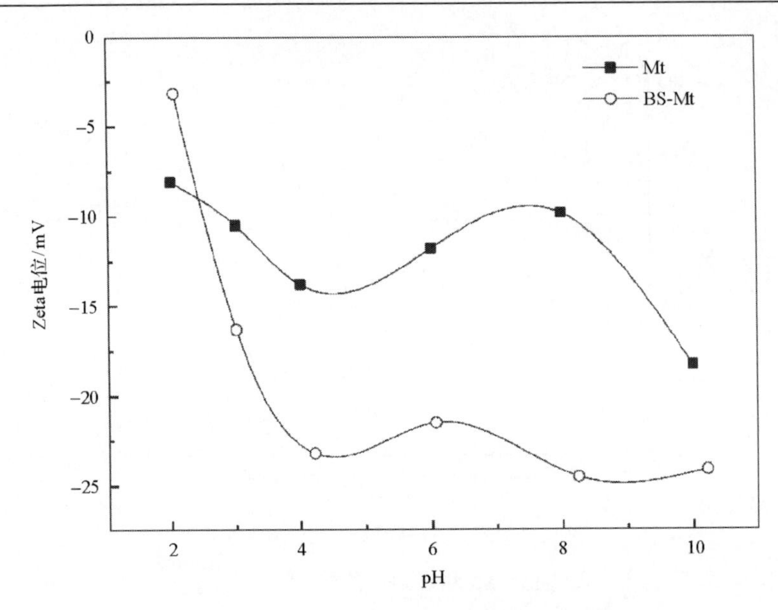

图 3-16　Mt 和 BS-Mt 的 Zeta 电位随 pH 变化的曲线

3.3.3　两性改性蛭石的表征分析

1. XRD 分析

蛭石和两性改性蛭石的 XRD 图谱如图 3-17 所示，蛭石的层间距 d_{001} 为 1.44nm，

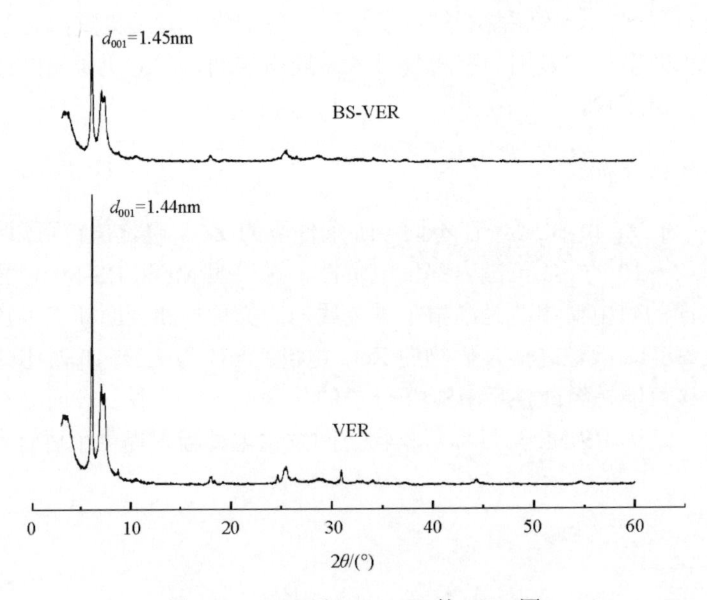

图 3-17　VER 和 BS-VER 的 XRD 图

蛭石特征衍射峰出现在 6.1°处，衍射峰大而且峰形尖锐，是典型的镁基蛭石的特征峰；在 7.4°处出现的衍射峰表明原始蛭石中含有少量的云母杂质，17.62°处的衍射峰是蛭石结构中八面体铁离子的特征峰[16]。经过 BS-12 改性后，蛭石的峰形强度变弱，这是因为 BS-12 分子进入蛭石层间取代了层间阳离子，使层间作用力减小，层间结构出现轻微的坍塌现象，所以改性后蛭石的层间距也没有太大的变化，两性改性蛭石的层间距 d_{001} 为 1.45nm。同时可以发现蛭石的衍射峰位置并没有明显的变化，这说明蛭石层状结构依旧存在，两性表面活性剂改性并没有完全破坏蛭石的层状结构。

2. FTIR 分析

VER 和 BS-VER 的 FTIR 分析结果如图 3-18 所示，在 VER 的 FTIR 图中，3713cm^{-1} 处的吸收峰表示蛭石结构中 Si—OH 中 O—H 的拉伸振动，3421cm^{-1} 和 1646cm^{-1} 处的吸收峰分别为蛭石表面和层间吸附水—OH 的伸缩振动峰和弯曲振动峰，1003cm^{-1} 附近的吸收峰为蛭石 Si—O 的伸缩振动峰，680cm^{-1} 和 457cm^{-1} 附近的吸收峰分别表示蛭石结构中 R—O—Si(R 为 Fe、Al、Mg)振动和 Si—O—Si 弯曲振动。在 BS-Mt 的红外光谱图中，蛭石的上述特征吸收峰全都存在，这表明改性后蛭石的基本骨架没有受到破坏，与 VER 相比 BS-Mt 的红外光谱在 2927cm^{-1} 和 2853cm^{-1} 两处出现了新的吸收峰，这两处的吸收峰是—CH_2—的伸缩振动峰，这表明两性表面活性剂对蛭石的改性已成功，BS-12 分子中的碳链成功与蛭石结合。

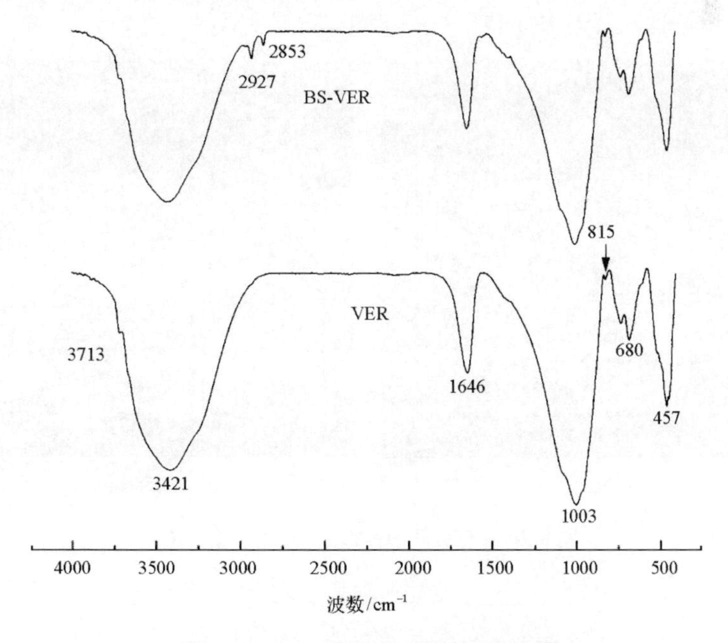

图 3-18　VER 和 BS-VER 的 FTIR 图

3. SEM/EDS 分析

VER 和 BS-VER 放大 15000 倍后的 SEM 图如图 3-19 所示，在 VER 的 SEM 图中可以观察到蛭石呈现块状和碎片状的外貌，经过两性表面活性剂 BS-12 改性后，蛭石的碎片状减少，表面变得更光滑，更精密，呈现出一种熔融的状态。VER 和 BS-VER 的能谱分析结果如图 3-20 和表 3-7 所示，经过改性后碳元素的信号大大增强，碳相对含量从改性前的 5.90%增加到了 9.54%；氮元素最开始在原始蒙脱石中没有检测到，但改性后检测到氮元素的信号，氮的相对含量从最开始的 0 变为 0.37%。改性后碳元素和氮元素含量的变化是由 BS-12 分子与蛭石结合所导致。

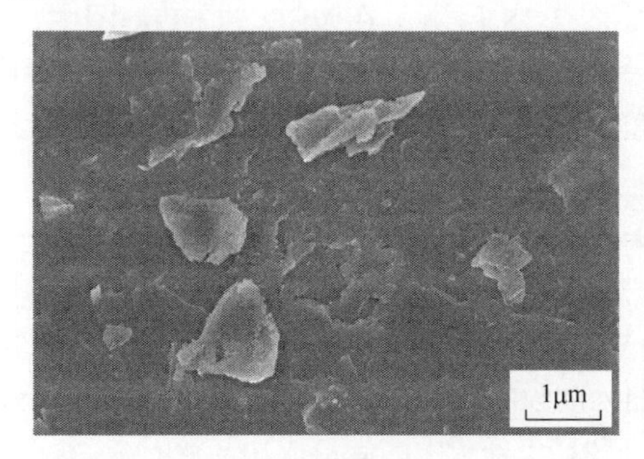

(a) VER　　(b) BS-VER

图 3-19　VER 和 BS-VER 的 SEM 图

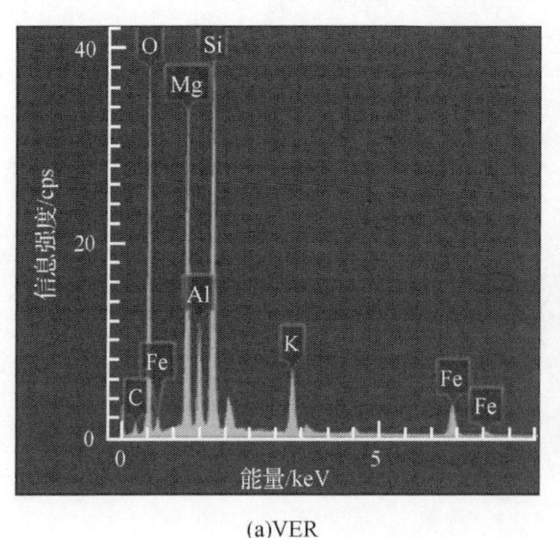

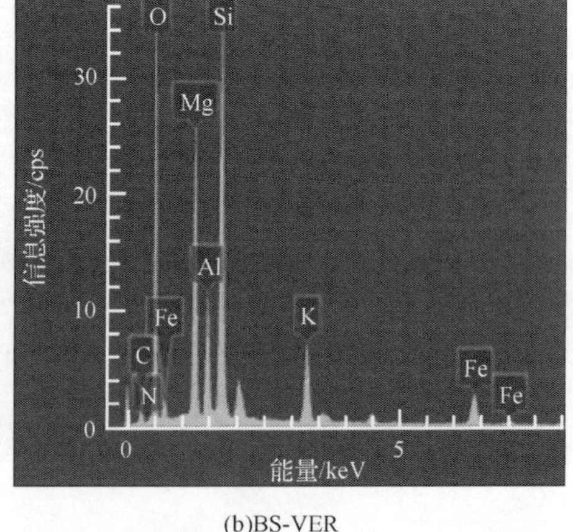

(a)VER　　(b)BS-VER

图 3-20　VER 和 BS-VER 的 EDS 能谱图

表 3-7　VER 和 BS-VER 表面化学成分

元素	VER		BS-VER	
	质量分数/%	原子百分比/%	质量分数/%	原子百分比/%
C	5.90	9.99	9.54	15.45
N	0	0	0.37	0.51
O	42.80	54.41	44.34	53.89
Mg	14.93	12.49	12.36	9.89
Al	5.32	4.01	5.31	3.83
Si	19.69	14.26	17.23	11.92
K	4.53	2.36	4.84	2.41
Fe	6.83	2.49	6.02	2.10

4. TG-DSC 分析

VER 和 BS-VER 的 TG-DSC 分析谱图如图 3-21 所示，在蛭石的 TG-DSC 分

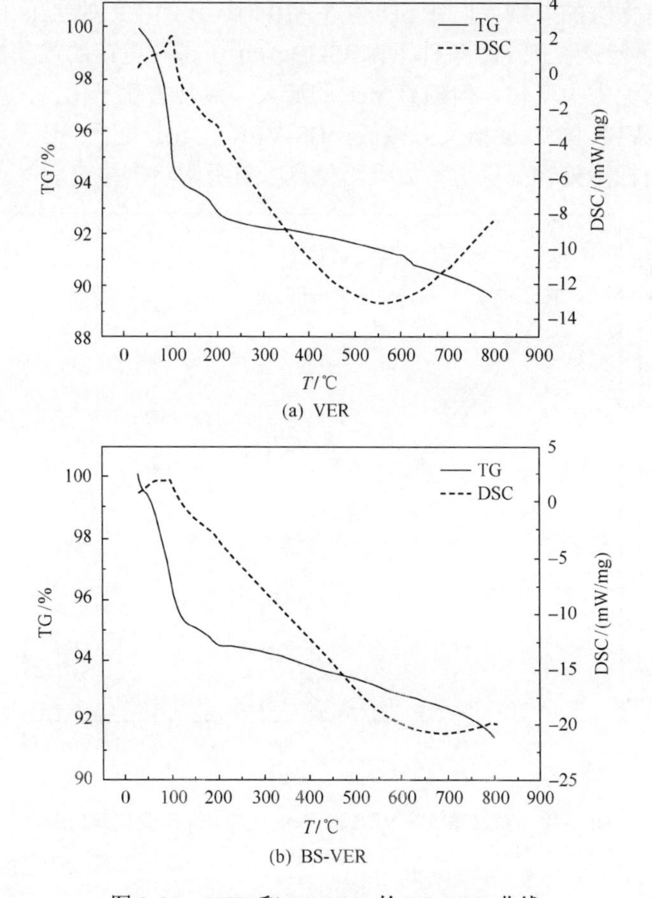

图 3-21　VER 和 BS-VER 的 TG-DSC 曲线

析图谱中，在 50～240℃有约 7.41%的失重率，这主要是蛭石层间水逸出所导致，其中在 100℃左右有一个明显的吸收峰，这表明层间水分子与蛭石层间是通过氢键连接在一起。在 240～800℃时，约有 3.04%的失重率，这一过程是蛭石内部羟基脱水缩合的过程，在 800℃时蛭石的总失重率约为 10.52%。BS-VER 的热分析结果与 VER 有一定的不同，首先是层间水逸出的峰值从 100℃偏移到了 94℃左右，这说明 BS-12 进入了蛭石层间，并对蛭石层间结构产生了一定的影响；其次温度到达 800℃时，改性蛭石的失重率仅为 8.63%，这说明改性蛭石的热稳定性提高了。

5. Zeta 电位分析

VER 和 BS-VER 在不同 pH 下的 Zeta 电位值如图 3-22 所示，可知在整个 pH 范围内，VER 和 BS-VER 的 Zeta 电位值都为负值，这说明 VER 和 BS-VER 的表面整体呈现电负性。对蛭石而言，电负性的产生主要与蛭石晶体表面断键的水解作用和晶体的结构缺陷有关[17]。BS-VER 在 pH 为 2～5 时的 Zeta 电位值与原始蛭石类似，没有太大的差别；但在 pH 为 5～10 时，BS-VER 的 Zeta 电位值远远低于 VER。这可能是在低 pH 条件下，BS-12 分子中带负电荷的羧基被质子化，所以较原始蛭石无太大变化，但随着 pH 的增大，羧基去质子化，其电负性表现出来，所以 BS-VER 的 Zeta 值大大减低。BS-VER 在 pH 大于 5 时表现出的较大电负性能够为目标污染物提供更多的吸附位点，对吸附将产生有利的影响。

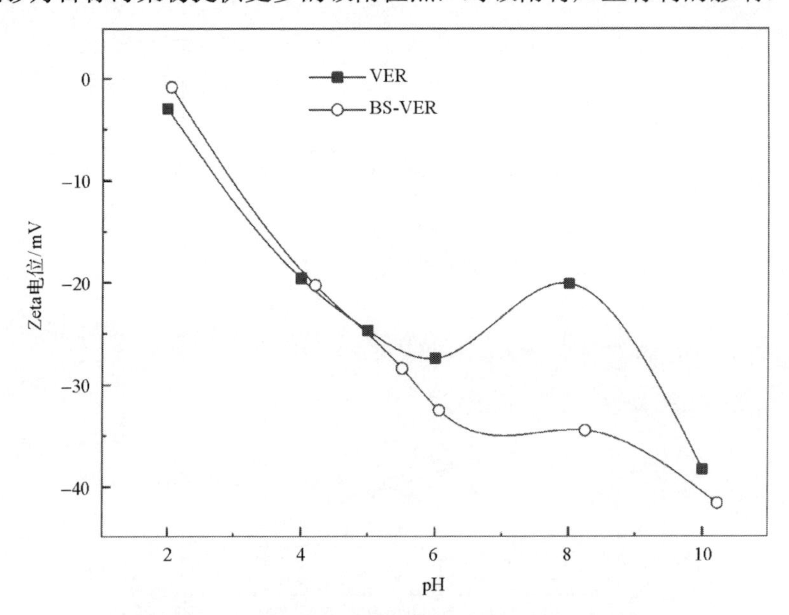

图 3-22　VER 和 BS-VER 的 Zeta 电位随 pH 变化的曲线

3.4　黏土矿物-DOM 复合体

水溶性有机质(dissolved organic matter，DOM)是指环境中由一系列大小、结构不同的分子组成的，能通过 0.45μm 滤膜的，且能溶于水的有机物的总称。DOM 普遍存在于水体环境和陆地生态系统中，是一种天然的络合剂和吸着载体，对土壤和水环境中重金属等无机污染物和有机污染物的活化、迁移、转化和最终归宿，以及营养物质的生物地球化学循环等均有较大影响。作为环境中的天然配位体，DOM 与土壤和地表水体中微量无机和有机污染物的迁移活性密切相关。由此成为当前环境科学、环境地球化学和土壤科学等学科领域的研究热点之一。DOM 是一类非常重要的活性有机质成分，在一些使用有机肥、秸秆还田的根际等局部土壤环境中含量较高。DOM 因其含有亲水性和疏水性馏分，通常具有表面活性性质。土壤 DOM 是含有氨基酸、简单有机酸、酯类化合物和碳水化合物等小分子和各种腐殖物质大分子有机物的混合物。DOM 可以通过 pH 缓冲作用、络合螯合作用影响土壤溶液的化学性质。

DOM 与黏土矿物存在很强的亲和力，在一定条件下混合，通过层间交换、层间吸附、层间聚合、层间柱撑等物理化学方法，把 DOM 分子引入黏土矿物层间域，改变其层间域的电荷、介质、层间距，破坏层电荷分布平衡，使其结构与性质发生相应的变化，就能够制得不同性能的有机无机复合体。结合在矿物上的 DOM 分子改变了矿物的理化性质，使原本亲水的矿物表面具有不同程度的疏水性，同时也使矿物表面的形态发生了变化，从而不同程度地增强了黏土矿物对疏水性有机物的吸附作用和吸附稳定性。

黏土矿物的层状结构和强离子交换能力使有机物可以吸附于黏土矿物片层之间，成为有机无机复合体制备的理论基础。在常温常压下，离子、水、盐类及几乎所有的有机物都能够进出黏土矿物的层间，形成复杂的有机无机复合体。黏土矿物的硅酸盐层结构中存在着可交换的无机阳离子，可与外界的有机阳离子进行交换，而有机阳离子具有强烈的疏水作用和范德瓦尔斯力，所以很容易与黏土矿物层间的无机阳离子发生交换而形成有机无机复合体，如本研究中的蒙脱石-DOM 复合体。另外，通过物理吸附作用也可形成有机、无机复合体，一般表现为单分子吸附。有机极性化合物能够置换黏土矿物层间的吸附水而发生非离子反应，此时有机极性化合物是通过范德瓦尔斯力被吸附在单位晶层底面上，由于较大分子量的极性有机分子吸附能力比水强，它可取代水，所以生成比较稳定的有机、无机复合体，如本研究中的高岭石-DOM 复合体。黏土矿物-DOM 复合体形成过程模拟示意图如图 3-23 所示。

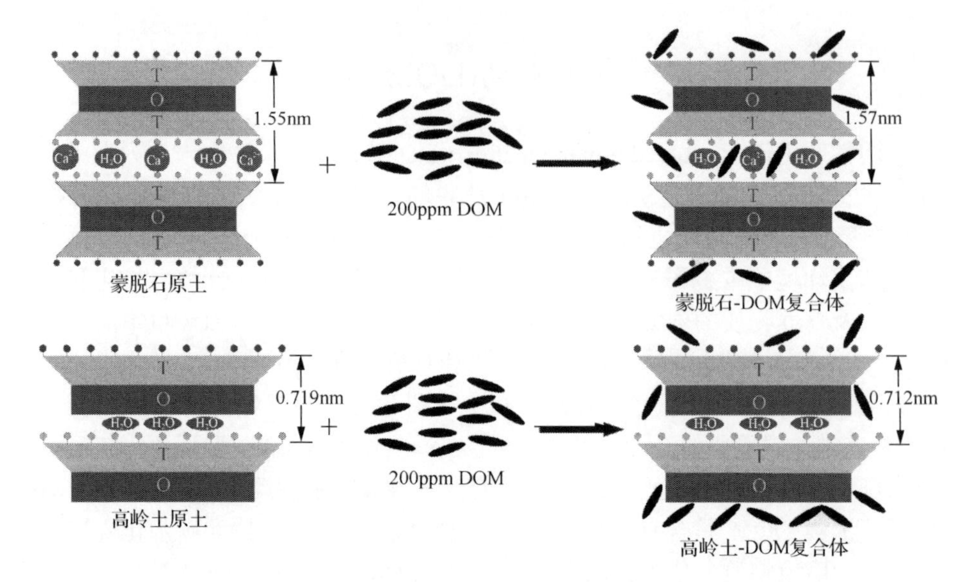

图 3-23　黏土矿物-DOM 复合体形成过程模拟示意图

3.4.1　黏土矿物-DOM 复合体制备方法

本研究以蒙脱石和高岭土为黏土矿物的代表，以垃圾渗滤液为 DOM 的提取原材料，采用湿法工艺制备符合原位固定技术的有机无机复合体。以多环芳烃的代表菲作为目标污染物，通过单因素实验法分别改变黏土矿物和 DOM 的浓度配比、反应时间、体系 pH 和反应温度四个主要影响因素，确定有机无机复合体的最佳制备技术参数；并采用界面物理化学的理论和方法、现代谱学与表面测试技术对制备的有机无机复合体的表面特性进行研究分析。

DOM 的提取：将采集的垃圾渗滤液以转速 4000r/min 离心后，上层清液经抽滤过 0.45μm 孔径滤膜，滤液中有机物即为 DOM，在 4℃下保存于冰箱中备用，其 DOM 浓度采用 TOC (total organic carbon) 仪测定。

黏土矿物-DOM 复合体的制备方法：准确称取 1.0g 蒙脱石/高岭土样品于 200mL 烧杯中，缓缓加入 100mL 经稀释的 DOM 溶液，配制成一定固液的悬浮液进行反应，用 1.0mol/L 的 NaOH 溶液或 1.0mol/L HCl 溶液调节体系的 pH 至所需范围，在一定温度下以 170r/min 振荡平衡，静置 30min 后，以速率 4000r/min 进行离心分离，去除上层清液之后用去离子水洗涤 3 次，经 45℃烘干，研磨并过 200 目筛，得到矿物黏土-DOM 复合体，放入干燥器内干燥备用[18]。

3.4.2 黏土矿物-DOM 复合体的表征

1. XRD 分析

1) 蒙脱石-DOM 复合体

从不同浓度蒙脱石-DOM复合体的XRD图(图3-24)可以看出，逐渐提高DOM的浓度，从0ppm逐渐增大到200ppm、2000ppm时，蒙脱石层间距 d_{001} 从1.55nm增大到1.58nm，即当复合DOM浓度增大时，层间距略微增大。这可能是有部分小分子的DOM进入蒙脱石晶层间域，与蒙脱石的层间里的 Ca^{2+} 发生置换，从而与蒙脱石内羟基结合，也可能是DOM中的较大无机离子与 Ca^{2+} 发生置换反应，使层间距略微增大。同时，当DOM从200ppm提高到2000ppm时，蒙脱石的层间距并没有明显的提高，只从1.57nm增大到1.58nm，这说明大部分的DOM分子或基团比较大，还不足以插入到蒙脱石层间，只有少量的小分子可以进入蒙脱石的层间域。

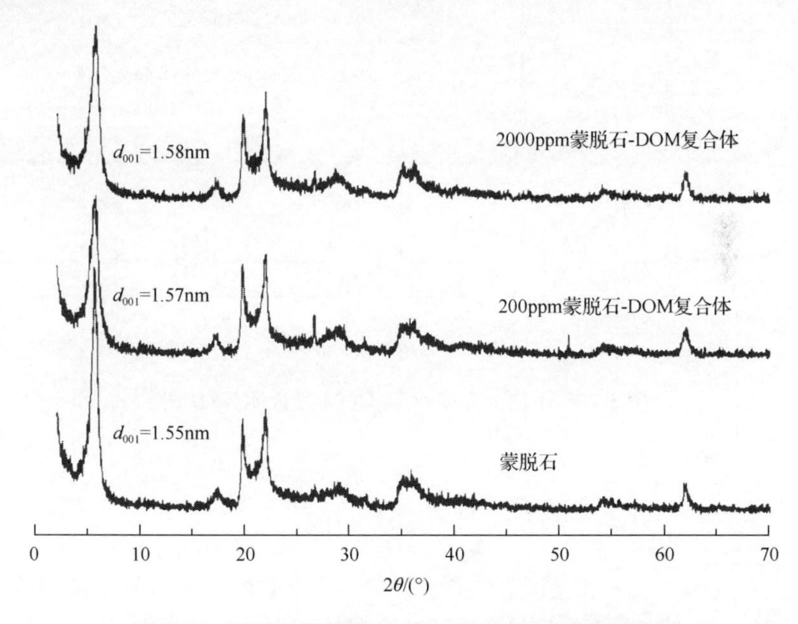

图 3-24　不同浓度蒙脱石-DOM 复合体 X 射线衍射图

2) 高岭土-DOM 复合体

从高岭土原土及用不同浓度DOM制备的高岭土-DOM复合体的X射线衍射图(图3-25)可以看出，随着DOM浓度的增大，从0ppm逐渐增大到200ppm、2000ppm时，高岭土层间距 d_{001} 的变化很小，甚至有变小的趋势，层间距 d_{001} 从0.71904nm减少到0.71098 nm，层间距则略微减小，这也可忽略不计。吸附前后的高岭土层间略微减小，可能由特定小分子 DOM 或水分子所致。高岭土层间氢键作用力大，可交换离子容量小，使分子进入高岭土的层间比较困难。高岭土插层反应机理认为有机小分子进入层间是通过高岭土层间氢键的断裂和新的氢键形成而实现的，这就要求 DOM 分子有足够的能力破坏原来的氢键，并和铝氧面或硅氧面形成新的氢键。DOM 分子的氢键键能难以与层间的内聚能相抗衡，不足以打开高岭土层间的连结，DOM 分子不易穿插进层间，而只是可能把层间的水分子赶出层间域(图 3-25)，使层间的氢键结合力增大，从而造成层间距的略微减小。

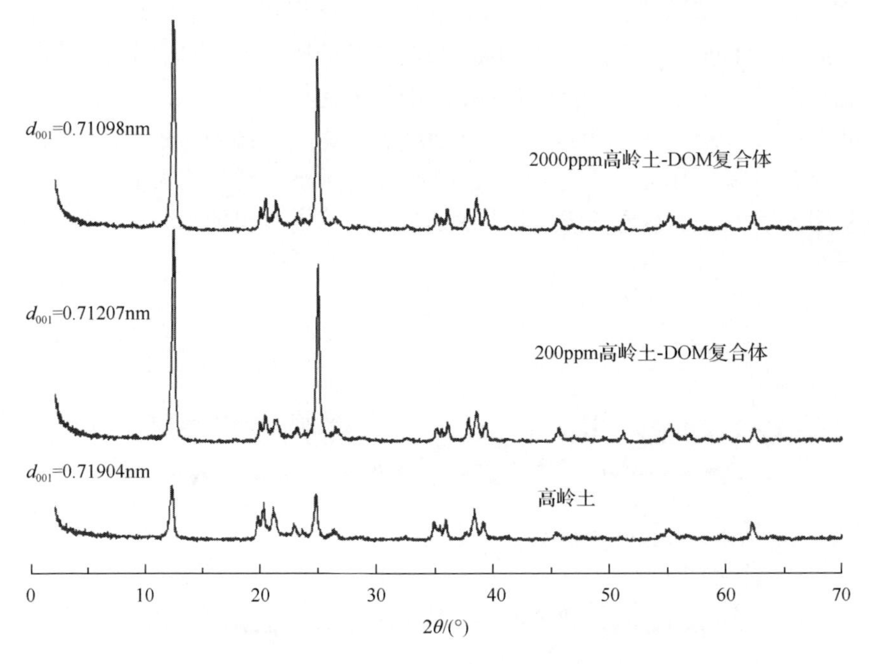

图 3-25　不同浓度高岭土- DOM 复合体 XRD 图

2. FTIR 分析

1) 蒙脱石-DOM 复合体

蒙脱石原土、DOM 和蒙脱石-DOM 复合体的 FTIR 分析如图 3-26 所示，结果表明，蒙脱石与 DOM 复合后，水分子的羟基伸缩振动的基频峰由 3427cm^{-1} 向高频漂移到 3441cm^{-1}，且吸收峰强度明显减弱，同时可以看出蒙脱石-DOM 复合体的水分子的羟基伸缩振动的基频峰 3441cm^{-1} 并非 DOM 的 3468cm^{-1} 与蒙脱石原土的 3427cm^{-1} 的相加，蒙脱石-DOM 复合体的其他基团特征基频峰 1644cm^{-1} 及低频区的基频峰都不是 DOM 基频峰与蒙脱石基频峰的简单相加，说明蒙脱石和 DOM 发生了化合键合，而非简单的机械混合；另外，1644cm^{-1} 附近的羟基弯曲振动吸收峰有明显的减弱，而且峰宽变窄，这表明层间水含量减小，经过复合后，蒙脱石表面由亲水性变成疏水性，这是因为蒙脱石的羟基和 DOM 中的羟基产生了缔合。另外，蒙脱石-DOM 复合体中还在 1402cm^{-1} 处出现一个吸收较强 C—H 振动的特征吸收，说明复合体中可能增加了脂肪族化合物。

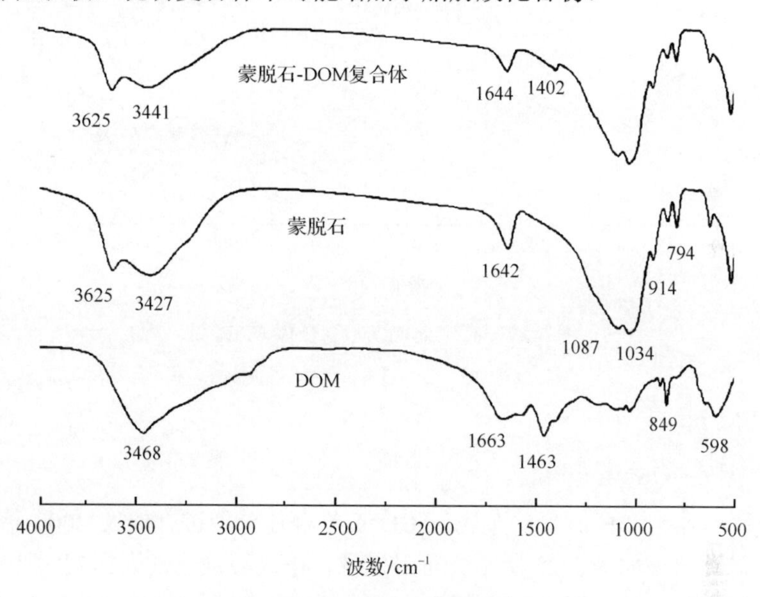

图 3-26　蒙脱石-DOM 复合体的 FTIR 图

2) 高岭土-DOM 复合体

图 3-27 为 DOM、高岭土和高岭土-DOM 复合体的 FTIR 图，高岭土经与 DOM 复合后，3696cm^{-1} 附近的水分子的羟基伸缩振动峰向低频方向漂移，强度有所减弱，表明 DOM 与蒙脱石之间存在化学键合；而 1663cm^{-1} 和 1643cm^{-1} 附近的羟基弯曲振动吸收峰都有所减弱，这表明层间水含量减少，可能是特定水分子被赶出层间域所造成的。另外，在低频区的 800～400cm^{-1}，693cm^{-1}、538cm^{-1} 等特征峰的峰形及强度也有略微变化，也说明结构单元间的底面羟基结构发生了变化。相对于蒙脱石-DOM 复合体，高岭土与 DOM 复合后的红外谱图变化不明显，这主要是由于高岭土为 1∶1 型空间结构，没有蒙脱石 2∶1 型的空间结构与广阔的层间域，使得高岭土-DOM 复合体中的有机组分含量较少，红外谱图特征变化表现不明显。

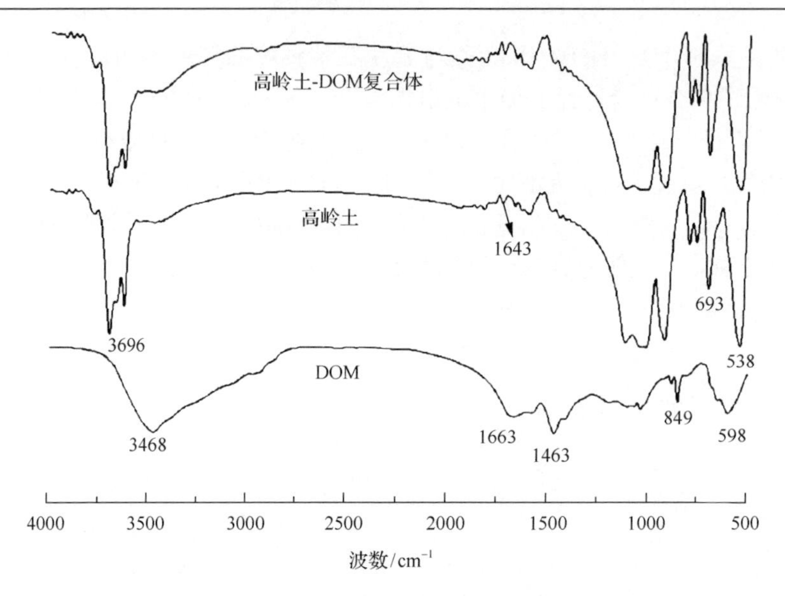

图 3-27　高岭土-DOM 复合体 FTIR 图

3. SEM 图

1) 蒙脱石-DOM 复合体

对蒙脱石原土和所制备的蒙脱石-DOM 复合体分别进行放大 2000 倍和 5000 倍电镜扫描，结果如图 3-28 所示。可以发现，蒙脱石原土的表面相对比较光滑，结构相对致密；而蒙脱石-DOM 复合体表面则比较粗糙，结构也相对疏松，存在很多微小孔隙，具有较大的比表面积，这为复合体吸附水体中污染物提供了有利的通道和空隙，有利于吸附的进行。

(a) 蒙脱石(×2000)

(b) 蒙脱石-DOM复合体(×2000)

(c) 蒙脱石(×5000)　(d) 蒙脱石-DOM复合体(×5000)

图 3-28　蒙脱石及蒙脱石-DOM 复合体 SEM 图

2) 高岭土-DOM 复合体

对高岭土原土和所制备高岭土-DOM 复合体分别进行放大 2000 倍和 5000 倍电镜扫描，结果如图 3-29 所示，可以看出高岭土原土的表面比较光滑，呈圆球状，

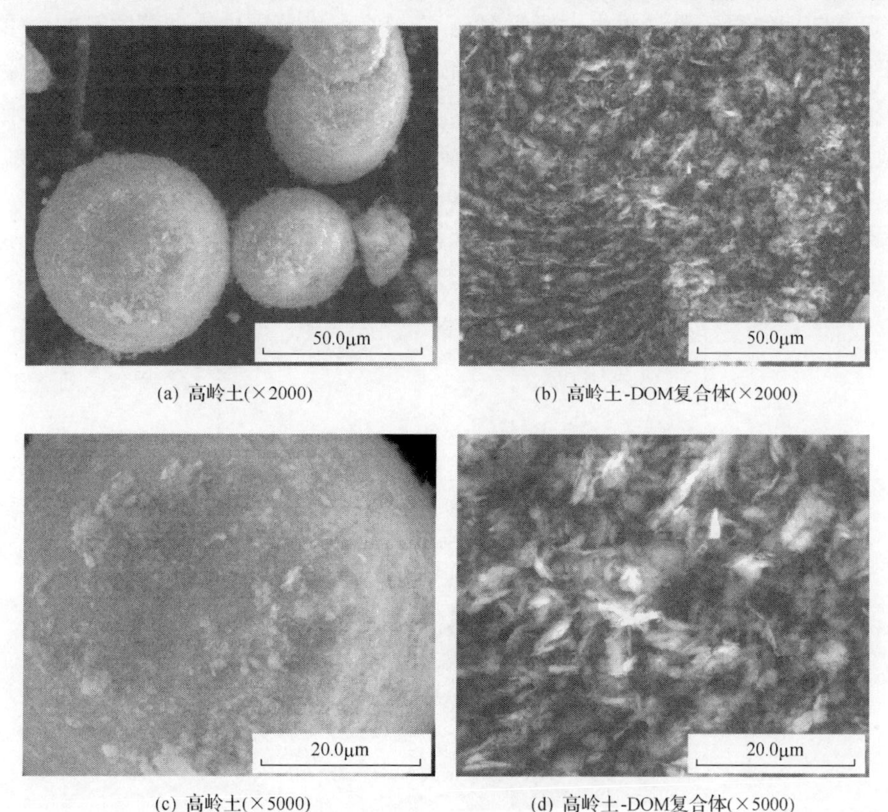

(a) 高岭土(×2000)　(b) 高岭土-DOM复合体(×2000)

(c) 高岭土(×5000)　(d) 高岭土-DOM复合体(×5000)

图 3-29　高岭土及高岭土-DOM 复合体 SEM 图

结构非常致密；而经 DOM 复合后的高岭土-DOM 复合体的表面形态则发生了很大的变化，表面比较粗糙，呈针芒棱形，结构比较疏松，存在很多孔隙通道，相对高岭土原土比表面积有很大的增加，这也为吸附反应创造了条件。

4. TG-DSC 分析

1) 蒙脱石-DOM 复合体

从钙基蒙脱石的 DSC 曲线可以看出(图 3-30)，在 50～200℃有两个吸热峰，分别归属于吸附水和层间水的脱失，TG 曲线显示第一阶段质量损失比较显著，150℃左右的质量损失达到 15%，在 200～600℃时 TG 曲线显示重量损失较少，大概为 5%。Xie 等[19]把曲线分为三个区域：150℃以下为表面吸附水的脱失，150～550℃为有机物的脱失，550～700℃为蒙脱石的脱羟基过程。而对于蒙脱石-DOM 复合体在 50～200℃并没有明显的吸热峰，层间水的吸热峰消失可能是因为 DOM 分子取代了层间水分子的缘故。而在 550℃有一个吸热峰，这应该是层间或表面有机物脱失。从 TG 曲线可以看出，复合体到 150℃左右重量损失仅有 5%，在 150～600℃ TG 曲线显示重量损失大概为 8%。在整个温度范围内空白蒙脱石的失重量大于复合体的失重量，分别为 20.46% 和 15.24%。可能是低分子 DOM 代替蒙脱石表面的水分子，使蒙脱石的疏水性增强，表面水膜变薄，单位表面所含的水分子数减少，因而导致失重量降低。空白蒙脱石失重曲线相比，复合体失重曲线向低温区偏移，表明 DOM 影响着蒙脱石脱去结构水和层间水的起始温度。

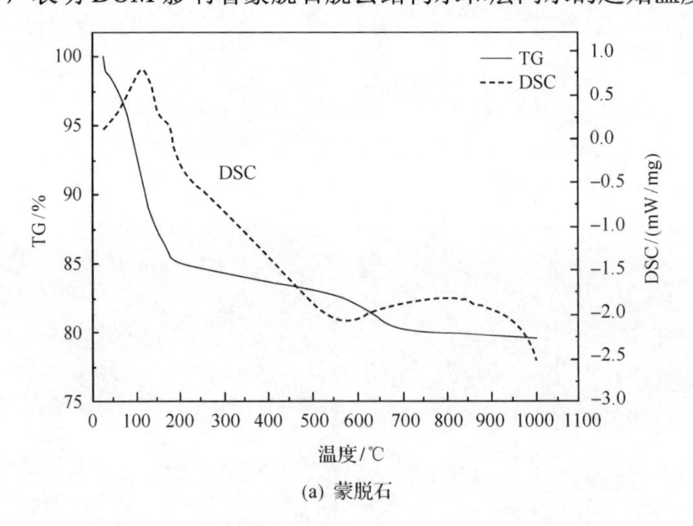

(a) 蒙脱石

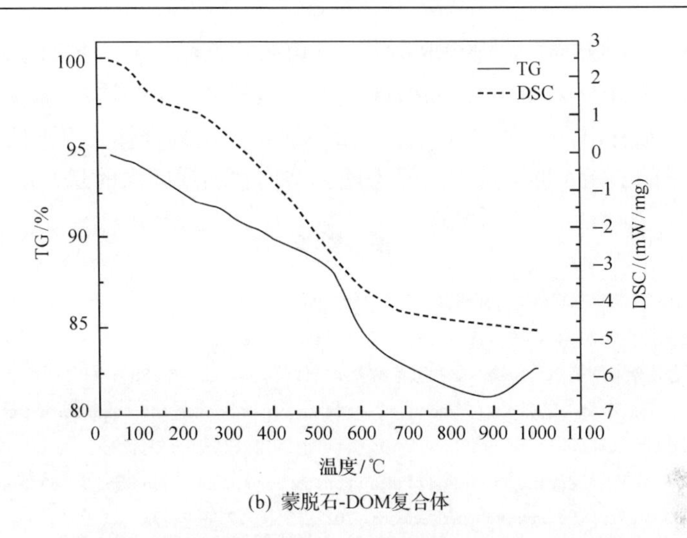

(b) 蒙脱石-DOM复合体

图 3-30　蒙脱石及蒙脱石-DOM 复合体的 TG-DSC 曲线

2) 高岭土-DOM 复合体

从高岭土和复合体的 TG 曲线(图 3-31)可以看出，在整个温度范围内复合体的烧失量(12.92%)大于空白高岭土的烧失量(11.32%)。从 DSC 曲线可以看出，空白高岭土在 150℃以下有两个峰，这主要由于高岭土表面失水所致。而复合体在此温度范围内的峰不太明显，可能是低分子 DOM 代替高岭土表面的水分子，使高岭土的疏水性增强导致失重量降低。而在 400℃左右有一个明显的峰，这主要与有机物的脱失有关。在 200～500℃时，复合体的失重量比空白高岭土的失重量稍稍大一些，即复合体中除高岭土本身的物质发生热分解失重外，还有其他物质参与失重，这归因于脂肪族侧链发生脱离而分解。在 300～450℃时，空白高岭土与复合体的失重率分别为 12.92%和 11.32%，另外，复合前后的高岭土脱羟基峰分别

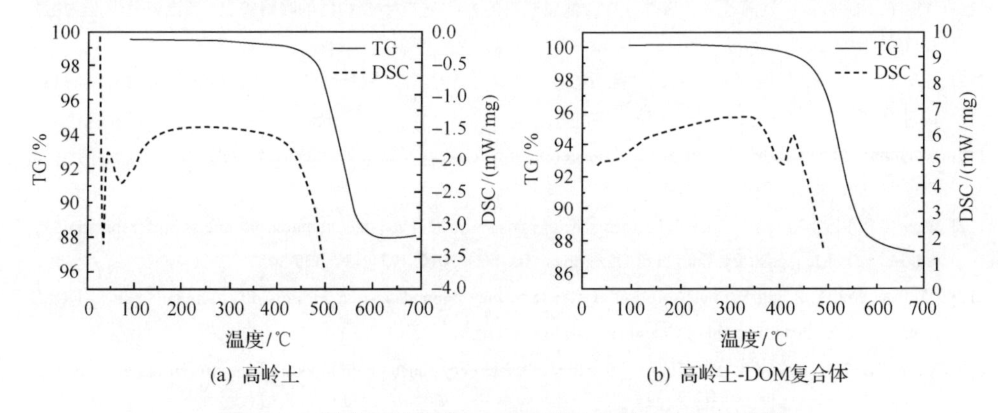

(a) 高岭土　(b) 高岭土-DOM复合体

图 3-31　高岭土及高岭土-DOM 复合体的 TG-DSC 曲线

发生在 529.0℃和 525.7℃，相差也不大，这说明和高岭土复合的 DOM 含量很小。从 DSC 曲线可以看出在 400℃左右有一个峰，这个温度范围的失重主要由脱羟基所致。同时不难看出，与空白高岭土失重曲线相比，复合体失重曲线向低温区偏移，表明少量的 DOM 也影响着高岭土脱去结构水和层间水的起始温度。

参 考 文 献

[1] 吴平霄. HDTMA 改性蛭石的结构特征研究. 地学前缘, 2001, 8(2): 321-6.

[2] 吴平霄. 有机插层蛭石功能材料的制备与表征研究. 功能材料, 2003, 34(6): 728-31.

[3] 吴平霄. 有机插层蛭石对有机污染物苯酚和氯苯的吸附特性研究. 矿物学报, 2003, 23(1): 17-22.

[4] Wu P, Dai Y, Long H, et al. Characterization of organo-montmorillonites and comparison for Sr(II) removal: Equilibrium and kinetic studies. Chemical Engineering Journal, 2012, 191(19): 288-296.

[5] Tang J, Yang Z F, Yi Y J. Enhanced adsorption of methyl orange by vermiculite modified by cetyltrimethylammonium bromide (CTMAB). Procedia Environmental Sciences, 2012, 13(10): 2179-2187.

[6] 毛庆辉, 叶早萍, 陈春升. 阻燃隔热蛭石水溶胶整理剂的制备及应用. 印染, 2013, 39(4): 5-8.

[7] 李秀华, 张枝苗, 陈晓松. 高吸水性树脂/蛭石复合材料的制备及吸水性能研究. 常州工程职业技术学院学报, 2012, 1: 19-20.

[8] 乔冬平, 魏军光, 王利. 蛭石粉对橡胶吸声件性能影响. 热固性树脂, 2004, 19(6): 22-23.

[9] 王完牡, 吴平霄. 有机蛭石的制备及其对 2,4-二氯酚的吸附性能研究. 功能材料, 2013, 6: 835-839.

[10] Lagaly G, Ziesmer S. Colloid chemistry of clay minerals: The coagulation of montmorillonite dispersions. Applied Clay Science, 2003, s 100-102(02): 105-128.

[11] Huang Z J, Wu P X, Gong B N, et al. Efficient removal of Co^{2+} from aqueous solution by 3-aminopropyltriethoxysilane functionalized montmorillonite with enhanced adsorption capacity. PLos ONE, 2016, 11(7): e0164219.

[12] Long H, Wu P, Zhu N. Evaluation of Cs^{+} removal from aqueous solution by adsorption on ethylamine-modified montmorillonite. Chemical Engineering Journal, 2013, 225(2): 237-244.

[13] 杨林, 吴平霄, 刘帅, 等. 两性修饰蒙脱石对水中镉和四环素的吸附性能研究. 环境科学学报, 2016, 6: 2033-2042.

[14] 代亚平, 吴平霄. 3-氨丙基三乙氧基硅烷改性蒙脱石的表征及其对 Sr(Ⅱ)的吸附研究. 环境科学学报, 2012, 32(10): 2402-2407.

[15] 陈理想, 吴平霄, 杨林, 等. 有机改性蛭石的特性及其对 Hg^{2+}吸附性能的研究. 环境科学学报, 2015, 35(4): 1054-1060.

[16] Temuujin J, Okada K, Mackenzie K J D. Preparation of porous silica from vermiculite by selective leaching. Applied Clay Science, 2003, 22(4): 187-195.

[17] Wang T H, Liu T Y, Wu D C, et al. Performance of phosphoric acid activated montmorillonite as buffer materials for radioactive waste repository. Journal of Hazardous Materials, 2010, 173(1-3): 335-342.

[18] Wu P X, Wen Y, Xiang Y, et al. Sorption of pyrene by clay minerals coated with dissolved organic matter (DOM) from landfill leachate. Journal of Chemistry, 2015(6): 1-10.

[19] Xie W, Xie R C, Pan W P, et al. Thermal stability of quaternary phosphonium modified montmorillonites. Chemistry of Materials, 2002, 14(11): 4837-4845.

第4章　黏土矿物的无机-有机复合改性方法

单纯采用有机或无机柱化剂合成的黏土矿物复合材料虽然各有优势，但它们本身也都存在一定的局限性，如前者具有较差的热稳定性，而后者对所转化的有机物具有较低的吸附性能。由于以多聚羟基金属阳离子作为柱化剂制备出的柱撑膨润土层间距还不足够大，研究者将某些表面活性剂引入膨润土层间从而合成更大孔径的无机-有机柱撑膨润土，且其热稳定性也得到明显改善[1]。

有学者[2]研究利用无机 $TiCl_4$/HCl 制成的钛基柱撑液和十六烷基三甲基溴化铵为有机改性液来柱撑钠基蒙脱石，合成无机-有机复合柱撑材料。XRD 结果表明，单一的无机柱撑或有机柱撑均可使黏土矿物的层间距从原来的 1.2nm 分别增加到 2.1nm 和 1.8nm，而对蒙脱石进行无机-有机复合柱撑后，复合材料的层间距可达 3.4nm。而且此类改性黏土矿物经热处理后容易得到具有高催化特性的锐钛型的改性黏土矿物材料，并且可以重新合成得到无机/有机复合柱撑的新型改性黏土矿物材料[3]。

吴平霄[4]等利用阳离子表面活性剂十六烷基溴化吡啶来处理铝柱撑的钠基蒙脱石，并用来处理含有苯酚的废水，发现在 pH =10，室温下以 120r/min 的速度振荡 30min 后，水中苯酚的去除率可高达 95%以上，比单一使用羟基铝柱撑的蒙脱石吸附去除率有明显的提高。而且使用过后的复合材料经烘干、500℃灼烧后其层间距保持稳定，表面积反而有所增大(由于 keggin 离子高温灼烧发生分解，在层间形成 Al_2O_3 柱)，而且可以与阳离子表面活性剂反应，因而可以反复利用。

Srinivasan[5]合成了十六烷基吡啶羟基铝交联蒙脱石，并用它来处理含苯并芘和多氯苯酚的工业废水。Dioscancela 等[6]利用无机金属离子蒙脱石与有机分子交换，合成出一系列的无机-有机改性蒙脱石。

目前关于复合改性蒙脱石的研究还比较少，但复合改性蒙脱石的层间距大、吸附能力强、可能重复利用等优点相当明显，因此必是今后蒙脱石柱撑改性方面的一个研究热点。

4.1.1　无机-有机改性蒙脱石的制备

改性蒙脱石的制备流程如下。

1) 蒙脱石的提纯

由于蒙脱石原矿含有较多的杂质，为了进一步利用，需对其进行提纯。蒙脱石的提纯采用沉降法，取一定量的经烘干后的蒙脱石原矿，研磨过 150 目筛，再溶于一定量蒸馏水中制备成浆液，剧烈搅拌一段时间静置 3～5min，去掉底部的沉渣，得到提纯的蒙脱石。

2) 聚羟基铁(铁柱化剂)的制备

在高速搅拌的条件下，按 $n_{Na_2CO_3}/n_{Fe(NO_3)_3}$ 为 0.75，将 Na_2CO_3 粉末缓慢加入一定浓度的 $Fe(NO_3)_3$ 溶液中，所得的红褐色半透明柱撑液继续搅拌 2h，将反应溶液移入一定频率的超声波发生器中，用超声波处理 15min，陈化 24h，制得聚羟基铁柱化液。

3) 无机改性蒙脱石的制备

在不断搅拌的条件下，将上述制备好的柱化剂缓慢地滴入蒙脱石浆液中，滴定完后继续搅拌 2h，之后将产物移入一定频率的超声波洗涤器中，用超声波处理 15min，然后置于恒温水浴中老化 24h，将柱撑产物置于离心机中离心分离，弃去清液，用蒸馏水洗 6 次，最后将柱撑产物在 60℃下烘干，研磨过 200 目筛，得到无机改性蒙脱石。

4) 有机改性蒙脱石的制备

在不断搅拌的条件下，将相当于一倍蒙脱石阳离子交换量的十二烷基硫酸钠缓慢倒入蒙脱石浆液中，搅拌 4h，让其充分混合。将其混合物离心分离，将其固体样品用蒸馏水水洗 8 次以除去黏土矿物表面的十二烷基硫酸钠。在 60℃下烘干，研磨过 200 目筛，得到有机改性蒙脱石。

5) 复合改性蒙脱石的制备

将制得的无机改性蒙脱石配成一定浓度的浆液，把相当于一倍蒙脱石阳离子交换量的十二烷基硫酸钠缓慢倒入浆液中，搅拌 4h，让其充分混合。将其混合物离心分离，将其固体万分用蒸馏水水洗 8 次以除去黏土矿物表面的十二烷基硫酸钠。在 60℃下烘干，研磨过 200 目筛，得到无机有机复合改性蒙脱石[7]。

4.1.2 无机-有机改性蒙脱石的表征分析

1. 改性蒙脱石的 XRD 分析

采用全自动 X 射线衍射仪 D/max-IIIA(日本理学公司)对样品进行 X 射线分析，试验条件：CuKa 辐射，电压 30kV，电流 30mV，扫描速度为 3°/min。各种改性蒙脱石的 d_{001} 值及 XRD 图分别见表 4-1 和图 4-1。

表 4-1 不同蒙脱石的 d_{001} 值

蒙脱石类型	d_{001}/nm
蒙脱石原土	1.56
无机蒙脱石	1.60
有机蒙脱石	1.56
复合蒙脱石	1.60

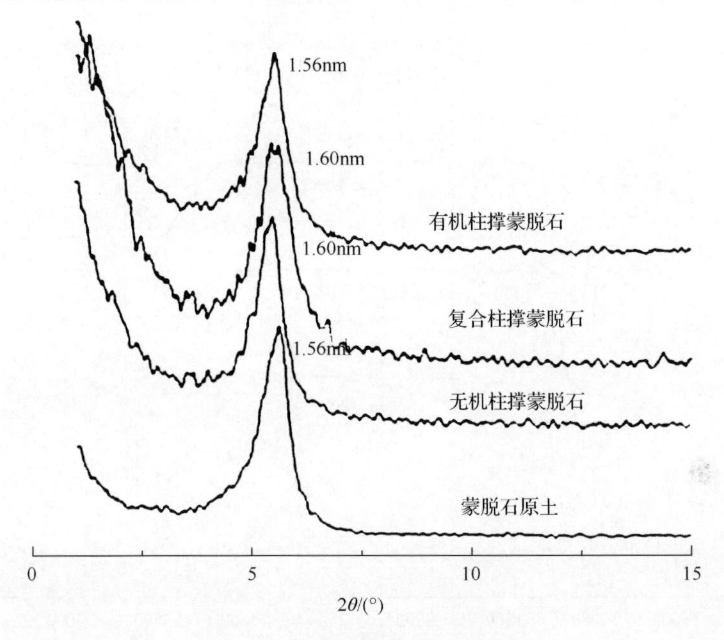

图 4-1　不同蒙脱石的 XRD 图

由表 4-1 和图 4-1 可知，经过无机柱撑后，蒙脱石的层间距由 1.56nm 增大到 1.60nm，说明聚羟基铁进入了蒙脱石层间，从而引起蒙脱石层间距变大。对于有机柱撑蒙脱石，其层间距并没有变化，且复合柱撑的蒙脱石与无机柱撑的蒙脱石的层间距一致，这是由于本实验采用的有机改性剂为阴离子型的表面活性剂，不能跟层间的阳离子进行离子交换，比较难以进入层间或进入层间的量太少，不足以撑开蒙脱石的层间。图 4-1 复合改性蒙脱石的 X 射线衍线的 d_{001} 峰变得弥散，这可能是 SDS 与层间的聚羟基铁发生了反应，使其结构发生变化引起的。

2. *改性蒙脱石的 FTIR 分析*

试验采用德国 Bruker 公司生产的 Vector-33 傅立叶变换红外谱仪。工作条件：采用 KBr 干粉压片，分辨率为 0.3cm^{-1}，信噪比为 30000∶1(峰/峰值)，波数范围为 500～4000cm^{-1}。

图 4-2 为不同蒙脱石的 FTIR 图。原土的红外谱线高频区有 2 个吸收峰，一个在 3620cm^{-1} 处，属于 Al—OH 的伸缩振动，另一个在 3421cm^{-1} 处，为较宽的吸收峰，属于层间水分子的伸缩振动；中频区 1635cm^{-1} 处属于层间水分子的弯曲振动；低频区 1095cm^{-1} 和 1033cm^{-1} 处属于的 Si—O 伸缩振动；低频区晶格弯曲振动带中，916m^{-1} 处属于黏土八面体层 Al—O(OH)—Al 的平移振动，842cm^{-1} 处可能是由 Si—O—Mg 或 Mg—OH 引起的，520cm^{-1} 处可能是由 Si—O—Al 引起的，468cm^{-1} 处可能是由 Si—O—Fe 引起的，其峰值较高说明样品中铁的含量较高。

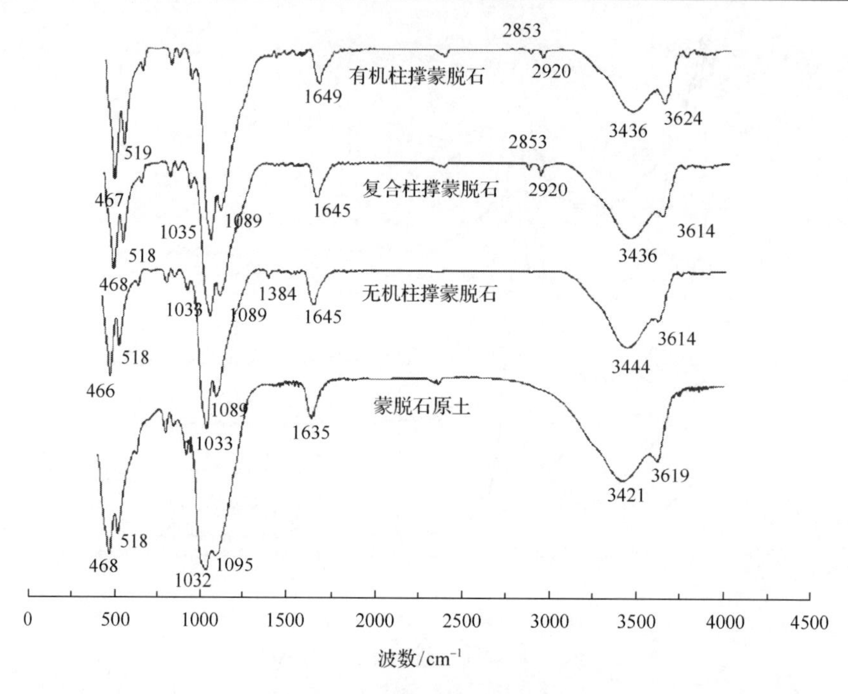

图 4-2　不同蒙脱石的 FTIR 图

从图 4-2 可以看出，各种改性蒙脱石与蒙脱石原土的红外光谱峰形基本相似，说明柱撑过程中，蒙脱石的基本骨架没有发生明显增加的改变。各类蒙脱石均出现了典型的蒙脱石吸收峰。无机改性蒙脱石的红外光谱图与原土没有太大差别，只在 1384cm^{-1} 处出现一个新峰，袁鹏等[8]认为这是由 NO_3^- 伸缩振动引起的，充当着电荷平衡离子的角色，平衡位于蒙脱石颗粒层外的聚合羟基铁簇合物所带的正电荷。3450cm^{-1} 附近的峰对应水的对称伸缩振动，无机改性蒙脱石的振动峰位于 3444cm^{-1}，其强度比蒙脱石原土的(3421cm^{-1})高，前者属于聚羟基铁阳离子中水分子的伸缩振动，而后者属于水分中的羟基[8]；无机改性蒙脱石的层间水分子的弯曲振动由 1635cm^{-1} 漂移到 1645cm^{-1}，这是聚羟基铁离子进入黏土层间空隙而导致无机改性蒙脱石中含水量增加的结果；无机改性蒙脱石的 Si—O 伸缩振动峰由蒙脱石原土的 1095cm^{-1} 处漂移到 1089cm^{-1} 处，这可能是由于蒙脱石骨架 $[Si_4O_{10}]_n$ 与层间的聚羟基铁之间发生了成键反应。这些都说明聚羟基铁进入蒙脱石层间。有机改性蒙脱石在 2853cm^{-1} 和 2920cm^{-1} 处出现新的峰，这两个振动峰对应—CH_2—的反对称和对称伸缩振动，这也说明经过有机改性后，十二烷基硫酸钠进入蒙脱石的层间；另外，3436cm^{-1} 附近的水分子羟基伸缩振动峰减弱程度较大，这是因为十二烷基硫酸钠插层进入层间后排挤出了蒙脱石层间的水分子。复合改性蒙脱石的红外光谱图与无机改性蒙脱石相比，在 1384cm^{-1} 处的 NO_3^- 伸缩振动引起的峰消失了，袁鹏等[10]认为蒙脱石层间 NO_3^- 可以通过其他阴离子交换出来，本实验采用阴离子型的表面活性剂对改性蒙脱石进行有机改性，因此可以认为 1384cm^{-1} 处峰的消失是由于十二烷基硫酸根离子置换出了层间的 NO_3^-；另外在 2853cm^{-1} 和 2920cm^{-1} 处也出现新的峰，这两个振动峰对应—CH_2—的反对称和对称伸缩振动，这也说明经过有机改性后，十二烷基硫酸钠也进入蒙脱石的层间，且这两个峰的强度此有机改性蒙脱石要强，这可能是由于无机改性蒙脱石层间的聚羟铁离子带正电荷，能吸附更多的阴离子型的 SDS。

3. *改性蒙脱石的 TG 分析*

对于有机柱撑黏土材料这种纳米尺寸的复合物质，其热分解过程是十分复杂的。有机柱撑黏土的热分解过程通常分为 4 个阶段：180℃以下吸附水和其他气态物质的逸出(第一阶段)；473～773K 时有机物质的分解逸出(第二阶段)；500～700℃时黏土结构层内脱羟作用(第三阶段)；700～1000℃时有机碳残余物的反应(第四阶段)。早期的研究只是用改性前后黏土的热分析变化对比来探讨改性对复合体系的热行为的影响。随着近期研究的深入，不仅确定了有机物质的分解起始温度，同时研究了热分解过程、热分解产物及与层状硅酸盐的形态(结构)变化所存在的联系等内容。

1) *钙基蒙脱石的 TG-DSC*

图 4-3 为蒙脱石原土的 TG-DSC 图。从图 4-3 可以看出,差热曲线有三个吸热峰，一个在 107℃蒙脱石失去层间吸附水的吸热峰，另一个在 155℃，为蒙脱石中失去含有氢键的层间水时的吸热峰。同时在热重曲线中表现为在 A～B 反应区间内大约 6.21%的失重。差热曲线在 674℃处有一吸热峰，对应蒙脱石结构被破坏脱羟基的过程，同时在热重曲线中大约有 5.14%的失重。总失重约为 11.35%

2) *无机改性蒙脱石的 TG 分析*

图 4-4 为蒙脱石原土、无机改性蒙脱石、有机改性蒙脱石和复合改性蒙脱石的 TG 图。从样品的 TG 图可以看出，改性后的蒙脱石产物均表现出与原始钙基蒙脱石完全不同的 TG 分析特征。从图 4-4 可以看到，复合改性蒙脱石失重率＞有机改性蒙脱石失重率＞蒙脱石原土＞无机改性蒙脱石失重率，分别为 14.132%、13.45%、11.35%和 9.202%。无机改性蒙脱石的失重率比蒙脱石原土失重率小，可能是由聚羟基铁离子的插层导致层间距增大而引起层间水减少造成的。复合改性蒙脱石的失重率最大，除了聚羟基铁受热脱水外，还由于在加热过程中，SDS 受热分解，引起样品重量的减少。由此也可说明聚羟基铁离子和 SDS 进入蒙脱石层间。

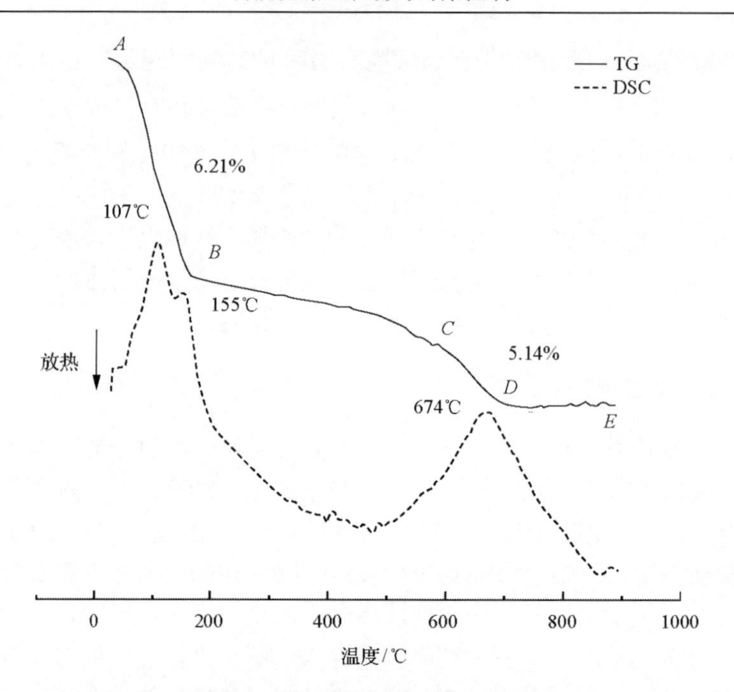

图 4-3　钙基蒙脱石的 TG-DSC 图

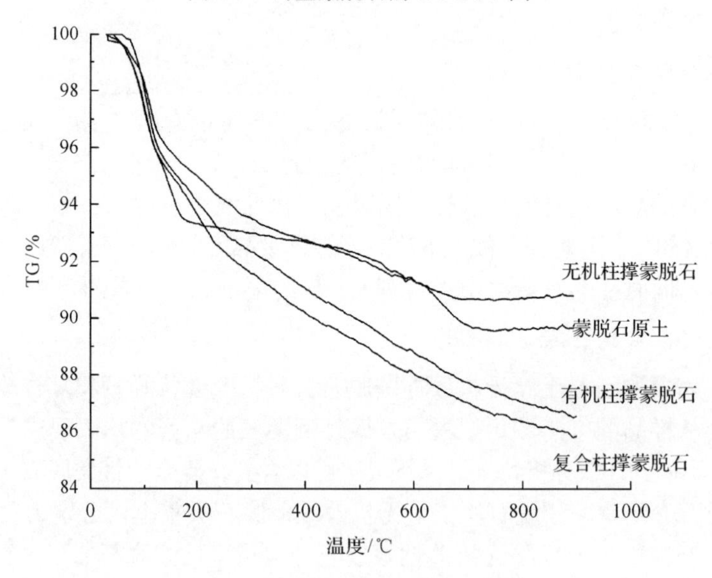

图 4-4　不同蒙脱石的 TG 图谱

4. 改性蒙脱石的 Zeta 电位分析

取适量的样品配成 0.1g/L 的稀矿浆悬浮液，调节 pH 为 6，利用超声波分散。注入 Zeta 电位仪的毛细管内测量黏土样品的 Zeta 电位，结果见表 4-2。

表 4-2　不同蒙脱石的 Zeta 电位

蒙脱石类型	Zeta 电位/mV
蒙脱石原土	–26.5
无机改性蒙脱石	–16.6
有机改性蒙脱石	–37.7
复合改性蒙脱石	–31.4

由表 4-2 可知，各种蒙脱石在接近中性的条件下，其表面都带负电，蒙脱石原矿在 pH 为 6 时，其 Zeta 电位为–26.5mV。这是因为在蒙脱石的晶体结构中，由于四面体层中部分 Si(Ⅳ)被 Al^{3+}替代和八面体层中部分 Al^{3+}被 Mg^{2+}、Fe^{2+}等取代，层间产生永久性负电荷。经聚合阳离子改性后，其 Zeta 电位有所下降，这是因为聚羟基阳离子插入黏土层间域后，补偿了黏土矿物的大部分永久负电荷，从而使其 Zeta 电位下降。但经十二烷基硫酸钠改性，其 Zeta 电位大幅下降。因为十二烷基硫酸钠为阴离子表面活性剂，其改性到蒙脱石层间后，电离产生阴离子，增多了蒙脱石表面负电荷。

5. 改性蒙脱石的比表面积分析

黏土矿物表面积的测定方法一般为表面吸附法，用 N_2 吸附和 BET 方程测定外表面积，用极性分子吸附法(如水、乙二醇、甘油等吸附法)测定总表面积，内表面积即是总表面积与外表面积之差，不同蒙脱石的比表面积见表 4-3。

表 4-3　不同蒙脱石的比表面积

蒙脱石类型	比表面积/(m^2/g)
蒙脱石原土	120.04
无机改性土	163.34
有机改性土	60.87
复合改性土	98.34

从表 4-3 可知，经过无机改性后，蒙脱石的比表面积增大，而经有机改性后，蒙脱石的比表面积减小，这可能是因为十二烷基硫酸钠进入蒙脱石层间或吸附在蒙脱石表面，堵塞了蒙脱石表面的微孔，使蒙脱石的比表面积相对原土要减小。

参 考 文 献

[1] Wu P X, Liao Z W, Zhang H F, et al. Adsorption of phenol on inorganic-organic pillared montmorillonite in polluted water. Environment International, 2001, 26(5-6): 401-407.

[2] Leyva-Ramos R, Jacobo-Azuara A, Diaz-Flores P E, et al. Adsorption of chromium(VI) from an aqueous solution on a surfactant-modified zeolite. Colloids and Surfaces A: Physicochemical and Engineering Aspects, 2008, 330(1): 35-41.

[3] 原小涛, 余江, 刘会洲, 等. 新型无机/有机复合柱撑黏土材料的合成与表征. 化学学报, 2004, 62(11): 1049-1054.

[4] 吴平霄, 刘小勇. 无机-有机柱撑蒙脱石对苯酚的吸附. 地球化学, 1999(1): 58-69.

[5] Srinivasan K R. Use of inorgano-organo-clays in the removal of priority pollutants from industrial wastewaters: Adsorption of benzo(a)pyrene and chlorophenols from aqueous solutions. Clays & Clay Minerals, 1990, 38(3): 287-293.

[6] Dioscancela G, Alfonsomendez L, Huertas F J, et al. Adsorption mechanism and structure of the montmorillonite complexes with (CH{sub 3}){sub 2}XO (X = C, and S), (CH{sub 3}O){sub 3}PO, and CH{sub 3}-CN molecules. Journal of Colloids and Interface Science, 2000, 222(1): 125.

[7] Li S Z, Wu P X. Characterization of sodium dodecyl sulfate modified iron pillared montmorillonite and its application for the removal of aqueous Cu(II) and Co(II). Journal of Hazardous Materials, 2010, 173(1-3): 62-70.

[8] 袁鹏, 杨丹, 陶奇, 等. 铁盐水解法制备铁层柱蒙脱石及其结构特性研究. 矿物岩石地球化学通报, 2007, 26(2): 111-117.

[9] Salerno P, Asenjo M B, Mendioroz S. Influence of preparation method on thermal stability and acidity of Al–PILCs. Thermochimica Acta, 2001, 379(1): 101-109.

[10] 袁鹏, 王辅亚, 肖万生, 等. 铁层离-柱撑蒙脱石的结构初探. 矿物岩石, 2005, 25(3): 37-40.

第5章　黏土矿物负载纳米材料

5.1　引　　言

通常认为纳米材料是21世纪新材料。纳米材料是指粒径在1～100nm的各种金属、非金属及其化合物的微粒。由于尺度小，界面占很大组分，这导致了纳米体系具有较多与通常的宏观材料体系不同的特殊性质，如纳米材料具有高塑性、高导性和高活性等。近年来，纳米铁在环境修复领域得到广泛研究，主要应用在污水、有毒有害气体、固体废弃物治理和饮用水净化方面。此外，在环保建材、纳米功能纤维、防止电磁辐射及消毒剂方面，纳米材料也取得了很好的处理效果。

纳米铁颗粒具有很高的活性和比表面积，目前已用于地下水中难降解有机物、农药、重金属、无机盐的处理，土壤的修复，饮用水的深度处理等环境领域，但纳米铁颗粒的分散性和稳定性差，在水中容易团聚成块状。为了使纳米铁颗粒分散均匀，需要对水体进行搅拌，而剧烈的搅拌会增加水中氧气的浓度，加速纳米铁颗粒被氧化的速度，降低纳米铁的活性和反应的效率，这是纳米铁颗粒目前得不到广泛利用的原因之一。

将纳米材料有效负载至固体材料，如树脂、黏土、硅胶和碳管等，固体材料的引入可以增大颗粒与污染物的接触面积，从而使纳米材料的反应活性增强。另外负载材料还可能具有强化电子转移或辅助污染物质预浓缩的功能，能够增强颗粒的迁移性，便于在土壤中使用[1]。黏土矿物是一种层状结构的天然硅酸盐矿物，具有吸附性好、离子交换容量大、资源丰富、价格低廉、无毒无害、再生性好等优点，经过适当方法改性后可作为吸附法处理重金属废水的吸附剂，是载体的良好选择，黏土矿物负载纳米材料具有极为广阔的应用前景。

5.2　蒙脱石负载纳米铁材料的制备与应用研究

本研究小组通过添加载体材料，改良纳米铁颗粒的制备方法，改进材料的物理和化学性能，使纳米铁颗粒具有更好的稳定性和分散性。以环保的蒙脱石和十六烷基三甲基溴化铵改性的有机蒙脱石(HDTMAB-Mt)作为载体，合成蒙脱石负载纳米铁颗粒和有机蒙脱石负载纳米铁颗粒。采用X射线衍射分析、红外光谱分析、透射电镜(transmission electron，TEM)、X射线光电子能谱、氮气吸附-脱附比表面积分析和 X 射线精细结构分析等现代光谱与显微技术观察颗粒的粒径、结构、元素的分布情况和形态变化，研究蒙脱石载体的存在及表面活性剂的加入对纳米铁团聚和颗粒大小的影响。分别选择有机物硝基苯和无机物六价铬为目标污染物，评估纳米铁颗粒的吸附降解能力。

5.2.1 蒙脱石负载纳米铁材料的制备与表征

1. 蒙脱石/有机蒙脱石负载纳米铁材料的制备

将 17.8g $FeCl_2 \cdot 4H_2O$ 溶于 60mL（20mL 去离子水+40mL 酒精）溶液中制备铁离子溶液。4.00g 蒙脱石或有机蒙脱石在不断搅拌的条件下加进铁离子溶液中。将 8.327g $NaBH_4$ 溶解在 220mL 去离子水中，制得 1mol/L 的 $NaBH_4$ 溶液。在剧烈搅拌的条件下，以 3mL/min 的速度将 $NaBH_4$ 溶液滴加到铁离子溶液中。过多的 $NaBH_4$ 是为了促进反应的进行，提高纳米铁反应的效率。参照 Üzüm 等[2]提出的方法，用硼氢化物还原铁离子制备纳米铁。硼氢化钠还原铁离子的反应式如下：

$$Fe^{2+} + 2BH_4^- + 6H_2O = Fe + 2B(OH)_3 + 7H_2\uparrow$$

pH、搅拌速度、滴定速度和反应温度（28℃±1℃）等反应参数在反应过程中保持恒定。生成的黑色纳米颗粒通过 0.25μm 的滤膜真空抽滤，并用 99%的酒精清洗 3 遍，防止纳米铁（Fe^0）进一步氧化，经过抽滤清洗的纳米颗粒在 45℃下真空干燥 20h。没添加载体的纳米铁颗粒标记为 Nano-iron，添加载体蒙脱石的纳米铁颗粒标记为 Mtiron，添加了有机蒙脱石（HDTMAB-Mt）的纳米铁颗粒标记为 HDTMAB-Mt/iron。

2. 材料的表征

1）TEM 分析

如图 5-1 所示，纳米颗粒的粒径在 20～100nm，各种形状的颗粒组成一个以零价铁为核心，多种氧化物为壳的结构。纳米铁颗粒[图 5-1（a）]趋向链状聚合，小于 1.5nm 的晶体颗粒聚合成直径大约 20～100nm 的球形颗粒，进一步聚集成链状，跟前人的研究结果相似[3]。与没负载的纳米铁颗粒的链状颗粒相反，蒙脱石负载铁纳米颗粒[图 5-1（c）]呈球形，无聚合地均匀分散在黏土上；有机物蒙脱石负载铁纳米颗粒[图 5-1（b）]有两种形式：有些铁纳米颗粒形成链状，其他分散或镶嵌在蒙脱石层上。氧化物聚集成的片状比颗粒状的体积大，尺寸和数量也不同。有机改性蒙脱石是疏水性的，有利于纳米铁颗粒的分散，而有机蒙脱石负载纳米铁颗粒是亲水性的，容易与大多数的污染物结合。图 5-1（d）展示了蒙脱石的形貌，蒙脱石主要是片状和层状的形态。蒙脱石具有 2∶1 型层状结构，其基本结构单元由是两个硅氧四面体中间夹一个铝氧八面体构成的。TEM 的结果表明，蒙脱石和表面活性剂的使用有效地阻止了纳米铁颗粒的团聚，降低了颗粒的粒径。

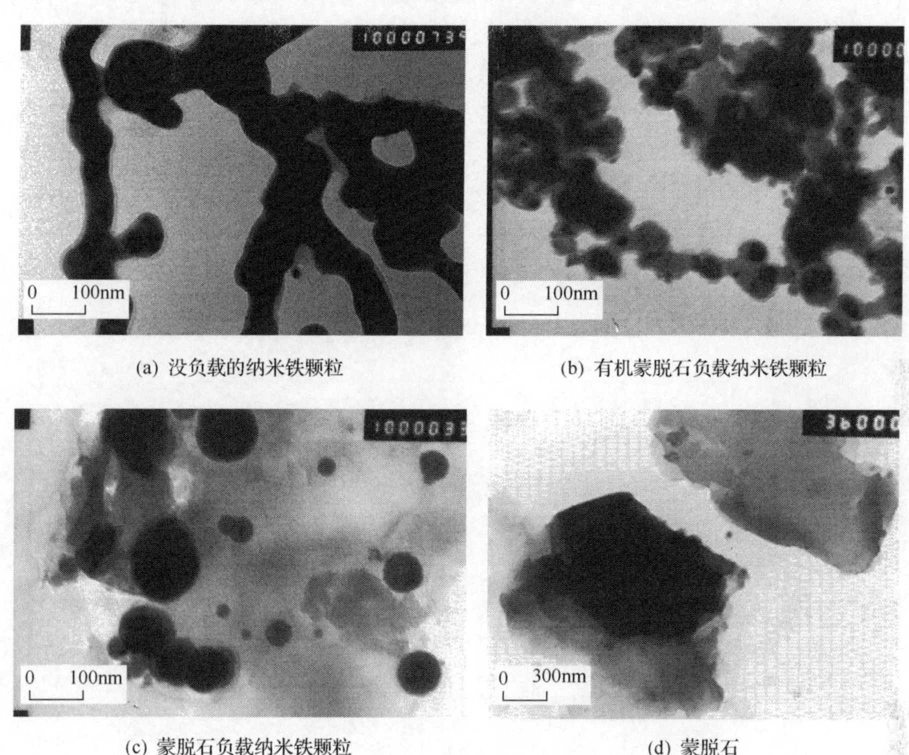

(a) 没负载的纳米铁颗粒　(b) 有机蒙脱石负载纳米铁颗粒

(c) 蒙脱石负载纳米铁颗粒　(d) 蒙脱石

图 5-1　TEM 图像

2) XRD 分析

图 5-2 为粉末的 XRD 图，由图 5-2(a)的蒙脱石的 d_{001} 峰可知蒙脱石的层间距是 1.48nm，属于钙蒙脱石。表面活性剂改性后，蒙脱石层间距扩大到 2.06nm，且对应的衍射角降低了 3°，表明烷基阳离子柱撑成功，层间原来的 Ca^{2+}、Mg^{2+}等阳离子被 $HDTMA^{+}$离子替换。d_{001} 峰的峰形尖锐，强度大，说明有机蒙脱石的晶体结构规则整齐，$HDTMA^{+}$的插入没有破坏蒙脱石的晶体结构。图 5-2(b)显示了纳米铁颗粒中包括零价铁(2θ=45°)和铁的氧化物(2θ 在 32°～35°)的晶相。Fe^{0} 的衍射峰尖而且窄，铁的氧化物的衍射峰较明显但强度很低，说明没负载的纳米铁颗粒的主要成分是 Fe^{0}，含有少量铁的氧化物，主要是因为纳米铁的外壳部分被氧化。Fe^{0} 衍射峰、铁的氧化物衍射峰都比较尖锐，说明纳米铁颗粒的结构部分晶体化。

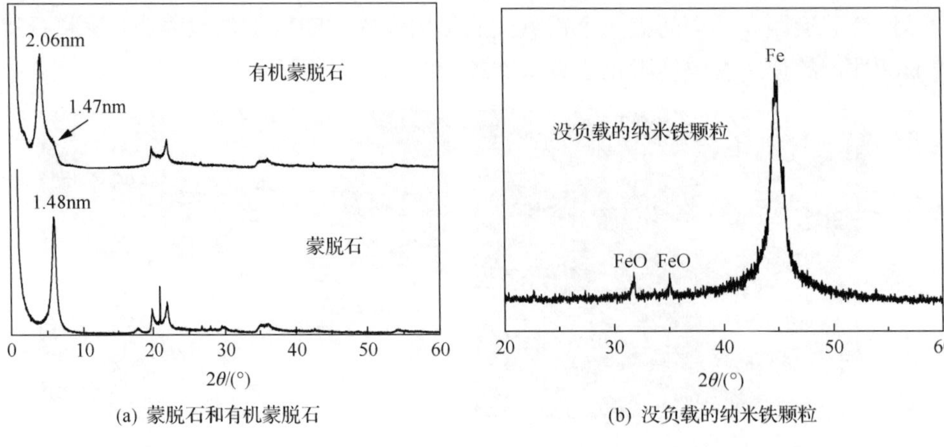

(a) 蒙脱石和有机蒙脱石　(b) 没负载的纳米铁颗粒

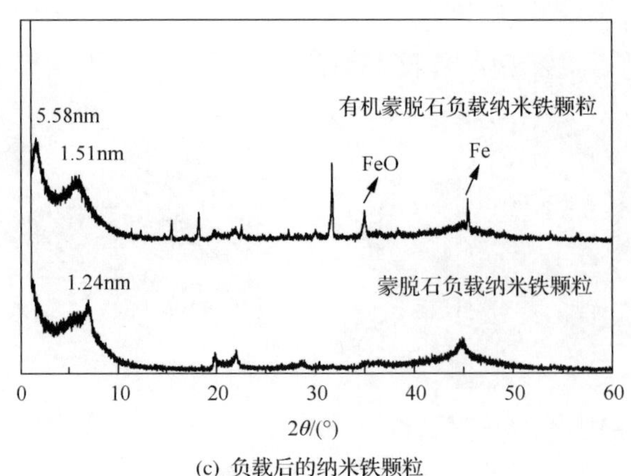

(c) 负载后的纳米铁颗粒

图 5-2　粉末 XRD 图

负载纳米铁颗粒的 XRD 图[图 5-2(c)]检测到了零价铁单质和铁的氧化物。两个大的衍射峰出现在有机蒙脱石负载的纳米铁颗粒的 XRD 图上。第一个衍射峰对应的层间距为 5.58nm，第二个衍射峰对应的层间距是 1.51nm。有机蒙脱石负载纳米铁颗粒的 XRD 图中出现了新的低角度峰，层间距达 5.58nm，在前人的研究[3]中没有发现类似的现象。原因可能是在纳米铁颗粒聚合前形成的小晶体(约 5nm)进入了黏土层间的间隙，形成由纳米铁颗粒与有机蒙脱石片层堆垛而成的“卡房”结构(图 5-3 所示)，导致新的衍射峰出现。另一种可能是蒙脱石层间充当微型反应器，Fe^{2+}通过离子交换进入土层间，并与 BH_4^- 反应，在层间形成 Fe^0 颗粒。

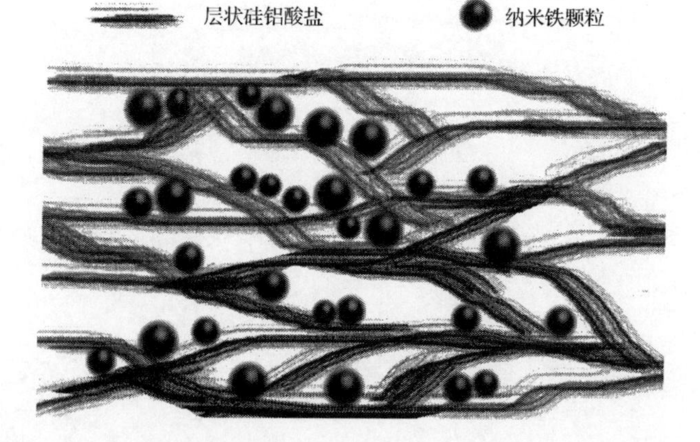

图 5-3　零价铁纳米颗粒在有机蒙脱石“卡房”结构孔中的分布

3) FTIR 分析

表 5-1 列出了红外光谱各吸收峰的频率对应的官能团，结果与先前的研究吻合。3626cm^{-1} 代表结构性的—OH 伸缩振动，在图 5-4 的四种材料(蒙脱石、蒙脱石负载纳米铁颗粒、有机蒙脱石和有机蒙脱石负载纳米铁颗粒)中检测到，在没负载的纳米铁颗粒中不存在。因为蒙脱石的基本结构单元是由两个硅氧四面体中间夹一个铝氧八面体构成的，在蒙脱石内部，硅氧四面体是彼此相连的，在外层部分 Si 连接的是—OH。当然在纳米铁颗粒制备过程中形成的氢氧化铝和氢氧化铁也是羟基的来源之一，而没负载的纳米铁制备过程不涉及羟基的反应，所以红外光谱图中没有结构性—OH，只有 3375cm^{-1} 位置上 H_2O 的—OH 伸缩振动。烷基链上的—CH_2—官能团在 2922cm^{-1} (反对称伸缩振动)、2852cm^{-1} (对称伸缩振动)、1571cm^{-1} (弯曲振动)的位置出现在有机蒙脱石上。—CH_2—的存在可用表面活性剂极性部分的结合能来证明，上述数据与文献数据相一致。有机蒙脱石负载纳米铁颗粒烷基链上—CH_2—官能团在 2922cm^{-1} 及 2852cm^{-1} 处消失，可能是因为在制备纳米铁颗粒的过程中，溶液中的 Fe^{2+}与层中 HDTMA$^+$交换，导致材料中的—CH_2—官能团减少，Fe^{2+}通过离子交换进入黏土层间后，可能在层间与—BH_4 反应。

表 5-1　红外吸收光谱的频率对应的官能团分析

位置/cm^{-1}	官能团分析	位置/cm^{-1}	官能团分析
3626	结构性—OH 伸缩振动	1032	Al—OH 伸缩振动
3375	H_2O 的—OH 伸缩振动	915	Al—A—OH 变形振动
2922	—CH_2—的 C—H 反对称伸缩振动	851	Al—Mg—OH 变形振动
2852	—CH_2—的 C—H 对称伸缩振动	795	Si—O 伸缩振动
1650	H_2O 的—OH 弯曲振动	693	Fe—O 振动
1571	—CH_2—的 C—H 弯曲振动	625	耦合 Al—O、Si—O 和 Fe—O 伸缩振动
1352	B—O 伸缩振动	519	Al—O—Si 变形振动
1089	Si—O 伸缩振动	567	Si—O—Fe 变形振动

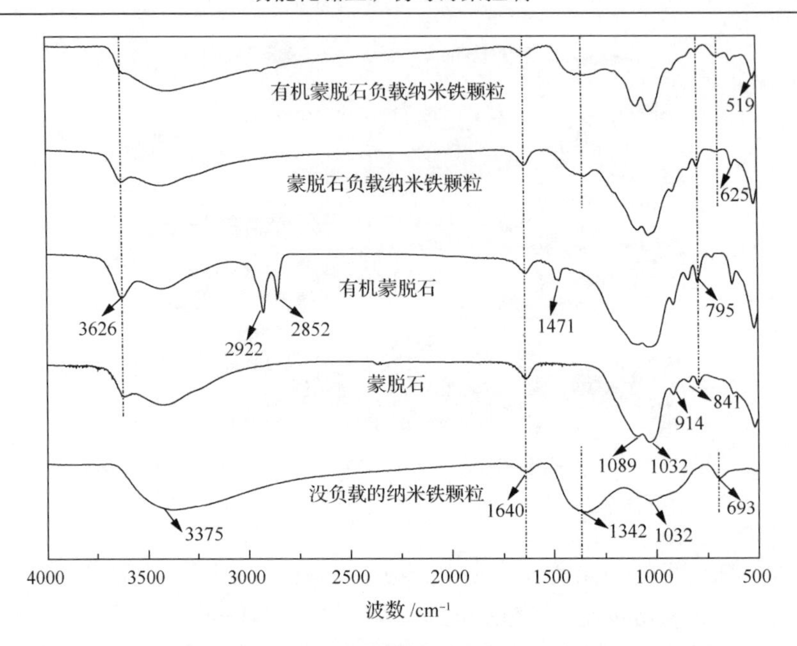

图 5-4　载体材料、纳米铁颗粒和负载纳米铁颗粒的 FTIR 图

磁铁矿 Fe_3O_4 和气凝胶 Fe_2O_3 的标准图谱中吸收峰包括 725cm^{-1}、695cm^{-1}、632cm^{-1}、582cm^{-1} 和 556cm^{-1}[4,5]。因此，693cm^{-1} 的位置(没负载的纳米铁颗粒、蒙脱石负载纳米铁颗粒和有机蒙脱石负载纳米铁颗粒)对应的是铁与周围氧离子的结合。红外波段 625cm^{-1} 位置处(有机蒙脱石负载纳米铁颗粒和蒙脱石负载纳米铁颗粒)对应的是 Fe—O 伸缩振动，此结果与 Gotić 和 Musić[6]的研究相吻合，因为在制备这两种材料的过程中，Fe^{2+}与蒙脱石结构单元中 Si(Ⅴ)和 Al(Ⅲ)发生离子交换，取代 Si(Ⅴ)和 Al(Ⅲ)的位置生产 Fe—O 键。3375cm^{-1} 和 1650cm^{-1} 的位置对应是 H_2O 的—OH 伸缩振动和 H_2O 的—OH 弯曲振动，因为在材料的制备过程中难免会有潮湿空气的污染，纳米铁颗粒的部分氧化也是难以避免的。

4) XPS 分析

图 5-5 是纳米铁颗粒的 XPS 全谱图，纳米铁颗粒表面主要由铁和氧组成，还含有少量的硼和碳。没有负载的纳米铁颗粒和蒙脱石负载纳米铁颗粒表面的碳元素的来源可能是暴露在空气中接触的二氧化碳，或在制备、转移过程中接触的有机物。有机蒙脱石负载纳米铁颗粒表面的碳元素主要来自表面活性剂(HDTMAB)。在水溶液中，铁与氧气、水形成氢氧化亚铁层[7,8]：

$$Fe(s) + 2H_2O(aq) = FeOOH(s) + 1.5H_2(g)$$

因此，纳米铁颗粒通常具有壳-核结构(图 5-6)，核心是 Fe^0，壳由铁的氧化物和氢氧化物组成。壳核结构中表面的氢氧化物有助于防止内核的零价铁被氧气进一步氧化，有一定的保护作用。利用惰性金属如 Ag、Pd、Cu 等对壳层进行包覆，可以增强纳米铁颗粒的催化性能，增强颗粒的抗氧化能力。具有壳核结构的材料还可以作为药物载体，在表面增强拉曼散射，成像造影剂，免疫测定等方面也有着潜在的应用。

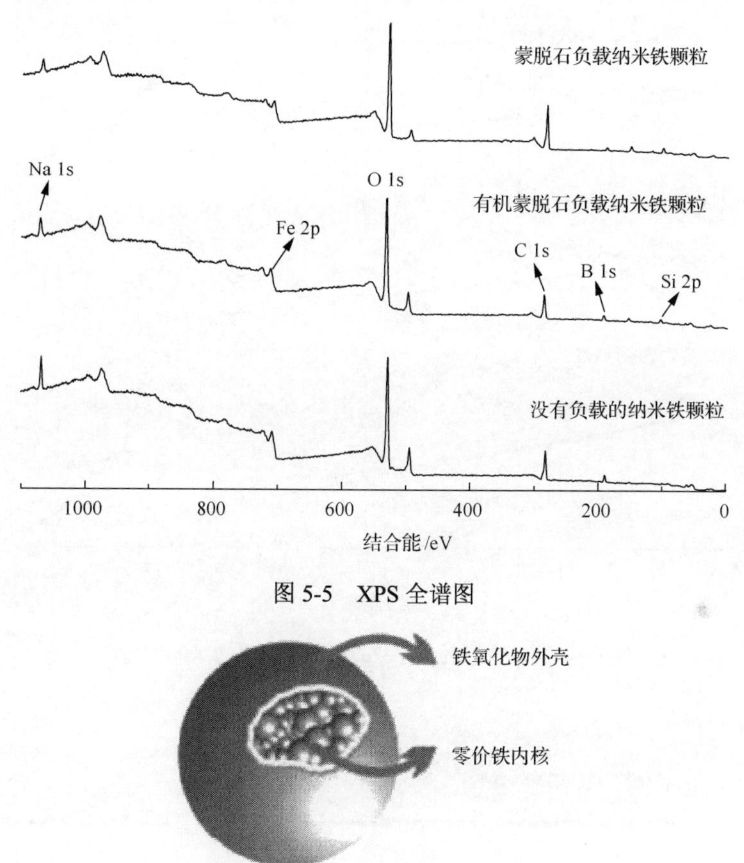

图 5-5　XPS 全谱图

图 5-6　纳米铁颗粒的核-壳结构示意图

Fe 元素的高分辨 XPS 图谱如图 5-7 所示，710.2eV、710.9eV 和 710.7eV 的光电子能谱相对应的是氧化铁 Fe(Ⅲ)的 2p3/2 的结合能，而目前的研究得出 Fe2p1/2 的结合能约为 725eV，除了有机蒙脱石负载纳米铁颗粒外，Fe2p3/2 都有相关联的附属峰。Fe_2O_3 的 Fe2p3/2 的附属峰的能谱比 Fe2p3/2 的主峰能谱高 8eV，而有机蒙脱石负载纳米铁颗粒光谱图上无附属峰，可能是因为氧化产物的种类不同。据报道，四氧化三铁的 Fe2p3/2 没有附属峰[9]。706eV 附近的光电子峰说明存在零价铁(Fe2p3/2)。在蒙脱石负载纳米铁颗粒、没负载的纳米铁颗粒中检测到零价铁，可能是表面有部分零价铁没有被氧化，也可能是壳结构中铁氧化物/氢氧化物的厚度小于 XPS 的检测深度(3nm)，核结构中的零价铁被检测出来。

纳米铁颗粒的 O 1s 光电子谱(图 5-8)分解为三个峰，峰值分别为 529.8eV、531.3eV 和 534.5eV，它们分别代表氧原子(—O—)、羟基(—OH)和化学或物理吸附的水(H_2O)的电子结合能[10]。由表面存在—OH 推断，铁的氧化物存在的形式是羟基(氧化)铁。

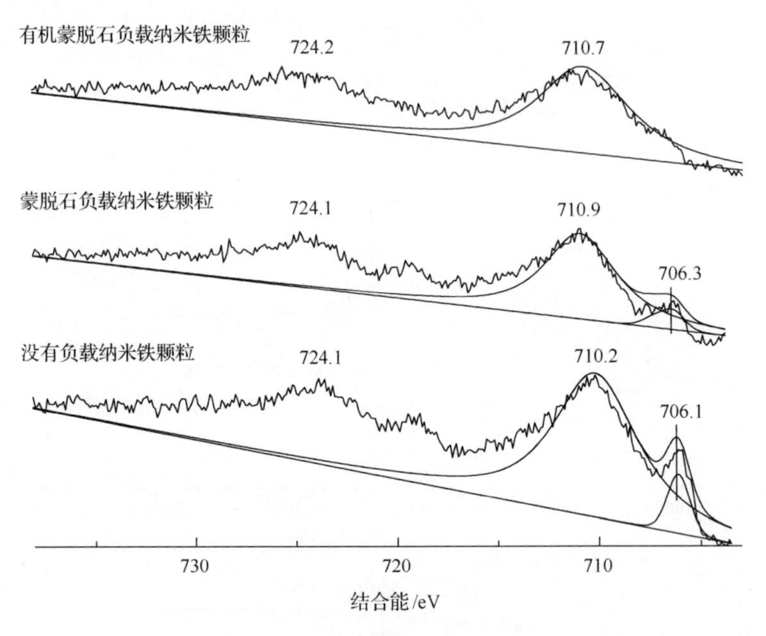

图 5-7　纳米铁颗粒的 Fe2p2/3 和 2p1/2 的 XPS 图谱

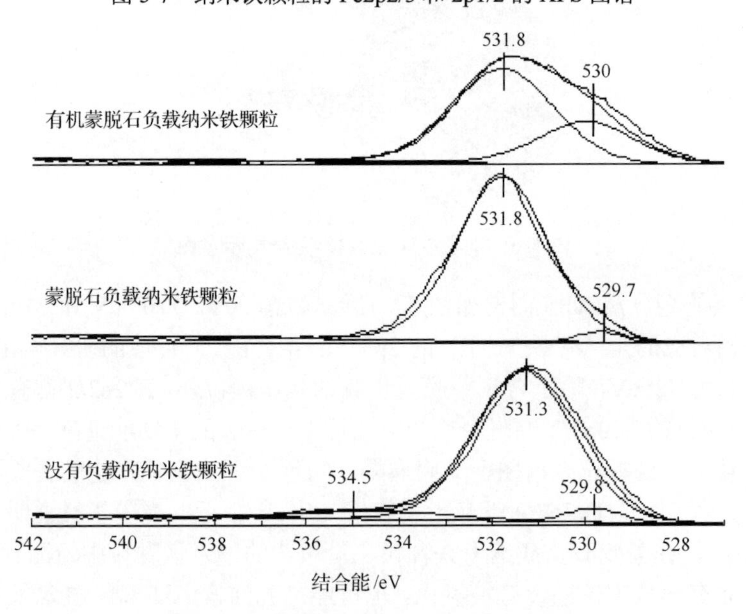

图 5-8　纳米铁颗粒的 O1s 的 XPS 图谱

5.2.2　蒙脱石负载纳米铁材料去除水中 Cr(Ⅵ)的研究

本研究小组以 Cr(Ⅵ)作为废水处理中典型的无机污染物，考察负载后的纳米铁颗粒的性能。负载后纳米铁颗粒的比表面积为 $38.1m^2/g$，而普通铁粉的比表面积仅为 $0.9m^2/g$[11,12]，两者相差 52 倍多。纳米铁颗粒的粒径在 20～100nm，达到纳米级的颗粒与污染物反应的速率会大大提高，能有效地去除多种污染物，所以纳米铁颗粒具有普通铁屑无可比拟的优越性能。还原沉淀法是目前处理含 Cr(Ⅵ)废水使用最普遍的方法，利用还原剂的还原性，在 pH=2～5 的条件下将废水中的 Cr(Ⅵ)还原成 Cr(Ⅲ)，然后在 pH=8～9 的条件下加入羟基离子 OH^-，生成 $Cr(OH)_3$沉淀，分离沉淀后得到净化的废水。Ponder 等[13]的研究表明，在相同实验条件下，纳米铁颗粒对 Cr(Ⅵ)和 Pb(Ⅱ)的还原速率是普通铁粉的 5 倍。负载后的纳米铁颗粒具有更好的分散性，更高的表面活性，其他的性能需要通过处理 Cr(Ⅵ)废水来考察。

1. 吸附实验

在一系列 500mL 的碘量瓶中，根据 X 射线荧光光谱分析的结果，按 0.100g 纳米铁含量计算材料相应的投加量，投加没有负载的纳米铁颗粒、蒙脱石负载纳米铁颗粒和有机蒙脱石负载纳米铁颗粒。0.100g 的普通铁粉作为纳米铁颗粒的对比材料也投加到 Cr(Ⅵ)溶液中。为了研究载体材料对处理效果的影响，0.100g 蒙脱石和有机蒙脱石分别加入 Cr(Ⅵ)溶液中作对比，Cr(Ⅵ)溶液为 50mg/L(pH=5.0)，用量为 300mL，在 25℃下以 50r/min 缓慢振荡，定时(5min、10min、20min、50min、60min、80min、100min、120min)用 10mL 注射器取样，通过 0.2μm 的滤膜过滤后，用紫外可见分光光度计测定 Cr(Ⅵ)的浓度，用原子吸收分光光度计测定溶液中总铬离子的浓度。

2. 吸附效果

1) 不同材料对 Cr(Ⅵ)的去除效果

不同材料对 Cr(Ⅵ)的去除效果如图 5-9 所示，蒙脱石和有机蒙脱石对 Cr(Ⅵ)的去除率接近零，说明载体材料对 Cr(Ⅵ)的去除没有明显的影响。纳米铁颗粒对 Cr(Ⅵ)的去除率较高，负载后的纳米铁颗粒对 Cr(Ⅵ)的去除率更高，有机蒙脱石负载纳米铁颗粒对 Cr(Ⅵ)的去除率最高，接近 80%，相比之下，普通铁粉与 Cr(Ⅵ)的反应非常缓慢，去除率低于 5%。负载后的纳米铁颗粒均匀分散在蒙脱石表面，颗粒具有更强的活性，而没负载的纳米铁颗粒呈链状，容易团聚，不利于与污染物的传质，负载后的材料比表面积也比没负载的纳米铁颗粒大，所以对 Cr(Ⅵ)的去除效果更好。

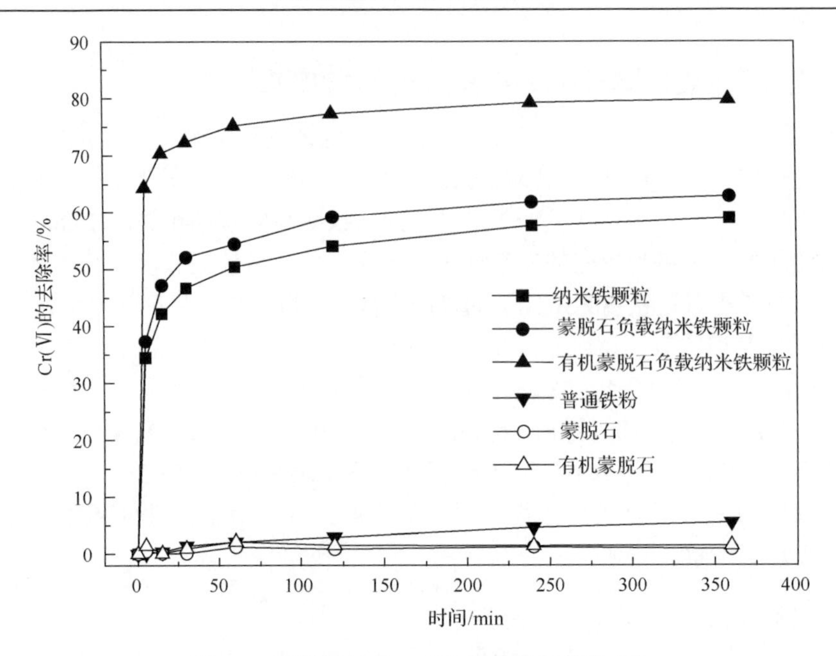

图 5-9　不同材料对 Cr(Ⅵ)的去除效果的对比

为了研究 Cr(Ⅵ)的去除机理，选择三种纳米材料进行 Cr(Ⅵ)的去除实验，研究 Cr(Ⅵ)的浓度和总 Cr 浓度的变化情况。从图 5-10 可以看出，三种纳米材料中有机蒙脱石负载的纳米铁颗粒对 Cr(Ⅵ)的去除效果最好，6h 后 Cr(Ⅵ)的浓度从 50mg/L 降至 12mg/L，没有负载的纳米铁颗粒的去除效果最差。总 Cr 浓度变化曲线与 Cr(Ⅵ)的浓度变化曲线(图 5-10 中的小图)接近一致，曲线的变化分为两个阶段：第一阶段是反应的 30min 内，Cr(Ⅵ)的去除以吸附作用为主，在这一物理过程中，浓度迅速降低，Cr(Ⅵ)的去除和总 Cr 浓度的降低是同步的[13]。物理吸附的效果主要取决于材料的比表面积。纳米铁颗粒的比表面积较高，没负载的纳米铁颗粒、蒙脱石负载纳米铁颗粒和有机蒙脱石负载纳米铁颗粒的比表面积分别为 $25.3m^2/g$、$28.7m^2/g$ 和 $38.1m^2/g$，吸附过程非常迅速。第二阶段是 Cr(Ⅵ)被还原成 Cr(Ⅲ)，随着溶液 pH 的升高，Cr(Ⅲ)被沉淀分离。Cr(Ⅵ)溶液出示的 pH 是 5.0，6h 后测得的 pH 升高到 8.0～9.0。$Cr(OH)_3(s)$在溶液中呈两性：当 pH>10 时，随着 pH 升高，溶液中 Cr 的浓度逐渐降低，随着 pH 继续升高，$Cr(OH)_3$溶解度增加，Cr 的浓度反而升高。$Cr(OH)_3$形成沉淀的 pH 在 6.5～10.5[14]，所以当溶液中 pH 在 8.0～9.0 时，Cr(Ⅲ)会形成沉淀从溶液中去除，溶液中总 Cr 的浓度也相应下降。

接着以有机蒙脱石负载纳米铁颗粒为材料，研究去除 Cr(Ⅵ)的影响因素，最后对材料结构与成分进行分析，进一步研究 Cr(Ⅵ)的去除机理。

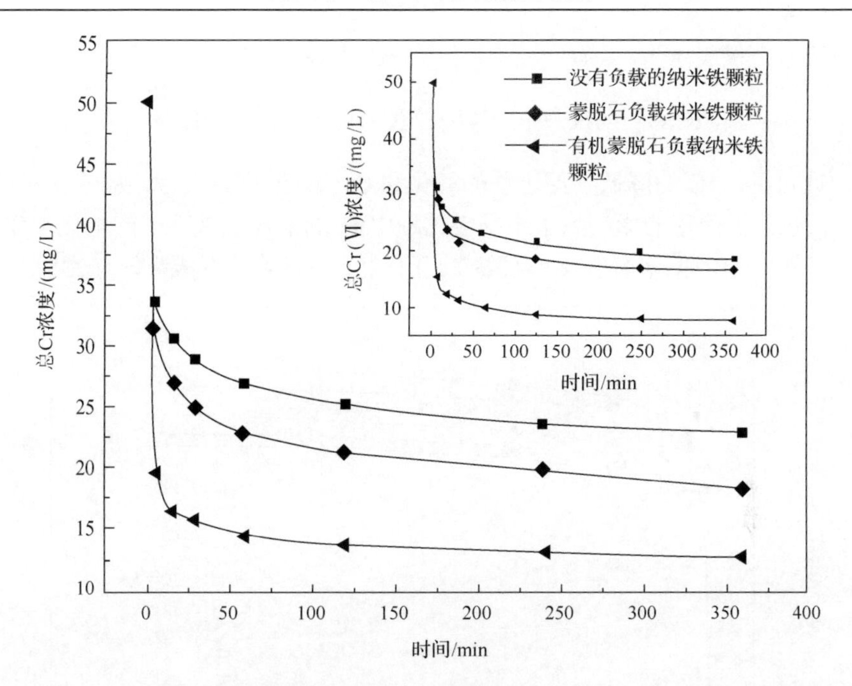

图 5-10　负载纳米铁颗粒和没负载的纳米铁颗粒对总 Cr 和 Cr(Ⅵ)的去除效果

2) pH 对 Cr(Ⅵ)去除效果的影响

如图 5-11 所示，有机蒙脱石负载纳米铁颗粒对 Cr(Ⅵ)的去除率随着 pH 的升高而降低，与前人的研究结果相吻合。在不同的介质和不同的 Cr(Ⅵ)浓度下，Cr(Ⅵ)在溶液中的存在形式多样化，包括 CrO_4^{2-}、$HCrO_4^-$、H_2CrO_4、$HCr_2O_7^-$和 $Cr_2O_7^{2-}$[15]。当溶液中的 pH 较低时，Cr(Ⅵ)在溶液中主要的存在形式是 $HCrO_4^-$，当 pH 逐渐升高时，$HCrO_4^-$随之转化为 CrO_4^{2-}和 $Cr_2O_7^{2-}$。酸性条件会加剧纳米颗粒表面的质子化，质子化作用使带正电的纳米颗粒表面对带负电的 Cr(Ⅵ)基团产生强烈的吸引作用[16]。

Fe^0 属于中度的还原剂，可以跟溶解氧和水发生反应，反应如下：

$$2Fe + 5H^+ + O_2 \rightarrow 2Fe^{2+} + 2H_2O \quad (5\text{-}1)$$

$$Fe + 2H_2O \rightarrow Fe^{2+} + H_2\uparrow + 2OH^- \quad (5\text{-}2)$$

Fe^{2+}在酸性条件下还原 Cr(Ⅵ)的反应是

$$Fe^{2+} + H_2CrO_4 + H^+ \rightarrow Fe^{3+} + H_3CrO_4 \quad (5\text{-}3)$$

$$Fe^{2+} + H_3CrO_4 + H^+ \rightarrow Fe^{3+} + H_5CrO_4 \quad (5\text{-}4)$$

$$Fe^{2+} + H_5CrO_4 + H^+ \rightarrow Fe^{3+} + Cr(OH)_3 + H_2O \quad (5\text{-}5)$$

总反应可以表示为

$$2CrO_4^- + 3Fe + 10H^+ \rightarrow 2Cr(OH)_3 + 3Fe^{2+} + 2H_2O \tag{5-6}$$

由此可见，pH 的降低会促进铁的氧化和 Cr(Ⅵ)的还原反应，加速反应进行。pH 对 Cr(Ⅵ)去除率的影响除了跟反应过程中 H^+的消耗及铁离子的电化学作用有关外，还跟 Cr(Ⅲ)的溶解度及 Cr(Ⅲ)/Fe(Ⅲ)复合沉淀物的形成降低有关[17]。

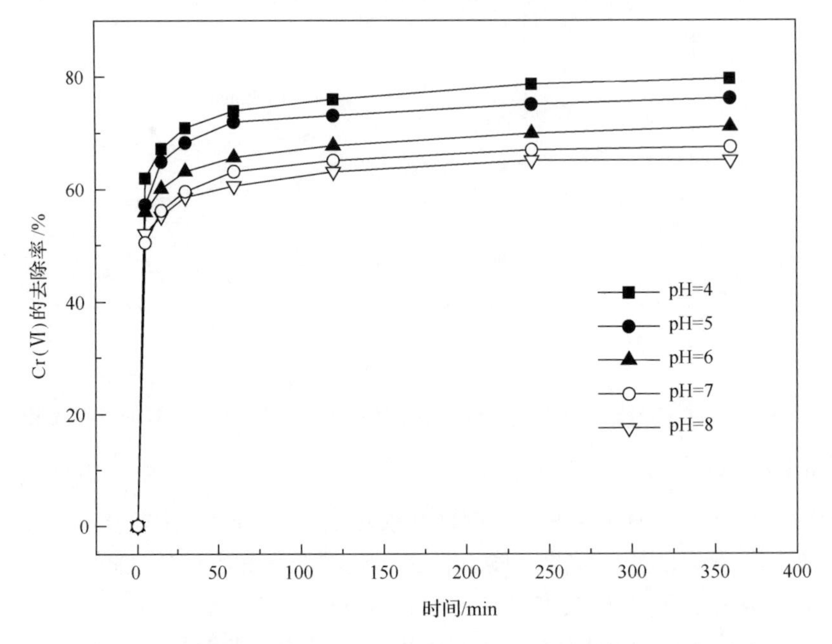

图 5-11　随着时间变化，不同 pH 对溶液中 Cr(Ⅵ)的去除率的影响

3) 材料的投加量和 Cr(Ⅵ)的初始浓度对去除效果的影响

为了研究有机蒙脱石负载纳米铁颗粒的投加量对 Cr(Ⅵ)去除效果的影响，按照 0.27～0.53g/L 的投加量将不同材料投加到 Cr(Ⅵ)溶液中。溶液中剩余的 Cr(Ⅵ)的浓度随着 Fe^0 投加量的变化而变化(图 5-12)，Fe^0 的投加量越高，溶液中 Cr(Ⅵ)的去除率越高。当有机蒙脱石负载纳米铁颗粒的投加量增加到 0.53g/L 时，Cr(Ⅵ)的去除率达到 100%，继续增加投加量，对 Cr(Ⅵ)的去除效果差异不大。因为纳米铁颗粒浓度的增大会导致反应的活性点位增加，从而促进氧化还原反应的进行。随着纳米颗粒浓度的增加，材料的最大吸附量会相应地减少。最大吸附量是评价单位质量的材料承载的 Cr(Ⅵ)离子的数量，随着材料浓度的增加而减小。当材料的投加量达到 0.53g/L 时，材料对 Cr(Ⅵ)的去除能力达到 106mg Cr/g Fe^0。

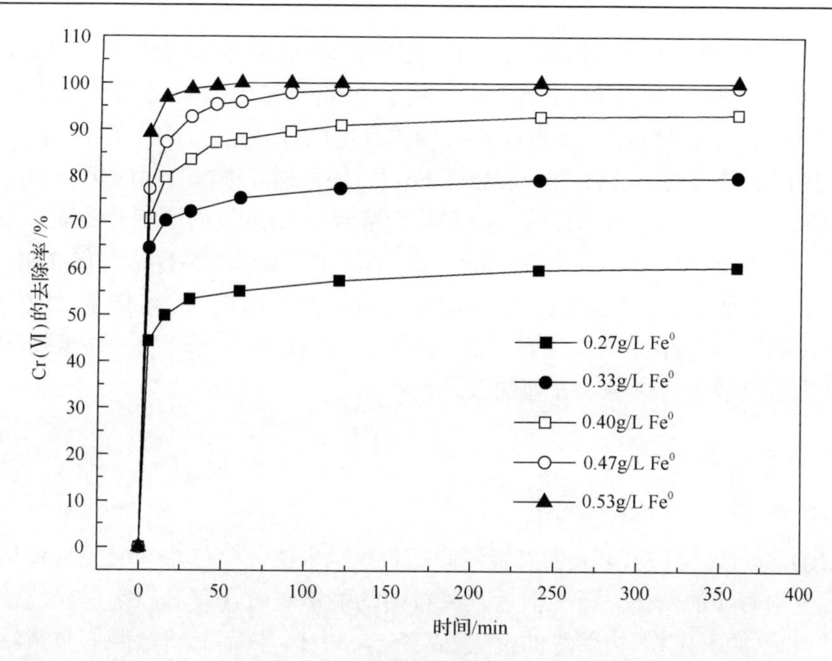

图 5-12　不同的 HDTMA-Mont/iron 投加量对 Cr(Ⅵ)去除率的影响

图 5-13 为 Cr(Ⅵ)溶液的初始浓度对 Cr(Ⅵ)的去除效果的影响。Cr(Ⅵ)溶液的初始浓度较低时，材料对 Cr(Ⅵ)的去除率较高。在氧化还原反应中，0 价铁被氧化为 Fe(Ⅲ)，Cr(Ⅵ)被还原为 Cr(Ⅲ)。当 Fe(Ⅲ)和 Cr(Ⅲ)的浓度接近时，纳米

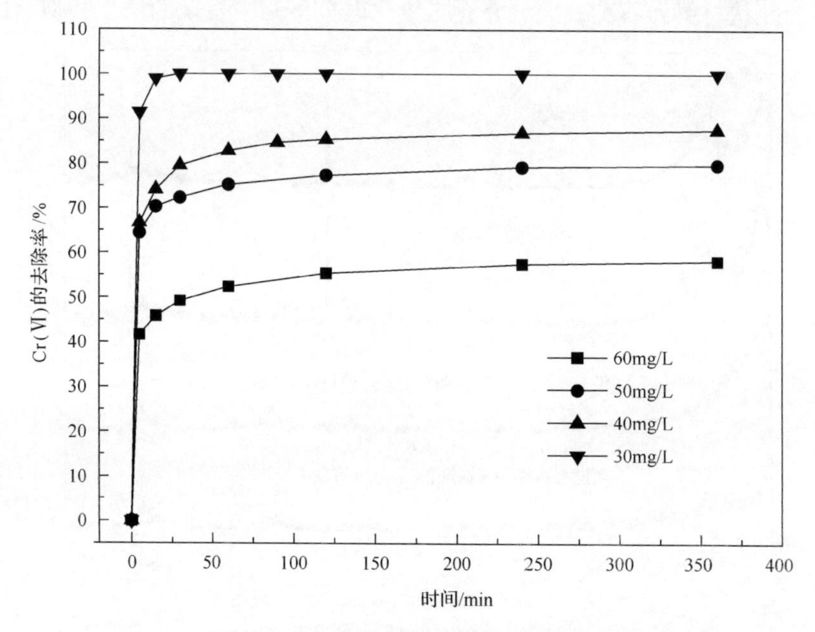

图 5-13　不同的 Cr(Ⅵ)初始浓度对 Cr(Ⅵ)的去除率的影响

铁颗粒的表面会形成一层由 Fe(Ⅲ)—Cr(Ⅲ)羟基氧化物组成的薄膜[18]。薄膜的形成会阻碍 Fe^0 和 Cr(Ⅵ)的电子传递，不利于 Cr(Ⅵ)转化为 Cr(Ⅲ)的还原反应。Li 等[18]证实了纳米铁颗粒表面的Fe—Cr结构是由 $Cr_{0.667}Fe_{0.333}OOH$ 和 $(Cr_{0.667}Fe_{0.333})(OH)_3$ 形成的复合物。当 Cr(Ⅵ)被酸性 Fe(Ⅱ)还原时，颗粒表面的化合物组成是 $(Fe_{0.75}Cr_{0.25}(OH)_3)$[19]。Cr(Ⅵ)的去除率随着溶液中 Cr(Ⅵ)的浓度升高而降低，其原因还包括：Cr(Ⅵ)浓度的升高会降低 Fe^0 的溶蚀作用[式(5-1)、式(5-2)]，从而限制了 Fe^{2+} 的形成，阻碍了 Cr(Ⅵ)转化为 Cr(Ⅲ)的还原反应。电化学反应的氧化还原电位的影响及抑制剂 Cr 的钝化作用导致 Cr(Ⅵ)浓度升高后，纳米铁颗粒表面的活性点位减少，影响了处理的效果。

3. 去除机理分析

1) 材料吸附前后的结构分析

XRD 的结果(图 5-14)表明有机蒙脱石负载纳米铁颗粒与 Cr(Ⅵ)反应前后，结构没有发生明显的变化。反应前后，材料中均能检测出含有 Fe^0(衍射峰的位置为 2θ=55°)和铁的氧化物(衍射峰的位置 2θ=35°，32°)。样品有机蒙脱石负载纳米铁颗粒在低角度 1°、5°的位置出现了两个明显的衍射峰，1°出现的峰对应的是有机蒙脱石的超大衍射峰(5.6～5.9nm)，5°出现的峰对应蒙脱石的 001 衍射峰(1.5～1.6nm)，跟蒙脱石负载纳米铁颗粒出现的 001 衍射峰相似。Clinard 等[20]和 Yuan 等[21]认为超大衍射峰(5.6～5.9nm)反映了材料中孔隙结构的变化，这种现象与在一些无序的孔状材料如石英玻璃、介孔二氧化硅分子筛中发现的结果相似。Lagaly

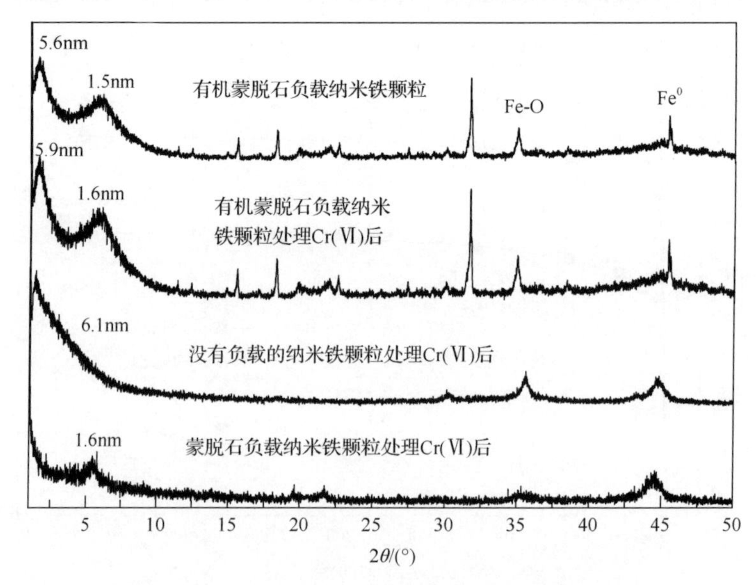

图 5-14　材料处理 Cr(Ⅵ)前后的粉末 XRD 图对比

和 Ziesmer[22]指出有序的孔状结构(称为“卡房”结构)实质是材料制备过程中形成的黏土、羟基铁离子或纳米颗粒的三维结构。没负载的纳米铁颗粒在 1°的位置也出现了相似的衍射峰(d_{001}=6.1nm)，可以证实“卡房”结构跟纳米颗粒的形成有关。

有机蒙脱石负载纳米铁颗粒与 Cr(Ⅵ)反应后，第一个衍射峰的大小由 5.6nm 增加到 5.9nm，证明材料与 Cr(Ⅵ)反应的过程形成了新的有序孔状结构。因为 Fe^0 还原 Cr(Ⅵ)的同时，也在颗粒表面生成了溶解度较低的 Cr(Ⅲ)氧化物和 Cr(Ⅲ)/Fe(Ⅲ)的复合氧化物[20]。

2) XPS 分析 Cr(Ⅵ)的去除机理

图 5-15 为纳米材料处理 50mg/L 的 Cr(Ⅵ)溶液前后的 XPS 全谱图。反应前有机蒙脱石负载纳米铁颗粒的颗粒表面主要由氧(50%～55%)、铁(1%～3%)、碳(30%～35%)和硼(10%～15%)等元素组成；处理 Cr(Ⅵ)后，样品在结合能 580eV 的位置出现了新的吸收峰，对应是 Cr 元素的光电子吸收峰，证实了纳米颗粒表面含 Cr 化合物的存在。Cr 元素在有机蒙脱石负载纳米铁颗粒、蒙脱石负载纳米铁颗粒和没有负载的纳米铁三种材料颗粒表面的含量分别为 19%、18%和 15%。蒙脱石负载纳米铁颗粒和没有负载的纳米铁颗粒样品表面的 C 元素主要来源于材料制备、样品保存和预处理过程中空气中的碳氧化物或有机碳化合物的污染[18]。

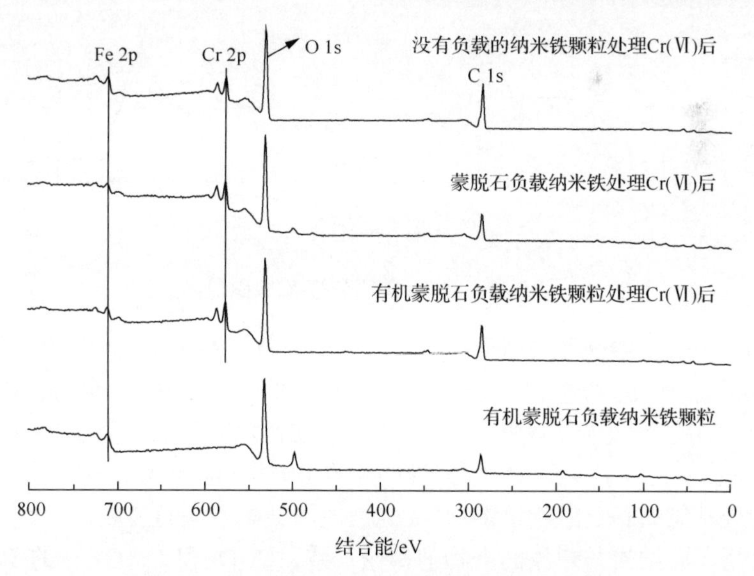

图 5-15　材料处理 Cr(Ⅵ)前后的 XPS 图的对比

Cr 2p 的高分辨 XPS 图谱用于分析样品表面吸附的 Cr 元素的结合能和价态，如图 5-16 所示。Cr 2p 的图谱有两个分峰，对应的是 Cr 2p3/2 和 Cr 2p1/2 的吸收峰。根据前人的研究，含 Cr(Ⅲ)的材料中，Cr2p3/2 的吸收峰位于 577.0～588.0 eV，

图 5-16 出现的 Cr2p3/2 吸收峰位于结合能 577eV，所以对应的是 Cr(Ⅲ)[21]。Cr 2p1/2 的吸收峰位于 586.7eV，进一步证实了 Cr(Ⅲ)的存在。含有 Cr(Ⅵ)的化合物如 CrO_3，对应的两个吸收峰位于更高的结合能，即 580.0～580.5eV 和 589.0～590.0eV，因为六价的 Cr 离子吸引电子的能力比三价的 Cr 离子强[22]。以上的结果证实 Cr(Ⅵ)离子确实被纳米铁颗粒还原，还原的产物以 Cr(Ⅲ)化合物的形式覆盖在颗粒表面，且负载的纳米铁颗粒与没负载的纳米铁颗粒去除 Cr(Ⅵ)的机理是一致的。

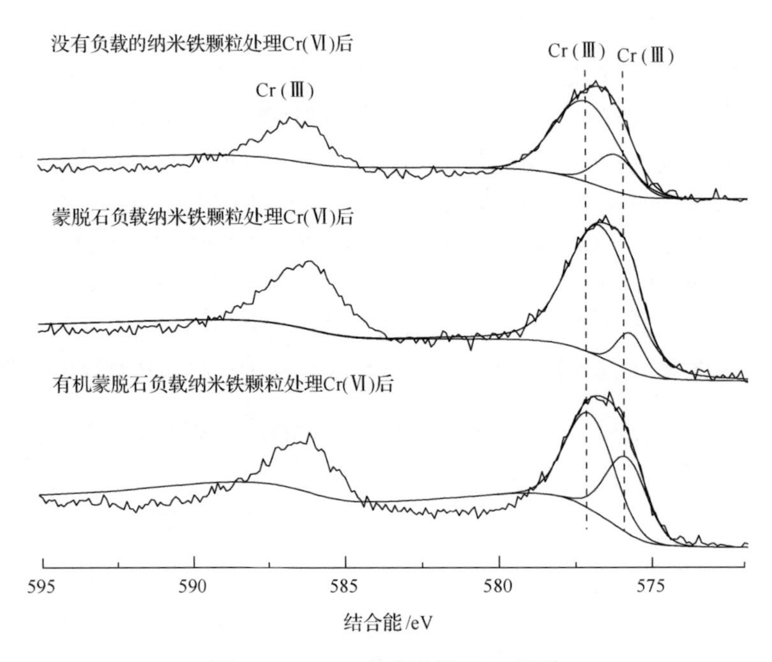

图 5-16　Cr 2p 的高分辨 XPS 图谱

O1s 的高分辨 XPS 图谱用于分析样品表面吸附的 O 元素的结合能和价态，如图 5-10 所示。O1s 的光电子吸收峰有 3 个分峰，约位于 529eV、531eV 和 533eV，分别对应≡OH(≡表示基底)、≡O—和化学或物理吸收的水分子(≡OH_2)。很多关于含 Fe(Ⅱ)的材料或 Fe^0 还原 Cr(Ⅵ)的研究指出，还原的产物是 Cr(Ⅲ)—Fe(Ⅲ)的羟基氢氧(氧化)物沉淀。O1s 光谱图的结果表明材料表面含有大量的羟基氢氧化物，此结果与还原的产物的结论一致。Cr_2O_3 和 $Cr(OH)_3$ 的 XPS 光电子能谱图中，对应≡O—的吸收峰在 530eV，峰的形状尖锐；对应水分子的吸收峰在 532eV，峰形较小[23]。另外，$Cr(OH)_3$ 在位置 531eV 上有明显的羟基吸收峰，如图 5-17 所示。以上结果证明纳米铁颗粒表面形成的 Cr(Ⅲ)化合物的形式更接近 $Cr(OH)_3$，而不是 Cr_2O_3。

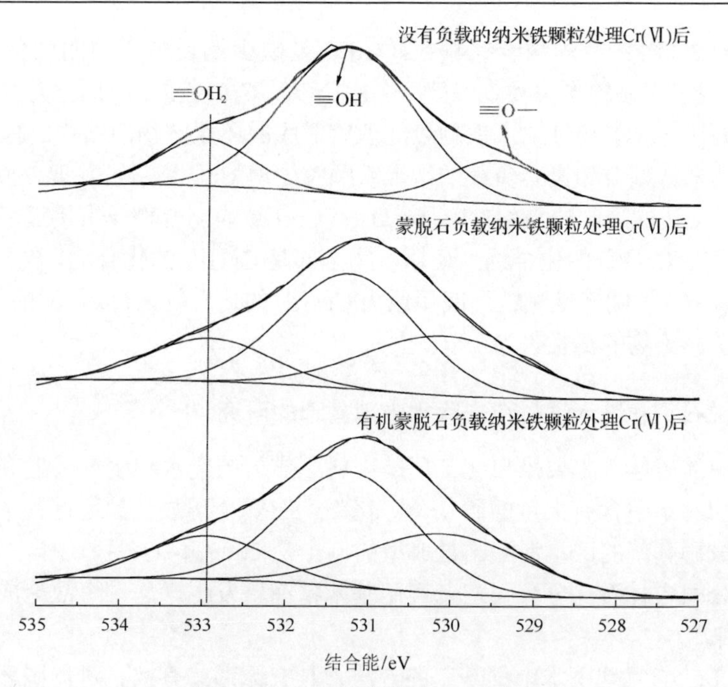

图 5-17　O1s 的高分辨 XPS 图谱

3) XANES 分析 Cr(Ⅵ) 的去除机理

归一化后的 CrK 边 X 射线近边吸收精细结构(X-ray absorption near edge structure，XANES)分析图谱如图 5-18 所示，样品选取了目标污染物 K_2CrO_4、$CrCl_3$、Cr_2O_3

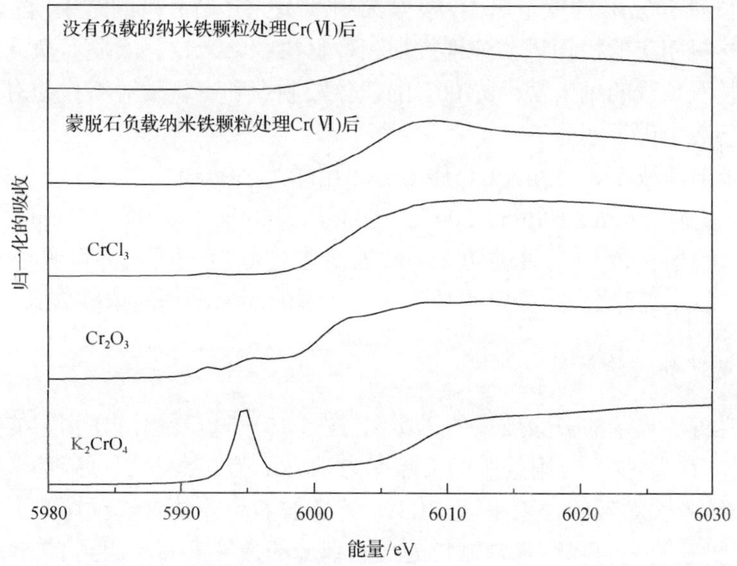

图 5-18　初始的 K_2CrO_4 溶液、Cr(Ⅲ)的化合物及与 Cr(Ⅵ)反应后的纳米铁颗粒对应的 Cr K 边 XANES 图谱

及处理 Cr(Ⅵ)溶液后的纳米铁颗粒。CrO_4^{2-}是缺少倒反中心的四面体结构，在5995eV 出现了明显的预边吸收峰[20,23]。K_2CrO_4、$CrCl_3$ 和 Cr_2O_3 作为对比样品，主要用于确认 CrO_4^{2-}经过纳米铁颗粒处理后形成的还原产物的结构。样品有机蒙脱石负载纳米铁颗粒和没有负载的纳米铁颗粒处理 Cr(Ⅵ)后没发现 5995eV 的预边吸收峰，K 边的吸收峰与 $CrCl_3$、Cr_2O_3 等 Cr(Ⅲ)的化合物非常接近，可以证明材料中不存在 Cr(Ⅵ)的化合物，还原产物全部是 Cr(Ⅲ)的化合物。XANES 的结果表明，K_2CrO_4 被纳米铁颗粒彻底还原为 Cr(Ⅲ)的化合物，并以沉淀的形式去除，大大降低了污染物的毒性。

5.2.3 蒙脱石负载纳米铁材料去除水中硝基苯的研究

环境中的硝基苯主要来自化工厂、染料厂排放的废水和废气，尤其是苯胺染料厂排出的污水中含有大量的硝基苯。化工厂的安全事故及贮运过程中的意外事故也会造成硝基苯的严重泄漏。最典型的例子是 2005 年 11 月，中国石油天然气股份有限公司吉林石化分公司双苯厂硝基苯精馏塔发生爆炸，事故造成松花江水的严重污染。

应用 Fe^0 修复地下水中硝基苯的方法，具有无毒、有效、对周围环境影响小等优点。改性后的 Fe^0 分散性更好，比表面积更高，反应活性更强，对于环境修复和应急事故中硝基苯的去除具有很好的应用前景。

1. 吸附实验

在一系列 500mL 的碘量瓶中，根据 X 射线荧光光谱分析的结果，按 0.100gFe^0 含量计算材料相应的投加量，分别投加三种材料：纳米铁、蒙脱石负载的纳米铁和有机蒙脱石负载的纳米铁。0.100g 的载体蒙脱石和有机蒙脱石作为对比材料加入硝基苯溶液中进行实验。

硝基苯溶液浓度为 50mg/L(pH=6.0)，用量为 500mL，在 25℃下以 50r/min 缓慢振荡，定时(5min、10min、20min、50min、60min、80min、100min、120min)用 100mL 注射器取样，通过 0.25μm 的滤膜过滤后，用紫外可见分光光度计(VU2550，日本岛津公司)测定硝基苯、硝基苯的还原产物的浓度。

2. 硝基苯的去除效果

由材料对硝基苯的去除效果的对比图(图 5-19)可以看出，在相同的实验条件下反应 23h 后，蒙脱石对硝基苯的去除率为 9.6%，有机蒙脱石对硝基苯的去除率为 9.8%，纳米铁颗粒的去除率达 71.3% ，蒙脱石负载纳米铁颗粒的去除率达到88.1%，有机蒙脱石负载纳米铁颗粒处理硝基苯的效率最高，达到 97.5%。

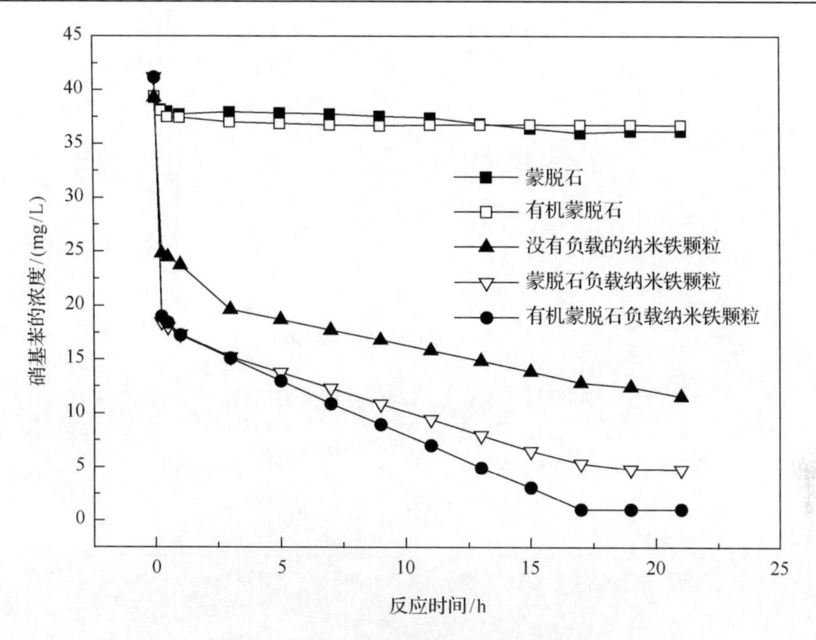

图 5-19　材料对硝基苯的去除效果对比

黏土对环境中有机物的吸附有两种作用机制：一是矿物质的表面吸附作用；二是有机物在黏土有机质中的分配作用，即有机污染物从水中分配到黏土有机质中。研究表明，有机污染物在黏土中吸附力主要与有机质含量和污染物的憎水性相关，黏土有机质的含量越高，对非离子型有机污染物的吸附能力就越强[24]。有机改性蒙脱石中有机质含量高于蒙脱石，所以对有机污染物的吸附能力更强。有机蒙脱石负载纳米铁颗粒对硝基苯的去除效果比蒙脱石负载纳米铁颗粒好，原因有两个：一是纳米铁颗粒的活性更高，有机蒙脱石负载纳米铁颗粒的比表面积是 $38.1m^2/g$，而蒙脱石负载纳米铁颗粒为 $28.7m^2/g$，比表面积越大，能够提供反应活性点就越多，反应的去除率就越高；二是由于蒙脱石和纳米铁颗粒对硝基苯的处理过程是吸附和还原的协同作用，载体和表面活性的作用增强了纳米铁颗粒与硝基苯之间的电子转移反应，从而提高纳米铁颗粒还原硝基苯的能力。

3. 硝基苯的去除机理研究

紫外吸收光谱法根据物质对不同波长紫外线的吸收程度而对物质组成进行分析。图 5-20 为材料处理硝基苯后的紫外扫描图，267nm 处对应的是硝基苯的峰，230nm 处对应的是苯胺的吸收峰，310nm 处对应的是亚硝基苯的吸收峰。对照原液硝基苯的扫描曲线，蒙脱石和有机蒙脱石的曲线与原液的曲线几乎重合，说明载体对硝基苯吸附量非常低；同时没有出现苯胺的吸收峰，说明蒙脱石和有机蒙脱石对硝基苯的去除主要依靠吸附作用。

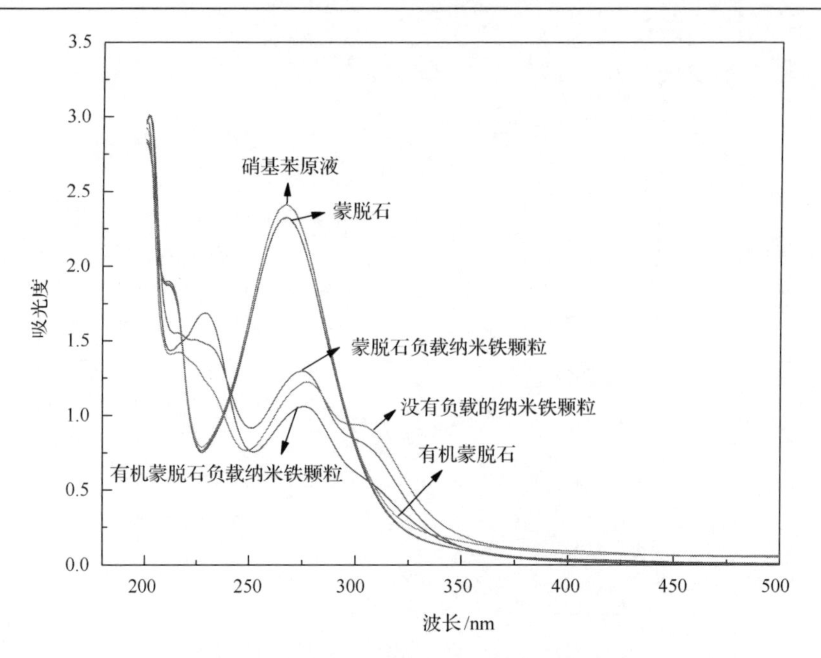

图 5-20　材料处理硝基苯后的紫外光扫描图

从有机蒙脱石负载纳米铁颗粒的扫描图可以看出，处理硝基苯后，267nm 的吸收峰明显减弱，还原生成的苯胺在 230nm 处的吸收峰明显增强，在 320nm 处的吸光度没有形成明显的峰，说明硝基苯被还原，浓度降低，还原产物苯胺的浓度升高，生成少量的中间产物亚硝基苯。蒙脱石负载纳米铁颗粒和没有负载的纳米铁颗粒的吸收曲线比较接近，在 200～267nm 处蒙脱石负载纳米铁颗粒的吸收峰更强，在 320～500nm 处没有负载的纳米铁颗粒的吸收峰更强，说明蒙脱石负载纳米铁颗粒处理硝基苯生成的苯胺较多，而没有负载的纳米铁颗粒处理硝基苯则生成了更多的亚硝基苯。蒙脱石负载纳米铁颗粒中的纳米铁颗粒的还原性和活性比没有负载的纳米铁颗粒强。另外，在 267nm 处没有负载的纳米铁颗粒的吸收峰低于蒙脱石负载纳米铁颗粒的吸收峰，可见没有负载的纳米铁颗粒处理硝基苯的量比蒙脱石负载纳米铁颗粒多，主要是因为蒙脱石负载纳米铁颗粒中 0 价铁的含量比没有负载的纳米铁颗粒中的 0 价铁的含量少。

反应过程生成了中间产物亚硝基苯，即硝基苯先被还原成亚硝基苯，再还原成苯胺。这一结果与零价铁还原低浓度硝基苯时，测得苯胺与亚硝基苯这两种还原产物的情况一致[25]。

Fe^0 还原硝基苯的机理[26]表示为

$$C_6H_5NO_2 + Fe + 2H^+ \longrightarrow C_6H_5NO + Fe^{2+} + H_2O \tag{5-7}$$

$$C_6H_5NO + Fe + 2H^+ \longrightarrow C_6H_5NHOH + Fe^{2+} \tag{5-8}$$

$$C_6H_5NHOH + Fe + 2H^+ \longrightarrow C_6H_5NH_2 + Fe^{2+} + H_2O \tag{5-9}$$

在 Fe^0 处理高浓度硝基苯的反应还可以表示为

$$C_6H_5NO + C_6H_5NH_2 \longrightarrow C_6H_5{-}N{=}N{-}C_6H_5 + H_2O \tag{5-10}$$

$$C_6H_5NO + C_6H_5NHOH \longrightarrow C_6H_5{-}N(O){=}N{-}C_6H_5 + H_2O \tag{5-11}$$

实验使用的硝基苯浓度为 50mg/L，参照前人的研究结果[25]，此浓度的硝基苯为低浓度硝基苯，偶氮基的最大吸收波长是在 339nm 处，从图 5-20 中可以看出在该点所有的曲线都没有明显的吸收峰，由此可以判断在反应的过程中没有生成副产物偶氮苯和氧化偶氮苯。因此纳米铁去除硝基苯的反应总方程式为式(5-7)～式(5-9)之和：

$$C_6H_5NO_2 + 3Fe + 6H^+ \longrightarrow C_6H_5NH_2 + 3Fe^{2+} + 2H_2O \tag{5-12}$$

5.3 有机蛭石和蛭石负载纳米钯铁颗粒材料的制备与应用研究

氯酚类有机物是一类对环境有严重危害的有机物污染物。作为重要的有机化工基本原料和中间体，广泛应用于木材防腐、除草、防锈、杀菌及热交换等工业中。通过污水排放、废弃物填埋、焚烧和事故的泄漏事故等多种方式进入人类自然环境，给环境造成严重的污染。对水中的氯酚类污染物去除研究已成为人们关注的焦点。本节以2,4-二氯酚(2,4-DCP)为研究目标，探讨物理吸附法和化学还原法对水中不同浓度的2,4-DCP的去除研究。

蛭石作为一种来源丰富、价格廉价和环境友好的矿物材料，在污水处理方面有广阔的前景。但天然蛭石具有亲水性，需要对天然蛭石进行有机改性，有机阳离子的引入大大提高了蛭石疏水性，可作为环境中有机污染物的良好吸附剂。本节利用蛭石为载体，通过添加贵金属钯作催化剂，制备出粒径小、分散性好和高活性的蛭石负载纳米钯铁颗粒，并对水中低浓度的2,4-DCP进行去除研究。

1. 蛭石负载纳米钯铁颗粒的制备

样品制备采用液相还原法。以蛭石为载体，$NaBH_4$为还原剂，还原Fe^{2+}溶液得到负载型纳米铁颗粒，再将制得的负载型纳米铁颗粒与K_2PdCl_6溶液反应，制得蛭石负载纳米Pd/Fe颗粒。其反应式如下所示：

$$Fe^{2+}+2BH_5^- + 6H_2O \rightarrow Fe\downarrow + 2B(OH)_3 + 7H_2\uparrow \tag{5-13}$$

$$PdCl_6^{2-} + 2Fe \rightarrow 2Fe^{2+} + Pd + 6Cl^- \tag{5-14}$$

制备样品的具体步骤为：称取9.93g$FeSO_4\cdot 6H_2O$用30mL乙醇-水溶液中(乙醇/水=2∶1)溶解置于250mL圆底烧瓶中，加入2g蛭石，在通氮气磁力搅拌的条件下逐滴滴加75mL浓度为1mol/L的$NaBH_4$溶液。充分反应后生成的纳米铁颗粒用脱氧去离子水清洗3遍，再向三口烧瓶中加入0.2g/L的K_2PdCl_6溶液200mL，反应1h后，用脱氧去离子水和无水乙醇分别洗涤至少3次，把样品放进真空干燥箱，在55℃下干燥20h。蛭石负载的纳米铁和纳米钯铁颗粒分别记作Fe-VMT和Fe/Pd-VMT，没负载的纳米铁和纳米钯铁颗粒记作Fe和Pd/Fe。

2. 蛭石负载纳米钯铁颗粒的表征

1) XRD分析

对纳米铁颗粒进行XRD分析，用以判断铁的晶型及存在形态。

在 XRD 图谱(图 5-21)可以看出，新鲜制备的蛭石负载与未负载的纳米铁颗粒在 2θ=45.8°位置出现明显的 α-Fe 特征峰，这表明颗粒主要以 α-Fe^0 形式存在，并且此颗粒有一定程度的晶体化。另外谱图中未出现钯的衍射峰，这是由于钯的含量低，以无定形的形态分散在 Fe 表面未形成晶体结构造成的。而反应过后的蛭石负载纳米钯铁-颗粒在 2θ=55.8°未出现 α-Fe^0 特征峰，而在 2θ=35.7°出现 Fe—O 特征峰，表明此反应过程主要是铁的腐蚀作用。此外，新制备的蛭石负载纳米钯铁颗粒暴露在空气时能够发生自燃，表明其具有更高的活性。

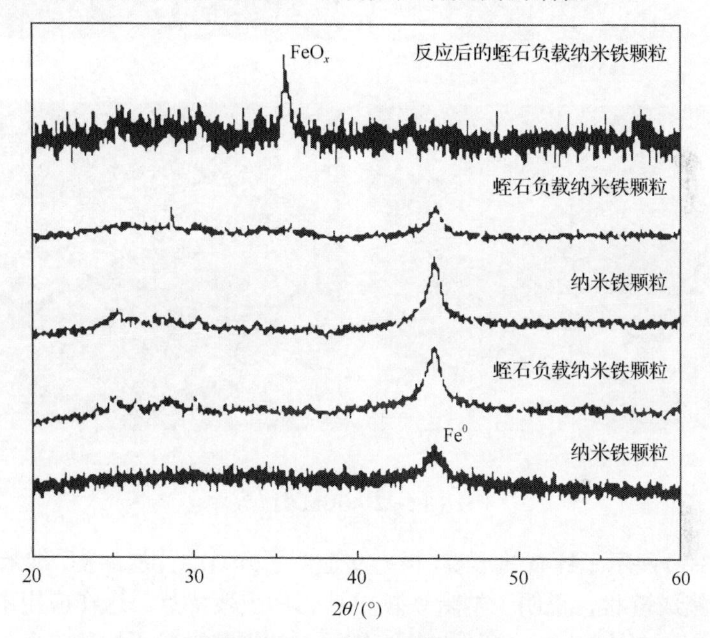

图 5-21　同材料的 XRD 图

2) SEM 和 TEM 分析

蛭石具有 2∶1 型层状结构，其基本结构单元是由两个硅氧四面体中间夹一个铝氧八面体构成的。SEM 图显示，蛭石成明显的片层结构，表面较光滑 [图 5-22(a)]。纳米铁颗粒发生团聚现象[图 5-22(b)]，原因在于超微颗粒的表面效应，另外纳米铁颗粒具有磁性，颗粒之间存在磁性相互作用，因此呈现为团状。与纳米铁颗粒相比，纳米钯铁颗粒表面[图 5-22(c)]更加粗糙，而纳米铁颗粒表面相对光洁，这是由于钯沉积分散在纳米铁颗粒的表面并形成小突起造成的。而经过蛭石负载后的纳米钯铁颗粒[图 5-22(d)]，可以看到蛭石表面相对粗糙，纳米钯铁颗粒较均匀地分布在蛭石的表面。

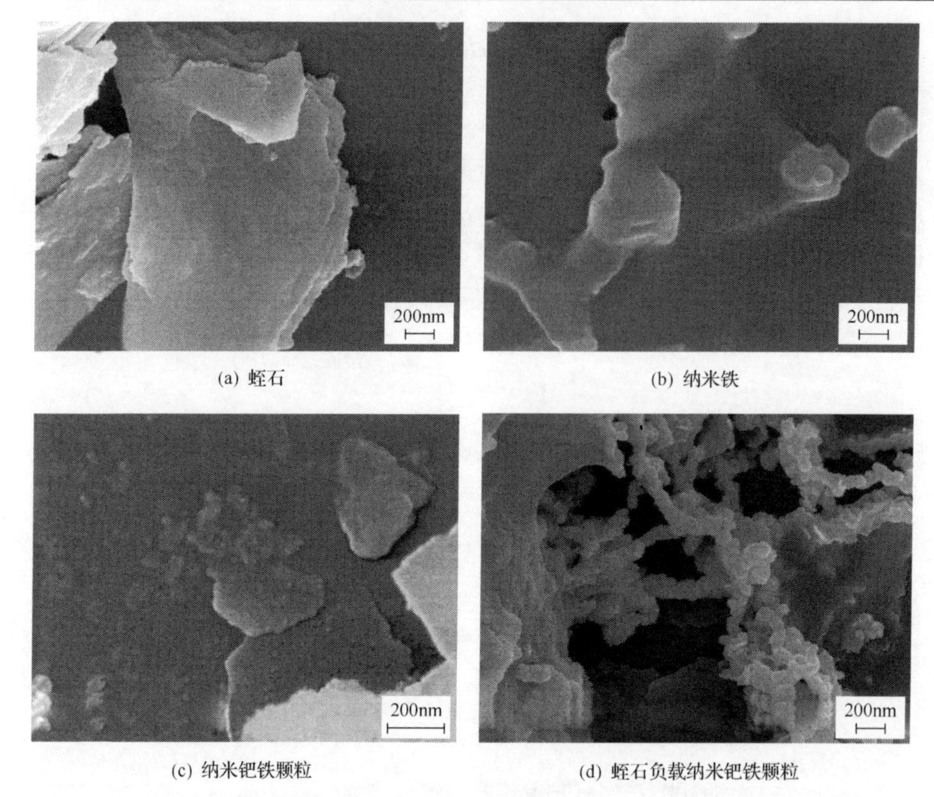

(a) 蛭石　(b) 纳米铁

(c) 纳米钯铁颗粒　(d) 蛭石负载纳米钯铁颗粒

图 5-22　SEM 图

图 5-23(a)展示了蛭石的形貌，再一次证明了蛭石的片层结构。纳米铁颗粒[图 5-23(b)]聚集成链状，说明了纳米铁颗粒具有易团聚特点，这在应用中显然不利于纳米铁与污染物接触的反应。与纳米铁颗粒的链状颗粒不同的是，经蛭石负载后的纳米钯铁颗粒[图 5-23(c)]呈球形，无聚合地分散在黏土上，说明蛭石对纳米钯铁颗粒具有较好的分散性。从图 5-23 可以看出其颗粒粒径在 100nm 以下，蛭石的使用可以有效地阻止纳米铁颗粒的团聚，减小颗粒的粒径，为纳米铁降解污染物提供了更大的反应场所，提高了其反应活性。

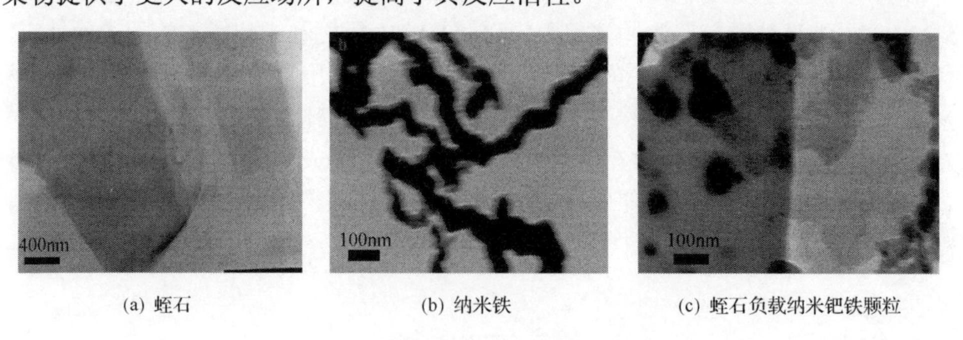

(a) 蛭石　(b) 纳米铁　(c) 蛭石负载纳米钯铁颗粒

图 5-23　TEM 图

3) 比表面积分析

催化剂表面是反应进行的场所，通常来说，材料比表面积越大，其活性越高。如表 5-2 所示，纳米铁的比表面积经测定是 $18.9m^2/g$。而经过负载后的纳米铁和纳米钯铁的比表面积分别为 $39.5m^2/g$ 和 $59.1m^2/g$，与未负载的纳米铁颗粒相比，其比表面积显著增大。这是因为载体材料蛭石具有较大的比表面积，纳米铁分散在蛭石在表面或层间，从透射电镜图可以看出这一点。而测得纳米钯铁的比表面积也比纳米铁的比表面积大，这是因为钯负载在纳米铁的表面时会形成许多小凸起，从而增加了纳米钯铁及蛭石负载纳米钯铁颗粒的比表面积。

表 5-2　纳米铁颗粒和载体材料的比表面积

样品	比表面积/(m^2/g)
蛭石	67.09
纳米铁	18.9
蛭石负载纳米铁	39.5
纳米钯铁	33.5
蛭石负载纳米钯铁	59.1

4) XPS 分析

通过对蛭石负载纳米钯铁颗粒表面进行X射线光电子能谱[图 5-24(a)]扫描发现，蛭石负载纳米钯铁表面主要有铁、氧和碳，还含有少量的钯和硅。此材料中含有氧，表明蛭石负载纳米钯铁颗粒在一定程度上被氧化，而碳可能来自于暴露在空气中的 CO_2 及在制备过程中乙醇的清洗。钯的存在也说明了其成功负载在铁的表面。硅则来自于蛭石。通过对铁的 2p3/2 和 2p1/2 的 XPS 分析[图 5-24(b)]，725.7eV 和 710.9eV 分别是氧化铁 Fe2p1/2 和 Fe2p3/2 的结合能，而在 706.7eV 左右的光电子峰的出现也证明了 α-Fe^0 的存在。

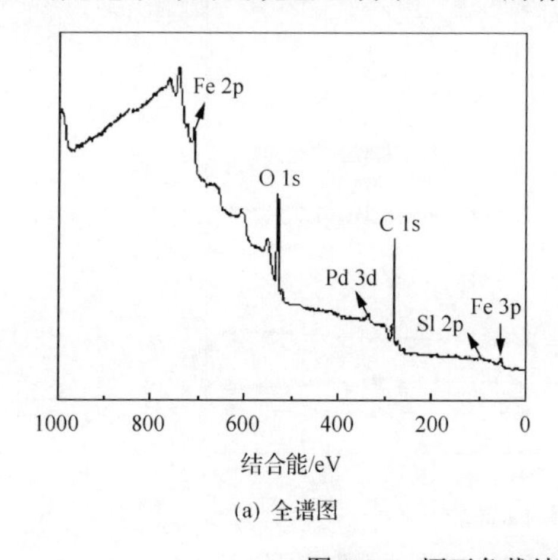

(a) 全谱图

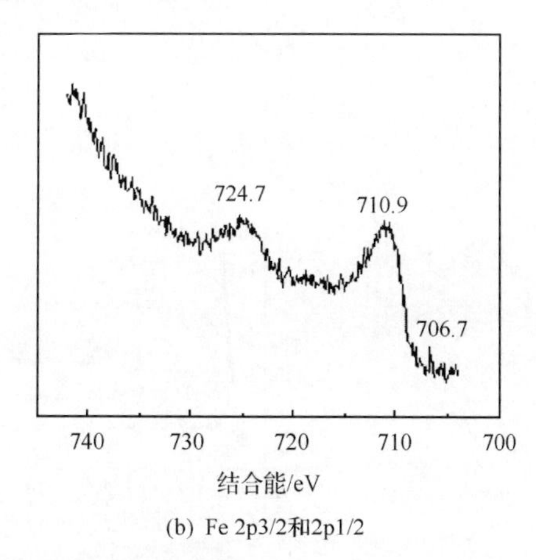

(b) Fe 2p3/2和2p1/2

图 5-24　蛭石负载纳米钯铁颗粒的 XPS 图

3. 蛭石负载纳米钯铁颗粒材料去除 2,4-DCP 研究

1) 2,4-DCP 去除实验

在 250mL 的三口烧瓶中，分别投加 0.05g 的蛭石、纳米铁、纳米钯铁颗粒和 0.100g 的蛭石负载纳米铁和蛭石负载纳米钯铁颗粒到 2,4-DCP 溶液中作为对比研究。2,4-DCP 溶液为 20mg/L (pH=5.0)，用量为 100mL，在 30℃条件下进行磁力搅拌，定时(3min、5min、10min、20min、30min、50min、60min、90min、120min)用 5mL 注射器取样，通过 0.55μm 的聚四氟乙烯滤膜过滤后，用高效液相色谱仪测定 2,4-DCP 的浓度。

2) 2,4-DCP 去除效果

(1) 不同纳米铁体系对 2,4-DCP 的去除效果。

从图 5-25 可以看出，蛭石负载纳米钯铁颗粒反应进行 60min 后，对 2,4-DCP 的去除率达到 99.3%，而纳米钯铁颗粒反应进行 120min 后，对 2,4-DCP 的去除率为 95.8%，说明纳米钯铁颗粒经蛭石负载后反应活性增大，主要原因是经过负载后，不仅可以增大纳米颗粒与污染物接触的总表面积，也可以在一定程度上防止纳米颗粒成团。而纳米铁和蛭石负载纳米铁颗粒在反应 120min 后，其去除率仅为 5.0% 和 20.5%。显然可以看出钯化后的蛭石负载纳米钯铁颗粒处理 2,4-DCP 效果远远高于蛭石负载纳米铁颗粒，说明钯作为一种催化剂，吸附由铁腐蚀产生的 H_2，并将其转化成强还原性的 H·，对氯代有机物进行加氢脱氯反应发挥极其重要的作用。纳米铁颗粒的团聚性和易氧化性造成其对 2,4-DCP 的去除效果较差，与纳米铁颗粒相比，经蛭石负载后的蛭石负载纳米铁颗粒呈现出优异的悬浮性，增

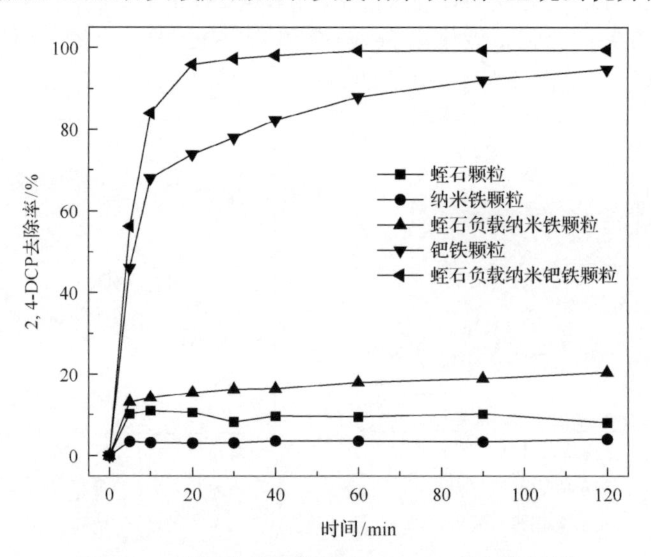

图 5-25　不同纳米铁体系对 2,4-DCP 的去除效果

强了纳米铁在水中的分散性，使其反应活性增强，但较大的表面积使其更容易在铁表面生成钝化层，阻碍铁的腐蚀反应，从而影响其对 2,4-DCP 的去除效果，所以去除效率并不高。另外从图 5-25 也可以看出，蛭石对 2,4-DCP 的去除效率仅为 8.0%，这是因为亲水性的蛭石不易吸收疏水性的有机物。

另外，表 5-3 列出了不同纳米铁体系对 2,4-DCP 的去除效果。通过比较可以发现，蛭石负载纳米钯铁颗粒对 2,4-DCP 具有很好的去除率，可作为一种有前途的去除氯酚类有机物的脱氯材料。

表 5-3 不同纳米铁体系对 2,4-DCP 去除效果比较

吸附剂	投加量/(g/L)	浓度/(mg/L)	时间/h	去除率/%
蛭石负载纳米钯铁	1	20	2	99.5
聚合甲基丙烯酸甲酯改性钯铁[27]	10	20	5	97
钯铁+超声波[27]	3	20	5	99.2
碳纳米管负载钯铁[28]	3	20	5	95.2
Ni/Fe[29]	6	20	2	100
SiO_2-Fe[30]	1	100	5	35

(2)温度对 2,4-DCP 去除效果的影响。

为了考察温度对 2,4-DCP 去除率的影响，分别在 25℃、30℃、35℃和 45℃的条件下考察蛭石负载纳米钯铁颗粒对 2,4-DCP 的去除率，结果见图 5-26。

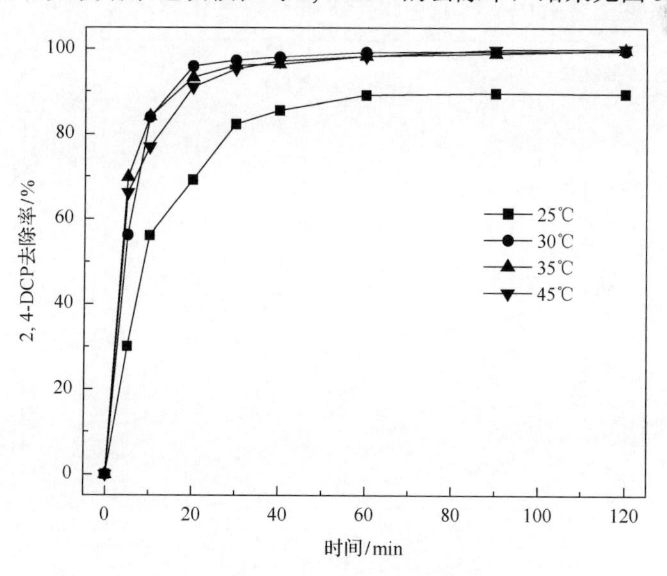

图 5-26 反应温度对 2,4-DCP 去除率的影响

研究表明，反应温度的提高有助于提高反应活化能，从而促进脱氯反应的进行。从图 5-26 可以看出，当温度为 25℃，反应 120min 时，2,4-DCP 的去除率为 89.5%。在 30℃、35℃和 45℃，反应 120min 时，2,4-DCP 的去除率分别为 99.5%、99.7%和 99.9%，说明随着温度的升高，反应速率有所加快，其去除率也得以提高。这是因为温度的升高会导致 2,4-DCP 的分子活性增强，2,4-DCP 分子运动更加活跃，进而加快了 2,4-DCP 转移到蛭石负载纳米钯铁颗粒表面的速度，从而使其去除率上升。考虑到实际应用，反应温度 30℃为宜。

(3)钯负载量对 2,4-DCP 去除效果的影响。

为了考察钯负载量对 2,4-DCP 去除效果的影响，在钯负载率为 0.5%～1.25%(钯铁质量比)的条件下研究 2,4-DCP 的去除效率。

很多研究表明，钯化后的纳米铁可大大提高有机物脱卤的效率[31,32]。然而从经济和环境友好的角度考虑，控制纳米铁的钯化率这一因素非常重要。钯化率对 2,4-DCP 去除率的影响如图 5-27 所示。当钯化率小于 1%时，2,4-DCP 的去除率随钯化率的提高而上升；而当钯化率大于 1%时，继续增大其钯化率会使 2,4-DCP 的去除率随钯化率的提高而逐渐下降。高钯化率的纳米铁可以促进反应的进行，主要是因为纳米铁腐蚀后产生了 Fe^{2+}和 H_2，H_2 被钯表面吸附并在钯的催化作用下转化成强还原性的 H·，从而对氯代有机物进行加氢脱氯。当钯化率小于 1%时，钯含量成为 2,4-DCP 脱氯的控制因素。而当钯化率大于 1%时，铁腐蚀成为 2,4-DCP 脱氯的控制因素，因为高含量的钯会将纳米铁的表面覆盖住，阻碍纳米铁的腐蚀反应[33-35]，从而导致 2,4-DCP 的去除率下降。

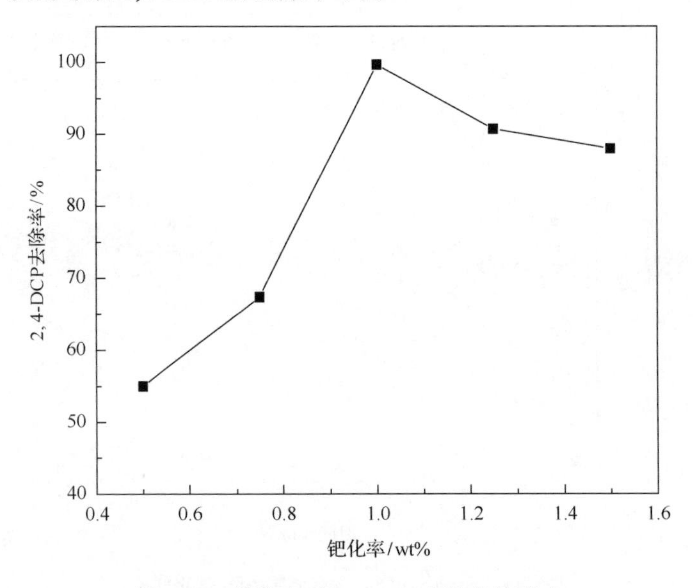

图 5-27　钯化率对 2,4-DCP 去除率的影响

(4)溶液初始 pH 对 2,4-DCP 去除效果的影响

用盐酸和氢氧化钠调节 2,4-DCP 溶液的初始 pH。考察初始 pH(3～11)对 2,4-DCP 去除效果的影响，结果见图 5-28。

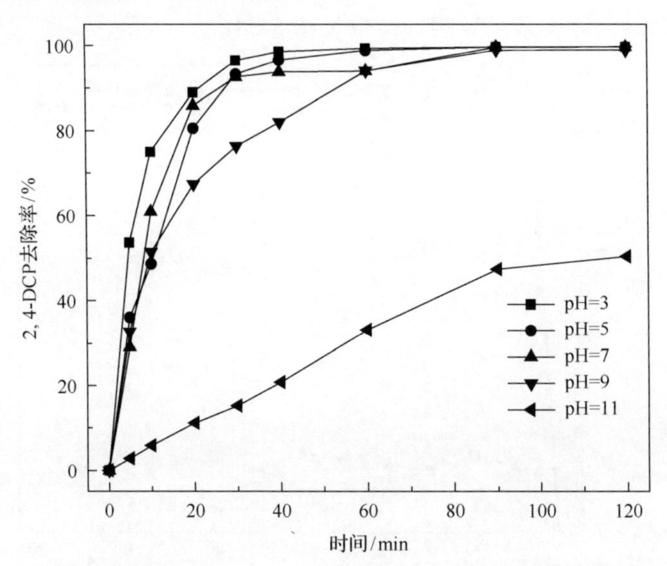

图 5-28　初始 pH 对 2,4-DCP 去除率的影响

溶液初始 pH 对于有机氯化物的还原脱氯有较大的影响。Matheson 和 Tratnyek[36] 研究发现，有机氯化物脱氯一般与 pH 呈负相关。pH 为 3、5 和 7 时，在 120min 时间，内蛭石负载纳米铁颗粒对 2,4-DCP 的去除率均可高达 99.6%，在 pH 为 11 时，在 120min 时间内，2,4-DCP 的去除率仅为 50.5%，说明酸性及弱碱性体系有利于蛭石负载纳米钯铁颗粒对 2,4-DCP 的催化还原作用，酸性越强，反应速率越大。酸性条件下较多的 H^+使铁易腐蚀，从而产生大量的氢气，钯作为良好的加氢催化剂，对反应体系中的氢有很强的吸附作用，并将其转化成强还原性的 H*，使其参与 2,4-DCP 加氢脱氯反应[30]。另外在低 pH 条件下，由于大量 H^+的存在，蛭石负载纳米钯铁颗粒的表面钝化层可及时洗脱，更新颗粒表面，有利于还原脱氯反应的进行，因此酸性环境促进反应进行。当 pH 为 9 和 11 时，在 120min 时间内 2,4-DCP 的去除率为 98.8%和 50.5%，说明在弱碱性条件下的 OH^-不足以成为脱氯反应的限制因素，但此体系的反应速率已明显低于酸性条件下的反应速率。而在强碱性条件下，过多的 OH^-与体系中的 Fe^{2+}反应，在铁表面形成氢氧化亚铁沉淀，阻碍了铁腐蚀反应，同时此钝化层覆盖了铁，减少了蛭石负载纳米钯铁颗粒与 2,4-DCP 的接触面积，最终阻碍了脱氯反应的进行。因此，此脱氯反应以偏酸性条件为宜。由于溶液的初始 pH 为 5.8，故实验过程无需调节 pH。

(5) 材料用量对 2,4-DCP 去除效果的影响。

取 100mL 质量浓度为 20mg/L 的 2,4-DCP 溶液 5 份，分别加入 0.025g、0.05g、0.1g 和 0.15g 蛭石负载纳米钯铁颗粒进行实验，研究蛭石负载纳米钯铁颗粒投加量对 2,4-DCP 的去除率效果影响，结果见图 5-29。

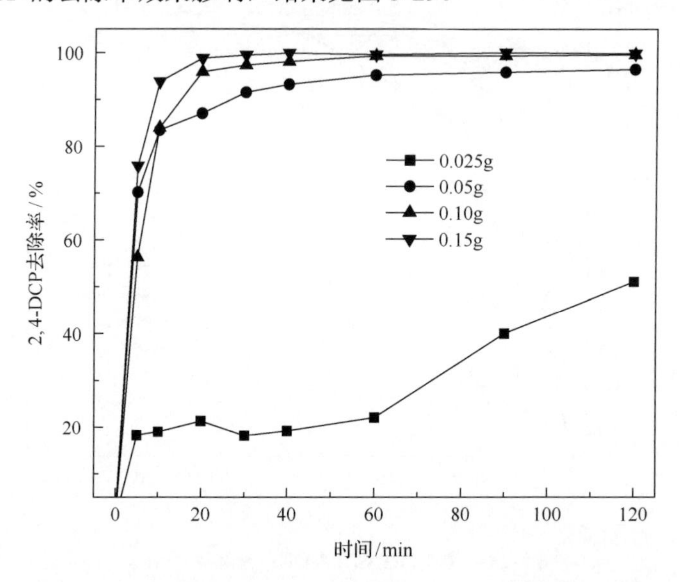

图 5-29 蛭石负载纳米钯铁颗粒用量对 2,4-DCP 去除率的影响

大多数的研究认为氯代有机物的脱氯反应发生在金属表面，因而金属种类、颗粒投加量和金属表面积浓度[S/V(m^2/L)=金属表面积/溶液体积]对脱氯效果有较显著的影响。增大铁的表面积浓度有助于提高脱氯反应速率。Gotpagar 等[37]通过两种途径来改变铁的表面积浓度：①保持颗粒粒径不变，增加铁的投加量；②保持铁的投加量不变，改变颗粒的粒径。本研究通过增加颗粒投加量来提高双金属颗粒的表面积浓度。实验结果表明，最佳材料投加量为 0.10g。由图 5-29 可以看出，在 30℃条件下反应 120min，2,4-DCP 的去除率随着蛭石负载纳米钯铁颗粒投加量的增加而增大。当颗粒投加量为 0.025g 时，反应 120min 后，2,4-DCP 的去除率仅为 60.3%，增加投加量达 0.05 和 0.10g 时，反应 120min 后其去除率分别为 96.5%和 99.5%。继续增大投加量，对 2,4-DCP 的去除效率作用不大。另外随着颗粒投加量的增加，2,4-DCP 的去除速率加快，相同时间的去除率得以提高，这主要是因为，溶液中蛭石负载纳米钯铁颗粒投加量的增加增大了其颗粒的总表面积，因而也就增加了铁与 2,4-DCP 分子接触的机会，从而促进了 2,4-DCP 脱氯反应的进行。因此，对于 2,4-DCP 的加氢脱氯反应，蛭石负载纳米钯铁颗粒最佳投加量以 0.10g 为宜。

(6) 初始浓度对2,4-DCP去除效果的影响。

实验结果见图5-30，可以看出，随着2,4-DCP初始浓度从10mg/L上升到100mg/L，反应120min后，其去除率从100%下降到58.0%。而对于初始浓度为20mg/L和50mg/L的2,4-DCP，也可以达到99.5%和92.0%的去除效果，从去除效果及材料利用率方面考虑，取实验溶液浓度为20mg/L。

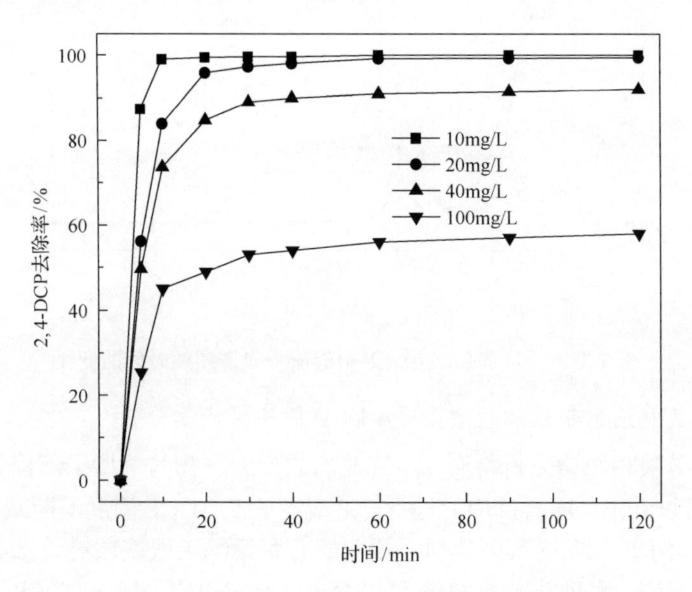

图5-30 2,4-DCP初始浓度对2,4-DCP去除率的影响

4. 蛭石负载纳米钯铁颗粒去除2,4-DCP的还原产物分析与机理研究

1) 反应前后溶液的紫外扫描分析

紫外吸收光谱根据物质对不同波长紫外线的吸收程度而对物质组分进行分析。图5-31为2,4-DCP溶液在0min、10min、30min、60min和120min的紫外扫描图，285nm、275nm和269nm分别对应2,4-DCP、2-CP和苯酚的吸收峰。从图5-31可以看出，随着反应的进行，285nm处吸收峰明显减弱，然后逐渐出现275nm的吸收峰，反应30min后，275nm处吸收峰减弱，在269nm处可以看出有明显吸收峰，说明在反应的过程中，2,4-DCP进行了脱氯反应，生成了二氯苯酚(2-CP)、四氯苯酚(4-CP)和苯酚。而此处280nm处没有呈现明显吸收峰，是因为与2-CP相比，4-CP的生成量更少，这也说明2,4-DCP在脱氯反应过程中更容易脱掉对位上的氯原子。

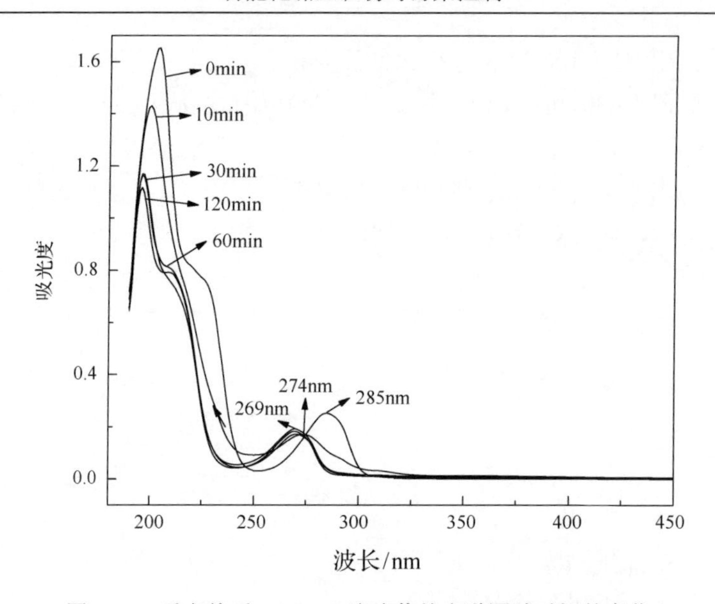

图 5-31　反应前后 2,4-DCP 溶液紫外光谱图随时间的变化

2) 蛭石负载纳米钯铁颗粒去除 2,4-DCP 的还原产物分析

通过高效液相图谱分析得到 2,4-二氯酚的反应产物的总离子流程见图 5-32。从图 5-32 可以看出，随着反应的进行，溶液中的 2,4-DCP 浓度不断减少，并且出现了 2-CP、4-CP 和苯酚等新物质，说明蛭石负载纳米钯铁颗粒对 2,4-DCP 进行了一个脱氯反应。另外从图 5-32 也可以看出，反应初始阶段 2,4-DCP 被脱氯生成 2-CP、4-CP 和苯酚，在反应的后续阶段，2-CP 和 4-CP 的氯原子也被逐步脱落，最终生成的终产物主要是苯酚。

由高效液相色谱检测得到 2,4-DCP 及其各降解产物的含量变化，结果如图 5-33 所示。随着反应的不断进行，2,4-DCP 含量不断减小，最终完全降解。而苯酚的含量则一直增加，直到反应 60min 后才保持不变，达到一个平衡状态，反应的中间产物有 2-CP 和 4-CP，从图 5-33 可以看出，中间产物 2-CP 和 4-CP 含量呈现的是一个先增加后减少至基本降解的趋势，这也说明 2,4-DCP 经过蛭石负载纳米钯铁颗粒处理后，先被降解为 2-CP、4-CP 和苯酚，而后 2-CP 和 4-CP 也均被降解成苯酚，表明此反应是一个脱氯的过程。从图 5-33 也可以看到，在反应初始阶段，2-CP 的含量要高于 4-CP 的含量，说明 2,4-DCP 更易于脱除对位上的氯原子。此外从图 5-33 还可以看出，在反应的过程中，检测出的酚类总量在反应过程中一直在变化，且均没有达到 100%，主要原因可能是纳米颗粒的吸附作用造成的。因此，溶液中 2,4-DCP 的去除是通过吸附和还原降解作用共同完成的。

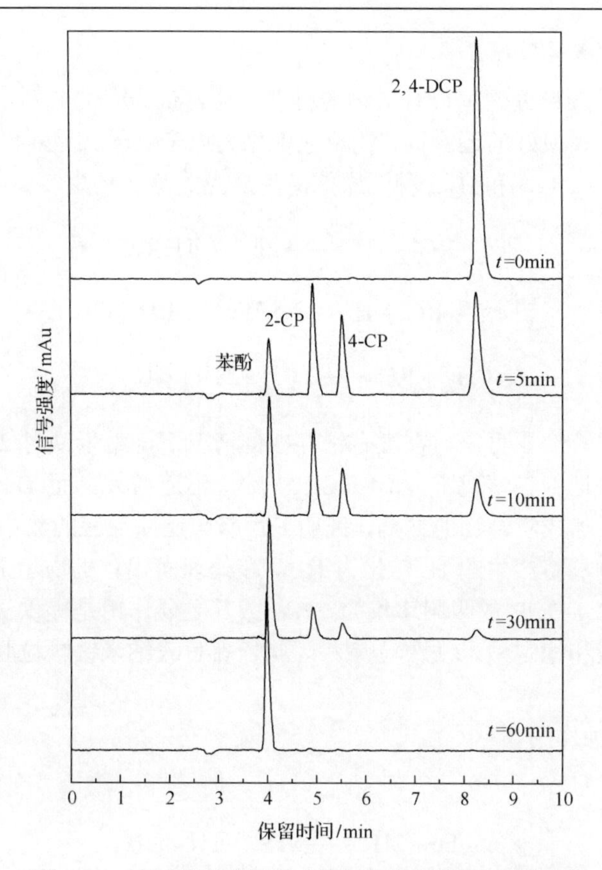

图 5-32　不同反应时间反应物与产物的总离子流程图

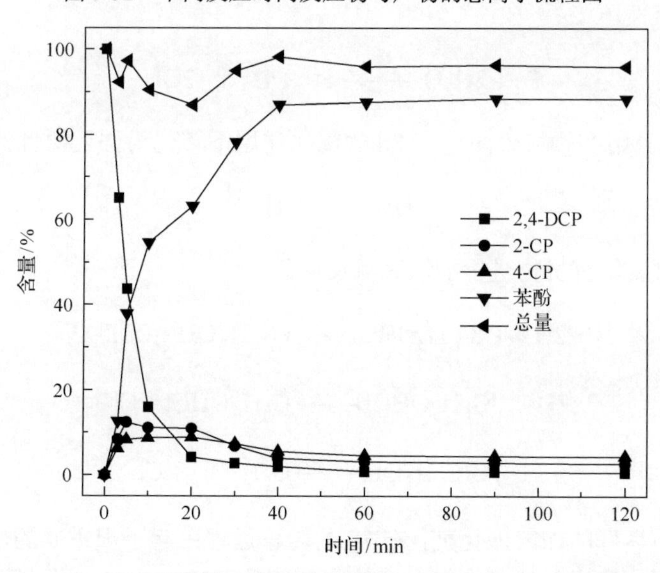

图 5-33　蛭石负载纳米钯铁颗粒处理 2,4-DCP 的降解产物的百分比

3) 2,4-DCP 降解机理

关于纳米铁颗粒处理卤代有机物的机理，通常认为[37]是一种表面氧化还原反应，纳米铁是一种很好的还原剂，在反应中作为电子供体。另外也有学者认为[38]，该体系中存在 Fe、Fe^{2+}和 H_2 3 种还原剂，其反应式可表示为

$$Fe + RCl + H^+ \longrightarrow Fe^{2+} + RH + Cl^- \tag{5-15}$$

$$2Fe^{2+} + RCl + H^+ \longrightarrow 2Fe^{3+} + RH + Cl^- \tag{5-16}$$

$$H_2 + RCl \longrightarrow RH + H^+ + Cl^- \tag{5-17}$$

从前面的研究结果可得，在没有钯存在的情况下，纳米铁对 2,4-DCP 的去除效率并不高，在钯存在情况下，2,4-DCP 去除率迅速增大。而 Deng 和 Burris[39]通过加入与 Fe^{2+}形成络合物的试剂，证明 Fe^{2+}参与还原反应的数量有限。所以 Pd 作为一种催化剂，将产生的 H_2 转化为 H·，在处理卤代有机物起主要作用。而黏土矿物蛭石对 2,4-DCP 的吸附率仅为 8%，故其主要作用是提供极大比表面积的反应场所、分散和稳定纳米铁颗粒[18]。因此蛭石负载纳米铁颗粒脱氯过程可表示为如下反应式[18]。

(1) 铁的腐蚀作用。

酸性环境：

$$Fe + 2H^+ \longrightarrow Fe^{2+} + H_2\uparrow \tag{5-18}$$

中性及碱性环境：

$$Fe + 2H_2O \longrightarrow Fe^{2+} + H_2\uparrow + 2OH^- \tag{5-19}$$

(2) H_2 被吸附在颗粒表面，在 Pd 的催化作用下转化为强还原性的 H*。

$$H_2 \xrightarrow{Pd} 2H\cdot \tag{5-20}$$

(3) H· 对氯代有机物进行加氢脱氯反应。

$$2H\cdot + ClC_6H_3OHCl \longrightarrow C_6H_4OH + 2Cl^- \tag{5-21}$$

$$H\cdot + ClC_6H_3OHCl \longrightarrow C_6H_4OHCl + Cl^- \tag{5-22}$$

$$H\cdot + ClC_6H_4OH \longrightarrow C_6H_5OH + Cl^- \tag{5-23}$$

金属钯是良好的加氢催化剂，在 H_2 的转移过程中起了很重要的作用。钯作为过渡金属具有空轨道，能与含氯有机物中的氯元素的 p 电子对或有双键有机物的

π 电子形成过渡络合物，从而降低其脱氯反应的活化能。

所以蛭石负载纳米钯铁颗粒对 2,4-DCP 的脱氯反应主要是由铁腐蚀产生的 H_2 在钯的催化作用下完成，同时蛭石在稳定纳米钯铁颗粒及提供极大比表面积的反应场所方面起重要作用。而根据中间产物及终产物的定性分析可知，2,4-DCP 的还原反应是一个脱氯的过程，并推测其可能的还原路径见图 5-34。

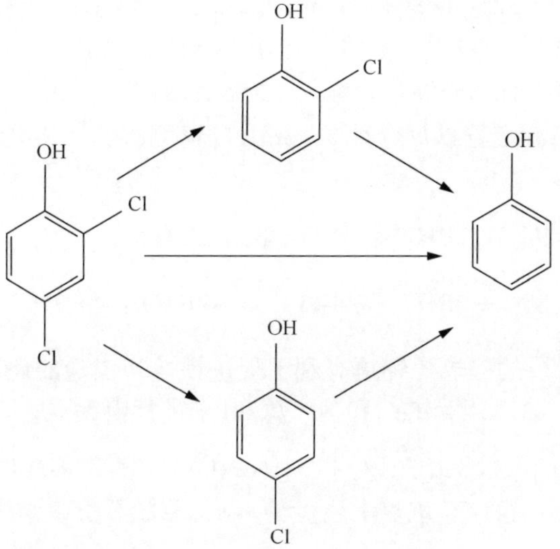

图 5-34　2,4-DCP 的降解反应路径图

5.4　蒙脱石负载纳米双金属材料的制备与应用研究

纳米铁颗粒被广泛应用到对含氯有机物的处理中，但其处理效率不高，一般加入一些其他金属作为修饰金属，提高其对含氯有机物的处理效率。本来研究最多的双金属是铁钯双金属，但由于钯的价格昂贵，所以本研究选用镍、银作为催化剂和促进剂[40]。同时选用蒙脱石做载体，有助于材料的分散，防止纳米铁材料因为磁性而产生团聚。同时蒙脱石本身对于污染物也起到一定的吸附作用，相对于表面活性剂和分散剂，不会产生二次污染。蒙脱石价格便宜，兼容性强，分散性好，增加材料的比表面积，更加有助于反应的进行。

5.4.1　蒙脱石负载纳米双金属 Fe/Ni 材料的制备与去除三氯生（二氯苯氧氯酚）研究

选用镍为修饰金属，有三个原因：一是镍作为储氢金属，可以在有氢原子的作用下，产生还原用的氢，提高其反应速率；二是镍和铁可以形成原电池，促进反应进行的同时还可以通过控制镍的含量和 pH 来调节反应进行的快慢；三是镍相对于钯这类的贵金属价格便宜。选用蒙脱石做载体，有助于材料的分散，防止纳米铁材料因为磁性而产生团聚。同时蒙脱石本身对于污染物也起到一定的吸附作用，相对于表面活性剂和分散剂，蒙脱石不会产生二次污染。

1. 蒙脱石负载纳米双金属铁镍材料的制备

在烧瓶中加入 5.325g $FeSO_4 \cdot 7H_2O$，1.293g $Ni(NO_3)_2 \cdot 6H_2O$ 和 30mL 去离子水充分溶解，再加入 2g 蒙脱石载体，充分搅拌混合，并进行 15min 超生波处理，使铁盐、镍盐和蒙脱石充分混合。称取 3.25gKBH_4溶于 60mL 水中，制备浓度为 1mol/L 的溶液，用滴定管以每分钟 2～3mL 的速度将硼氢化钾滴到三口烧瓶的溶液中，反应方式如下：

$$Fe^{2+} + 2BH_4^- + 6H_2O = Fe + 2B(OH)_3 + 7H_2\uparrow \quad (5\text{-}24)$$

$$Ni^{2+} + 2BH_4^- + 6H_2O = Ni + 2B(OH)_3 + 7H_2\uparrow \quad (5\text{-}25)$$

研究表明，多余的硼氢化钾更有利于促进铁盐和镍盐的还原为零价铁镍。所以以η_{KBH_4}：$\eta_{M^{2+}} = 3$（M^{2+}为 Fe^{2+}和 Ni^{2+}总和）来进行镍铁混合。在每个烧瓶中按物质的量比为 3.5：1 加入 $FeSO_4 \cdot 7H_2O$ 和 $Ni(NO_3)_2 \cdot 6H_2O$，再加入 0.02mol$FeSO_4 \cdot 7H_2O$ 及 0.02mol$Ni(NO_3)_2 \cdot 6H_2O$，重复上述步骤，制备蒙脱石负载纳米 Fe/Ni 双金属[41]。

2. 蒙脱石负载纳米双金属铁镍材料表征

1）XRD 分析

由图 5-35（a）蒙脱石的 d_{001} 峰可知，蒙脱石的层间距为 1.52nm，蒙脱石原土为钙基蒙脱石。同时运用蒙脱石负载的纳米颗粒，其层间距并没有增大，反而减小一些，并且峰形向后偏移一些，说明其反应并不是柱撑，而可能是少量 Fe^{2+}和 Ni^{2+}通过离子交换进入黏土层间，并与 BH_4^-反应，生成零价的铁和零价的镍。蒙脱石层间充当微型反应器，其本身结构并没有很大的变化，材料负载到蒙脱石的表面。单独的 Fe-Ni 在 2θ 为 2°～10°时并没有层间距的产生，说明合成的纳米铁镍材料并没有像蒙脱石一样的结构，并不是有序多孔结构。负载材料之所以出现层间距，是因为其为蒙脱石的层间距，纳米材料分散在蒙脱石的表面，所以蒙脱石和纳米材料的结合为表面负载[42]。

在 XRD 检测中，纳米镍颗粒的特征峰 2θ 的值在 55.5°、51.8°和 76.5°[43]。而纳米铁颗粒的特征峰 2θ 的值在 55.9°，镍的氧化物的特征峰 2θ 的值在 51.8°和 76.5°，铁的氧化物的特征峰 2θ 的值在 32°和 36°[44]。图 5-35（b）以蒙脱石为对比，发现负载纳米铁的材料在 55.9°上存在一个峰，证明有零价铁的存在。同时其在 32°和 36°上有氧化铁的存在，观察其峰形可知其衍射峰明显，有部分零价铁和氧化铁产生，不过氧化铁峰稍高，同样蒙脱石负载纳米镍的材料中含有零价镍和氧化镍。而蒙脱石并没有铁和镍的结构晶型的特征峰，在蒙脱石负载纳米铁镍双金属和纳米铁镍双金属上都含有铁镍的特征峰，所以材料制备成功，同时有部分零价铁和镍被氧化。

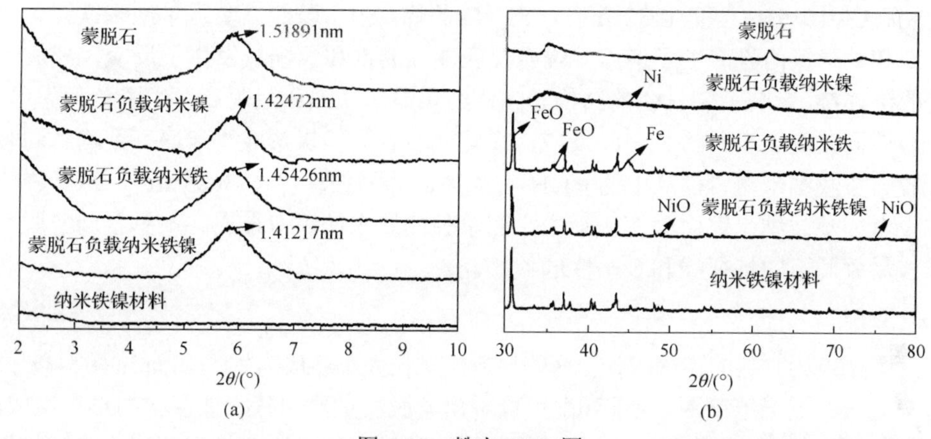

图 5-35　粉末 XRD 图

2) FTIR 分析

磁铁矿 Fe_3O_4 和气凝胶 Fe_2O_3 的标准红外图谱吸收峰包括 725cm^{-1}、695cm^{-1}、632cm^{-1}、582cm^{-1} 和 556cm^{-1}。因此蒙脱石负载纳米铁镍和纳米铁镍在 692cm^{-1} 和 690cm^{-1} 的位置对应的是铁与周围的氧结合形成的 Fe—O，而该键只存在于含纳米铁镍的材料中[图(5-36)]。619cm^{-1} 为铁的氧化物的键，在图 5-36 只存在于蒙脱石负载的纳米铁、蒙脱石负载的纳米铁镍和纳米铁镍双金属中。

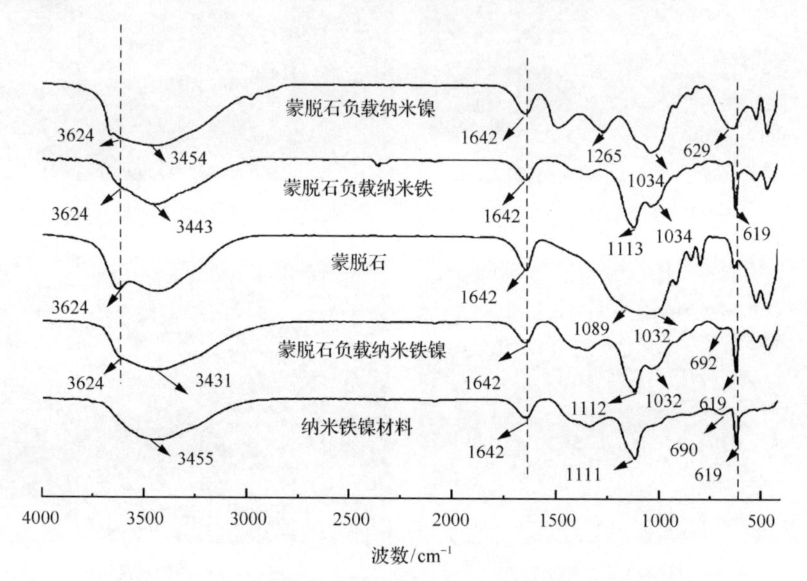

图 5-36　蒙脱石、纳米铁镍双金属、蒙脱石负载纳米铁、蒙脱石负载纳米镍和蒙脱石负载纳米铁镍的 FTIR 图

因为两个硅氧四面体中间夹一个铝氧四面体构成蒙脱石的基本结构单元，所以在蒙脱石的内部，硅氧四面体是彼此相连的，而外层部分 Si 链接的是—OH。蒙脱石中–1089cm^{-1}和–1032cm^{-1}为 Si—O 的峰，由于蒙脱石负载了纳米铁镍、纳米铁和纳米镍两峰产生了偏移，说明反应加入的铁和镍同氧发生了反应，形成一定的键连接，影响了 Si—O 的结构。XRD 结果显示铁镍和蒙脱石发生了负载作用，镍和铁同蒙脱石表面的 Si—O 反应，在蒙脱石表面堆垛形成“卡房”结构。同时蒙脱石负载纳米材料样品中的—OH 官能团的伸缩振动峰在 3625cm^{-1}，这一峰值并没有因负载纳米铁而改变或消失。而单独的纳米铁镍双金属并不具备同蒙脱石结合后蒙脱石的特征峰和 Si—O 的偏移。

3) SEM 分析

图 5-37 为材料的 SEM 测定，这些材料的颗粒大小一般为 20～100nm。图 5-37 (a) 为蒙脱石的扫描电镜图，通过观察可以看出蒙脱石主要由片状或层状的形态组成，蒙脱石颗粒的形状不规则。没有负载蒙脱石的纳米铁由于磁性和团聚形成链状结构，而没有负载蒙脱石的纳米铁镍颗粒团聚成团，可能是由于含有镍，纳米铁没有明显团聚呈链，而是同镍一起团聚成团，或镍负载在纳米铁团聚的链上，形成更粗壮的链状结构。蒙脱石负载纳米铁镍颗粒[图 5-37 (c)]可以观察到形成的纳米

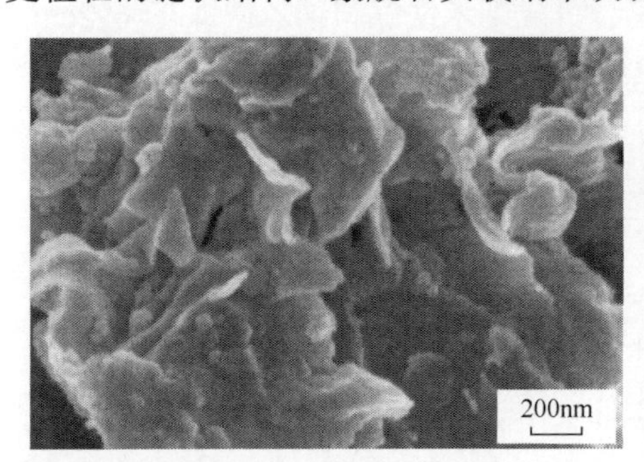

(a) 蒙脱石颗粒

(b) 没负载的纳米铁镍颗粒

(c) 蒙脱石负载的纳米铁镍颗粒

(d) 没负载的纳米铁颗粒

图 5-37　SEM 图

铁镍颗粒分散在蒙脱石的表面，纳米铁镍颗粒形成均匀结构分散在蒙脱石片状结构表面，说明蒙脱石作为载体，与纳米铁镍做表面负载，增加了纳米铁镍的化学活性位点，增大了材料表面积，更方便材料对污染物的去除。

3. 蒙脱石负载纳米双金属 Fe/Ni 材料去除三氯生的研究

1) 实验方法

每组实验将 25mL 三氯生溶液加入 50mL 的锥形瓶中，并在锥形瓶中加入样品。将每个锥形瓶放在水浴摇床上以 150r/min、28℃进行震荡。反应后通过离心机进行离心，用 10mL 注射器进行采样，用聚四氟乙烯滤膜(0.55μm)进行过滤。过滤后将试样放入高效液相色谱(HPLC, high performance liquid chromatography)检测试样瓶中，然后运用 HPLC 进行三氯生浓度的测定。

2) 去除效果

(1) 五种材料对三氯生去除效率的分析。

从图 5-38 可知，对于相同浓度的三氯生，在反应 1.5h 后三氯生去除率为蒙脱石负载纳米铁镍＞蒙脱石负载纳米铁＞纳米铁镍材料＞蒙脱石负载纳米镍＞蒙脱石。负载蒙脱石的纳米铁镍颗粒比没负载蒙脱石的纳米铁镍颗粒去除效率高，因为蒙脱石负载使其表面积增加，更有利于反应的进行。同时蒙脱石负载纳米铁镍颗粒比蒙脱石负载纳米铁或纳米镍的去除率高，是因为有镍的加入，镍起一定的催化作用，当污染物同材料接触时，铁镍形成原电池反应，加快了反应的进行，更有利于脱氯反应的进行。同时蒙脱石负载纳米镍颗粒去除率较低，可能原因是纳米镍没有纳米铁的还原性强。所以在脱氯和有机物去除方面，纳米铁起主要作用，镍作为催化剂起辅助作用。

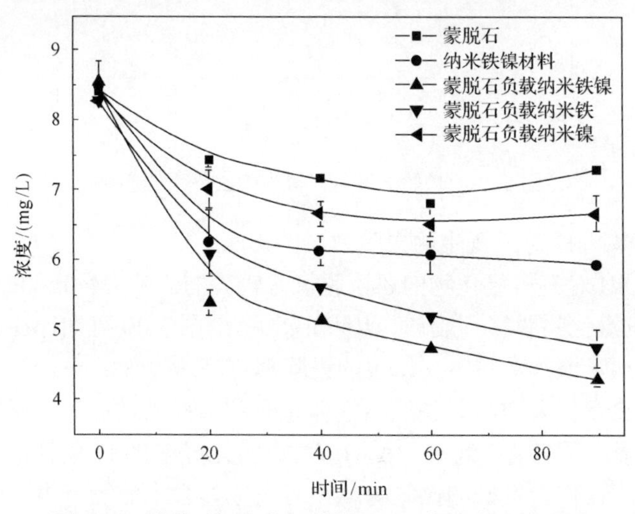

图 5-38　随着时间变化五种样品对三氯生的浓度影响

(2)溶液初始浓度对三氯生的去除效果的影响。

由图 5-39 可知，不同初始浓度时，蒙脱石负载铁镍比其他材料的去除率都高，为 63%。其次去除率较高的是蒙脱石负载铁，可见在相同初始浓度时，三氯生的去除率为蒙脱石负载铁纳米镍>蒙脱石负载纳米铁>蒙脱石负载纳米镍>蒙脱石。而不同初始浓度时，以蒙脱石负载纳米铁镍为例，当三氯生初始浓度为 6mg/L 时，去除率最高，为 63%，其次是 2mg/L，去除率最低的是 8mg/L。以蒙脱石为对照，蒙脱石对三氯生的处理为吸附作用，浓度为 6mg/L 时，其去除三氯生的反应速率最高，浓度为 8mg/L 时，反应速率最低，说明其在去除污染物的反应中，除了吸附作用还有氧化还原作用，其反应趋势相近，可能与三氯生的物理化学性质和与材料的相对关系有关。溶液浓度不同，影响溶液的含氢量，从而影响零价镍和铁对污染物的去除率，进而控制反应速率，从而不同浓度有不同的反应速率。以最佳的初始浓度 6mg/L 为初始浓度，对初始 pH 进行分析，考察初始 pH 不同对三氯生的影响。

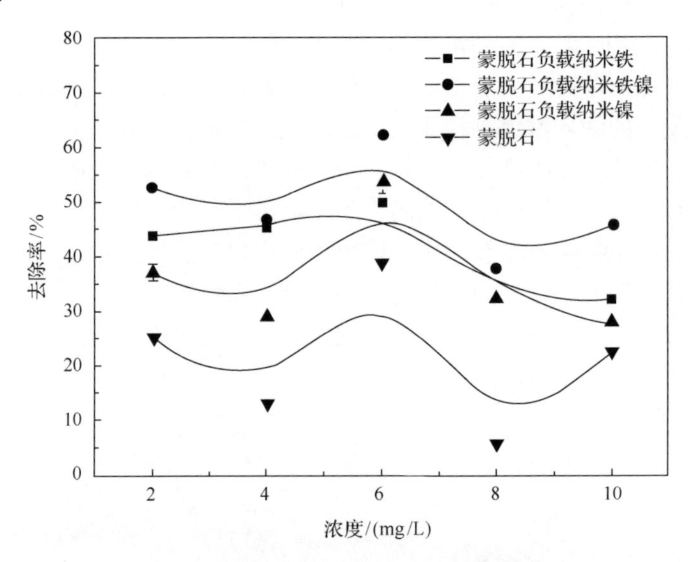

图 5-39　初始浓度对三氯生的去除率的影响

(3)溶液初始 pH 对三氯生的去除效果的影响。

溶液初始 pH 对有机氯化物的还原脱氯有较大的影响。Matheson 和 Tratnyek[36]研究发现，有机氯化物脱氯一般与 pH 呈负相关。由图 5-40 可知，pH 为 2 时，90min 内蒙脱石负载纳米铁镍颗粒对三氯生的去除率可高达 99%；pH 为 10 时，90min 内三氯生的去除率仅为 20%，说明酸性体系有利于样品颗粒对三氯生的催化还原作用，酸性越强，反应速率越大。说明酸性条件下较多的 H^+使铁易腐蚀，从而产生大量的氢气，镍作为良好的储氢材料，对反应体系中的氢有很强的吸附作用，并将其转化成强还原性的 H·，使其参与三氯生加氢脱氯反应[45]。另外在低 pH 条件下，由于大量 H^+的存在，纳米铁镍颗粒的表面钝化层可及时洗脱，更新颗粒表面，有利于还原脱氯反应的进行。因此酸性环境促进反应进行。

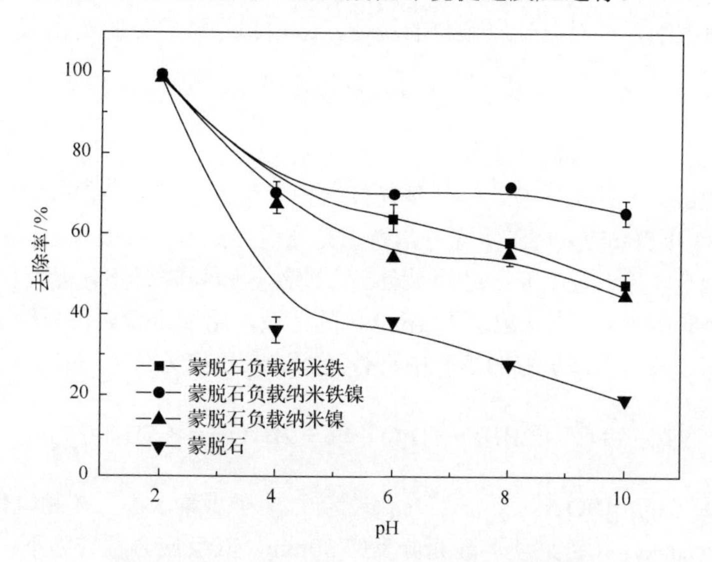

图 5-40　不同初始浓度对三氯生的去除效率影响

当 pH 为 5、6 和 8 时，90min 内蒙脱石负载铁镍纳米颗粒三氯生的去除率为 70%左右，说明弱碱性和弱酸性条件下的 OH^-不足以成为脱氯反应的限制因素，但此体系的反应速率已明显低于酸性条件下的反应速率。而在强碱性条件下，过多的 OH^-与体系中的 Fe^{2+}反应，在铁和镍表面形成氢氧化亚铁沉淀，阻碍了铁腐蚀反应，同时此钝化层覆盖了铁，减少了纳米颗粒与三氯生的接触面积，最终阻碍了脱氯反应的进行。因此实验的初始中性 pH 反应速率尚可，实验过程无需调节 pH。同时无论初始 pH 为多少，四种材料在相同初始 pH 时，材料对三氯生去除率高低顺序为蒙脱石负载纳米铁镍>蒙脱石负载纳米铁>蒙脱石负载纳米镍>蒙脱石，所以催化材料镍在不同 pH 时对反应有促进作用。

5.4.2　蒙脱石负载纳米双金属 Fe/Ag 材料的制备与去除三氯生的研究

选用银为修饰金属的原因一是银相对于钯价格不会太昂贵，其反应速率相对于钯较慢，其样品损耗不会过大，不会反应过快而出现封闭周围介质的情况[46]；二是银作为储氢金属，可以在氢原子的作用下，产生还原用的氢，提高其反应速率，在银促进反应进行的同时，可以通过控制 pH 来调节反应进行的快慢；三是银对于水生微生物的生长有一定的抑制作用，常用用于处理地下水[47]。

蒙脱石价格便宜，兼容性强，分散性好，选用蒙脱石做载体，有助于材料的分散，防止纳米铁材料因磁性而产生团聚。同时蒙脱石本身对于污染物也起到一定的吸附作用，相对于表面活性剂和分散剂，蒙脱石不会产生二次污染。本章研究蒙脱石负载纳米铁银双金属颗粒的粒径、结构和化学成分的变化。

1. 蒙脱石负载纳米双金属铁银材料的制备

蒙脱石负载纳米铁银双金属，采用液相还原法制备，在常温下，采用 500mL 三口烧瓶和磁力搅拌机在有惰性气体氩气保护的条件下反应。在烧瓶中加入 5.56g $FeSO_4·7H_2O$ 和 30mL 去离子水充分溶解，充分搅拌混合。再加入 2g 蒙脱石载体，充分搅拌混合，并进行 15min 超声波处理，使铁盐和蒙脱石充分混合。称取 3.25g KBH_4 溶于 60mL 水中制备浓度为 1mol/L 的溶液，用滴定管以每分钟 2～3mL 的速度将 KBH_4 滴到三口烧瓶的溶液中进行反应。其反应方式如下：

$$Fe^{2+} + 2BH_4^- + 6H_2O = Fe + 2B(OH)_3 + 7H_2\uparrow \tag{5-26}$$

称取 0.063g $AgNO_3$（其中 m_{Ag}：m_{Fe}=2%），溶于少量水中，在硼氢化钾滴定结束时，缓慢加入，并密封使溶液充分反应 30min。其反应方程式如下：

$$Fe + 2Ag^+ = Fe^{2+} + 2Ag \tag{5-27}$$

在实验过程中，保持实验的影响因素如 pH、搅拌速度、温度（25℃±1℃）、滴定速度等一致。生成的纳米铁银双金属用无水乙醇至少清洗 3 遍，充分洗去反应中存在的 SO_4^{2-}、NO_3^-和 K^+。过滤离心后的样品放进真空干燥箱 55℃干燥 18h。

2. 蒙脱石负载纳米双金属 Fe/Ag 材料表征

1）SEM 分析

由图 5-41（a）可知，蒙脱石呈不规则的层状或片状的结构，由图 5-41（b）可知，纳米铁银颗粒由于颗粒间的电子和磁性的相互作用，形成有如球形的玻璃珠相互串联成为的链状或螺旋状团聚的结构。由图 5-41（f）可知，纳米铁颗粒之间团聚呈链，并无明显的球形形状，其比表面积比纳米铁银小。由图 5-41（c）可知，本应团聚的纳米铁银颗粒以球形或半球形均匀地分散在蒙脱石的表面，增加了材料的比表面积，增加了材料的反应活性位点。由图 5-41（e）可知，纳米铁呈球形或短链形负载在蒙脱石表面，起到一定的分散作用的。呈短链形负载在蒙脱石表面的纳米铁，由于有一些静电作用的纳米铁颗粒形成链状负载在蒙脱石表面，不如加入银后的材料的分散效果好。由图 5-41（d）可知，采用液相还原法制备的纳米银用蒙脱石负载，纳米银分散在蒙脱石的表面，但其分散效果并不如纳米铁银颗粒的分散效果好，有一部分相互团聚后分散在蒙脱石表面。同时通过扫描电镜观察的这些样品颗粒大小一般为 20～100nm。

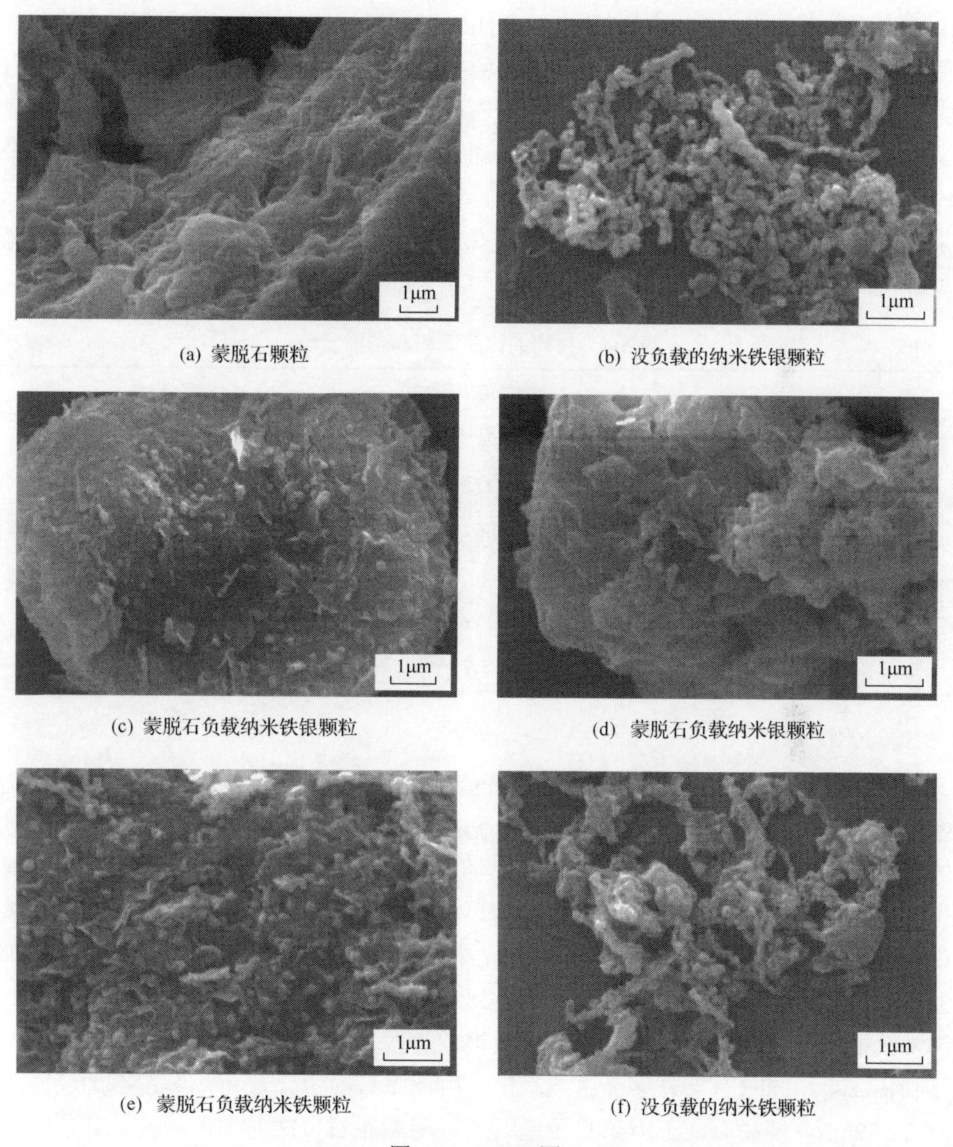

(a) 蒙脱石颗粒　(b) 没负载的纳米铁银颗粒

(c) 蒙脱石负载纳米铁银颗粒　(d) 蒙脱石负载纳米银颗粒

(e) 蒙脱石负载纳米铁颗粒　(f) 没负载的纳米铁颗粒

图 5-41　SEM 图

2) 比表面积分析

由表 5-4 可知，纳米铁银的比表面积为 8.1m^2/g，平均孔隙率为 8.9nm，而蒙脱石负载的纳米铁银颗粒的比表面积为 13.6m^2/g，平均孔隙率为 9.3nm。蒙脱石的比表面积为 55.8m^2/g，平均孔隙率为 7.3nm。这说明蒙脱石作为载体，对纳米铁银起到一定的分散效果，增大了材料的比表面积，使其与污染物的接触活性位点增加，更有利于反应的进行，提高了样品对污染物的去除效率。蒙脱石负载纳米铁的比表面积为 28.7m^2/g，纳米铁的比表面积为 27.2m^2/g，说明蒙脱石作为单独的纳米铁的载体，其分散效果有一定的提高。蒙脱石负载纳米银的比表面积为 5.5m^2/g，其平均孔隙率为 15.8nm。蒙脱石负载纳米铁银的比表面积在蒙脱石负载纳米铁和蒙脱石负载纳米银之间。银的加入影响了材料的比表面积，但材料的平均孔隙率有所增加，说明银作为催化剂，少量的银虽然使比表面积减少一些，但是增加了材料的活性位点，再加上银具有储氢功能，产生氢流，更加有利于对含氯有机污染物的去除。

表 5-4　材料的比表面积和空隙宽度

样品	比表面积/(m^2/g)	平均孔径/nm
蒙脱石负载铁	28.7	9.2
纳米铁	27.2	6.5
蒙脱石	55.8	7.3
铁银材料	8.1	8.9
蒙脱石负载铁银	13.6	9.3
蒙脱石负载银	5.5	15.8

3）XRD 分析

在 XRD 检测中，纳米铁粉末的特征峰 2θ 的值在 55.9°，铁的氧化物的射线衍射特征峰 2θ 的值在 32°和 36°[44]。以蒙脱石为对比，由图 5-42 可知，负载纳米铁的材料在 55.9°上存在一个峰，证明有零价铁的存在，同时其在 32°和 36°上有氧化铁的存在，观察峰形可知其衍射峰明显，有部分零价铁和氧化铁产生，不过氧化铁峰稍高。在 XRD 检测中，纳米银粉末特征峰 2θ 的值在 37.7°、53.8°和 63.7°上，其中离主要衍射峰较近的衍射角为 38°[48]。当纳米银存在时，在 38°上存在峰。纳米铁银双金属和蒙脱石在负载纳米铁银双金属上都含有铁银的特征峰，所以材料制备成功，同时有部分零价铁被氧化。由蒙脱石的 d_{001} 峰可知蒙脱石的层间距为 1.587nm，蒙脱石原土为钙基蒙脱石。运用蒙脱石负载的纳米颗粒，其层间距并没有增大，反而减小一些，并且峰形向后偏移一些，说明其反应并不是柱撑，而可能是少量 Fe^{2+}和 Ag^+通过离子交换进入黏土层间，并与 BH_4^-反应，生成零价铁和零价银。

蒙脱石层间充当微型反应器，其本身结构并没有很大的变化，材料负载到蒙脱石的表面。单独的 Fe/Ag 在 2θ 为 2°～10°时并没有层间距的产生，说明合成的纳米铁银材料并没有像蒙脱石一样是有序多孔结构。负载材料之所以出现层间距，是因为材料当中的蒙脱石层状结所导致的，纳米材料分散在蒙脱石的表面。

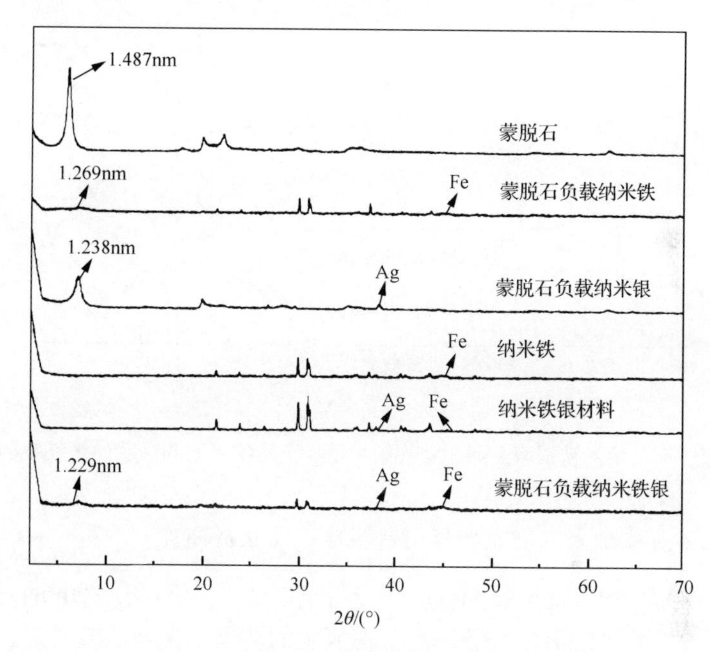

图 5-42　材料 XRD 图

4) FTIR 分析

蒙脱石结构中的—OH 官能团伸缩振动在 3625cm^{-1} 处，当蒙脱石负载纳米铁、纳米银和纳米铁银时，该官能团振动没有较大改变，说明蒙脱石的基本结构没变。从图 4-43 可以看出，由于负载了纳米铁和银，蒙脱石的 1088cm^{-1} 和 1033cm^{-1} 两处的特征峰产生了偏移，说明反应加入的铁和银同 Si—O 相互作用，形成了键连接，影响了 Si—O 的结构。铁和银在蒙脱石表面负载，进而堆垛形成“卡房”结构。

Fe_3O_4 和 Fe_2O_3 的标准红外图谱中吸收峰包括 725cm^{-1}、695cm^{-1}、632cm^{-1}、582cm^{-1} 和 556cm^{-1}。红外图谱吸收峰在 619cm^{-1} 的位置对应的是铁与周围的氧结合形成的 Fe—O，该键存在于含纳米铁的材料中(图 5-44)，但蒙脱石负载纳米银并不具备该特征峰，可以通过该峰的存在来判断是否有铁的加入。

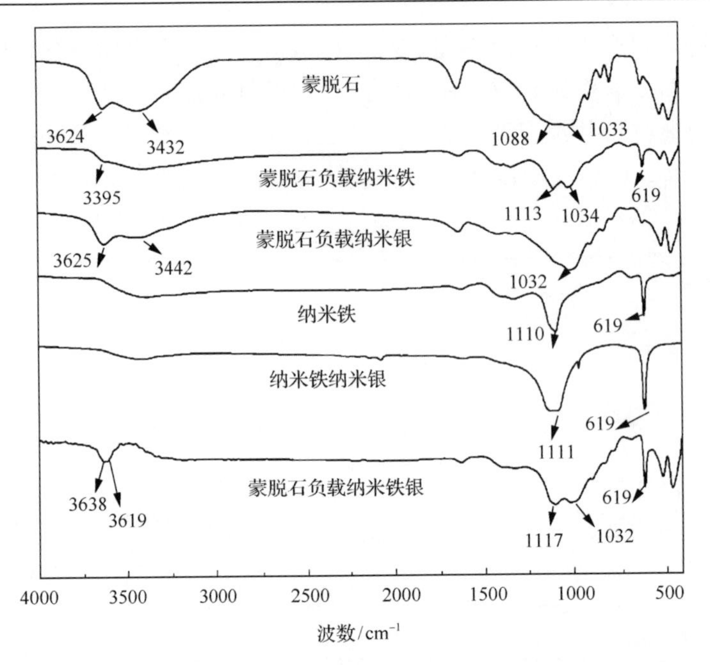

图 5-43　蒙脱石、纳米铁银双金属、负载纳米铁、负载纳米银和负载纳米铁银的 FTIR 图

3. 蒙脱石负载纳米双金属铁银材料去除三氯生的研究

三氯生作为一种广谱抗菌剂被广泛应用于生活中，每年有 300t 的三氯生被用作药品和个人护肤品的活性成分。由于三氯生的物理化学性质较稳定，被污染物排入水体后不能自然分解，同时这些污染物相互累积，影响水体环境和生物的生长繁殖。纳米钯铁在对含氯有机物的去除方面的研究较广[49]，因为改进了颗粒大小，纳米钯铁颗粒活性较高，内反应和传质限制较少，可以较快地进行脱氯。但零价铁的氧化使钯的氧化和损耗较大，成本相对较贵，同时氧化和凝聚絮凝阻碍了材料同周围介质的接触，使反应不能长时间进行[50]，因此选用价格便宜、金属活性较弱的银作为修饰材料。纳米铁银双金属也具有脱氯的效果，低含量的银进入水体可以抑制水中微生物的生长，起到一定的净水作用[51]。

1) 实验方法

每组实验将 25mL 三氯生溶液加入 50mL 的锥形瓶中，并在锥形瓶中加入样品。将每个锥形瓶放在水浴摇床上以 200r/min、28℃的条件进行震荡。反应后通过离心机进行离心，用 10mL 注射器进行采样，用聚醚砜滤膜(0.2μm)进行过滤。过滤后将试样放入 HPLC 检测试样瓶中，然后运用 HPLC 进行三氯生浓度的测定。

2) 去除效果

(1) 接触时间对三氯生的去除效率的影响。

将纳米铁银和纳米铁颗粒进行对比，随着时间的变化，观察三氯生去除率的变化，了解银的加入对样品材料对三氯生去除效果的影响(图5-44)。从图5-44可知，随着时间的变化，蒙脱石去除率增加。在0～15min内反应迅速，纳米铁银对三氯生的去除率从0%升至53%，纳米铁对三氯生的去除率从0%升至38%。在15～180min内反应速率变缓，纳米铁银对三氯生的去除率从53%升至57%，纳米铁对三氯生的去除率从38%升至57%。根据对样品的检测可知，银作为储氢材料进行催化产氢，加快脱氯。同时，少量银的加入对样品的结构产生变化，这些变化对三氯生的去除产生影响。银的加入提高了样品对三氯生的去除率，3h内反应的三氯生的去除率从47%变为57%，同时在0～15min内纳米铁银对三氯生的去除率高于纳米铁对于三氯生的去除率。所以，银的加入不仅对三氯生的初始去除速率有所提高，对于三氯生的后续去除率也有很大提高。银的加入是样品对三氯生脱氯去除影响的一个重要因素。

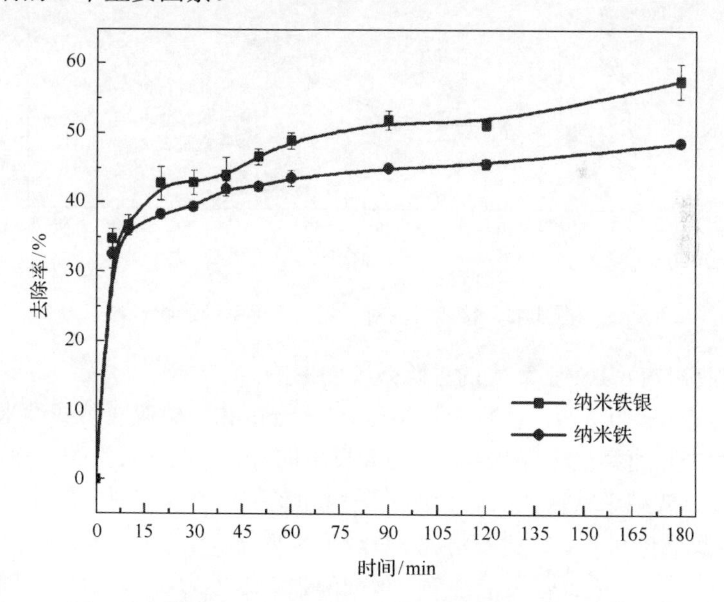

图5-44　接触时间对纳米铁、纳米铁银去除三氯生的影响

以蒙脱石作为空白对照，随着时间的变化，蒙脱石负载纳米铁银、蒙脱石负载纳米铁、蒙脱石负载纳米银对三氯生的去除率的变化结果见图5-45。通过蒙脱石对比，加入纳米颗粒的样品在10min内反应速率较慢，说明初始时吸附作用大于氧化还原作用。同时1.5h内负载纳米铁银颗粒和纳米铁颗粒的蒙脱石去除率比原土蒙脱石去除率高，说明在反应后期纳米颗粒氧化还原作用对三氯生的去除效

果明显，其中起主要作用的是纳米铁的氧化还原作用。材料对三氯生的去除率从高到低为蒙脱石负载纳米铁银＞蒙脱石负载纳米铁＞蒙脱石＞蒙脱石负载纳米银，蒙脱石负载纳米银对三氯生的去除效果最差，但蒙脱石负载纳米铁银对三氯生的去除效果最好。蒙脱石负载纳米银后，材料的比表面积减小，纳米铁发生氧化还原产生的氢气，经银的催化变为还原性强的氢自由基，更有利于三氯生的脱氯去除，说明银在蒙脱石负载纳米颗粒的三氯生去除中主要起催化作用，单独加入少量的银并不能增加样品对三氯生的脱氯去除。

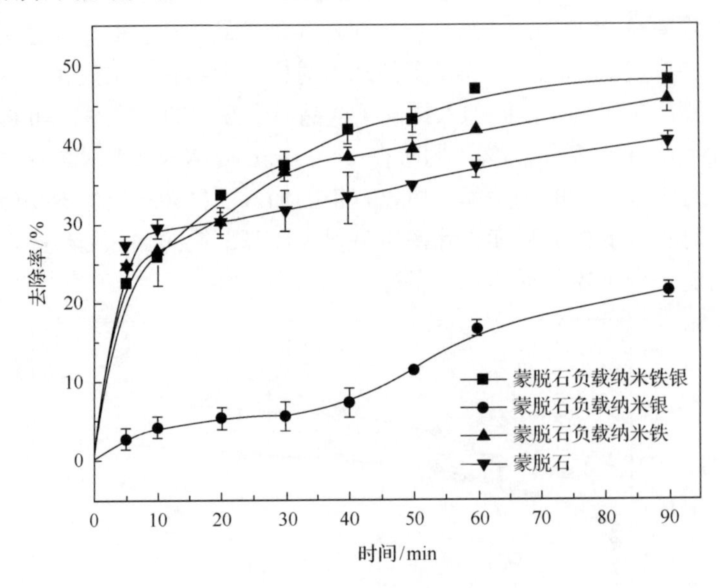

图 5-45　接触时间对三氯生去除率的影响

(2)溶液初始 pH 对三氯生的去除效率的影响。

无论初始 pH 为多少，在反应开始时 0～15min 内，蒙脱石负载纳米铁银样品对三氯生的去除速率最快(图 5-46)。随着反应的进行，对三氯生的去除速率变缓，说明蒙脱石负载纳米铁银在反应初期的吸附和氧化还原作用对三氯生的去除效果明显，随着反应的进行，材料被消耗，反应速率放缓。在 0～15min 内 pH 为 5、6、8、10 时，对三氯生的去除速率不高，最高的去除速率为 30%，但当初始 pH 降低到 2 时，蒙脱石负载纳米铁银对三氯生的去除率达到 82%。当 pH 为 10 时，反应长达 90min，其去除率还是低于 30%。在碱性条件下，纳米铁被氧化形成保护膜阻碍其继续产生氢原子，其还原能力降低，不利于对含氯有机物的脱氯去除。而在弱酸性条件下，反应速率有所提高。在强酸性条件下，反应速率最快，且反应时间最短，可以很快达到平衡。这一变化趋势同 Bokare 和 Choi[52]的研究结果一致，零价铁在弱酸性下被腐蚀速率非常低，当 pH 至低于 5 时，零价铁的脱氯反应迅速增加。

当 pH 不同时，按蒙脱石负载纳米铁银对三氯生的去除率从大到小的顺序排列 pH 为 2＞8＞5＞6＞10。同时在反应结束后，pH 有一定的增加，说明纳米铁在进行氧化反应时，纳米铁被腐蚀形成氧化膜，防止反应进一步进行。同时腐蚀的铁提高了 pH，降低了 H^+的含量，降低了反应速率，是一种自我保护机制。而银作为储氢材料，银的加入可以更加方便控制 H^+同铁的接触，溶液中纳米铁产生的氢气，经银变为还原性强的氢自由基，脱氯效果更好。同时银在一定 pH 环境中形成银膜，类似于一种自动阀，可以打开或关闭铁元素的表面活性位点同氢原子的接触，防护铁的消耗。pH 控制铁的腐蚀氧化与银对铁的作用相互竞争，形成一个稳定的系统自动调节机制，所以可以通过控制 pH 来控制纳米铁银的腐蚀和反应速率，蒙脱石负载纳米铁银对于三氯生的去除率可以通过 pH 来调节。强酸性溶液虽然对三氯生的去除率高，但对材料的损耗也高，所以选用三氯生水溶液加入蒙脱石负载纳米铁银后,原本的溶液 pH(pH=8) 作为实验的初始 pH。这样既不影响反应进行的速率，又减少了材料的损耗。

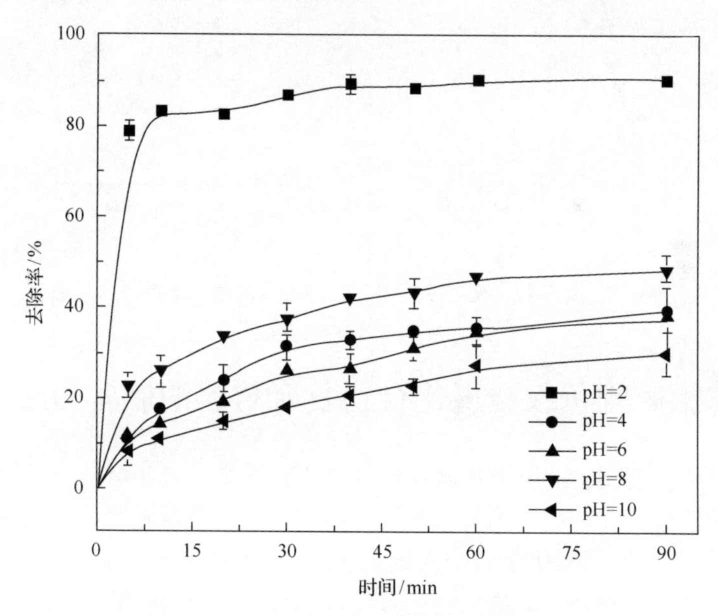

图 5-46　溶液初始 pH 对三氯生去除率的影响

(3) 溶液初始浓度对三氯生的去除效率的影响。

由图 5-47 可知，在 180min 内，蒙脱石负载纳米铁银对三氯生的去除率最高的是 2mg/L，达到 91%，对三氯生去除率最低的是 10mg/L，达到 59%。180min 内，三氯生溶液的初始浓度为 8mg/L 时，蒙脱石负载纳米铁银对它的去除率达到 50%，当初始浓度为 6mg/L 时，材料对三氯生的去除率达到 68%，当溶液浓度为 5mg/L 时，材料对于三氯生的去除率达到 69%。对于三氯生的总量，蒙脱石负载纳米铁银对三氯生的去除量最高的是 10mg/L。随着初始浓度的增加，蒙脱石负载纳米铁银对三氯生的去除率降低，说明在反应中浓度越高，三氯生同蒙脱石负载纳米铁银颗粒的表面活性接触位点越少，影响反应的处理速率。蒙脱石负载纳米铁银对三氯生的去除并不只有吸附作用，同时还有氧化还原作用。尤其是银的加入，使溶液中存在强还原性的氢原子，更加有利于对污染物的脱氯去除。

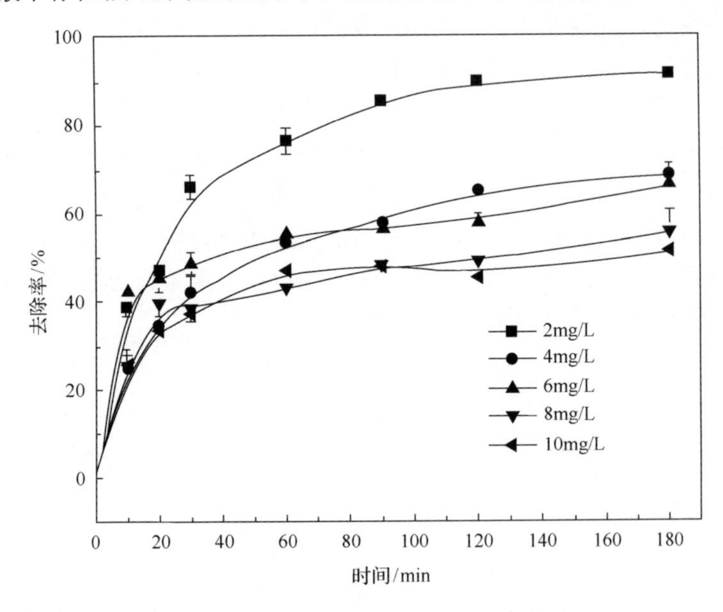

图 5-47　初始浓度对三氯生的去除率的影响

5.5　黏土矿物负载金属化合物复合材料的制备与应用研究

负载型催化剂制备需要解决两个技术难点：一是活性组分与载体间要黏结牢固，保证活性组分在使用中不易从载体上脱落；二是获得较高的催化活性。可用于金属化合物(如金属硫化物和金属氧化物)催化剂的载体有 Al_2O_3、活性炭、分子筛、黏土等，针对黏土矿物负载金属化合物(如金属硫化物和金属氧化物)可见光催化性能，有学者开展了大量研究，并取得了一定的研究成果。

5.5.1　蒙脱石负载金属硫化物复合材料的制备与应用研究

Ⅱ-Ⅵ族化合物不但具有优良的发光性能,而且具有从整个可见光波段到近紫外的禁带宽度，因此被科学界认为是研究半导体发光的重要基体材料。MnS、ZnS 和 CdS 作为Ⅱ-Ⅵ族半导体材料的典型代表，是迄今为止最佳发光材料的基质之一，在光致发光、电致发光、光催化、红外窗口材料、传感器等领域得到广泛的应用。

1. 材料制备

蒙脱石负载 MnS/ZnS、MnS/CdS、ZnS/CdS 复合材料采用固相-固相合成反应方法：配制适当浓度的氯化锰和氯化锌溶液、氯化镉溶液、氯化锌和氯化镉溶液，加入蒙脱土的悬浮液[(锰(Ⅱ)和锌(Ⅱ)、锰(Ⅱ)和镉(Ⅱ)、锌(Ⅱ)和镉(Ⅱ)]与蒙脱石的质量比为 1.20mg/g)。磁力搅拌 12h。生成的固体用去离子水反复清洗直到检测不出氯元素，离心产物在 60℃下烘干 25h，研磨得产品，标记为蒙脱石负载 MnS/ZnS、蒙脱石负载 MnS/CdS 和蒙脱石负载 ZnS/CdS。

2. 材料表征

1) XRD 分析

材料热处理前后的 XRD 图谱如图 5-48 所示，可知蒙脱石负载不同金属硫化物复合材料的层间距增加但略有不同，蒙脱石负载 MnS/ZnS 层间距为 1.45nm，蒙脱石负载 MnS/CdS 层间距为 1.52nm，蒙脱石负载 ZnS/CdS 层间距为 1.45nm。材料 200℃热处理后，XRD 图谱显示，材料的层间距有轻微减少，蒙脱石负载 MnS/ZnS、蒙脱石负载 MnS/CdS 和蒙脱石负载 ZnS/CdS 的层间距分别为 1.45nm、1.50nm 和 1.44nm，可能是因为吸附水分子蒸发引起的层间距减小。硅酸盐层的厚

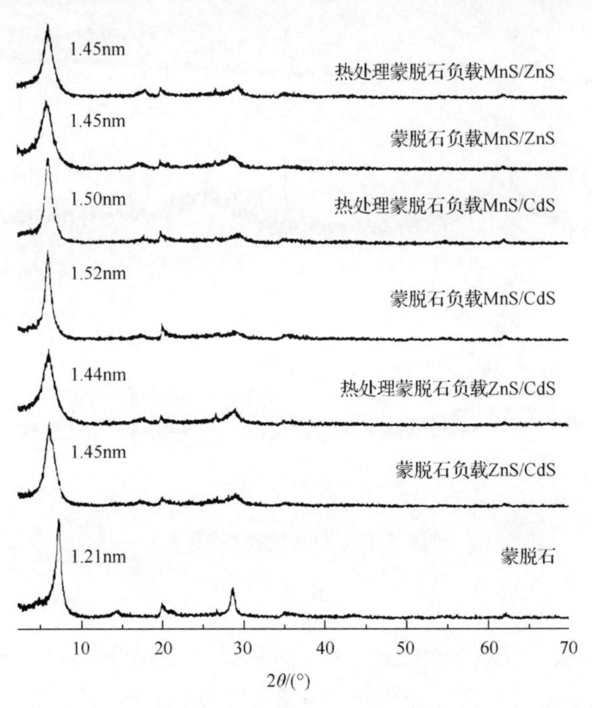

图 5-48　材料的 XRD 图谱

度为 0.96nm，由材料层间距减去硅酸盐层厚度得到蒙脱石负载 MnS/ZnS、蒙脱石负载 MnS/CdS 和蒙脱石负载 ZnS/CdS 的层间距增加了 0.23nm、0.31nm 和 0.23nm。此外，材料的 XRD 图没有发现原料(如 $ZnCl_2$、$CdCl_2$、$MnCl_2$ 和 Na_2S)，可能是极少量的金属氯化物负载在蒙脱石外表面但 XRD 图谱未检测出来。XRD 结果和材料颜色变化表明 MnS/ZnS、MnS/CdS 和 ZnS/CdS 进入蒙脱石层间。

2) 拉曼光谱分析

材料的拉曼光谱图见图 5-49，蒙脱石负载 MnS/ZnS 的拉曼光谱见图 5-50(a)，267cm^{-1}、350cm^{-1} 和 511cm^{-1} 处的三个峰信号分别源自 ZnS 的 Lo 和 To 振动及 MnS 的 To 振动[53,54]。蒙脱石负载 MnS/ZnS 的拉曼光谱见图 5-50(b)，297cm^{-1}、596cm^{-1}[55]处的两个峰信号源自 CdS 的 1Lo 和 2Lo 振动，512cm^{-1} 处的峰信号源自 MnS 的 Lo 振动[56]。蒙脱石负载 ZnS/CdS 的拉曼光谱见图 5-50(c)，296cm^{-1}、552cm^{-1} 处的两个峰信号分别源自 CdS 的 1Lo 和 2Lo 振动，259cm^{-1}、339cm^{-1} 处的两个峰信号分别源自源自 ZnS 的 Lo 和 To 振动。通过拉曼图谱，可以证明蒙脱石成功负载 MnS/ZnS、MnS/CdS 和 ZnS/CdS。

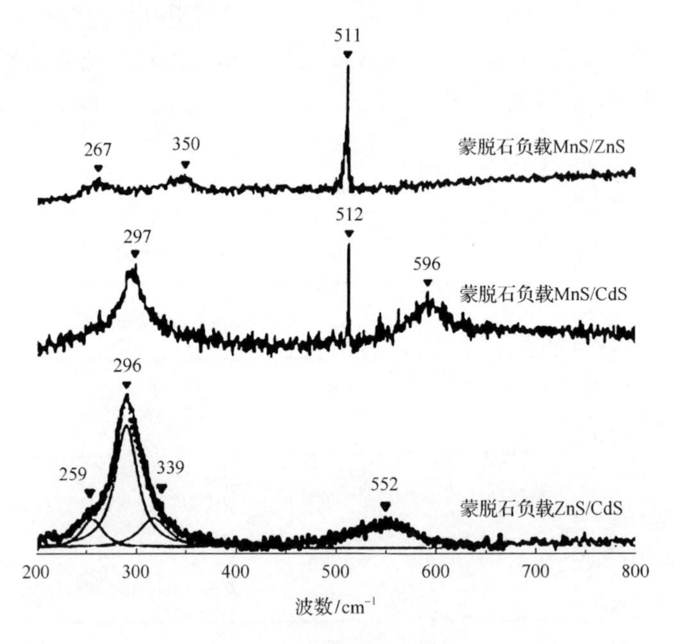

图 5-49 材料的拉曼图谱

3) 漫反射吸收光谱分析

三种材料(蒙脱石负载MnS/ZnS、蒙脱石负载MnS/CdS和蒙脱石负载ZnS/Cd/S)的漫反射吸收光谱见图 5-50，可见材料在 250～512nm 时出现三个不同的吸收峰。吸收强度带在 250nm 左右的电荷转移跃迁与含氧的 Fe^{3+}[57]被认为是金属硫化物纳米粒子在蒙脱石层间形成的原因。第一个吸收峰出现在318nm、330nm和360nm，是因为层间形成MnS/ZnS、MnS/CdS和ZnS/CdS，第二个吸收峰出现在356nm、356nm和512nm，是因为外部表面上形成的金属硫化物转移到更长的波长区域，蒙脱石负载MnS/ZnS[318nm、356nm，图5-50(a)]＜蒙脱石负载MnS/CdS[330nm、512nm，图5-50(b)]＜蒙脱石负载ZnS/CdS[360nm、580nm，图5-50(c)]。与MnS(350nm)、ZnS(360nm)和 CdS(525nm)相比，在蒙脱石层间形成的金属硫化物吸收蓝移至318～512nm，表明形成较小的MnS/ZnS、MnS/CdS和ZnS/CdS纳米粒子。在与固液反应制备的材料相同的漫反射下，由固体-固体反应制备的材料吸收光谱发生红移，说明固体-固体反应形成更大的颗粒半导体，水介质显然在金属离子沉积在蒙脱石的表面扮演了关键的角色，这与TEM图像平均粒径一致。

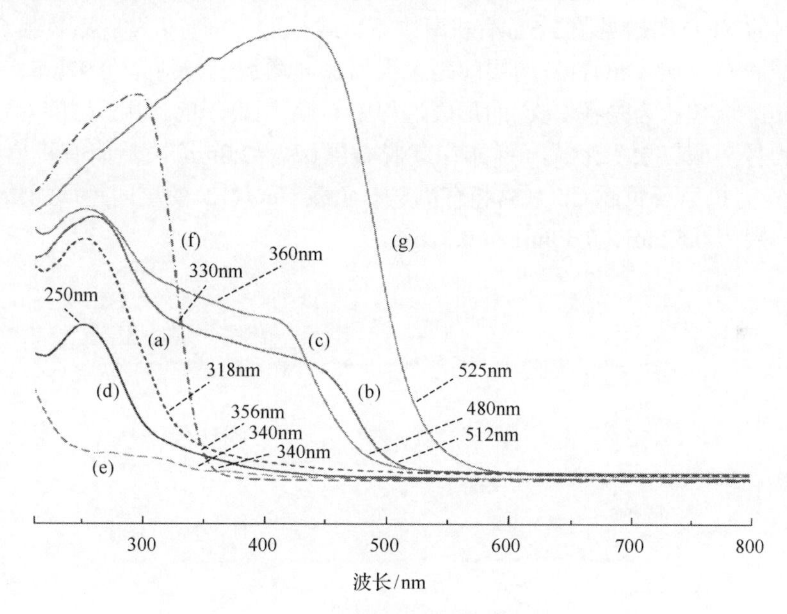

图5-50 材料的漫反射吸收光谱

(a)蒙脱石负载MnS/ZnS；(b)蒙脱石负载MnS/CdS；(c)蒙脱石负载ZnS/CdS；(d)蒙脱石；(e)MnS；(f)ZnS；(g)CdS

5.5.2 黏土矿物负载金属氧化铜复合材料的制备与表征

铜属于过渡金属元素，具有不同于其他族金属的特殊电子结构和得失电子的性能，在催化剂领域的应用非常广泛。而纳米氧化铜又具有比表面积大、纳米粒子表面的化学键和电子状态与颗粒内部不同、表面的原子配位不全等使其表面活性位置增加的特点，这就使纳米氧化铜比普通的氧化铜具有更好的催化性能[58, 59]。

1. 材料制备

在黏土矿物悬浮分散液中添加铜硝酸溶液和氢氧化钠溶液，Cu^{2+}的比例是1倍、3倍和12倍CEC的蒙脱石，在70℃下混合搅拌3h。反应后所得的黑色或灰色固体离心、用去离子水洗涤多次，洗去多余的表面活性剂硝酸离子，然后在50℃下烘干3d，研磨过筛。所得材料标记为：蒙脱石负载CuO(n)、皂石负载CuO(n)、有机蒙脱石负载CuO(n)和有机皂石负载CuO(n)，其中n表示Cu^{2+}与CEC的倍数。

2. 材料表征

1) XRD分析

材料的XRD图谱见图5-51，有机蒙脱石负载CuO(1)、有机蒙脱石负载CuO(3)和有机蒙脱石负载CuO(12)的层间距大大增加，增加值分别为0.92nm、1.05nm和0.92nm，这被认为是在CuO的形成过程中CTA阳离子的作用。层间CTA阳离子被认为像“假三层”形式一样排在蒙脱石层(d_{001}=2.0nm)。然而有机皂石负载CuO(1)、有机皂石负载CuO(3)和有机皂石负载CuO(12)的层间距增加量较小，增加值分别为0.52nm、0.50nm和0.52nm。

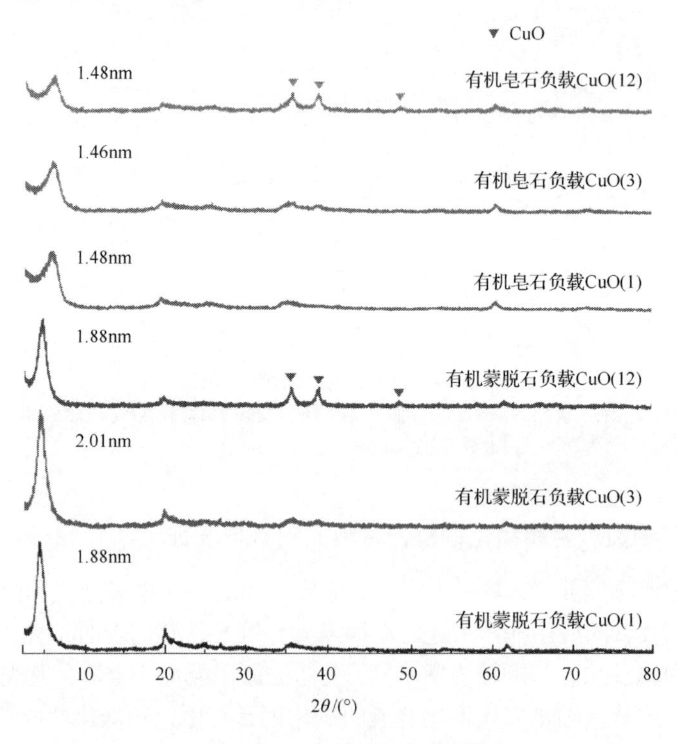

图5-51　材料的XRD图谱

2) SEM 和 TEM 分析

SEM 和 TEM 是用来观察材料的形貌的手段，材料的 SEM 图像如图 5-52 所示，TEM 图像如图 5-53 所示。纯的 CuO 为树叶状，长 2～8μm，有机蒙脱石负载 CuO(3)、有机蒙脱石负载 CuO(12) 和有机皂石负载 CuO(3) 有机皂石负载 CuO(12) 在蒙脱石的外部表面形成的 CuO 具有类似形状，长 1.1～2.9μm,，这与 XRD 图谱的观察结果一致。从有机蒙脱石负载 CuO(1) 和有机皂石负载 CuO(1) 的 SEM 图像可以看到很少量的粒径为 0.6～1.5μm 的 CuO 小颗粒，表明在黏土矿物层间形成纳米尺度的 CuO。

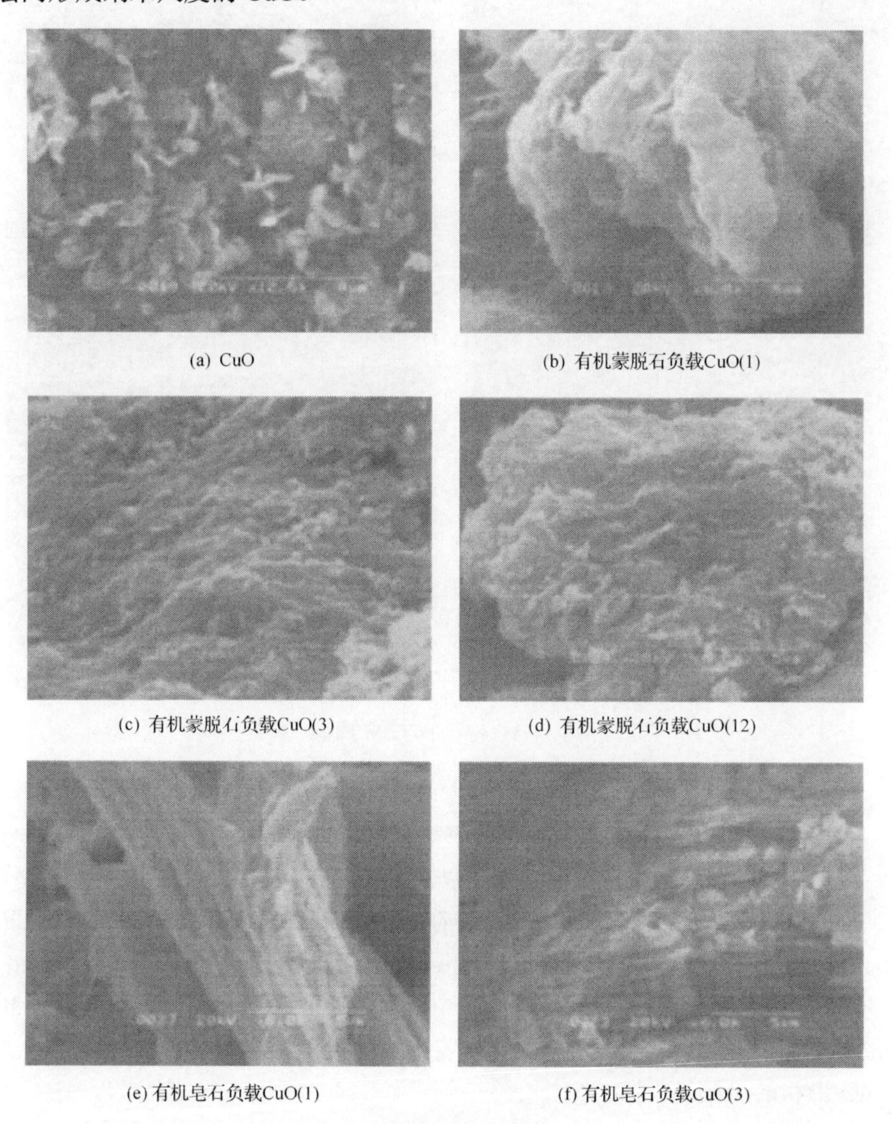

(a) CuO　(b) 有机蒙脱石负载CuO(1)

(c) 有机蒙脱石负载CuO(3)　(d) 有机蒙脱石负载CuO(12)

(e) 有机皂石负载CuO(1)　(f) 有机皂石负载CuO(3)

图 5-52　材料的 SEM 图像

所有材料的 TEM 图像(图 5-53)显示材料呈薄片状形貌，形成的纳米 CuO 颗粒的平均尺寸为 3～7nm。粒子 CuO 的尺寸随着黏土矿物上的负载量减少而减小。层间的 CuO 比纯的 CuO 和黏土矿物外表面的 CuO 小。这些结果证实了纳米 CuO 存在于蒙脱石层间。CuO 大小和尺寸分布可能受蒙脱石的硅酸盐纳米薄层和 CTA 阳离子的控制。黏土矿物上 CuO 的负载量影响材料形貌和纳米 CuO 的大小。

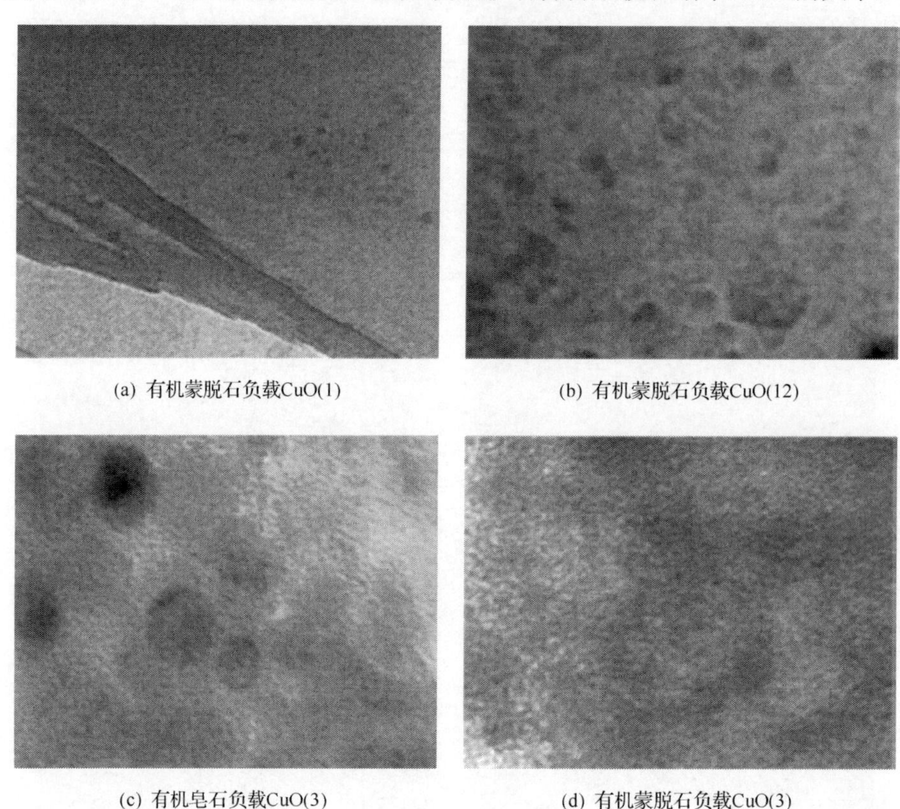

(a) 有机蒙脱石负载CuO(1)　(b) 有机蒙脱石负载CuO(12)

(c) 有机皂石负载CuO(3)　(d) 有机蒙脱石负载CuO(3)

图 5-53　材料的 TEM 图像

3) 漫反射吸收光谱分析

材料的漫反射吸收光谱如图 5-54 所示。蒙脱石的紫外可见光谱在 252nm 处出现一个特征吸收峰，原因是含电荷的氧转移黏土矿物中的 Fe^{3+}，同时因为 Fe^{3+}的缺失，皂石紫外线或可见光区域没有特征吸收峰。CuO 有很宽的吸收域(200～800nm)，最大值吸收峰出现在 590nm 处，原因可能是 CuO 八面体环境下 Cu^{2+}到 O^{2-}的电荷转移及 Cu 的 d-d 电荷转移[60,61]。据报道，CuO 的吸收峰出现在 530～570nm[62]。因此已制备出块状 CuO，吸收最大值的差异可能是因为结晶相、大小或 CuO 形状的不同。

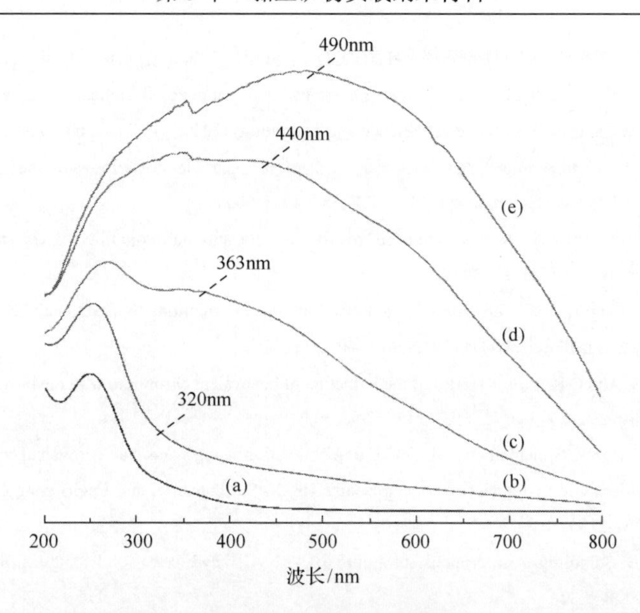

图 5-54　可见光吸收图谱

(a)钠化蒙脱石；(b)CuO；(c)有机蒙脱石负载 CuO(1)；(d)有机蒙脱石负载 CuO(3)；(e)有机蒙脱石负载 CuO(12)

参考文献

[1] Wu P, Wu W, Li S, et al. Removal of Cd^{2+} from aqueous solution by adsorption using Fe-montmorillonite. Journal of Hazardous Materials, 2009, 169(1-3): 825-830.

[2] Üzüm C, Shahwan T, Eroglu A E, et al. Application of zero-valent iron nanoparticles for the removal of aqueous Co^{2+} ions under various experimental conditions. Chemical Engineering Journal, 2008, 144(2): 213-220.

[3] Yuan P, Fan M, Yang D, et al. Montmorillonite-supported magnetite nanoparticles for the removal of hexavalent chromium [Cr(Ⅵ)] from aqueous solutions. Journal of Hazardous Materials, 2009, 166(2-3), 821-829.

[4] Veintemillas-Verdaguer S, Morales M P, Serna C J. Continuous production of [gamma]-Fe_2O_3 ultrafine powders by laser pyrolysis. Materials Letters, 1998, 35(3): 227-231.

[5] Wang C T, Ro S H, Nanoparticle iron-titanium oxide aerogels. Materials chemistry and physics, 2007, 101(1): 41-48.

[6] Gotić M, Musić S. Mössbauerr, FT-IR and FE SEM investigation of iron oxides precipitated from $FeSO_4$ solutions. Journal of Molecular Structure, 2007, 834-836(27): 445453.

[7] 白少元，王明玉. 零价纳米铁在水污染修复中的研究现状及讨论. 净水技术, 2008, 27(1): 35-40.

[8] Li X Q, Zhang W X. Iron nanoparticles: The core–shell structure and unique properties for Ni(Ⅱ)sequestration. Langmuir, 2006, 22(10): 4638-4642.

[9] Muhler M, Schlögl R, Ertl G. The nature of the iron oxide-based catalyst for dehydrogenation of ethylbenzene to styrene: 2. Surface chemistry of the active phase. Journal of Catalysis, 1992, 138(2): 413-444.

[10] Yamashita T, Hayes P. Analysis of XPS spectra of Fe^{2+} and Fe^{3+} ions in oxide materials. Applied Surface Science, 2008, 254(8): 2441-2449.

[11] Abdel-Samad H, Watson P R. An XPS study of the adsorption of chromate on goethite([alpha]-FeOOH). Applied Surface Science, 1997, 108(3): 371-377.

[12] 沈敬一, 何其庄, 黄琳斌. 超细铁粉降解水样的COD. 上海师范大学学报(自然科学版), 2007, 36(6): 68-72.

[13] Ponder S M, Darab J G, Mallouk T E. Remediation of Cr(Ⅵ) and Pb(Ⅱ) aqueous solutions using supported, nanoscale zero-valent iron. Environmental Science and Technology, 2000, 34(12): 2564-2569.

[14] Geng B, Jin Z, Li T. Preparation of chitosan-stabilized Fe^0 nanoparticles for removal of hexavalent chromium in water. Science of The Total Environment, 2009, 407(18): 4994-5000.

[15] Rai D, Sass B M, Moore D A. Chromium(Ⅲ) hydrolysis constants and solubility of chromium(Ⅲ) hydroxide. Inorganic Chemistry, 1987, 26(3): 345-349.

[16] Wu Y, Zhang J, Tong Y, et al. Chromium(Ⅵ) reduction in aqueous solutions by Fe_3O_4-stabilized Fe^0 nanoparticles. Journal of hazardous materials, 2009; 172(2-3): 1640-1645.

[17] Park D, Yun Y S, Ahn C K, et al. Kinetics of the reduction of hexavalent chromium with the brown seaweed ecklonia biomass. Chemosphere, 2007, 66(5): 939-946.

[18] Li X, Cao J, Zhang W. Stoichiometry of Cr(Ⅵ) immobilization using nanoscale zerovalent iron(nZVI): A study with high-resolution X-ray photoelectron spectroscopy(HR-XPS). Industrial and Engineering Chemistry Research, 2008, 47(7): 2131-2139.

[19] Sass B M, Rai D. Solubility of amorphous chromium(Ⅲ)-iron(Ⅲ) hydroxide solid solutions. Inorganic Chemistry, 1987, 26(14): 2228-2232.

[20] Clinard C, Mandalia T, Tchoubar D, et al. HRTEM image filtration: Nanostructuralanalysis of a pillared clay. Clays and Clay Minerals, 2003, 51(4): 421-429.

[21] Yuan P, He H, Bergaya F, et al. Synthesis and characterization of delaminated iron-pillared clay with meso-microporous structure. Microporous and Mesoporous Materials, 2006, 88(1-3): 8-15.

[22] Lagaly G, Ziesmer S. Colloid chemistry of clay minerals: The coagulation of montmorillonite dispersions. Advances in Colloid and Interface Science, 2003, 100-102, 105-128.

[23] Melitas N, Chuffe-Moscoso O, Farrell J. Kinetics of soluble chromium removal from contaminated water by zerovalent iron media: Corrosion inhibition and passive oxide effects. Environmental Science and Technology, 2001, 35(19): 3948-3953.

[24] Powell R M, Puls R W, Hightower S K, et al. Coupled iron corrosion and chromate reduction: Mechanisms for subsurface remediation. Environmental Science and Technology, 1995, 29(8): 1913-1922.

[25] Buerge I J, Hug S J. Influence of mineral surfaces on chromium(Ⅵ) reduction by iron(Ⅱ). Environmental Science & Technology, 1999, 33(23): 4285-4291.

[26] Bagshaw S A, Pinnavaia T J. Mesoporous alumina molecular sieves. Angewandte Chemie(International Edition), 1996, 35(10): 1102-1105.

[27] Prabhakaran S K, Vijayaraghavan K, Balasubramanian R. Removal of Cr(Ⅵ) ions by spent tea and coffee dusts: Reduction to Cr(Ⅲ) and biosorption. Industrial and Engineering Chemistry Research, 2009, 48(4): 2113-2117.

[28] Peterson M L, White A F, Brown G E, et al. Surface passivation of magnetite by reaction with aqueous Cr(Ⅵ): XAFS and TEM results. Environmental Science & Technology, 1997, 31(5): 1573-1576.

[29] Pratt A R, McIntyre N S. Comments on curve fitting of Cr 2p photoelectron spectra of Cr_2O_3 and CrF_3. Surface and Interface Analysis, 1996, 24(8): 529-530.

[30] Pratt A R, Blowes D W, Ptacek C J. Products of chromate reduction on proposed subsurface remediation material. Environmental Science & Technology, 1997, 31(9): 2492-2498.

[31] Park D, Yun Y S, Park J M. XAS and XPS studies on chromium-binding groups of biomaterial during Cr(Ⅵ) biosorption. Journal of Colloid and Interface Science, 2008, 317(1): 54-61.

[32] Asami K, Hashimoto K. An XPS study of the surfaces on Fe-Cr, Fe-Co and Fe-Ni alloys after mechanical polishing. Corrosion Science, 1984, 24(2): 83-97.

[33] Werner M L, Nico P S, Marcus M A, et al. Use of micro-XANES to speciate chromium in airborne fine particles in the Sacramento Valley. Environmental Science & Technology, 2007, 41(14): 4919-4924.

[34] 杨柳燕. 有机蒙脱土和微生物联合处理有机污染物的机理与应用. 北京:中国环境科学出版社, 2004: 10-35.

[35] Hung H M, Ling F H, Hoffmann M R. Kinetics and mechanism of the enhanced reductive degradation of nitrobenzene by elemental iron in the presence of ultrasound. Environmental Science & Technology, 2000, 34(9): 1758-1763.

[36] Matheson L J, Tratnyek P G. Reductive dehalogenation of chlorinated methanes by iron metal. Environmental Science & Technology, 1994, 28(12): 2045-2053.

[37] Gotpagar J, Grulke E, Tsang T, et al. Reductive dehalogenation of trichloroethylene using zero-valent iron. Environmental Progress, 1997, 16(2): 137-143.

[38] Wang X, Zhu M, Liu H, et al. Modification of Pd-Fe nanoparticles for catalytic dechlorination of 2, 4-dichlorophenol. Science of The Total Environment, 2013, 449: 157-167.

[39] Deng B, Burris D R, Campbell T J. Reduction of vinyl chloride in metallic iron-water systems. Environmental Science & Technology, 1999, 33(15): 2651-2656.

[40] Zhu B, Lim T, Feng J. Reductive dechlorination of 1, 2, 4-trichlorobenzene with palladized nanoscale Fe^0 particles supported on chitosan and silica. Chemosphere, 2006, 65(7): 1137-1145.

[41] Xu J, Bhattacharyya D. Membrane-based bimetallic nanoparticles for environmental remediation: Synthesis and reactive properties. Environmental Progress, 2005, 24(4): 358-366.

[42] Wei J, Xu X, Liu Y, et al. Catalytic hydrodechlorination of 2, 4-dichlorophenol over nanoscale Pd/Fe: Reaction pathway and some experimental parameters. Water Research, 2006, 40(2): 348-354.

[43] Joo S H, Zhao D. Destruction of lindane and atrazine using stabilized iron nanoparticles under aerobic and anaerobic conditions: effects of catalyst and stabilizer. Chemosphere, 2008, 70(3): 418-425.

[44] Lien H, Zhang W. Nanoscale iron particles for complete reduction of chlorinated ethenes. Colloids and Surfaces A: Physicochemical and Engineering Aspects, 2001, 191(1): 97-105.

[45] Sharma P, Bhorodwaj S K, Dutta D K. Nickel nanoparticles: Controlled size and morphology in mesoporous clay//Journal of Scientific Conference Proceedings. American Scientific Publishers, 2009, 1(1): 40-43.

[46] Üzüm Ç, Shahwan T, Eroğlu A E, et al. Application of zero-valent iron nanoparticles for the removal of aqueous Co 2+ ions under various experimental conditions. Chemical Engineering Journal, 2008, 144(2): 213-220.

[47] Wang C T, Ro S H. Nanoparticle iron-titanium oxide aerogels. Materials Chemistry & Physics. 2007, 101: 41-48.

[48] Gotić M, Musić S. Mössbauerr, FT-I R and FE SEM investigation of iron oxides precipitated from $FeSO_4$ solutions. Journal of Molecular Structure. 2007, 834(836): 445-453.

[49] Gotpagar J, Grulke E, Tsang T, et al. Reductive dehalogenation of trichloroethylene using zero-valent iron. Environmental Progress, 1997, 16(2): 137-143.

[50] Zhu B W, Lim T T. Catalytic reduction of chlorobenzenes with Pd/Fe nanoparticles: Reactive sites, catalyst stability, particle aging, and regeneration. Environmental Science & Technology, 2007, 41(21): 7523-7529.

[51] Bell Jr F A. Review of effects of silver-impregnated carbon filters on microbial water quality. Journal(American Water Works Association), 1991: 74-76.

[52] Bokare A D, Choi W. Zero-valent aluminum for oxidative degradation of aqueous organic pollutants. Environmental Science & Technology, 2009, 43(18): 7130-7135.

[53] Jovanovic G N, Znidaršič Plazl P, Sakrittichai P, et al. Dechlorination of p-chlorophenol in a microreactor with bimetallic Pd/Fe catalyst. Industrial & Engineering Chemistry Research, 2005, 44(14): 5099-5106.

[54] Nagpal V, Bokare A D, Chikate R C, et al. Reductive dechlorination of γ-hexachlorocyclohexane using Fe-Pd bimetallic nanoparticles. Journal of Hazardous Materials, 2010, 175(1): 680-687.

[55] Woodward R L. Review of the bactericidal effectiveness of silver. Journal-American Water Works Association, 1963, 55(7): 881-886.

[56] Luo S, Yang S, Sun C, et al. Improved debromination of polybrominated diphenyl ethers by bimetallic iron-silver nanoparticles coupled with microwave energy. Science of the Total Environment, 2012, 429: 300-308.

[57] Yang R D, Tripathy S, Tay F E H, et al. Photoluminescence and micro-Raman scattering in Mn-doped ZnS nanocrystalline semiconductors. Journal of Vacuum Science & Technology B, 2003, 21(3): 984-988.

[58] Khaorapapong N, Ontam A, Ogawa M. Formation of ZnS and CdS in the interlayer spaces of montmorillonite. Applied Clay Science, 2010, 50(1): 19-24.

[59] Cao H, Wang G, Zhang S, et al. Growth and optical properties of wurtzite-type CdS nanocrystals. Inorganic Chemistry, 2006, 45(13): 5103-5108.

[60] Khaorapapong N, Ontam A, Khemprasit J, et al. Formation of MnS-and NiS-montmorillonites by solid-solid reactions. Applied Clay Science, 2009, 43(2): 238-242.

[61] Karickhoff S W, Bailey G W. Optical absorption spectra of clay minerals. Clays Clay Miner, 1973, 21: 59-70.

[62] 逯亚飞, 王成, 叶明富, 等. CuO 纳米材料的制备及应用研究进展. 应用化工, 2014, 43(10): 1884-1890.

第6章　阳离子黏土在环境吸附方面的应用及机理研究

吸附法作为去除环境中污染物的常用方法，具有操作简单、处理效果好等优点。吸附剂是影响吸附效果的重要因素，目前市面上常用的活性炭能有效去除废水中的污染物，但高昂的价格成为制约活性炭作为吸附剂的短板问题。因此，开发吸附性能良好、成本低廉的新型吸附剂具有重要的现实意义。黏土矿物具有大的比表面积和优良的孔道结构，作为环境友好材料，黏土矿物及其改性材料以其独特的优势在环境污染控制领域得到了广泛的研究和应用。

6.1　吸 附 机 理

黏土矿物的吸附性，是指黏土矿物截留或吸附固体、气体、液体及溶于液体中的物质的能力，它是黏土矿物的重要特性之一。黏土矿物的吸附性按引起吸附原因的不同可以分为三类，即物理吸附、化学吸附和离子交换性吸附[1]。黏土矿物的表面积是影响其吸附性能的重要因素。黏土矿物具有各种特殊性质的主要原因是不饱和电荷、大表面积及存在于其中的水化作用水。黏土矿物带有正电荷和负电荷，黏土矿物对阳离子和阴离子的吸附及解吸都受黏土矿物电荷性质的影响。黏土矿物电荷中的可变电荷，尤其是可变负电荷易受环境的影响。大表面积是黏土矿物的重要特性之一，它与黏土矿物的物理、化学性质(如吸附性、膨胀性和分散性等)都有密切关系。

采用不同的柱撑处理制得的柱撑蒙脱石，其吸附性能优于原土。近年来，柱撑蒙脱石吸附性能在废水处理中应用的研究取得了一定的进展，其吸附性能有以下三个机理。

1. 交换吸附

黏土矿物通常带有不饱和电荷，根据电中性原理，必定会有等量的异电性离子吸附在黏土表面，以达到电性平衡。通常，吸附在黏土矿物表面的离子可以和溶液中的同电性离子发生交换作用[2]，这种作用即为离子交换性吸附。最常见的与黏土矿物结合的交换性离子是Ca^{2+}、Mg^{2+}、H^{+}、K^{+}、NH_4^{+}、Na^{+}和Al^{3+}等阳离子及SO_4^{2-}、Cl^{-}和NO_3^{-}等阴离子。根据交换性离子电性的不同，可以把离子交换性吸附分为阳离子交换性吸附和阴离子交换性吸附。阳离子交换容量即阳离子吸附容量，是指黏土矿物在一定的 pH 下能够吸附交换性阳离子的数量，它是黏土矿物的负电荷数量的量度。阴离子交换容量即阴离子吸附容量，可以定义为黏土矿物所能吸附的交换性阴离子的数量，同阳离子交换容量一样，阴离子交换容量的单位也是 mmol/100g。阴离子交换容量可以看作是黏土矿物的正电荷数量的试度量[3]。这种吸附交换不需要消耗能量，吸附速度很快，当吸附表面形成单分子层时达到极限，吸附速度与温度无关。

2. 物理吸附

物理吸附是指由吸附剂与吸附质的分子间作用力而产生的吸附，由氢键产生的吸附也属于物理吸附。吸附剂表面的分子由于作用力没有被平衡而保留有自由的力场来吸引吸附质，由于它是分子间的作用力所引起的吸附，所以结合力较弱，吸附热较小，吸附和解吸速度也都较快。物理吸附是可逆的，吸附速度和解吸速度在一定的温度、浓度条件下呈动态平衡。产生物理吸附的原因是黏土矿物的表面分子具有表面能。一般而言，大块固体的表面也有吸附现象，只是由于其比表面太小，吸附现象不明显而已。对于高度分散的固体，由于比表面积很大，吸附现象就非常明显，原因在于分散度越高，露在表面上的分子数越多[1]。

3. 化学吸附

化学吸附是指由吸附剂与吸附质之间的化学键而产生的吸附。由于固体表面存在不均匀力场，表面上的原子往往还有剩余的成键能力，当分子碰撞到固体表面上时便与表面原子发生电子的交换、转移或共有[4]，形成化学键的吸附作用。阴离子聚合物可以靠化学键吸附在黏土矿物表面，吸附方式有以下两种情形[1]：①黏土矿物晶体带正电荷，阴离子基团可以靠静电引力吸附在黏土矿物的表面；②介质中有中性电解质存在时，无机阳离子可以在黏土矿物和阴离子型聚合物之间起“桥接”作用，使高聚物吸附在黏土矿物的表面。

对吸附作用作定量考察时，经常采用一定条件(温度、压力)下，单位质量固体所吸附的吸附质的量来表示吸附量的大小；吸附量是指在吸附达到平衡(吸附速率=脱附速率)时测量的数据，它是温度与压力的函数。为了研究方便起见，通常固定其中的一个因素，考察另外两者的变化关系。用吸附等温线描述吸附水中污染物的机理。

通常用三种吸附模型来研究水中污染物在蒙脱石表面的吸附机理[5]：Langmuir 吸附等温式、Freundlich 吸附等温式、Linear 吸附等温式。第三种吸附机理最简单，蒙脱石对水中污染物的吸附行为只是起到分配作用的过程，而不存在竞争性吸附，因而其吸附等温线为一条直线。

Langmuir 吸附等温式的导出依据如下：①固体表面上每个吸附位只能吸附一个分子，所以表面上最多能吸附一层分子；②固体表面是均匀的(即表面上所有部分的吸附能力相同)；③吸附分子之间没有相互作用力；④吸附平衡是动态平衡。

Langmuir 方程：

$$q = q_m c/(c+1/K_L) \tag{6-1}$$

即

$$1/q = 1/(K_L q_m)\,1/c+1/q_m \tag{6-2}$$

Freundlich 方程：

$$q = K_F c^{1/n} \tag{6-3}$$

即

$$\mathrm{Log}q = \lg K_F+1/n\lg c \tag{6-4}$$

式(6-1)～式(6-4)中，q 为黏土矿物上的吸附量；C 为达到饱和吸附后的平衡浓度；K 为平衡吸附常数；q_m 为最大吸附量；n 为常数。

6.2　阳离子黏土对有机污染物的吸附研究

6.2.1　对酚类的吸附

曹蕊等[6]以钙基蒙脱石为原料，经钠化后用 HDTMAB 对其进行有机改性，通过实验研究了不同制备条件下制得的改性蒙脱石对苯酚的去除性能，得到适宜的制备条件是 m_{HDTMAB}：$m_{钠化蒙脱石}$为 0.3 左右，反应温度为 60℃，反应时间为 120min，探讨了溶液 pH、温度、改性蒙脱石投加量、吸附接触时间对改性蒙脱石吸附苯酚性能的影响。结果表明，对于 50mL200mg/L 的苯酚溶液，当溶液 pH 为 6～7，温度为 25℃，改性蒙脱石投加量为 1.0g，吸附接触时间为 60min 时，苯酚去除率可达 75.85%。XRD 分析结果表明，钙基蒙脱石的 d_{001}=1.47104nm，钠化蒙脱石的 d_{001}=1.29811nm，表明蒙脱石已由钙基转变为钠基，由于 Ca^{2+}可以结合 2 个水分子，Na^+只能结合 1 个水分子，而 Na^+的半径要比 Ca^{2+}小，钠化后的蒙脱石层间距明显减小。钠化蒙脱石层间存在大量的可交换 Na^+，能与亲水性 HDTMAB 相互作用，有机阳离子取代 Na^+进入蒙脱石层间，形成有机改性蒙脱石。有机改性蒙

脱石的 d_{001}=2.19940nm，它比钠化蒙脱石的层间距大了将近 1 倍，表明有机阳离子已经取代 Na^{+}进入蒙脱石层间，使层间被撑开，层间距增大。随着层间距的增大，吸附苯酚的能力也随之增加。实验结果表明，改性蒙脱石、钠化蒙脱石、钙基蒙脱石对苯酚的去除率分别为 75.85%、23.40%、8.33%。经有机改性后，蒙脱石对苯酚的去除率显著提高。

刘瑞等[7]以阳离子表面活性剂 HDTMAB 为柱撑剂对怀俄明钠基蒙脱石进行改性，获得了不同质量浓度的有机改性黏土(0.5～2.5CEC)。通过对改性蒙脱石吸附苯酚的 XRD、TEM 和热重分析的实验研究，发现改性后蒙脱石的层间距明显增大。实验数据和结果表明蒙脱石对苯酚的吸附率为 14%，由十六烷基三甲基溴化铵改性后，蒙脱石的 0.5CEC-S、0.7CEC-S、1.0CEC-S、1.5CEC-S、2.5CEC-S (S 表示怀俄明蒙脱石)对苯酚的去除率分别达到了 58%、66%、72%、76%、82%，表明由十六烷基三甲基溴化铵改性的蒙脱石能够有效地去除水体中的苯酚，并且活性剂的质量浓度越高，对苯酚的去除效果越好。HDTMAB 改性蒙脱石对有机污染物具有很好的去除效果，随着改性剂质量浓度的增加，蒙脱石层间有更多的烷基进入，HDTMAB 有机离子逐渐由单层变为双层直至三层。层间距的增大也预示着改性黏土会吸附更多的有机污染物进入蒙脱石层间结构中，其吸附苯酚的能力远强于没有经过柱撑改性的钠基蒙脱石。

沈培友等[8]研究了无机-有机柱撑蒙脱石吸附对硝基苯酚的热力学特征，Freundlich 等温方程和 Langmuir 等温方程都能较好地描述吸附曲线，所以其吸附机理主要以表面吸附为主；在对硝基苯酚的平衡吸附过程中，焓变 ΔH 绝对值小于 30kJ/mol，表明吸附过程中可能同时存在疏水键力、偶极间力、氢键力、范德瓦尔斯力的作用。本次研究还比较了对硝基苯酚在无机-有机柱撑蒙脱石上吸附的四种动力学模型，在吸附进行前 30min，一级动力学方程最为理想。通过计算求得焓变 ΔH=25.97kJ/mol，熵变 ΔS= –217.69J/(mol·K)，ΔH 呈正值意味着升温，有利于加快吸附的进程；ΔS 为负值，这是因为硝基苯酚从溶液中溶解的自由状态到被吸附的状态是有序度增加的过程。

王完牡和吴平霄[9]通过制备十六烷基三甲基溴化铵改性蛭石，对水中较高浓度的 2，4-二氯酚(2，4-DCP)的去除进行研究。研究表明，蛭石和 1.0 倍 CEC 改性蛭石在 30min 内可达到吸附平衡，在浓度为 200mg/L 的 2，4-DCP 溶液中其吸附量分别是 12.72mg/g 和 90.12mg/g，去除率分别是 12.72%和 90.12%。改性后的蛭石，有机阳离子的 N 端被交换吸附在蛭石表面，烷基链相互挤在一起形成有机相，提高了蛭石表面的疏水性，从而有效地吸附疏水性有机污染物。吸附模型既符合 Langmuir 模型，又符合 Freundlich 模型，说明此吸附过程不能用单一的吸附方式描述，而是混合吸附的过程。热力学分析表明该吸附为可自发进行的吸附过程，低温有利于吸附。另外研究材料的解吸，发现解吸率不大，不易造成二次污染。

6.2.2　对苯类衍生物的吸附

王菲菲等[10]选用长链烷基季铵盐阳离子表面活性剂、阴离子表面活性剂制备有机改性蒙脱石，用于吸附模拟废水中的苯胺、硝基苯。用 XRD、FTIR、碳元素分析、BET 测试等手段表征有机改性蒙脱石的性能，并用不同配比、不同链长的有机阳离子改性蒙脱石吸附苯胺、硝基苯，比较其吸附效果，集中讨论分析某一系列有机改性蒙脱石对苯胺、硝基苯的吸附机理、动力学模型。

1. 材料的表征分析

1) 有机蒙脱石的 XRD 分析

阳离子表面活性剂柱撑蒙脱石[十烷基三甲基溴化铵柱撑蒙脱石 C_{10} 系列($C_{10}TA^+$-蒙脱石)、十四烷基三甲基溴化铵柱撑蒙脱石 C_{14} 系列($C_{14}TA^+$-蒙脱石)、十六烷基三甲基溴化铵柱撑蒙脱石 C_{16} 系列($C_{16}TA^+$-蒙脱石)、十八烷基三甲基溴化铵柱撑蒙脱石 C_{18} 系列($C_{18}TA^+$-蒙脱石)]的 XRD 图分别见图 6-1。

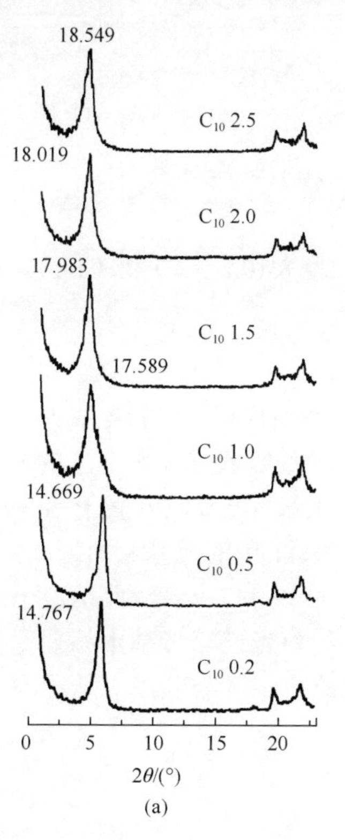

(a)

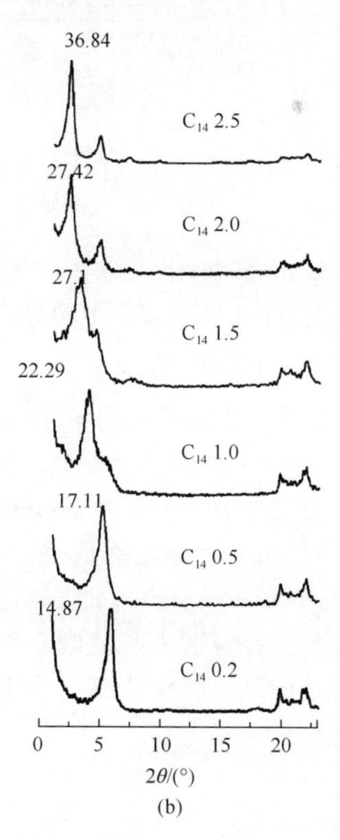

(b)

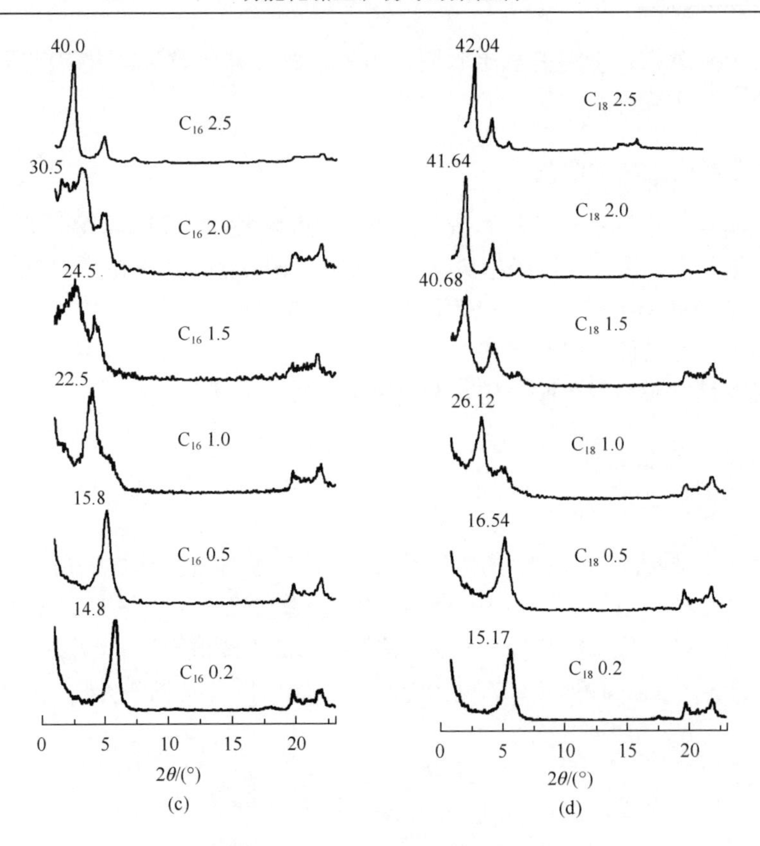

图 6-1　有机柱撑蒙脱石的 XRD 图

C_{10}2.5 表示柱撑浓度为 2.5 倍 CEC 的 $C_{10}TA^+$-蒙脱石，其余同理

从图 6-1 可以看出，随着柱撑浓度的增大(0.2～2.5 倍 CEC)，主衍射峰位明显向小角度方向偏移，d_{001} 值明显增大。

2)有机蒙脱石的 FTIR 分析

图 6-2 是有机蒙脱石的 FTIR 图。蒙脱石原矿的 FTIR 图中，3626cm^{-1} 处吸收峰属于 Al—OH 的伸缩振动，3434cm^{-1} 处吸收峰为水分子的羟基伸缩振动，1643cm^{-1} 处吸收峰为羟基弯曲振动，1034cm^{-1} 处吸收峰属于 Si—O—Si 的伸缩振动，914cm^{-1} 处吸收峰是 Al—OH—Al 中的羟基弯曲振动，467cm^{-1} 处吸收峰是 Si—O—Fe 的弯曲振动。Si—O—Mg 的弯曲振动吸附峰在 519cm^{-1} 附近。各种柱撑蒙脱石与蒙脱石原矿的红外光谱峰形基本相似，说明插层过程中，蒙脱石的基本骨架没有发生明显的改变。各类蒙脱石均出现了典型的蒙脱石吸收峰。

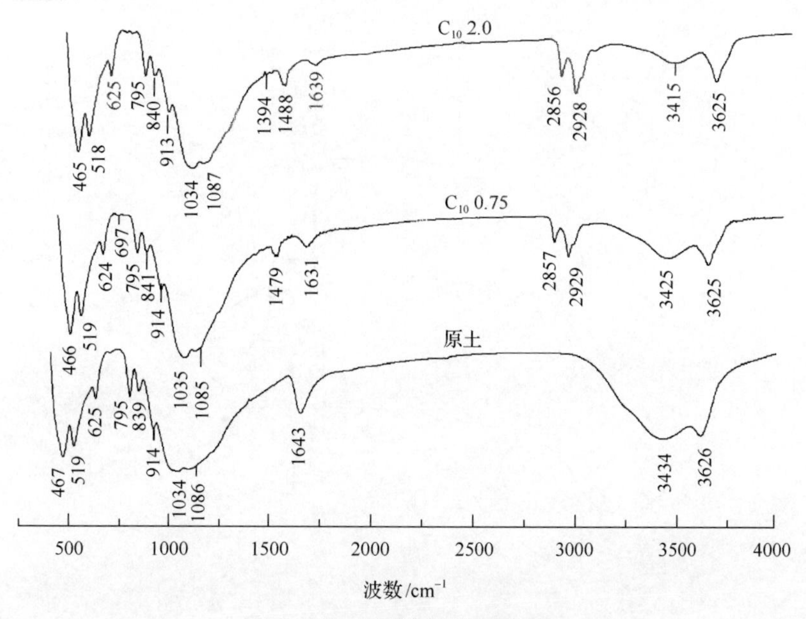

(a) 十烷基三甲基溴化铵柱撑蒙脱石

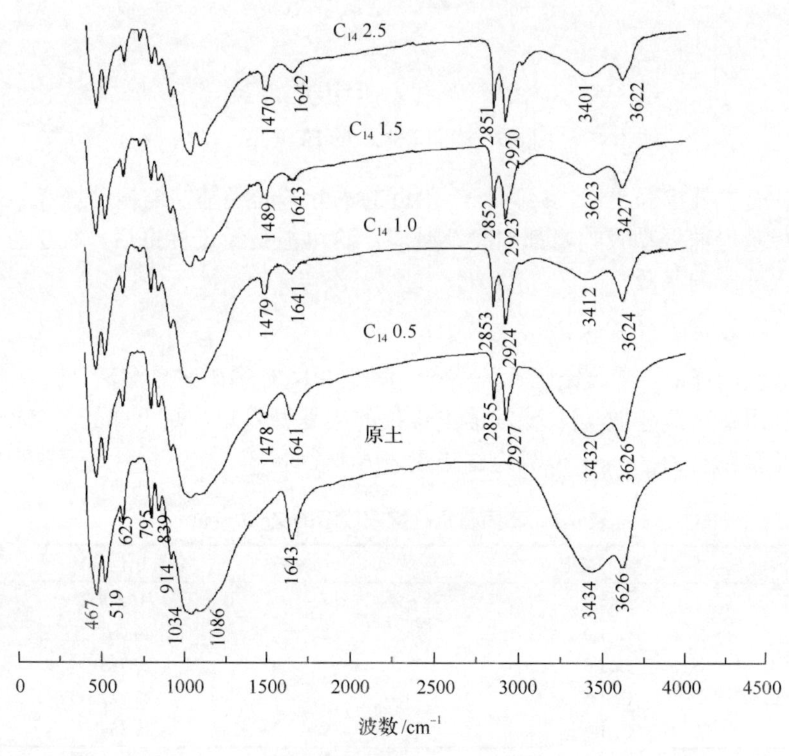

(b) 十四烷基三甲基溴化铵柱撑蒙脱石

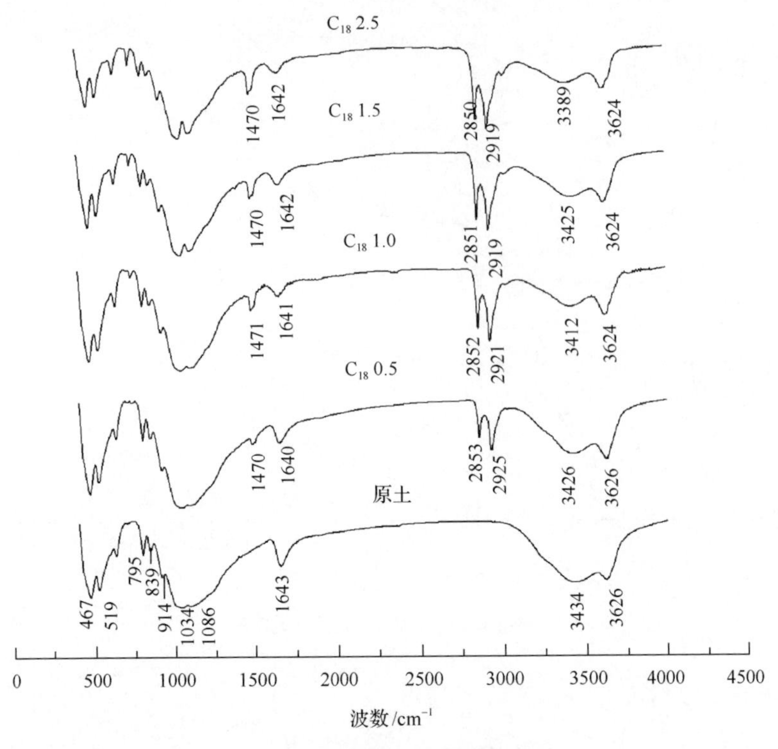

(c) 十八烷基三甲基溴化铵柱撑蒙脱石

图 6-2　有机蒙脱石的 FTIR 图

但各有机柱撑黏土中，3434cm^{-1}附近的水分子的羟基伸缩振动峰和 1643cm^{-1}附近的羟基弯曲振动吸收峰都明显地减弱，这可能是经过柱撑后，插层分子取代了层间水分子的缘故。

3) 有机柱撑蒙脱石的 Zeta 电位分析

取适量的样品，用蒸馏水作为溶剂，配成 0.1g/L 稀矿浆悬浮液，调节 pH 为 6 左右，利用超声波分散。注入 Zeta 电位仪的毛细管内测量黏土样品的 Zeta 电位。有机柱撑蒙脱石的 Zeta 电位测定结果见表 6-1。

表 6-1　不同有机柱撑蒙脱石的 Zeta 点位

蒙脱石类型	Zeta 电位/mV
原矿	–16.60
C_{10}1.0	–29.061
C_{14}1.0	–27.785
C_{16}1.0	–27.727
C_{18}1.0	–28.364

由表 6-1 可知，各种蒙脱石在接近中性的条件下，其表面都带负电荷，蒙脱

石原矿在 pH 为 6 时，其 Zeta 电位为–16.60mV。这是因为在蒙脱石的晶体结构中，四面体层中部分 Si 被 Al^{3+}代替和八面体层中部分 Al^{3+}被 Mg^{2+}、Fe^{2+}等取代，使层间产生永久性负电荷。经烷基季铵盐离子柱撑后，其 Zeta 电位的负值升高，这是因为有机阳离子进入层间后，吸附层变厚，电位差增大；也有可能是有机阳离子在层间形成的胶束对无机阳离子有屏蔽作用。

4) 有机柱撑蒙脱石的比表面积 BET 分析

表 6-2 是十烷基三甲基溴化铵柱撑蒙脱石($C_{10}TA^+$-蒙脱石)、十四烷基三甲基溴化铵柱撑蒙脱石($C_{14}TA^+$-蒙脱石)的比表面积测定结果。

表 6-2　有机柱撑蒙脱石的比表面积

有机柱撑蒙脱石	比表面积/(m^2/g)	有机柱撑蒙脱石	比表面积/(m^2/g)
C_{10} 1.0	35.073	C_{14} 2.5	6.4475
C_{10} 1.5	26.1398	C_{16} 1.0	18.4588
C_{10} 2.0	25.1967	C_{16} 1.5	11.112
C_{14} 1.0	21.6563	C_{16} 2.0	12.5716
C_{14} 1.5	18.3471	原土	50

蒙脱石改性后，烷基三甲基溴化铵离子进入蒙脱石层间或被蒙脱石表面吸附，使柱撑蒙脱石的比表面积相对于原土减少。从表 6-2 可见：其比表面积减少值与改性所用的阳离子表面活性剂的碳链长成正比，碳链越长，比表面积减少越多，即△C_{10} 1.0<△C_{14} 1.0<△C_{16} 1.0(△表示相对原土比表面积减少量)；当柱撑的阳离子表面活性剂一定时，比表面积减少值与柱撑浓度成正比，柱撑浓度越大，比表面积减少越多，即△C_{10} 1.0<△C_{10} 1.5<△C_{10} 2.0。

2. 有机蒙脱石吸附苯胺的影响因素研究

1) 有机柱化剂的影响

在中性条件下，用一系列阴、阳离子有机蒙脱石、单一阳离子有机蒙脱石吸附水中苯胺，去除率见表 6-3。

由表 6-3 可见，①以一定的阴、阳离子表面活性剂配比制备的有机蒙脱石对苯胺的吸附性能不如相应的单一阳离子有机蒙脱石，如 C_{14}100/20、C_{16}100/20 对苯胺的去除率分别为 38.93%、41.57%，C_{14}1.0、C_{16}1.0 对苯胺的去除率分别为 47.98%、54.85%；②当加入的阳离子表面活性剂的比例浓度相同，均为 1.0CEC 时，不同链长的表面活性剂改性蒙脱石对苯胺的去除率以 C_{16}1.0 为最高，其大小顺序为 C_{10} 1.0 (21.03%)<C_{18} 1.0(44.35%)<C_{14} 1.0(47.98%)<C_{16} 1.0(54.85%)，即阳离子改性蒙脱石对苯胺的去除率随加入的阳离子表面活性剂的链长的增加而提高，但当链长达到 18 时，去除率反而下降；③C_{16} 1.5 的去除率最高，为 55.22%。以不同浓度 HDTMAB

柱撑蒙脱石系列吸附苯胺为例，可以看出：层间阳离子的浓度越高，有机蒙脱石对苯胺的去除率越高，但当 HDTMAB 的浓度大于 2.0 倍 CEC 时，去除率开始下降。

表 6-3　表面活性剂种类、配比及浓度对有机蒙脱石吸附水中苯胺去除率的影响

有机蒙脱石	去除率/%	有机蒙脱石	去除率/%
C_{14} 100/20	38.93	C_{16} 0.5	37.57
C_{14} 120/20	44.29	C_{16} 1.0	54.85
C_{16} 100/20	41.57	C_{16} 1.5	55.22
C_{16} 120/20	48.19	C_{16} 2.0	52.61
C_{10} 1.0	21.03	C_{16} 2.5	45.58
C_{14} 1.0	47.98	C_{18} 1.0	44.35

2) 水初始浓度的影响

分别以蒙脱石原土(原土)、柱撑浓度为 0.5 倍 CEC 的 HDTMAB 柱撑蒙脱石(C_{16} 0.5)及其他各柱撑浓度的有机蒙脱石(C_{16} 1.0、C_{16} 1.5、C_{16} 2.0)为吸附剂，对不同浓度的苯胺溶液进行吸附。吸附振荡时间为 1h，pH 为 7，吸附剂用量 0.5g，考察废水初始浓度对吸附效果的影响，结果如图 6-3 所示。

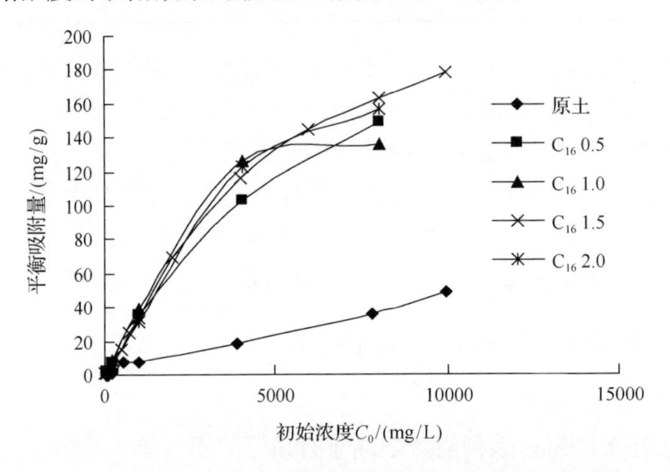

图 6-3　苯胺初始浓度对有机柱撑蒙脱石吸附性能的影响

从图 6-3 可以看出：柱撑后的改性土比原土的吸附能力都有很大的提高，原因在于柱撑蒙脱石层间的有机相改善了原土的吸附性能，长链烷基在层间形成的疏水环境通过分配作用吸附溶液中的苯胺。

从吸附效果来看，吸附性能排列顺序为 C_{16} 1.5>C_{16} 2.0>C_{16} 1.0>C_{16} 0.5>原土。C_{16} 0.5 在高浓度下吸附量增加趋势明显。

3) 介质 pH 的影响

固定其他的吸附条件，改变模拟苯胺废水的 pH，考察 pH 对吸附行为的影响。选取 1.0 系列不同碳链长度的有机柱撑蒙脱石在不同的 pH 下吸附苯胺，结果如图 6-4 所示。

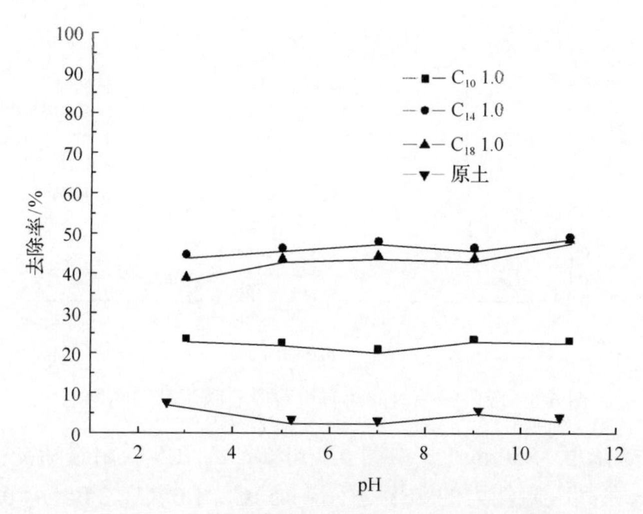

图 6-4　pH 对有机蒙脱石吸附苯胺性能的影响

苯胺废水的 pH 为 2～12，从图 6-4 可以明显地看出，pH 对有机柱撑蒙脱石吸附苯胺的性能是没有很大影响的，基本恒定，且有机柱撑蒙脱石的吸附效果均高于原土。考虑到实际应用，一般把 pH 调到中性。

有机柱撑蒙脱石的吸附分为表面吸附和分配吸附。分配吸附主要由长链烷基形成疏水环境，实现对污染物的“萃取”，其分配吸附能力主要与污染物的“正丁醇-水”分配系数 K_{ow} 成正比。由于有机柱撑蒙脱石具有较强的疏水性，介质 pH 的变化不会影响其表面性质的变化，而只改变苯胺在水溶液中的存在形式。苯胺的 $K_{ow}=7.9$，属弱极性物质，微溶于水。因此有机蒙脱石对苯胺的吸附以分配作用为主。

在弱酸性、弱碱性条件下，苯胺不与有机蒙脱石中的阳离子发生交换。苯胺在强酸性环境下发生质子化：

$$C_6H_5NH_2 + H_2O \longrightarrow C_6H_5NH_3^+ + OH^-$$

在强酸性环境下，苯胺质子化程度提高，而改性后的有机蒙脱石表面电负性增加，使静电吸附 $C_6H_5NH_3^+$的作用加强[11]，但本实验显示 pH 对吸附影响不大，原因是表面吸附占的比例很小。

4）振荡时间的影响

图 6-5 是 C_{16} 系列有机蒙脱石在中性条件下对苯胺的吸附量随时间的变化。

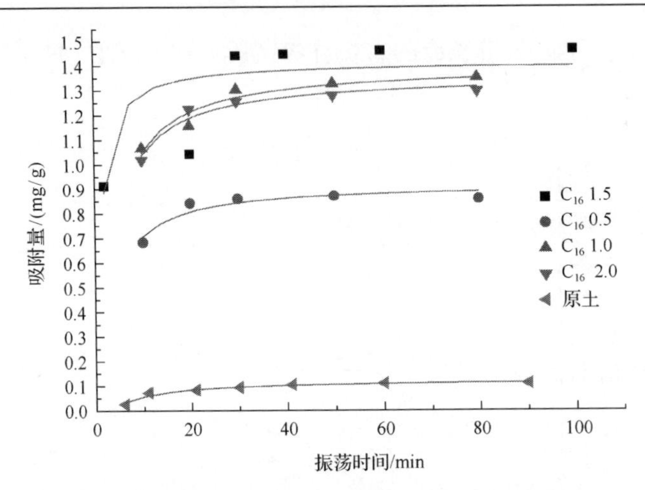

图 6-5　吸附振荡时间对有机蒙脱石吸附苯胺的影响

苯胺的初始浓度为 50mg/L。由图 6-5 可知，C_{16} 1.5 吸附量随振荡时间的变化上升较快，C_{16} 系列吸附能力的顺序是 C_{16} 1.5>C_{16} 1.0>C_{16} 2.0>C_{16} 0.5，吸附 0.5h 后，原土和有机蒙脱石对苯胺的去除率基本恒定，基本达到吸附平衡。因此，实验中采用的搅拌时间为 1h。饱和吸附以 30min 为界，分为快速反应阶段和慢速反应阶段。

3. 有机蒙脱石吸附硝基苯的影响因素研究

1) 有机柱撑剂的影响

根据前面的实验推断，硝基苯的最佳吸附剂应该集中在 C_{14}、C_{16}、C_{18} 系列。用这三个系列的不同柱撑浓度的有机柱撑蒙脱石吸附硝基苯，去除率如表 6-4 所示。

从表 6-4 可以看出：①C_{14} 1.5 的吸附性能最佳；②C_{14} 1.0、C_{16} 1.0、C_{18} 1.0 的吸附性能比较接近，吸附性能最好的为 C_{14} 1.5，去除率为 72.69%，C_{18} 系列总的去除率略低。下面以 C_{14} 系列柱撑蒙脱石为例，系统研究不同柱撑浓度有机蒙脱石的吸附性能。

表 6-4　表面活性剂及其浓度对有机蒙脱石吸附硝基苯去除率的影响

土样	去除率/%
C_{14} 0.5	71.86
C_{14} 1.0	66.9
C_{14} 1.5	72.69
C_{18} 0.5	58.62
C_{18} 1.0	66.07
C_{18} 1.5	59.97
C_{16} 1.0	68.55

2) 废水初始浓度的影响

分别以蒙脱石原土(原土)、柱撑浓度为 0.5 倍 CEC 的十四烷基三甲基溴化铵柱撑蒙脱石(C_{14} 0.5)及其他各柱撑浓度的有机蒙脱石(C_{14} 1.0、C_{14} 1.5、C_{14} 2.0)为吸附剂，对不同浓度溶硝基苯溶液进行吸附。吸附振荡时间为 1h，pH 为 7，吸附剂用量 0.5g，考察废水初始浓度对吸附效果的影响，结果如图 6-6 所示。

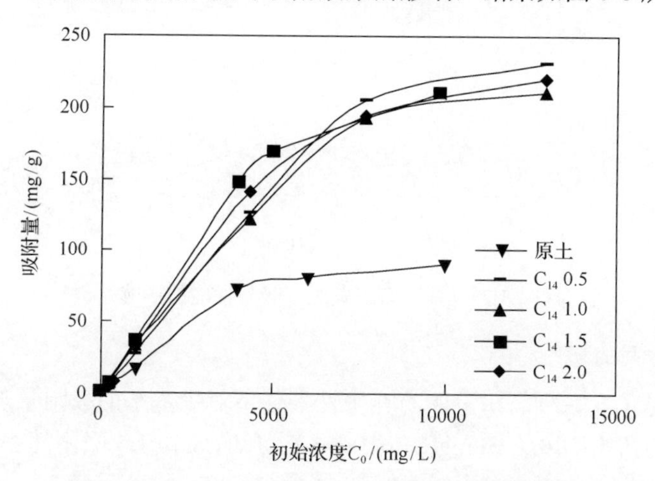

图 6-6　硝基苯初始浓度对有机蒙脱石吸附性能影响

从图 6-6 可以看出：柱撑后的改性土比原土的吸附能力都有很大的提高，说明层间的有机相改善了原土的吸附性能，长链烷基在层间形成的疏水环境通过分配作用吸附溶液中的硝基苯。

从吸附量来看，在低浓度下，吸附性能排列顺序为 C_{14} 1.5>C_{14} 2.0>C_{14} 1.0>C_{14} 0.5>原矿。C_{14} 0.5 在高浓度下吸附量增加明显，甚至超过 C_{14} 1.5。

3) 介质 pH 的影响

固定其他的吸附条件，改变模拟硝基苯废水的 pH，考察 pH 对吸附行为的影响。选取 C_{14} 1.5 有机柱撑蒙脱石在不同的 pH 下吸附硝基苯，结果如图 6-7 所示。

硝基苯废水的 pH 为 2～12，从图 6-7 可以明显地看出，pH 对有机柱撑蒙脱石吸附硝基苯的性能是没有很大影响的，基本恒定。考虑实际应用一般把 pH 调到中性。

有机水溶性或辛醇-水分配系数(K_{ow})是影响有机蒙脱石吸附性能的重要因素。硝基苯的辛醇-水分配系数为 71，溶解度为 0.2，属弱极性、水溶性差的物质。介质的 pH 变化对硝基在溶液中的存在形态并无明显的影响，因此介质 pH 对吸附影响不大。

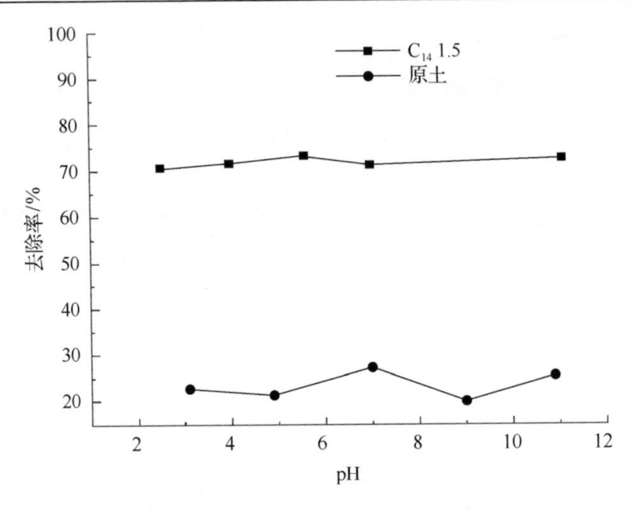

图 6-7　pH 对有机蒙脱石吸附性能的影响

4) 振荡时间的影响

图 6-8 是 C_{14} 系列有机蒙脱石在中性条件下对硝基苯的吸附量随时间的变化图。硝基苯的初始浓度为 50mg/L。由图 6-8 可知，C_{14} 1.5 吸附速率较快，C_{14} 系列的吸附能力顺序是 C_{14} 1.5>C_{14} 2.0>C_{14} 1.0>C_{14} 0.5。振荡反应 30min 之后，吸附基本达到饱和。

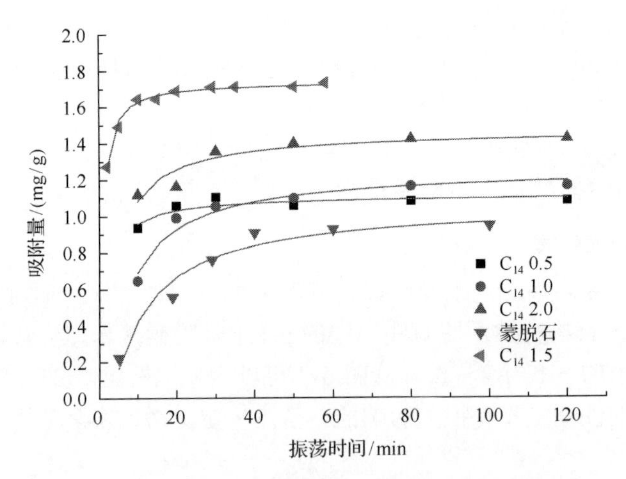

图 6-8　吸附振荡时间对有机蒙脱石吸附硝基苯的影响

4. 有机改性蒙脱石对废水中苯胺、硝基苯的吸附机理研究

1) 吸附等温线

等温吸附公式是指在一定的温度下，单位质量吸附剂所吸附的吸附质质量或

物质的量与平衡时溶液中的吸附质浓度的关系。污染物在固相中的吸附模型应用较为广泛的主要是经典的 Langmuir、Freundlich、Henry、Temkin、BET 及近年来应用较多的两点位 Langmuir 方程。

(1) Langmuir 吸附等温式。

该等温式是在吸附为可逆的且吸附剂表面只吸附单层分子的假设下得出的：

$$q = \frac{q_m K_L c}{1 + K_L c} \tag{6-5}$$

式中，q_m 为最大吸附量；K_L 为 Langmuir 常数，为吸附剂对于吸附质亲和力，也称吸附能或吸附强度，可反映吸附过程吸附热大小；c 为平衡浓度；q 为平衡吸附量，以下各模型同。

由 Langmuir 方程可知，在浓度很高的情况下，$K_L c \gg 1$，此时 $q \approx q_m$，即 q 接近定值，等温线趋于水平；在浓度很低的情况下，$K_L c \ll 1$，此时 $q \approx q_m K_L c$，即 q 与 c 成正比，等温线近似于一条直线。

(2) Freundlich 吸附等温式。

Freundlich 吸附等温式为

$$q = K_F c^{\frac{1}{n}} \tag{6-6}$$

式中，K_F 为 Frenundlich 吸附系数；n 为常数，代表吸附强度，反映吸附剂对吸附质束缚力的强弱，通常大于 1，一般认为 $1/n$ 介于 0.1～0.5，则容易吸附。

(3) Temkins 模型。

Temkins 模型的公式为

$$q = \frac{RT}{a} \ln mc \tag{6-7}$$

式中，a、m 均为与吸附热有关的常数；R 为气体常数；T 为热力学温度；在恒温条件下，$\frac{RT}{a}$ 为常数。

(4) Henry 模型。

Henry 模型的公式为

$$q = K_D c \tag{6-8}$$

式中，K_D 为表征吸附质在吸附剂与土壤溶液中分配系数。

(5) 两点位 Langmuir 模型。

两点位 Langmuir 模型的公式为

$$q = \frac{q_{m1}K_{L1}c}{1+K_{L1}c} + \frac{q_{m2}K_{L2}c}{1+K_{L2}c} \tag{6-9}$$

式中，q_{m1}、q_{m2} 分别为两种吸附点位的最大吸附量；K_{L1}、K_{L2} 分别为两种吸附点位的亲和力。

以不同柱撑浓度的 $C_{16}TA^{+}$-蒙脱石吸附苯胺，做吸附等温线（图 6-9），由吸附平衡数据得到有机蒙脱石对苯胺的吸附量比（表 6-5）。

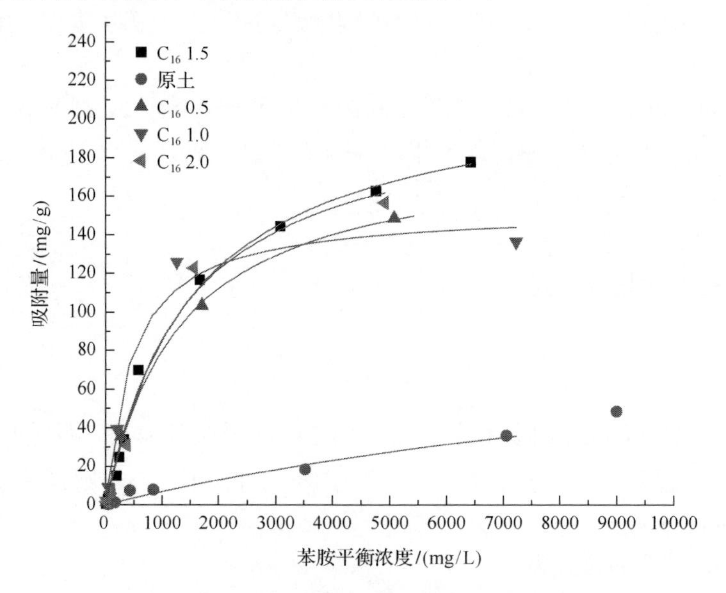

图 6-9　C_{16} 系列蒙脱石吸附苯胺的吸附等温线

表 6-5　有机蒙脱石对苯胺的吸附量比（K_r）　　（单位：mg/g）

平衡浓度/(mg/L)	C_{16} 0.5	C_{16} 1.0	C_{16} 1.5	C_{16} 2.0
1000	12.151	15.876	13.127	12.95
2000	8.727	9.618	9.559	9.499
3000	6.904	7.119	7.765	7.593
4000	5.866	5.748	6.618	6.42

注：K_r 为有机蒙脱石与蒙脱石对苯胺的吸附量的比值。

由表 6-5 可见，蒙脱石经十六烷基三甲基溴化铵柱撑后，其对苯胺的平衡吸附量相对原土增大了 5.866～13.127 倍，证实了改性土对苯胺确实具有显著的增强吸附能力的作用。由图 6-9 可知，C_{16} 系列各供测试蒙脱石对苯胺的吸附等温线呈 L 形，在较低浓度下，吸附量随柱撑剂加入比例的变化而变化，其吸附量的大小

顺序为 C_{16} 1.5>C_{16} 2.0>C_{16} 1.0>C_{16} 0.5，与前面吸附量与废水初始关系图反映的吸附性能一致，即吸附量随层间柱撑浓度的增加而增加，但在 1.5 倍 CEC 的加入量处，C_{16} 系列对苯胺的吸附没有继续增加。推测其原因是在高浓度下，表面吸附的影响增强，又由 C_{16} 系列有机柱撑层间距的资料可知：C_{16} 1.0 层间有机阳离子呈单层倾斜，2.0 倍 CEC 时层间为蒙脱石单层柱撑所能达到的最大层间距，而 1.0～2.0 倍 CEC 时可能存在多相态，即除单层倾斜外可能同时存在单层平卧与未交换的情况，从而影响了吸附点位及层间空隙大小，使这一柱撑比例范围内的有机蒙脱石吸附量明显增大。在低浓度部分吸附等温线为线性，主要是水中有机物在有机蒙脱石-水相之间分配作用的结果。由于表面活性剂阳离子的烷基部分在蒙脱石层间堆集在一起，形成有机相，水对弱极性有机物苯胺产生“萃取”作用。

以五种吸附模型对供试土样中苯胺的吸附等温线进行拟合，结果见表 6-6，以相关系数 R^2 和标准差 SE (standard error) 综合评价所得有机蒙脱石吸附苯胺的最适模型。从相关系数来看，这一系列土样均以 Langmuir 模型和两点位 Langmuir 模

表 6-6　供试土样对苯胺吸附等温线的模型拟合结果

		C16 0.5	C16 1.0	C16 1.5	C16 2.0
Freundlich 模型	R^2	0.9738	0.83783	0.96228	0.93499
	SE	143.72079	893.692	195.94	344.0817
	K_F/[(mg/g) (L/mg) $^{\frac{1}{n}}$]	2.09218	7.82378	1.85864	1.989
	n	1.9832	3	1.88891	1.917
Temkin 模型	R^2	0.93487	0.93066	0.88964	0.90175
	SE	357.30359	382.11644	573.33047	1211.758
	(RT/a)/(mg/g)	27.8241	25.3118	31.3233	42.5507
	m/(L/mg)	0.0254	0.04331	0.02249	0.02955
Langmuir 模型	R^2	0.99853	0.97851	0.99415	0.99132
	SE	9.04631	118.4403	30.39478	162.04791
	K_L/(L/mg)	0.00075	0.00216	0.00063	0.0007
	q_m/(mg/g)	186.4893	153.0508	220.2994	209.0018
Henry 模型	R^2	0.80058	0.31025	0.80358	0.7486
	SE	820.53859	2850.774	927.66589	2325.4913
	K_D/(L/g)	0.03267	0.02138	0.0341	0.06533
两点位 Langmuir 模型	R^2	0.99128	0.97851	0.99415	0.99128
	SE	98.196	355.3209	37.99348	98.196
	K_{L1}/(L/mg)	0.00075	0.00216	0.00063	0.0007
	K_{L2}/(L/mg)	0.00075	0.00216	0.00063	0.0007
	q_{m1}/(mg/g)	93.2447	76.526	110.15398	104.5105
	q_{m2}/(mg/g)	93.2447	76.526	110.15398	104.5105

型为主，但两点位 Langmuir 模型在拟合时多数不收敛，因此 Langmuir 模型可较好地描述 C_{16} 系列吸附苯胺。其中 q_m 代表饱和吸附量，C_{16} 系列的饱和吸附量如下：C_{16} 0.5 为 186.48mg/g，C_{16} 1.0 为 153.05mg/g，C_{16} 1.5 为 220.29mg/g，C_{16} 2.0 为 209.001mg/g。由 Langmuir 模型拟合参数可知：最大吸附量 q_m 的顺序与吸附量一致，而吸附系数 K_L（即吸附能）基本与 q_m 负相关，即最大吸附量越大，吸附能越小。

大量研究表明[12, 13]，当吸附介质的有机碳含量大于 0.5%时，吸附介质上的有机质是有机物的唯一重要的吸附相。改性制得的有机蒙脱石的有机碳含量都大于 0.5%，为了进一步探讨有机蒙脱石对苯胺的吸附机理，采用两相模型进行处理，即分为有机相（分配作用）和其他相（除分配作用以外的作用，如表面吸附等）。定义总吸附量为

$$q_T = q_P + q_A \tag{6-10}$$

吸附等温线的回归方程如下：

$$q_T = \frac{q_m K_L c}{1 + K_L c} \tag{6-11}$$

根据分配理论可以得到：

$$K_P = \frac{q_P}{c} \tag{6-12}$$

$$K_P = K_{oc} f_{oc} \tag{6-13}$$

式(6-10)～式(6-13)中，q_T 为总吸附量；q_P 为分配作用所产生的吸附量；q_A 为表面吸附等作用所产生的吸附量；c 为水中有机物的浓度；K_P 为分配系数；K_{oc} 为有机碳标化过的分配系数；f_{oc} 为有机蒙脱石中有机碳的百分含量。

由式(6-11)～式(6-13)得

$$q_P = K_{oc} f_{oc} c \tag{6-14}$$

$$q_A = \frac{q_m K_L c}{1 + K_L c} - K_{oc} f_{oc} c \tag{6-15}$$

研究表明[14]，有机物在有机膨润土界面间的化学行为主要有分配作用和表面吸附，其中表面吸附为强的溶质吸收，吸附放热较大，很快达到吸附平衡，吸附量随平衡浓度呈非线性变化，存在最大吸附容量；而分配作用为弱的溶质吸收，吸附放热小，吸附量随平衡浓度呈线性变化。从分配作用和表面吸附作用的特征

很容易得出，当有机物浓度较高时，吸附量的贡献主要为分配作用，此时的表面吸附达到饱和。在有机物的较高浓度段 1000～5000mg/L 进行线性回归分析，回归数据见表 6-7。线性回归方程为

$$q_{\mathrm{T}} = Mc + N \tag{6-16}$$

式中，M、N 为常数；Mc 项为分配作用对总吸附量的贡献部分；N 为表面吸附的最大吸附量。根据式(6-10)可得 M 为分配系数 K 的 1/1000，再根据式(6-11)就可以求出有机碳标化的分配系数 K_{oc}、表面吸附饱和吸附量 N、分配系数 K 和有机碳标化的分配系数。

表 6-7　模拟等温线高浓度线性回归数据、表面吸附饱和吸附量和分配系数(K_{P}，K_{oc})

土样	线性回归方程 [q_{T}/(mg/g)，c/(mg/L)]	相关系数 R	表面吸附饱和吸附量/(mg/g)	K_{P}	f_{oc}	K_{oc}
C_{16} 0.5	q_{T} =0.01717c+62.2617	0.973	62.262	17.17	12.04	142.608
C_{16} 1.0	q_{T} =0.00981c+80.274	0.679	80.274	9.81	16.46	59.599
C_{16} 1.5	q_{T} =0.01817c+78.540	0.966	78.540	18.17	21.84	83.196
C_{16} 2.0	q_{T} =0.01622c+78.417	0.922	78.417	16.22	25.78	62.917

若将 q_{m}、K_{L} 的拟合常数、K_{P} 值代入式(6-12)和式(6-13)中，即可得分配作用和表面吸附作用贡献量的平衡浓度方程(表 6-8)。

表 6-8　表面吸附和分配作用在有机蒙脱石吸附苯胺中的贡献量

土样	分配作用(q_{p})贡献量/(μg/g)	表面吸附(q_{A})贡献量/(μg/g)
C_{16} 0.5	$q_{\mathrm{P}}=17.17c$	$q_{\mathrm{A}}=\dfrac{186.4893\times0.00075\times c}{1+0.00075c}-17.17c$
C_{16} 1.0	$q_{\mathrm{P}}=9.81c$	$q_{\mathrm{A}}=\dfrac{153.0508\times0.00216\times c}{1+0.00216c}-9.81c$
C_{16} 1.5	$q_{\mathrm{P}}=18.17c$	$q_{\mathrm{A}}=\dfrac{220.2994\times0.00063c}{1+0.00063c}-18.17c$
C_{16} 2.0	$q_{\mathrm{P}}=16.22c$	$q_{\mathrm{A}}=\dfrac{209.0018\times0.0007c}{1+0.0007c}-16.22c$

由表 6-8 可见，分配作用大小排列顺序为 C_{16} 1.5>C_{16} 0.5>C_{16} 2.0>C_{16} 1.0，这一结果与高浓度下有机蒙脱石的平衡吸附量大小顺序一致，而表 6-7 中相关系数都比较高，证实分配作用在吸附过程中起主要作用。分配系数 K_{P} 与有机碳标化过的分配系数 K_{oc} 有很好的相关性，说明分配作用贡献大小与层间有机碳含量有关。

由表面饱和吸附量得到表面吸附贡献大小排列顺序为 C_{16} 1.0>C_{16} 1.5>C_{16} 2.0>

C_{16} 0.5，与有机柱撑蒙脱石的比表面积的大小顺序一致，即柱撑浓度越大，比表面积越小，表面吸附就越少。但 C_{16} 0.5 例外，比表面积最大，而表面吸附量最小。推测其原因可能是在低柱撑浓度下，季铵盐在蒙脱石层间呈弯曲的 Gauche 型排布，阻止苯胺到达吸附电位。

以不同浓度的 C_{14} 系列柱撑蒙脱石吸附硝基苯，做吸附等温线(图 6-10)。由吸附平衡数据得到有机蒙脱石对硝基苯的吸附量比(表 6-9)。

由表 6-9 可见，蒙脱石经十四烷基三甲基溴化铵柱撑后，其对硝基苯的平衡吸附量相对原土增大了 1.852～2.978 倍，证实了改性土对硝基苯确实具有显著的增强吸附能力的作用。由图 6-10 可知，在较低浓度下，C_{14} 系列有机蒙脱石对硝基苯的吸附量随改性比例的变化顺序为：C_{14} 2.0>C_{14} 1.5>C_{14} 1.0>C_{14} 0.5，在较高浓度下，C_{14} 0.5 平衡吸附量骤增。与前面吸附量与废水初始浓度关系图反映的吸附性能一致，即层间柱撑浓度越高，吸附越好，而在低浓度部分吸附等温线为线性，主要是由于层间有机相的分配作用。

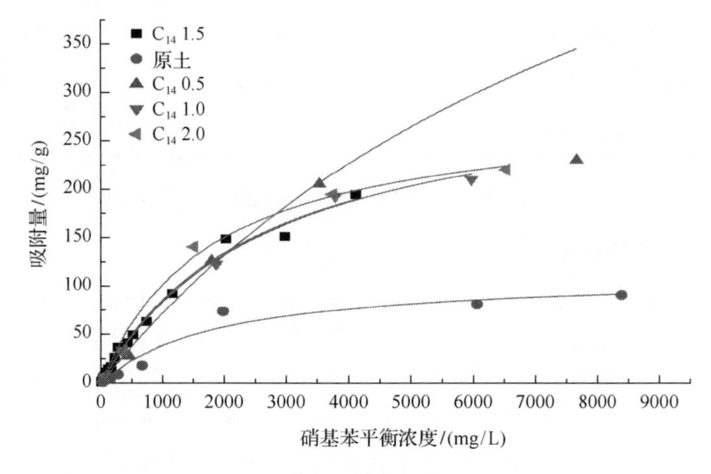

图 6-10　C_{14} 系列柱撑蒙脱石吸附硝基苯等温线

表 6-9　有机蒙脱石对苯胺的吸附量比(K_r)

平衡浓度/(mg/L)	C_{14} 0.5	C_{14} 1.0	C_{14} 1.5	C_{14} 2.0
1000	1.8523	2.1378	2.201	2.586
2000	2.23	2.3312	2.3312	2.6183
3000	2.6044	2.3861	2.4079	2.6589
4000	2.9779	2.4563	2.4563	2.5941

同样采用两相模型，即有机相(分配作用)和其他相(除分配作用以外的作用，如表面吸附等)来进一步研究有机蒙脱石对硝基苯的吸附机理。考虑 C_{14} 系列蒙脱石的最佳吸附模型为 Freundlich 模型。式(6-13)就变成

$$q_A = Kc^{\frac{1}{n}} - K_{oc} f_{oc} c \tag{6-17}$$

在有机物较高浓度段 1000～5000mg/L 进行线性回归分析，回归数据见表 6-10。

表 6-10　模拟等温线高浓度线性回归数据、表面吸附饱和吸附量和分配系数(K_P，K_{oc})

土样	线性回归方程 [q_T/(mg/g), c/(mg/L)]	相关系数 R	表面吸附饱和吸附量/(mg/g)	K_P	f_{oc} /%	K_{oc}
C_{14} 0.5	q_T =0.03412c+44.8053	0.8635	44.8053	34.12	11.065	308.36
C_{14} 1.0	q_T =0.03319c+50.749	0.969	50.749	33.19	14.99	222.752
C_{14} 1.5	q_T =0.03427c+56.335	0.9605	56.335	34.27	19.39	176.741
C_{14} 2.0	q_T =0.03427c+53.6098	0.929	53.6098	34.27	23.247	147.417

分配作用和表面吸附作用贡献量的平衡浓度方程见表 6-11。

表 6-11　表面吸附和分配作用在有机蒙脱石吸附苯胺中的贡献量

土样	分配作用(q_P)贡献量/(μg/g)	表面吸附(q_A)贡献量/(μg/g)
C_{14} 0.5	$q_P = 34.12c$	$q_A = 1.3565c^{\frac{1}{1.681}} - 34.12c$
C_{14} 1.0	$q_P = 33.19c$	$q_A = 0.0812 \cdot c^{\frac{1}{1.045}} - 33.19c$
C_{14} 1.5	$q_P = 34.27c$	$q_A = 0.779 \cdot c^{\frac{1}{1.499}} - 34.27c$
C_{14} 2.0	$q_P = 34.27c$	$q_A = 0.825 \cdot c^{\frac{1}{1.481}} - 34.27c$

由表 6-8 可见，分配作用大小排列顺序 C_{14} 2.0>C_{14} 1.5> C_{14} 0.5> C_{16} 1.0，与前面吸附等温线显示的吸附量的顺序基本一致，说明吸附过程以分配作用为主。表面吸附大小排列顺序为 C_{14} 1.5>C_{14} 2.0>C_{14} 1.0>C_{16} 0.5，与其比表面积的大小顺序相反。

2) 吸附机理探讨

有机蒙脱石对硝基苯、苯胺的吸附包括分配作用和表面吸附。由于芳环中的离域 π 键的存在，芳环与有机阳离子(季铵盐离子)的 N 端-黏土表面之间发生强烈溶剂化反应，从而被有机阳离子吸附。因此，层间有机阳离子含量增大，吸附量也逐渐增大。蒙脱石表面对有机物的吸附作用被认为是表面的 Lewis 和 Bronsted 酸点与有机碱的反应。有机物与蒙脱石层间阳离子的水化作用质子化，而阳离子则羟基化。从而被吸附。

实验表明，有机蒙脱石对苯胺、硝基苯的吸附过程以分配作用为主，分配作用与层间有机含量有关。表面吸附还受有机柱撑蒙脱石比表面积和层间阳离子排布模式的影响。

6.2.3　对多环芳烃的吸附

PAHs (polycyclic aromatic hydrocarbons) 是疏水性的有机污染物，易被土壤和水体中的固相物质吸持。因此，其在环境中的迁移性和生物有效性较低。然而很多研究发现，DOM 能增加 PAHs 在水中的溶解性，促进被吸持的 PAHs 的解吸，增强 PAHs 的迁移性和生物有效性，进而污染地下水并在生物体内富集。在这些研究中均涉及 PAHs 与 DOM 的相互作用，这个问题的阐明对于更好地理解 DOM 对 PAHs 类疏水性有机污染物环境行为与生态效应的影响、科学地评估 PAHs 的环境风险、PAHs 污染土壤的修复具有极其重要的意义。

从国内外发表的文献资料来看，以往对于 DOM 的研究多集中于 DOM 的组成[15, 16]、结构[17, 18]、DOM 的环境行为与 DOM 对污染物及养分物质的环境行为的影响[19-21]，有关 DOM 在森林土壤、河流、湖泊及地下水中的含量与性质等方面的研究也有较多的报道。在 DOM 与土壤和矿物的相互作用方面，方晓航、等[22, 23]研究了小分子有机酸对蛇纹岩发育土壤 Ni、Co 的活化影响，侧重于低分子量有机酸对土壤中金属元素的活化研究；吴宏海等[24]开展河口沉积物中矿物-腐殖质复合体结构与表面反应性的研究工作，侧重于氧化物矿物-腐殖质复合体表面性质的对比分析，以及建立河口水体沉积物中矿物-腐殖质复合体的结构模型等方面的研究；贺纪正等[25]研究了有机配体对可变电荷土壤表面性质和金属吸附的影响，侧重于土壤(矿物与有机质复合体)对有机配体的吸附特征及吸附有机配体后土壤表面性质的变化的研究。相对而言，针对低分子量可离解的 DOM 与黏土矿物的硅、铝表面羟基位的络合作用，DOM 在黏土矿物中的吸附和解吸过程的非可逆性，黏土矿物-DOM 复合体微界面反应的动力学过程，以及其与黏土矿物表面有机分子成键类型、络合形态等微结构变化之间的关系研究则鲜见报道。

近年来，水溶性有机质/黏土矿物复合体微界面反应的研究取得了一定的进展，现代光谱学技术可为物质分子之间的相互作用提供直观、可靠和科学的证据。笔者对黏土矿物-DOM 复合体的微界面反应机理进行了初步的分析，认为至少存在几种配位及表面反应模式：①离子交换与表面配位模式；②疏水性作用与分配模式；③氢键作用与阳离子桥键作用等。吸附反应一般分两步进行：吸附质的初始快速吸附及随后较缓慢的过程。快速步骤通常假定为由扩散控制的吸附反应，在几分钟内达到平衡。缓慢这一步骤则主要归因于以下几种可能的过程：①扩散进入固体微孔中，之后吸附于内部表面位上；②吸附于低反应性表面位上；③表面沉淀。慢速反应过程需要几星期甚至几个月才能达到平衡。仅仅根据宏观实验结果来区分反应的机理是非常困难的，解决的方法之一是利用表面显微技术和表面谱学技术，它们能在分子水平上研究反应，极大地推动反应机理的研究和解释。因此详细的界面反应模式及其影响因素需要通过现代谱学分析测试技术和动力学计算才能最终得出。

1. 黏土矿物-DOM 复合体制备及表征

以黏土矿物(蒙脱石、高岭土)为原料制备的黏土矿物-DOM 复合体，其表征方法(XRD、FTIR、SEM、TG)详见第 3 章 3.4.2 节。

2. 蒙脱石-DOM 复合体对 PAHs 的吸附解吸实验

1) 振荡时间对吸附的影响

本研究条件下，蒙脱石-DOM 复合体及蒙脱石原土对 PAHs 的吸附量随振荡时间的变化曲线如图 6-11 所示。在吸附开始阶段吸附速率很快，在 5min 时对菲、芘的吸附量即达到很高值。在随后的 30min 内，蒙脱石-DOM 复合体对菲、芘的吸附量都出现一个升降的波动，对菲吸附的波动稍大，而蒙脱石原土对菲、芘的吸附量相对稳定，很快达到吸附平衡。主要的原因可能是复合体中 DOM 有少部分溶出，对菲，芘有增溶的作用[26]，使与复合体颗粒松散结合的菲、芘分子通过与 DOM 疏水区域相结合而迅速解吸，导致在最初的 20min 内菲、芘的解吸量大于吸附量，从而使复合体对菲、芘的吸附量减少，而后由于在固液混匀过程中复合体内部颗粒逐渐暴露，致使游离于水相中的 DOM 和菲、芘分子均有机会吸附于新增的固相表面位点[27]，吸附量又随之增加。随着浓度梯度的减小，吸附释放过程趋于平稳，在 60min 时基本稳定，达到吸附平衡。为了保证实验数据的可信度，吸附实验以 120min 为吸附平衡时间。

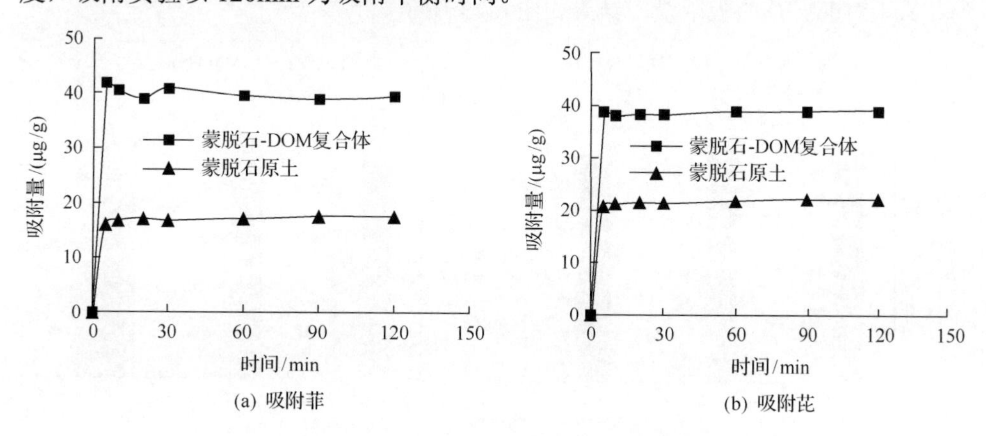

(a) 吸附菲　(b) 吸附芘

图 6-11　振荡时间对吸附行为的影响

2) pH 对吸附的影响

在实验条件下，分别考察 pH 为 3、5、7、9、11 时蒙脱石-DOM 复合体对菲、芘的吸附量，结果如图 6-12 所示。不同 pH 下蒙脱石-DOM 复合体对菲的吸附量变化并不明显(吸附量略微的差异主要是由配制菲、芘溶液的初始浓度不同造成的)。辛醇-水分配系数(K_{ow})是影响有机物吸附性能的重要因素。菲、芘为疏水性有机物，菲的辛醇-水分配系数 lg K_{ow}=4.57，溶解度为 1.18mg/L，芘的辛醇-水分配系数 lg K_{ow}=5.18，溶解度为 0.132mg/L，因此 PAHs 与水分子的作用极小，溶液 pH 变化对菲的吸附影响不大。

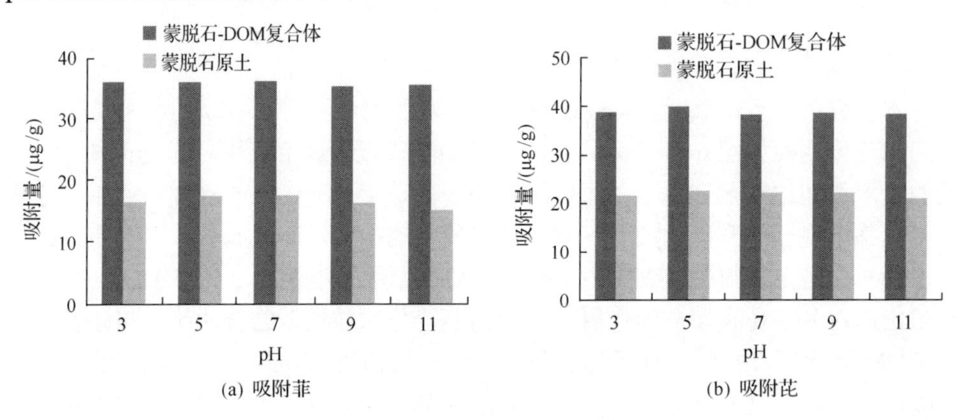

(a) 吸附菲　(b) 吸附芘

图 6-12　pH 对吸附行为的影响

3) 温度对吸附的影响

在实验条件下，分别考察 25℃、35℃、45℃条件下蒙脱石-DOM 复合体和蒙脱石原土对菲、芘的吸附量，结果如图 6-13 所示。

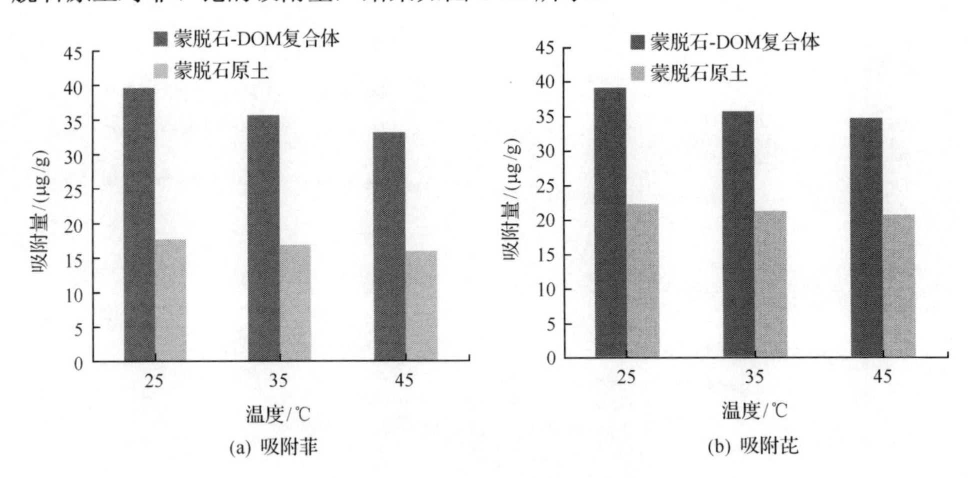

(a) 吸附菲　(b) 吸附芘

图 6-13　温度对吸附行为的影响

结果表明，随着温度的升高，蒙脱石-DOM 复合体及蒙脱石原土对菲、芘的吸附量均呈递减趋势，当温度从 25℃上升到 45℃时，蒙脱石-DOM 复合体对菲的平衡吸附量从 39.48μg/g 降到 33.02μg/g，对芘的平衡吸附量从 38.96μg/g 降到 34.53μg/g；蒙脱石原土对菲、芘的吸附量也有不同程度的下降。这表明蒙脱石-DOM 复合体及蒙脱石原土对菲、芘的吸附是一个放热过程，低温有利于吸附的进行。

4) 投加量对吸附的影响

分别称取 0.1～1.0g 的一系列蒙脱石-DOM 复合体及蒙脱石原土，在实验条件下考察不同投加量对菲、芘的吸附量的变化，结果如图 6-14 所示。结果表明，当菲、芘的初始浓度一定时，随着反应体系吸附剂投加量(固液比)的增大，蒙脱石-DOM 复合体对菲、芘平均吸附量是逐渐减少的，对菲的平均吸附量从 193.35μg/g 降到 21.37μg/g，对芘的平均吸附量由 200.71μg/g 降到 21.116μg/g，这主要是因为随着吸附剂的增多，单位吸附剂分配吸附到的吸附质是逐渐减少的。蒙脱石-DOM 复合体及蒙脱石原土对菲、芘的吸附都具有这种吸附特征。

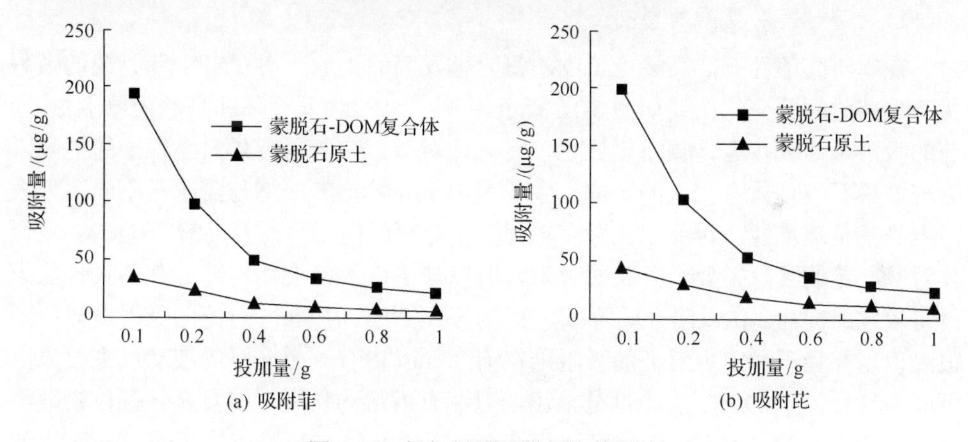

(a) 吸附菲　　(b) 吸附芘

图 6-14　投加量对吸附行为的影响

5) 初始浓度对吸附的影响

分别配置 100～1000μg/L 的一系列的菲、芘溶液，在实验条件下考察初始浓度对菲、芘的平均吸附量随时间的变化，结果如图 6-15 所示。结果表明，随着菲、芘初始浓度的提高，蒙脱石-DOM 复合体及蒙脱石原土对菲、芘的平均吸附量均有不同幅度的提升，蒙脱石-DOM 复合体对菲、芘的平均吸附量的提升幅度高于蒙脱石原土；蒙脱石-DOM 复合体对菲的平均吸附量从 3.20μg/g 提高到 34.432μg/g，对芘的平均吸附量从 3.88μg/g 提高到 40.017μg/g，蒙脱石原土对菲、芘的平均吸附量随浓度的线性变化较为明显，平均吸附量的平均增加值较小。

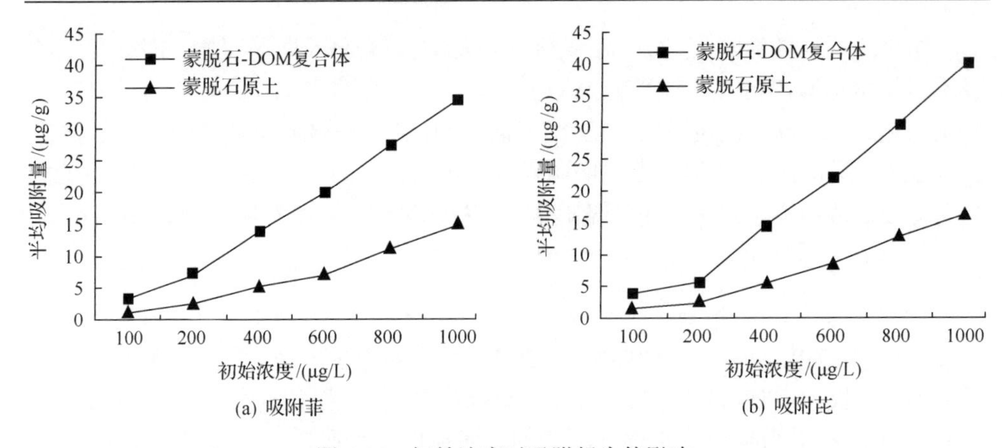

(a) 吸附菲　　(b) 吸附芘

图 6-15　初始浓度对吸附行为的影响

3. 高岭土-DOM 复合体对 PAHs 的吸附、解吸研究

1) 振荡时间对吸附的影响

在本研究条件下，高岭土-DOM 复合体及高岭土原土对 PAHs 菲、芘的吸附量随振荡时间的变化曲线如图 6-16 所示。高岭土-DOM 复合体和高岭土原土对菲、芘的吸附量比较接近，相对于原土，复合体对菲、芘的吸附量只有很少的提高，这与蒙脱石复合体有较大的不同，主要是由于高岭土的结构与蒙脱石不同，外表面本身就是疏水性，对菲、芘即有较强的结合吸附能力，而且高岭土-DOM 复合体对菲、芘的吸附主要是外表面吸附，所以与 DOM 复合后对菲、芘的吸持能力没有较大的提高。在吸附开始阶段，吸附速率很快，前 5min 对芘的吸附量即达到很高值，并趋于稳定；对菲的吸附则在前 30min 内有一个升降的波动，主要原因可能是复合体中 DOM 有少部分溶出，对菲有增溶的作用，与复合体颗粒松散结合的菲分子通过与 DOM 疏水区域相结合而迅速解吸，导致在最初的 30min 内菲的解吸量大于吸附量，从而使复合体对菲的吸附量减少，而后由于在固液混匀过程中复合体内部颗粒逐渐暴露，致使游离于水相中的 DOM 和菲分子均有机会吸附于新增的固相表面位点，吸附量随之增加。随着浓度梯度的减小，吸附释放过程趋于平稳，在 60min 时基本稳定，达到吸附平衡，这与蒙脱石-DOM 复合体对菲的吸附是一致的。高岭土-DOM 复合体没有出现波动，可能是因为芘的疏水性要大于菲(菲的辛醇-水分配系数 lg K_{ow}=4.57，芘的辛醇-水分配系数 lg K_{ow}= 5.18)，与高岭土的外表面疏水基团结合较稳固。为了保证实验数据的可信度，吸附实验以 120min 为吸附平衡时间。

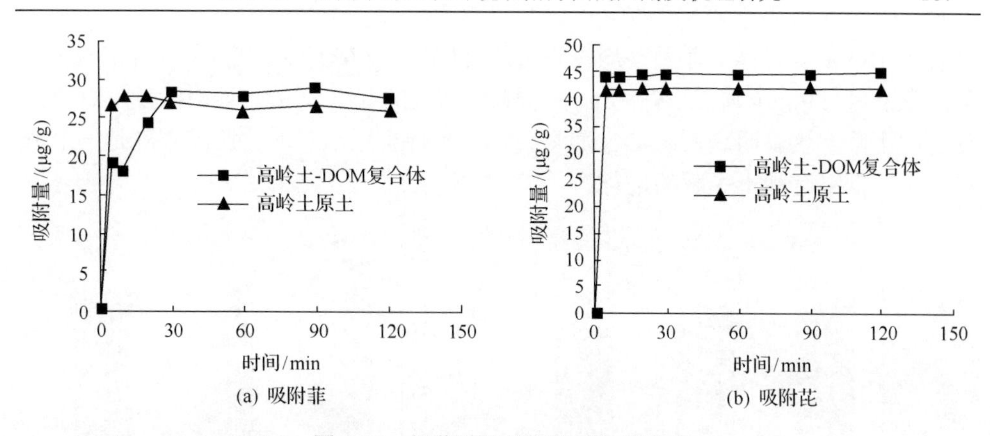

图 6-16　振荡时间对吸附行为的影响

2) pH 对吸附的影响

在实验条件下，分别考察 pH 为 3、5、7、9、11 时高岭土-DOM 复合体对菲、芘的平均吸附量，结果如图 6-17 所示。pH 不同时，高岭土-DOM 复合体对菲的吸附量变化并不明显(吸附量略微的差异是由配制菲、芘溶液的初始浓度有所差异造成的)。辛醇-水分配系数(K_{ow})是影响有机物吸附性能的重要因素。菲、芘为疏水性有机物，菲的辛醇-水分配系数 lg K_{ow}=4.57，溶解度为 1.18mg/L，芘的辛醇-水分配系数 lg K_{ow}=5.18，溶解度为 0.132mg/L，因此 PAHs 与水分子的作用极小，与蒙脱石-DOM 复合体吸附一样，溶液 pH 变化对高岭土-DOM 复合体吸附菲、芘的影响较小。

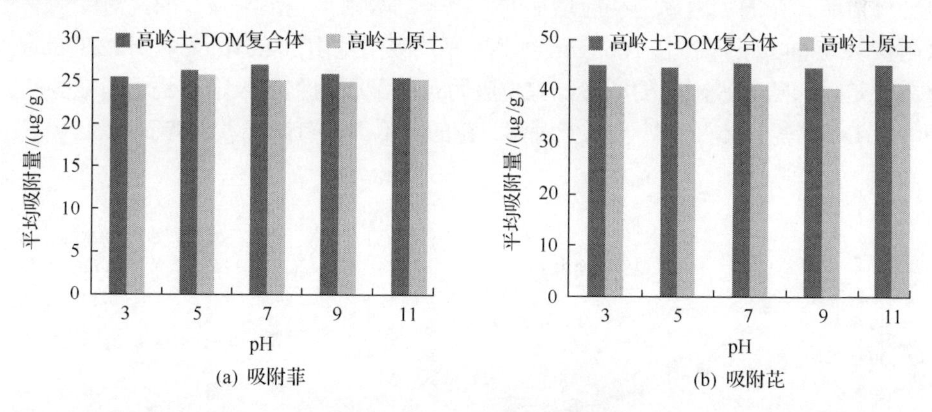

图 6-17　pH 对吸附行为的影响

3) 温度对吸附的影响

在实验条件下，分别考察 25℃、35℃、45℃时高岭土-DOM 复合体对菲、芘的吸附，结果如图 6-18 所示。结果表明，随着温度的升高，高岭土-DOM 复合体及高岭土原土对菲、芘的平均吸附量均呈递减趋势，当温度从 25℃上升到 45℃时，高岭土-DOM 复合体对菲的平均吸附量从 27.50μg/g 降到 22.75μg/g，对芘的平衡吸附量从 44.99μg/g 降到 39.07μg/g；高岭土原土对菲、芘的平均吸附量也有不同程度的下降。这表明高岭土-DOM 复合体及高岭土原土对菲、芘的吸附是一个放热过程，低温有利于吸附的进行。

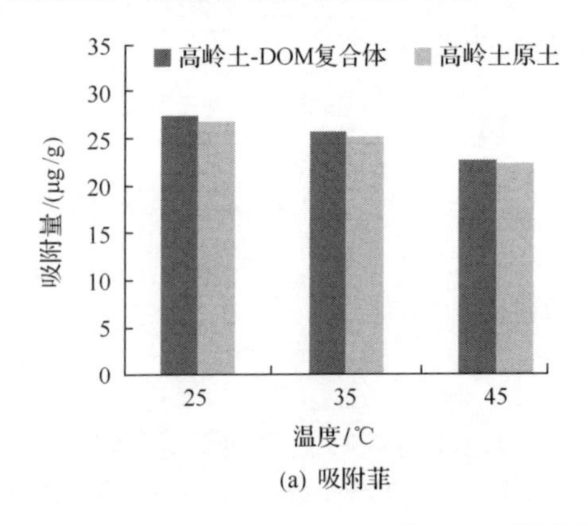

(a) 吸附菲

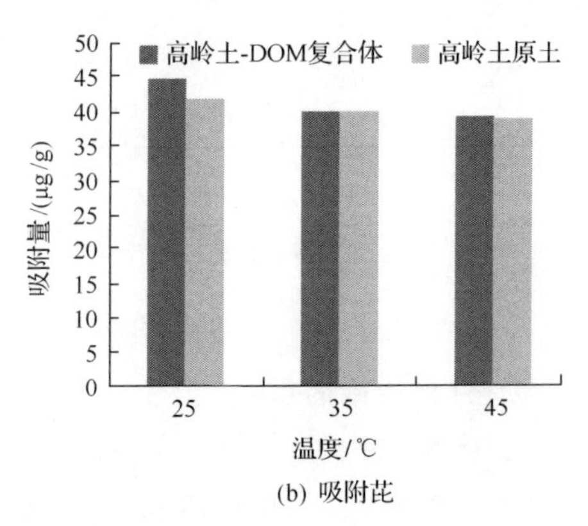

(b) 吸附芘

图 6-18 温度对吸附行为的影响

4) 投加量对吸附的影响

分别称取 0.1～1.0g 的一系列高岭土-DOM 复合体及高岭土原土，在实验条件下考察不同投加量对菲、芘的平均吸附量的变化，结果如图 6-19 所示。结果表明，当菲、芘的初始浓度一定时，随着反应体系吸附剂投加量(固液比)的增大，高岭土-DOM 复合体对菲、芘的吸附率是相应增加的，但平均吸附量是逐渐减少的，对菲的平均吸附量从 76.04μg/g 降到 15.266μg/g，对芘的平均吸附量由 204.09μg/g 降到 22.896μg/g，这主要是因为随着吸附剂的增多，单位吸附剂分配吸附到的吸附质是逐渐减少的。高岭土-DOM 复合体及高岭土原土对菲、芘的吸附都具有这种吸附特征。

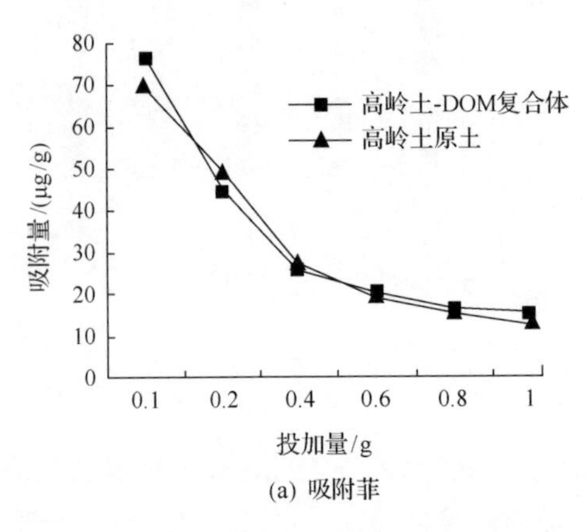

(a) 吸附菲

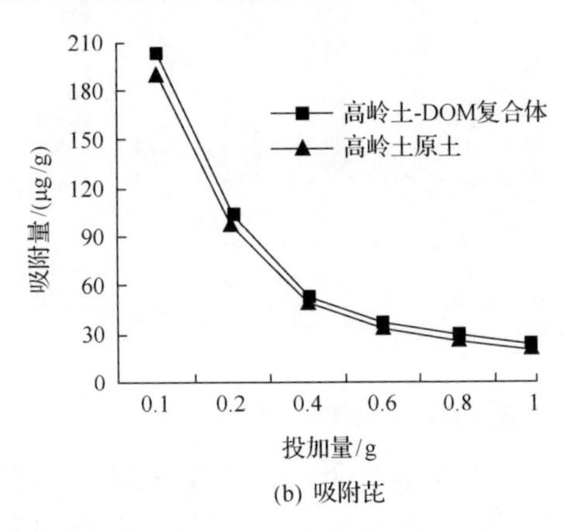

(b) 吸附芘

图 6-19 投加量对吸附行为的影响

5) 初始浓度对吸附的影响

分别配置 100～1000μg/L 的一系列的菲、芘溶液，在实验条件下考察初始浓度对菲、芘的吸附量随时间的变化，结果如图 6-20 所示。结果表明，随着菲、芘初始浓度的提高，高岭土-DOM 复合体及高岭土原土对菲、芘的平均吸附量均有不同幅度的提升，高岭土-DOM 复合体对菲、芘的平均吸附量的提升幅度略大于高岭土原土；高岭土-DOM 复合体对菲的平均吸附量从 3.48μg/g 提高到 21.936μg/g，对芘的平均吸附量从 1.90μg/g 提高到 40.20μg/g；高岭土原土对菲、芘的平均吸附量随浓度的线性变化比高岭土-DOM 复合体高。

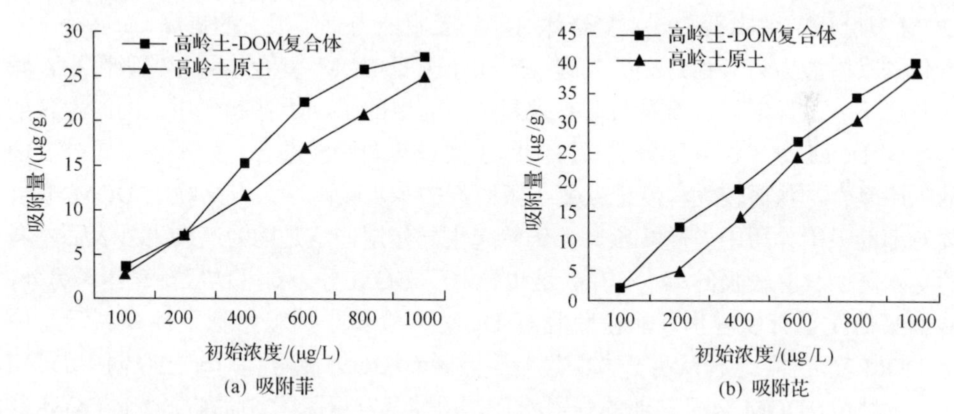

图 6-20　初始浓度对吸附行为的影响

4. 两种黏土矿物-DOM 复合体对 PAHs 的吸附能力及稳定性比较

最后对比讨论高岭土-DOM 复合体和蒙脱石-DOM 复合体对 PAHs(以对菲的吸附为例)的吸附性能和吸附稳定性，吸附曲线和解吸曲线如图 6-21 和图 6-22 所示。

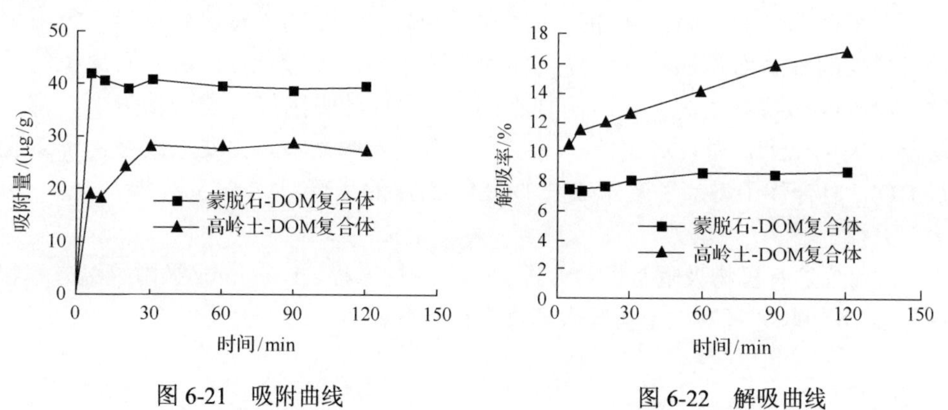

图 6-21　吸附曲线　　图 6-22　解吸曲线

由图 6-21 吸附曲线和图 6-22 解吸曲线可以看出，实验条件下，蒙脱石-DOM 复合体对菲的吸附能力要高于高岭土-DOM 复合体，蒙脱石-DOM 复合体对菲的平均吸附量在 40μg/g 左右，高岭土-DOM 复合体对菲的平均吸附量不足 30μg/g，只有 27.5μg/g 左右；而菲在高岭土-DOM 复合体上的解吸率则要远远高于蒙脱石-DOM 复合体，菲在高岭土-DOM 复合体上的解吸率最高达到 16.96%，在蒙脱石-DOM 复合体上则不足 10%，只有 8.67%。从两种复合体对菲的绝对平均吸附量来看，蒙脱石-DOM 复合体对菲一直都有较高的平均吸附量，高于高岭土-DOM 复合体。由本章前面的分析可知，高岭土原土对菲的平均吸附量是高于蒙脱石原土的，但与 DOM 复合后的蒙脱石-DOM 复合体对菲的吸附能力有了很大的提高，而高岭土复合体的吸附能力只有稍许提高，这说明在蒙脱石-DOM 复合体对菲的吸附中，蒙脱石已不占主导地位，而是与菲有强烈结合作用的 DOM 在起作用，同时也说明有部分 DOM 分子进入了蒙脱石广阔的层间域与蒙脱石结合，而不仅仅是外表面的吸附复合，从而较大程度地改变了蒙脱石的疏水吸附性；在高岭土-DOM 复合体对菲的吸附作用中，高岭土原土仍然起主导作用，这是因为高岭土外表面本身的疏水基团具有较强的疏水作用，这也掩盖了 DOM 分子对菲的吸附作用。另外，从解吸曲线也可以看出，菲在蒙脱石-DOM 复合体上的吸附稳定性要高于高岭土-DOM 复合体，这也从另一方面说明了蒙脱石-DOM 复合体对菲的吸附中 DOM 占主导地位，DOM 分子与菲的强烈相互作用使其难以脱附，而在高岭土-DOM 复合体对菲的吸附中，高岭土原土起主要作用，结合相对不稳定，随着时间的推移解吸率有增大的趋势。

5. 黏土-DOM 复合体对 PAHs 的吸附等温线

用蒙脱石原土、蒙脱石-DOM 复合体对菲、芘在不同浓度时进行吸附，得到平衡浓度和吸附量的关系图 6-23，可以看出原土和复合体对菲、芘的平衡吸附量随着平衡浓度的升高而增加，线性程度较高，当平衡液浓度较低时，吸附量随着浓度的升高而增加较快，复合体的吸附平衡浓度较低，而蒙脱石原土的吸附平衡浓度则相对较高。在对两种不同的 PAHs 的吸附能力的强弱方面，都是复合体大于原土，而且对芘的吸附量大于对菲的吸附量，主要原因是由于蒙脱石-DOM 复合体中增加了疏水成分 DOM，而芘的辛醇-水分配系数要大于菲，疏水性更强。

采用描述有机物吸附常用的方程 Henry 线性方程、Langmuir 吸附等温方程和 Freundlich 经验方程对以上实验数据进行拟合分析。

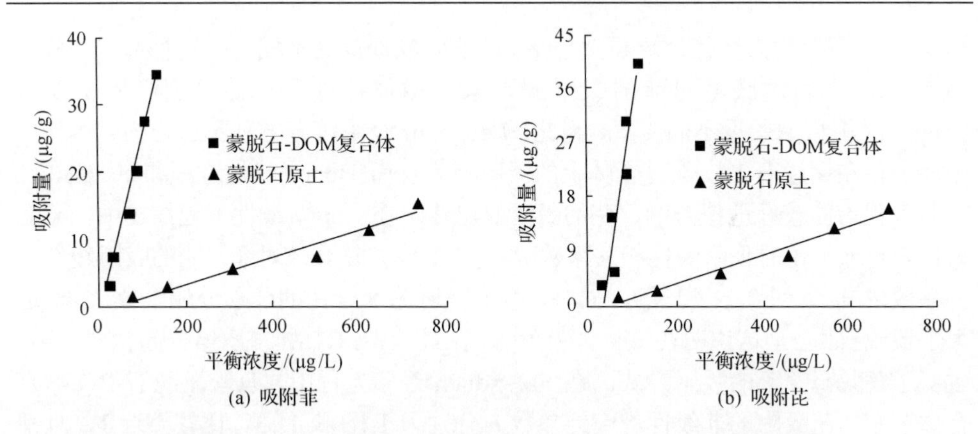

图 6-23　菲、芘在蒙脱石和蒙脱石-DOM 复合体上的吸附等温线

Henry 线性方程：

$$K_D = q_e/c_e \tag{6-18}$$

Langmuir 方程线性形式为

$$1/q_e = 1/q_m + 1/(q_m K_L c_e) \tag{6-19}$$

Freundlich 方程线性形式为

$$\ln q_e = 1/n \ln c_e + \ln K_F \tag{6-20}$$

式中，q_e 为平衡时吸附剂对有机物的吸附量；c_e 为吸附平衡浓度；q_m、K_L 为 Langmuir 常数，其中 q_m 为饱和吸附量；K_F、n 为 Freundlich 常数；K_D 为分配系数。拟合结果见表 6-12。

表 6-12　吸附等温线的拟合结果

类型	Henry 方程		Freundlich 方程			Langmuir 方程		
	K_D/(L/g)	R^2	K_F/[(μg/g) (L/μg)$^{\frac{1}{n}}$]	n	R^2	K_L/(L/μg)	q_m/(μg/g)	R^2
蒙脱石吸附菲	0.02	0.98	0.273	1.29	0.96	–0.57	–20.51	0.98
复合体吸附菲	0.25	0.99	0.125	1.15	0.99	–1.4	–143.86	0.99
蒙脱石吸附芘	0.16	0.98	30.67	1.33	0.97	–0.48	–68.1	0.97
复合体吸附芘	0.28	0.9	1.69	1.13	0.93	–5.63	–2.58	0.9

由 3 种等温方程对吸附等温线的拟合的结果可知，采用 Langmuir 吸附等温方

程拟合时，q_m 均为负值，这显然与 q_m 的实际物理意义不相符，这种情况与陈华林[28]等研究西湖底泥对菲的吸附的现象有相似之处，可能是由吸附机制与Langmuir模型的假设不同所致，因此，Langmuir吸附等温方程不适合描述本研究中菲、芘在蒙脱石-DOM 复合体上的吸附行为；而 Henry 线性方程和 Freundlich经验方程均能较好地拟合菲、芘的吸附等温线。在 Henry 线性方程描述中，蒙脱石原土对菲、芘的吸附线性相关系数 R^2 均为 0.98，复合体对菲、芘的吸附线性相关系数 R^2 也达到 0.99 和 0.9，同时，复合体吸附菲、芘的疏水分配系数 K_D 远远大于蒙脱石原土，这说明在复合体吸附菲、芘过程中，DOM 疏水组分起主导作用，改变了蒙脱石原土的吸附方式。在 Freundlich 经验方程中，反映蒙脱石-DOM 复合体对菲、芘吸附的非线性程度的参数 n 分别为 1.15 和 1.13，比较接近 1，且都小于蒙脱石原土，表现出较强的线性关系，说明本实验中蒙脱石-DOM 复合体对菲、芘的吸附是遵循吸附分配理论的[29]。

有机质对有机污染物在有机无机矿物体系中的吸附分配起决定性作用，疏水性有机物的吸附主要取决于吸附剂的有机质含量[30]，高彦征等[31]研究发现，当土壤有机碳含量 f_{oc}>0.1%时，多环芳烃在土壤上的吸附过程中分配作用为主要作用，吸附分配系数与土壤有机碳含量是正相关的。在实验研究的蒙脱石-DOM 复合体中，有机碳含量大约在 0.6%左右，说明在低浓度范围(50～1000μg/L)内，疏水分配作用是蒙脱石-DOM 复合体对菲、芘的吸附的主要吸附方式，而非简单的分子间作用力吸附。

用高岭土原土、高岭土-DOM 复合体对菲、芘在不同浓度时进行吸附，得到平衡浓度和平均吸附量的关系图(图 6-24)，高岭土原土和高岭土-DOM 复合体对菲、芘的平衡吸附量随着平衡浓度的升高而增加，平衡浓度较低时，平均吸附量随浓度的升高而增加较快图，但当平衡液浓度增至一定值时，平均吸附量随浓度的升高增加较慢，最后达到平衡。高岭土原土及高岭土-DOM 复合体对菲的吸附平衡浓度明显高于对菲的吸附平衡浓度。在对两种不同的 PAHs 的吸附能力的强

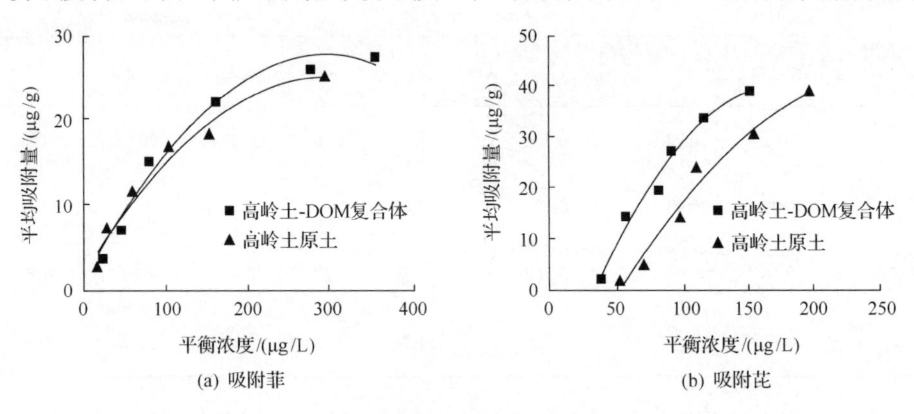

图 6-24　菲、芘在高岭土和高岭土-DOM 复合体上的吸附等温线

弱方面，高岭土-DOM 复合体与高岭土原土相当，只有小幅度的提升，而且对芘的平均吸附量大于对菲的吸附量，主要原因是芘的辛醇-水分配系数要大于菲，疏水性更强。

采用描述有机物吸附常用的 Henry 线性方程、Langmuir 吸附等温方程和 Freundlich 经验方程对实验数据进行拟合分析，拟合结果见表 6-13。

表 6-13　吸附等温线的拟合结果

类型	Henry 方程		Freundlich 方程			Langmuir 方程		
	K_D/(L/g)	R^2	K_F/[(μg/g) (L/μg)$^{\frac{1}{n}}$]	n	R^2	K_L/(L/g)	q_m/(μg/g)	R^2
高岭土吸附菲	0.11	0.85	1.38	0.52	0.84	8.45	26.32	0.93
复合体吸附菲	0.09	0.82	1.16	0.55	0.92	6.52	27.06	0.97
高岭土吸附芘	0.18	0.84	15.93	1.49	0.9	–2.07	42.36	0.87
复合体吸附芘	0.26	0.88	0.16	2.61	0.91	–5.89	45.12	0.95

由 3 种等温方程对吸附等温线的拟合的结果可知，高岭土-DOM 复合体对菲、芘的吸附较符合 Langmuir 吸附等温方程，拟合程度最好，Freundlich 吸附等温方程次之，Henry 线性方程最差。Freundlich 模型中反映高岭土-DOM 复合体对菲、芘吸附的非线性程度的参数 n 分别为 0.55 和 2.61，距离线性系数 n =1 偏差较远，说明该吸附行为为非线性吸附。Langmuir 模型拟合结果中 R^2 分别为 0.97 和 0.95，q_m 分别为 27.06μg/g 和 45.12μg/g，这与实验实际吸附量 27.50μg/g 和 44.99μg/g 比较相近，表明 Langmuir 模型能够很好地模拟高岭土-DOM 复合体对菲、芘的吸附过程，说明该吸附过程比较符合 Langmuir 单分子层吸附理论，属于高岭土的外表面单分子层吸附，这与蒙脱石-DOM 复合体对 PAHs 的吸附机理不同。

6. 吸附解吸动力学研究

研究实验吸附解吸过程的动力学。有机物的吸附速率与初始浓度、温度及吸附剂的性质有关。实验条件下，在吸附开始阶段 PAHs 很快被吸附到颗粒表面，使黏土矿物-DOM 复合体对 PAHs 的吸附量迅速增加，基本在 5min 就达到很高值，随着吸附时间的延长，浓度梯度开始减小，吸附释放过程趋于平稳，在 60min 时基本稳定，达到吸附平衡，达到一个稳定的饱和吸附量。为了保证实验可靠性，确定吸附平衡时间为 2h。由于 PAHs 分子具有一定的极性，有永久偶极距，可通过色散力与复合体表面有机物的基团发生作用，能较快地达到吸附平衡。

吸附动力学模型可以用来分析吸附过程中时间对吸附行为的影响。因此拟选用准一级动力学模型(pseudo-first-order)和准二级动力学模型(pseudo-second-order)来分析矿物对 PAHs 的吸附。两种 PAHs 菲、芘在蒙脱石、蒙脱石-DOM 复合体上各吸附、解吸动力学模型拟合参数和相关系数结果见表 6-14 和表 6-15。

由拟合结果可以看出，准一级动力学模型和准二级动力学模型都可以较好地描述 PAHs 在蒙脱石-DOM 复合体上的吸附和解吸动力学过程，拟合度均较好，相关系数 R^2 均达到 0.9 以上，并以准一级动力学模型为最佳。以菲在蒙脱石-DOM 复合体、蒙脱石原土上的吸附和解吸为例，采用准一级动力学模型拟合的平衡吸附量分别为 40.060μg/g 和 17.230μg/g，这与实际实验值 39.48μg/g 和 17.60μg/g 非常接近；解吸量分别为 3.240μg/g 和 3.439μg/g，这也与实际实验值 3.42μg/g 和 3.74μg/g 比较接近，这说明准一级动力学模型可以很好地描述该吸附解吸过程。另外，由准二级动力学模型可以看出拟合后的二级吸附速率常数 k_2 分别为 0.132 和 0.058，均比较小，即快速吸附平衡后第二阶段的吸附量增加较少，这也与实验结果相一致。

表 6-14　吸附动力学方程的拟合结果

类型	准一级动力学模型			准二级动力学模型		
	q_e/(μg/g)	k_1/min^{-1}	R^2	q_e/(μg/g)	k_2/[g/(μg · min)]	R^2
蒙脱石吸附菲	17.230	0.537	0.997	17.494	0.132	0.985
复合体吸附菲	40.060	0.896	0.994	40.005	0.058	0.989
蒙脱石吸附芘	21.760	0.607	0.998	22.010	0.026	0.999
复合体吸附芘	38.630	0.840	0.999	38.691	0.004	0.999

表 6-15　解吸动力学方程的拟合结果

类型	准一级动力学模型			准二级动力学模型		
	q_e/(μg/g)	k_1/min^{-1}	R^2	q_e/(μg/g)	k_2/[g/(μg · min)]	R^2
蒙脱石解吸菲	3.439	0.840	0.932	3.724	1.780	0.985
复合体解吸菲	3.240	0.570	0.975	3.352	3.287	0.989
蒙脱石解吸芘	4.880	0.654	0.979	5.605	0.142	0.957
复合体解吸芘	6.467	0.583	0.946	5.386	0.135	0.963

菲、芘在高岭土、高岭土-DOM 复合体上的各吸附、解吸动力学模型拟合参数和相关系数结果见表 6-16 和表 6-17。

由拟合结果可以看出，准一级动力学模型和准二级动力学模型也都同样可以较好地描述 PAHs 在高岭土-DOM 复合体及高岭土原土上的吸附和解吸动力学过程，拟合度均较好，并以对芘的吸附拟合最佳，相关系数 R^2 能达到 0.9999。以芘在高岭土-DOM 复合体、高岭土原土上的吸附和解吸为例，采用准一级动力学模型拟合的平衡吸附量分别为 44.560μg/g 和 41.950μg/g，这与实际实验值 44.99μg/g 和 42.00μg/g 也非常接近；解吸量分别为 5.919μg/g 和 5.328μg/g，这也与实际实验值 5.99μg/g 和 5.26μg/g 非常接近，说明准一级动力学模型也可以很好地描 PAHs

在高岭土-DOM 复合体及高岭土原土上的吸附解吸过程。另外，由准二级动力学模型可以看出拟合后的二级吸附速率常数 k_2 分别为 0.005 和 0.007，数值非常小，即快速吸附平衡后第二阶段的吸附量增加很少，这也与实验结果相符，说明吸附过程以快速吸附为主。

表 6-16　吸附动力学方程的拟合结果

类型	准一级动力学模型			准二级动力学模型		
	q_e/(μg/g)	k_1/min^{-1}	R^2	q_e/(μg/g)	k_2/[g/(μg·min)]	R^2
高岭土吸附菲	26.773	0.964	0.995	26.742	0.041	0.935
复合体吸附菲	27.488	0.163	0.937	29.341	0.010	0.938
高岭土吸附芘	41.950	1.010	0.9999	42.012	0.005	0.9999
复合体吸附芘	44.560	0.850	0.9999	44.721	0.007	0.9999

表 6-17　解吸动力学方程的拟合结果

类型	准一级动力学模型			准二级动力学模型		
	q_e/(μg/g)	k_1/min^{-1}	R^2	q_e/(μg/g)	k_2/[g/(μg·min)]	R^2
高岭土解吸菲	5.422	2.090	0.872	5.906	0.505	0.935
复合体解吸菲	3.944	2.150	0.879	4.301	0.699	0.938
高岭土解吸芘	5.328	1.110	0.994	5.857	0.268	0.967
复合体解吸芘	5.919	0.802	0.993	6.670	0.156	0.984

6.2.4　对染料的吸附

Lian 等[32]成功合成了钙基膨润土，并研究了其吸附处理刚果红染料的性能。在染料初始浓度为 100mg/L，而钙基膨润土用量为 2g/L 时，其脱色率高达 90%以上。Benguella 和 Yacouta-Nour[33]用硫酸活化改性后的膨润土吸附去除染料 Bezanyl 红和 Nylomine 绿。Wang 和 Wang[34]分别用八烷基三甲基溴化铵、十二烷基三甲基溴化铵、十六烷基三甲基溴化铵和十八烷基三甲基溴化铵等表面活性剂改性的膨润土处理阴离子型的刚果红染料，效果较好。Zohra 等[35]用十六烷基三甲基溴化铵改性钠基膨润土吸附苯红紫 4B，发现温度从 20℃升高到 60℃时，吸附量由 109.89mg/g 增大到 153.84mg/g，说明温度的升高有利于促进改性膨润土的吸附能力。Anirudhan 和 Suchithra[36]通过 *N*，*N*′–亚甲基双丙烯酰胺和乙二胺与聚丙烯酰胺膨润土复合物的反应制得 Am-PAA-B 复合材料，然后经腐殖酸改性后，用于吸附亚甲基蓝、水晶紫和孔雀石绿三种碱性染料。李倩等[37]采用聚环氧氯丙烷二甲胺阳离子聚合物作为改性剂，将其插入膨润土的层间，成功制备了一系列的聚环氧氯丙烷二甲胺/膨润土纳米复合吸附材料，并研究了其吸附还原大红 R、分散大红 S-R 和活性艳红 K-2BP 等红色染料的性能。王秀平等[38]用壳聚糖改性天然伊利石制备伊利石负载壳聚糖吸附剂，研究吸附剂对活性红 KD-8B 染料废水的吸附，在溶液 pH 为 5、壳聚糖负载量为 1.3g、吸附剂用量为 0.6g 时，活性红 KD-8B 去除率可达 92.7%。陈平等[39]研究了十八烷基三甲基氯化铵改性的有机膨润土对染料酸性蓝 N-R、中性蓝 BNL、分散黄 SE-3R 和分散红 SE-GFL 的吸附特性。结果表明，在一定的改性剂用量范围内，染料吸附量随改性剂用量的增加而增加，适当剂量改性的膨润土对染料吸附效果良好；酸性蓝的吸附量及吸附速率明显高于其他三种染料。邵红等[40]采用十二烷基磺酸钠和十六烷基三甲基溴化铵为改性剂，膨润土为原料，制备复合改性膨润土，并以模拟染料废水为研究对象，优化复合改性土对染料废水的处理工艺。红外光谱仪和 X 射线衍射仪对复合改性膨润土进行表征，表明十六烷基三甲基溴化铵进入膨润土层间。复合改性膨润土对酸性大红、直接耐晒黑、还原金黄三种染料去除率均达 90%以上。对复合改性膨润土吸附染料的机理进行探讨，表明满足准二级动力学模型，平衡吸附量分别为 454.6mg/g、588.2mg/g、400.0mg/g。

6.2.5　对有机农药的吸附

Sanchez－Martin 等[41]用长链表面活性剂十八烷基三甲基溴化铵改性蒙脱石、高岭石和海泡石等天然黏土矿物，并将所制备的改性黏土矿物用于农药污染水体的修复治理，结果发现，与天然黏土矿物相比，改性黏土矿物对有机农药的吸附能力显著提高，改性蒙脱石对戊菌唑和甲霜灵的吸附能力比天然蒙脱石高出 100 倍。Undabeytia 等[42]研究发现，双十二烷基二甲基溴化铵改性蒙脱石可有效去除水中的阴离子型除草剂甲磺苯胺、咪唑喹啉酸和不可电离型除草剂草不绿、阿特拉津等有机农药。

改性蒙脱石主要用于污染水体的修复治理，在污染土壤修复方面的研究很少，近年来，有文献报道改性蒙脱石可用来作为农药的载体以减缓农药的释放速率，延长其在土壤中的持效期，减少其因流失对水体造成的污染[43]。任彩霞等[44]利用十六烷基三甲基溴化铵改性膨润土作为乙草胺的载体，研究了其对乙草胺和丙草胺在土壤中迁移的影响，结果表明，改性膨润土对两种除草剂均具有较强的吸附性能，降低了丙草胺和乙草胺在的释放速率。Bakhtiary 和 Sen Gupta[45]研究发现，吸附在改性膨润土和沸石上的 2，4－D 也呈现出逐渐释放的模式。Gamiz 等[46]用精胺改性蒙脱石所制备的材料用于探讨其对除草剂伏草隆在土壤中迁移的影响，结果表明，用量为 1%～5%的改性蒙脱石可增强伏草隆在土壤中的滞留，减少了伏草隆的流失，且吸附的除草剂最终大部分可被微生物降解。

6.2.6 对抗生素的吸附

Chang 等[47, 48]研究了不同 pH 和温度对四环素在累托石和膨润土黏土矿物上的影响和吸附机制，认为阳离子解吸附是主要的吸附机制。和四环素在蒙脱石表面的吸附量相比，四环素在高岭土表面的吸附量较少；但随着 pH 和离子强度的增加，四环素在两类矿物中的吸附量都逐渐减少，并且阳离子价态越高，吸附量降低得越快，在黄土中的吸附也具有相似的规律[49]。Aristilde 等[50]用 XRD、FTIR 和 NMR 研究了土霉素和蒙脱石之间的相互作用，认为阳离子交换、阳离子络合和氢键是主要的作用力。相对于伊利石、蛭石和高岭石，环丙沙星、左氧氟沙星和喹诺酮类抗生素羧酸衍生物在蒙脱石中的吸附量较大，主要是因为蒙脱石特有的层间结构使吸附发生在层间，增大了接触面积。Wu 等[51]研究了环丙沙星在蒙脱石表面的吸附和层间嵌入作用，环丙沙星在蒙脱石表面具有高的速率常数和初始速率，解吸结果表明阳离子交换是影响环丙沙星在蒙脱石表面吸附的原因。红外光谱数据进一步说明环丙沙星烷基化的氨基是以阳离子形式吸附在蒙脱石表面点位，羧基则以氢键的形式和蒙脱石硅酸盐层连接在一起[52]。孙文等[53]对伊利石原矿和采用擦洗分散-离心分选方法选矿提纯后的精矿吸附溶液中四环素的饱和吸附量、吸附动力学和热力学进行了研究，并考察了 pH 对四环素在伊利石上吸附效果的影响。结果表明，伊利石原矿与选矿提纯后的伊利石精矿在常温条件下(T=25℃)的饱和吸附量分别为 28.11mg/g 与 45.37mg/g；pH 为 4～6 时伊利石有较好的吸附效果；准二级动力学方程对伊利石吸附四环素分子的过程描述更为准确；伊利石对四环素的等温吸附过程符合 Langmuir 等温吸附模型，是一个不可逆的自发吸热过程。

6.3 阳离子黏土对无机离子的吸附

6.3.1 胡敏酸改性矿物对 Cu^{2+}、Cd^{2+}、Cr^{3+}的吸附

徐玉芬等[54]以胡敏酸(humic acid，HA)为腐殖酸的代表，以高岭石和蒙脱石分别作为 1:1 和 2:1 型黏土矿物的代表,通过化学平衡反应制备黏土矿物-胡敏酸复合体，然后研究复合体对重金属离子的吸附解吸行为，以期揭示黏土矿物-胡敏酸复合体吸附重金属离子的机理，为解决环境中的重金属污染问题提供理论依据。

1. 黏土矿物胡敏酸复合体的吸附解吸机理研究

用黏土矿物原土及其胡敏酸复合体对三种不同浓度的重金属离子进行吸附，得平衡浓度和吸附量的关系图(图 6-25)，可以看出原土和复合体对重金属的吸附

能力随着平衡浓度的升高而升高，平衡浓度较低时，原土吸附量随浓度的升高而增加较快，但当平衡浓度增至一定值时，吸附量随浓度的升高增加较慢，最后达到平衡。对 3 种重金属离子的吸附能力的强弱都是 $Cr^{3+} > Cu^{2+} > Cd^{2+}$，复合体的吸附能力大于原土。$Cu^{2+}$、$Cd^{2+}$、$Cr^{3+}$的吸附特性表现出一定的差异。

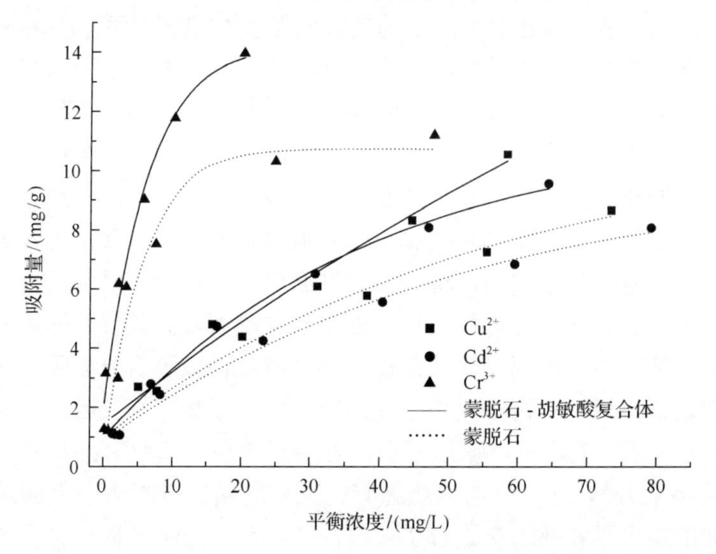

图 6-25　Cu^{2+}、Cd^{2+}、Cr^{3+}在蒙脱石和蒙脱石-胡敏酸上的吸附等温线

黏土矿物对 Cu^{2+}、Cd^{2+}、Cr^{3+}的等温吸附主要用式(6-1)～式(6-4)拟合，以 R^2 判断拟合方程的相关性。

由吸附等温线的拟合结果表 6-18 可知，两种吸附式拟合度均较好，Langmuir 方程的拟合效果极显著，而 Freundlich 方程的拟合效果仅达到显著水平。Langmuir 方程推算的原土中的饱和吸附量 q_m 值如下：Cu^{2+}为 13.71mg/g，Cd^{2+}为 12.87mg/g，Cr^{3+}为 16.36mg/g。利用 Langmuir 方程推算的在复合体中饱和吸附量 q_m 值如下：Cu^{2+}为 15.86mg/g，Cd^{2+}为 15.03mg/g，Cr^{3+}为 17.98mg/g。蒙脱石对重金属离子的吸附主要以离子交换吸附和配位吸附为主。蒙脱石对重金属离子吸附能力和重金属离子的有效水合离子半径有关，据研究三种重金属的有效水合离子半径如下：Cu^{2+}半径为 0.2065nm，Cd^{2+}半径为 0.2305nm，Cr^{3+}半径为 0.195nm[55]。有效水合离子半径越小，价数越高时，离子就越容易进入黏土间与黏土进行离子交换，或进入黏土的铝氧八面体和硅氧四面体中被黏土专性吸附[56]。而黏土矿物复合胡敏酸之后能提高对重金属离子的吸附能力，这是因为胡敏酸表面具有大量的羟基、羧基、氨基等配位官能团，其本身对重金属离子就是一个良好的吸附剂，吸附在蒙脱石上的络合官能团和螯合基团提供电子，与重金属离子生成络合物和螯合物从而促进吸附。胡敏酸是一种带负电荷的大颗粒胶体，能对带正电荷的重金属离子产生静电引力作用。胡敏酸吸附到矿物表面并形成一层胶膜，在吸附反应过程中起桥接作用，能增强固体表面的亲和力从而增加金属离子的吸附。胡敏酸在黏土矿物的端面吸附后可能增加了表面负电荷性的吸附点位，也有可能是蒙脱石对多价金属离子有更强的亲和力，致使被胡敏酸先前占好的吸附点位被金属离子插入。

表 6-18　吸附等温线的拟合结果

金属离子	Langmuir 方程(蒙脱石-胡敏酸复合体)			Freundlich 方程(蒙脱石-胡敏酸复合体)		
	R^2	K_L /(L/mg)	q_m /(mg/g)	R^2	$1/n$	$\lg q$
Cu^{2+}	0.9972	3.2581	15.86	0.9813	0.5379	1.01653
Cd^{2+}	0.9988	3.2581	15.03	0.99641	0.435	1.00624
Cr^{3+}	0.9980	0.2313	17.98	0.98233	0.708	1.59989
金属离子	Langmuir 方程(蒙脱石)			Freundlich 方程(蒙脱石)		
	R^2	K_L /(L/mg)	q_m /(mg/g)	R^2	$1/n$	$\lg q$
Cu^{2+}	0.9991	3.9769	13.7	0.98592	0.5749	0.85325
Cd^{2+}	0.9992	4.1943	12.83	0.99894	0.5769	0.84313
Cr^{3+}	0.9951	0.3137	16.36	0.91398	0.5128	1.32455

由图 6-26 可知，在不同吸附量下重金属离子的解吸率有所不同。对于三种重金属离子，在蒙脱石原土和蒙脱石-胡敏酸复合体上的解吸率随着解吸前吸附量的增大而增大；三种重金属离子在黏土矿物上的解吸率次序为 $Cu^{2+}>Cd^{2+}>Cr^{3+}$，在蒙脱石-胡敏酸复合体上的解吸率略高于在原土上的解吸率。解吸率可在一定程度上表示蒙脱石对重金属离子结合的牢固程度，即解吸率越小，结合得越牢固，越不易造成二次污染。在实验范围内，在复合体上 Cu^{2+}的最高解吸率为 34.12%，Cd^{2+}最高解吸率为 30.98%，Cr^{3+}最高解吸率为 3.388%；在原土上 Cu^{2+}的最高解吸率为 32.78%，Cd^{2+}最高解吸率为 28.08%，Cr^{3+}最高解吸率为 2.77%。可见，重金属离子在蒙脱石上吸附得较牢固，不易解吸下来；蒙脱石对 Cr^{3+}吸附得最为牢固，基本不解吸，其次是 Cd^{2+}。蒙脱石对重金属的吸附可以分为专性吸附和非专性吸附，黏土对重金属离子的专性吸附即黏土矿物表面与被吸附离子间通过共价键、配位键而产生的吸附，而非专性吸附即离子交换吸附能力。在蒙脱石对 Cu^{2+}的吸附中，离子交换吸附比例高于 Cr^{3+}，易脱附下来，解吸率更高。而 Cr^{3+}可能因为进入黏土矿物的铝氧八面体和硅氧四面体中，被黏土矿物专性吸附的比例较高，不易解吸。可以从两个方面来看胡敏酸对金属离子的吸附：一是金属离子进入胡敏酸内部，通过较强的化学作用与胡敏酸结合以后，这部分金属离子不易解吸下来；二是表面物理吸附的金属离子由于与胡敏酸的相互作用力较弱，容易发生解

吸。由复合体解吸率的提高可以看出复合体表面的胡敏酸和溶液中的重金属离子有较弱的作用力。

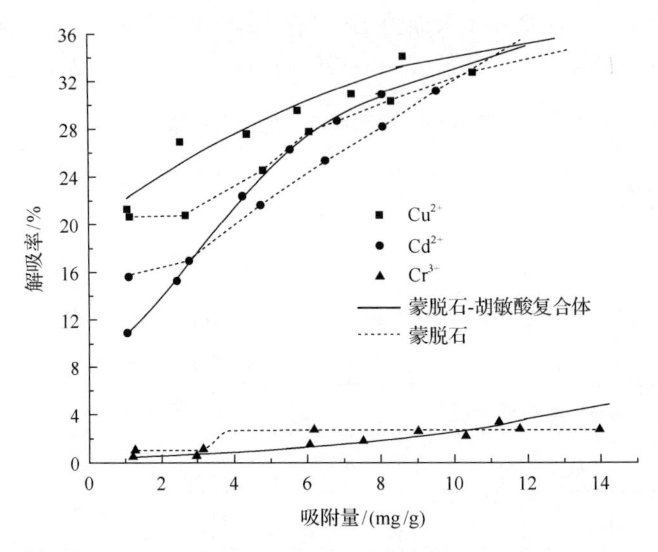

图 6-26 Cu^{2+}、Cd^{2+}、Cr^{3+}在蒙脱石和蒙脱石-胡敏酸上的解吸率

对比图 6-27 和图 6-28 的重金属离子的吸附曲线和解吸曲线也可以看出，在本实验条件下吸附与解吸附并不是完全可逆的两个过程，采取 Langmuir 方程和 Freundlich 方程拟合解吸等温线(表 6-19)。

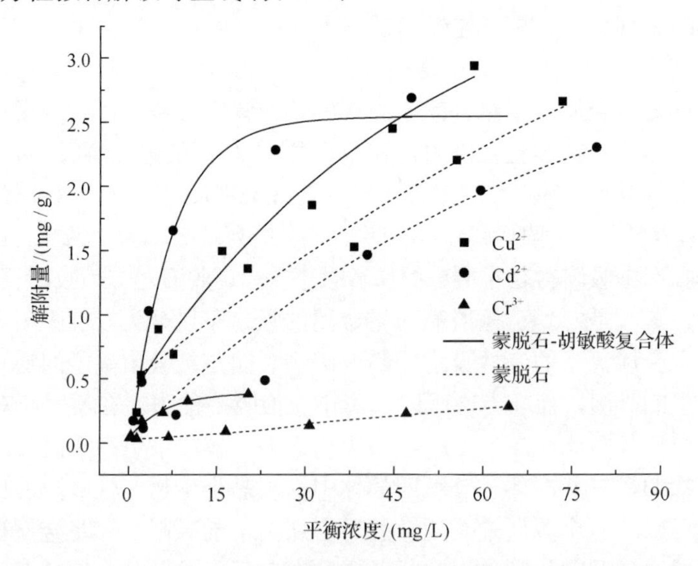

图 6-27 Cu^{2+}、Cd^{2+}、Cr^{3+}在蒙脱石和蒙脱石-胡敏酸上的解吸等温线

表 6-19　解吸等温线的拟合结果

金属离子	Langmuir 方程(蒙脱石-胡敏酸复合体)			Freundlich 方程(蒙脱石-胡敏酸复合体)		
	R^2	K_L /(L/mg)	q_m /(mg/g)	R^2	$1/n$	$\lg q$
Cu^{2+}	0.9937	5.1583	3.988	0.9818	0.6210	–0.6143
Cd^{2+}	0.9985	4.114	2.821	0.9444	0.6392	–0.5102
Cr^{3+}	0.957	2.9475	0.242	0.9950	0.4633	–0.9824
金属离子	Langmuir 方程(蒙脱石)			Freundlich 方程(蒙脱石)		
	R^2	K_L /(L/mg)	q_m /(mg/g)	R^2	$1/n$	$\lg q$
Cu^{2+}	0.9219	3.0335	1.819	0.9756	0.4577	0.352
Cr^{3+}	0.97419	20.6857	1.751	0.9786	0.917	0.201
Cd^{2+}	0.9156	31.0082	0.151	0.9515	0.5448	0.462

用原土、复合体对三种不同浓度的重金属离子进行吸附，得平衡浓度和吸附量的关系图(图 6-28)。图 6-28 表明，原土和复合体对重金属的吸附能力都随重金属离子浓度的升高而升高，各种高岭石对重金属离子的吸附容量均随平衡浓度的增加而趋于极限值，当平衡浓度增加到一定浓度后，吸附容量均维持在定值，呈现出典型的 L 形曲线，这与 Langmuir 等温式是相符的，表明高岭石对重金属离子的吸附为单分子吸附，当吸附达到平衡后，再延长反应时间也不能增加吸附容量，这些表明各种高岭石对重金属的吸附以化学吸附为主。对三种不同的重金属离子的吸附能力的强弱都是 Cr^{3+}>Cu^{2+}>Cd^{2+}，复合体的吸附能力大于原土。对 Cu^{2+}、Cd^{2+}、Cr^{3+}的等温吸附采用 Langmuir 方程和 Freundlich 方程拟合。结果见表 6-20。

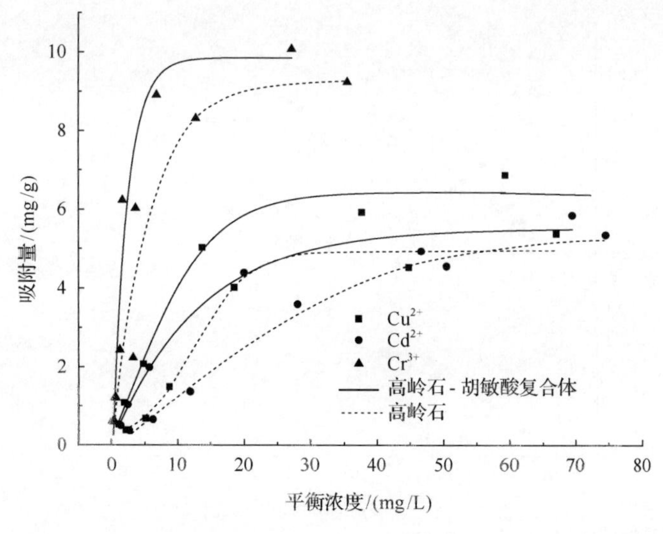

图 6-28　Cu^{2+}、Cd^{2+}、Cr^{3+}在高岭石和高岭石-胡敏酸上的吸附等温线

表 6-20　吸附等温线的拟合结果

金属离子	Langmuir 方程(高岭石-胡敏酸复合体)			Freundlich 方程(高岭石-胡敏酸复合体)		
	R^2	K_L (L/mg)	q_m /(mg/g)	R^2	$1/n$	$\lg q$
Cu^{2+}	0.9927	1.91017	12.83	0.97182	0.6207	–0.16775
Cd^{2+}	0.99489	2.43284	9.06	0.97292	0.59546	–0.25106
Cr^{3+}	0.99284	0.38094	16.35	0.91882	0.61316	0.32418

金属离子	Langmuir 方程(高岭石)			Freundlich 方程(高岭石)		
	R^2	K_L (L/mg)	q_m /(mg/g)	R^2	$1/n$	$\lg q$
Cu^{2+}	0.9865	4.94204	11.45	0.96627	0.81384	–0.59781
Cd^{2+}	0.99049	7.089	8.10	0.98991	0.85441	–0.79789
Cr^{3+}	0.96873	0.6549	13.03	0.93275	0.64514	0.12434

由表 6-20 可知，Langmuir 方程的拟合效果极显著，而 Freundlich 方程的拟合效果仅达到显著水平，Langmuir 方程的拟合效果更好，这与前面的推论一致，利用 Langmuir 方程推算的高岭石中的饱和吸附量 q_m 值如下：Cu^{2+}为 11.45mg/g，Cd^{2+}为 8.10mg/g，Cr^{3+}为 13.03mg/g；利用 Langmuir 方程推算的复合体中的饱和吸附量 q_m 值如下：Cu^{2+}为 12.83mg/g，Cd^{2+}为 9.61mg/g，Cr^{3+}为 16.35mg/g。复合体的饱和吸附量要大于原土的吸附量。胡敏酸的存在促进了高岭石的吸附，因为胡敏酸改变了高岭石的表面性质，表面基团的负电性增大，从而使复合体表面对重金属的吸附位增加。胡敏酸与高岭石表面发生配位交换而被吸附在高岭石的表面活性位置后，会产生对金属作用更强的离子交换中心。重金属离子在复合体中的吸

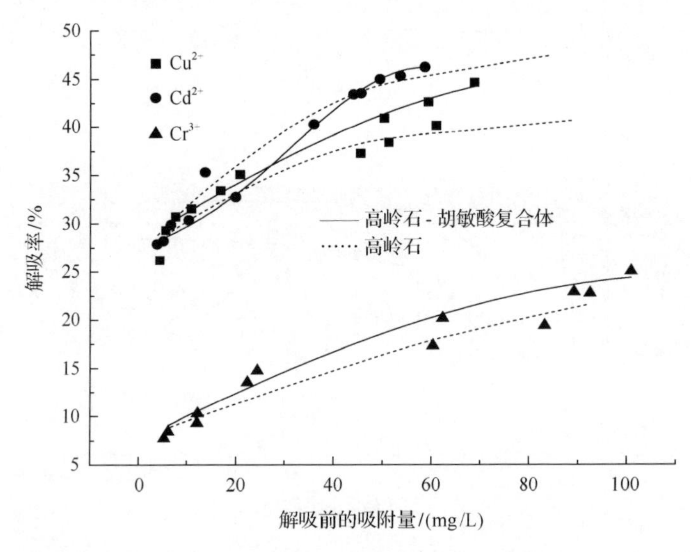

图 6-29　Cu^{2+}、Cd^{2+}、Cr^{3+}在高岭石和高岭石-胡敏酸上的解吸率

附首先发生在复合体上的羧基和酚羟基位，这些吸附位对重金属离子的吸附能力比高岭石表面的铝羟基(Al—OH)和硅羟基(Si—OH)强，羧基等强吸附位趋近饱和后，继续与复合体上的羟基位结合。高岭石对重金属的吸附主要以表面配位反应为主，也会和硅氧烷基面的永久电荷位发生离子交换吸附。高岭石的永久电荷位对三种重金属离子的亲和力次序是 Cr^{3+}>Cu^{2+}>Cd^{2+}，还有一部分离子扩散到高岭石的晶格结构中或进入小的孔隙中。

由图 6-29 可见，在不同吸附量下，重金属离子的解吸率有所不同。三种重金属离子在高岭石原土和高岭石-胡敏酸复合体上的解吸率随着解吸前吸附量的增大而增大；三种重金属离子在黏土矿物上的解吸率次序为 Cd^{2+}>Cu^{2+}>Cr^{3+}，在高岭石-胡敏酸复合体上的解吸率略高于在原土上的解吸率。在实验范围内，复合体上 Cu^{2+}的最高解吸率为 44.61%，Cd^{2+}最高解吸率为 46.21%，Cr^{3+}最高解吸率为 25.04%；原土上 Cu^{2+}的最高解吸率为 40.13%，Cd^{2+}最高解吸率为 45.32%，Cr^{3+}最高解吸率为 22.76%。从三种重金属的解吸率来看，Cr^{3+}的表面络合和化学吸附所占的比重较大，而 Cu^{2+}、Cd^{2+}的离子交换和物理吸附的所占的比重相对更大。原因可能是重金属在矿物表面已经形成的固溶体或表面沉淀扩散到高岭石的晶格结构中，或进入小孔隙中的重金属离子难解吸。

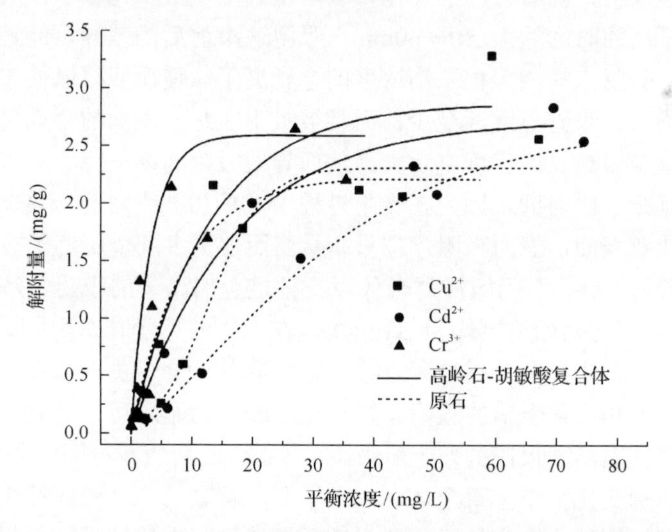

图 6-30　Cu^{2+}、Cd^{2+}、Cr^{3+}在高岭石和高岭石-胡敏酸上的解吸等温线

对比图 6-28 和图 6-30 的重金属离子的吸附曲线和解吸曲线也可以看出，在本实验条件下吸附与解吸附并不是完全可逆的两个过程，采取 Langmuir 方程和 Freundlich 方程拟合解吸等温线(表 6-21)。

表 6-21　解吸等温线的拟合结果

金属离子	Langmuir 方程(高岭石-胡敏酸复合体)			Freundlich 方程(高岭石-胡敏酸复合体)		
	R^2	K_L /(L/mg)	q_m /(mg/g)	R^2	$1/n$	$\lg q$
Cu^{2+}	0.995	6.1114	10.09	0.9697	0.69878	10.09
Cd^{2+}	0.9931	8.9728	11.00	0.9966	0.7304	11.00
Cr^{3+}	0.9788	3.3714	8.06	0.9785	0.8053	8.06
金属离子	Langmuir 方程(高岭石)			Freundlich 方程(高岭石)		
	R^2	K_L /(L/mg)	q_m /(mg/g)	R^2	$1/n$	$\lg q$
Cu^{2+}	0.9895	17.5455	14.03	0.9686	0.91333	–1.1723
Cd^{2+}	0.986	26.2521	17.92	0.99084	1.0992	–1.4265
Cr^{3+}	0.9875	6.69404	11.98	0.95212	0.8021	–0.76981

2. 吸附解吸动力学研究

重金属的吸附过程大概都可以分为两个阶段：第一个阶段为快速反应，大概在前 10～20min 就可以完成，在这个过程中重金属离子很快被黏土所吸附；第二个阶段为慢速反应，随着时间的变化，吸附量的增加量变化很小，直至达到完全平衡，达到平衡的时间约为 30～60min。吸附速率前后的差异可能是因为在反应的初始阶段，吸附点周围聚积了高浓度的金属离子，使反应得以快速地进行，但随着时间的增长，吸附点逐渐减少，而且被吸附在黏土表面的金属离子因带正电荷而与游离重金属离子产生静电斥力，从而导致吸附速率下降。尽管如此，反应仍会缓慢地延续一段时间，因为在吸附过程中，最初被吸附的金属离子可能渗入了黏土孔道或亚表面，表面吸附点位重新暴露而使更多的金属离子被吸附。

研究蒙脱石-高岭石-胡敏酸复合体对三种重金属离子的吸附、解吸动力学。Cu^{2+}、Cd^{2+}、Cr^{3+}的初始浓度均为 32mg/L，在不同的吸附时间测量重金属溶液中的离子浓度，从而计算出不同时间的黏土吸附量/解吸量。由前期吸附重金属的吸附、解吸实验得知，重金属的吸附、解吸在 60min 内基本可以达到平衡，在整个反应时间内重金属离子很快被黏土所吸附、释放；而后随着时间的变化，吸附量、解吸量的增加量变化很小，直至达到完全平衡。解吸动力学曲线的快速阶段对应于静电吸附态的解吸，慢速阶段主要对应于专性吸附态的解吸。由相关系数方程对蒙脱石-胡敏酸吸附、解吸三种重金属离子的拟合结果(表 6-22 和表 6-23)可知，对于蒙脱石对三种重金属离子吸附、解吸反应来说，采用 Elovich 动力学方程和双常数方程拟合较好，一级动力学方程次之，抛物线方程最差。从拟合方程的斜率(*b* 值)可以看出吸附反应速度，蒙脱石-胡敏酸复合体对 Cu^{2+}和 Cr^{3+}的吸附速度要高于对 Cd^{2+}的吸附。对于解吸反应，因为在 32mg/L 浓度下 Cr^{3+}基本不解吸，所以不予考虑，而对 Cu^{2+}的解吸速度要高于对 Cd^{2+}的解析。由相关系数方程对高岭石-胡敏酸吸附、解吸三种重金属离子的拟合结果(表 6-24 和表 6-25)可知，对于高岭石对三种重金属离子吸附、解吸反应来说，采用 Elovich 动力学方程和一级动力学方程拟合较好，双常数方程和抛物线方程较差。从拟合方程中的斜率(b 值)可以看出吸附反应速度，高岭石-胡敏酸复合体对 Cu^{2+}和 Cr^{3+}的吸附速度都要高于对 Cd^{2+}的吸附。对于解吸反应，Cu^{2+}和 Cd^{2+}的解析速度都要高于对 Cr^{3+}的解析。

表 6-22　蒙脱石-胡敏酸吸附三种重金属离子的吸附动力学方程的拟合

重金属种类	一级动力学方程			双常数方程			Elovich 方程			抛物线方程		
	a	b	R^2	a	b	R^2	a	b	R^2	a	b	R^2
Cu^{2+}	–0.008	–1.006	0.91	0.045	0.293	0.93	0.109	1.916	0.93	0.01	0.869	0.83
Cd^{2+}	–0.009	–1.198	0.86	0.041	0.27	0.91	0.089	1.842	0.92	0.008	0.887	0.81
Cr^{3+}	–0.008	–1.411	0.94	0.017	0.464	0.93	0.056	2.92	0.96	0.004	0.946	0.87

注：a、b 分别表示这些方程转化为线性形式后的截距和斜率，可反映吸附和解吸的速度，下同。

表 6-23　蒙脱石-胡敏酸对三种重金属离子的解吸动力学方程的拟合

重金属种类	一级动力学方程			双常数方程			Elovich 方程			抛物线方程		
	a	b	R^2	a	b	R^2	a	b	R^2	a	b	R^2
Cu^{2+}	–0.485	–0.006	0.87	–0.151	0.250	0.92	0.139	0.121	0.93	0.447	0.044	0.84
Cd^{2+}	–0.432	–0.01	0.98	–0.614	0.150	0.93	0.207	0.061	0.92	0.588	0.033	0.87
Cr^{3+}	—	—	—	—	—	—	—	—	—	—	—	—

注：“—”表示无法拟合。

表 6-24　高岭石-胡敏酸吸附三种重金属离子的吸附动力学方程的拟合

重金属种类	一级动力学方程			双常数方程			Elovich 方程			抛物线方程		
	a	b	R^2	a	b	R^2	a	b	R^2	a	b	R^2
Cu^{2+}	–0.534	–0.022	–0.914	–0.394	0.619	0.772	0.892	0.955	0.921	0.408	0.059	0.746
Cd^{2+}	–0.511	–0.020	–0.910	–0.527	0.660	0.766	0.709	0.846	0.927	0.392	0.060	0.757
Cr^{3+}	–0.436	–0.018	–0.959	–0.063	0.481	0.765	1.529	1.077	0.923	0.456	0.054	0.746

表 6-25　高岭石-胡敏酸对三种重金属离子的解吸动力学方程的拟合

重金属种类	一级动力学方程			双常数方程			Elovich 方程			抛物线方程		
	a	b	R^2	a	b	R^2	a	b	R^2	a	b	R^2
Cu^{2+}	–0.607	–0.017	–0.871	–0.772	0.615	0.764	0.401	0.384	0.911	0.426	0.057	0.729
Cd^{2+}	–0.376	–0.017	–0.973	–0.703	0.550	0.772	0.369	0.349	0.940	0.408	0.058	0.774
Cr^{3+}	–0.570	–0.018	–0.861	–0.737	0.468	0.786	0.285	0.223	0.927	0.438	0.056	0.753

3. 黏土矿物-胡敏酸-重金属的表征

由蒙脱石-胡敏酸复合体复合三种重金属离子的 XRD(图 6-31)可知，吸附了 Cu^{2+}、Cd^{2+}、Cr^{3+}的蒙脱石-胡敏酸复合体层间距分别为 16.3nm、16.0nm、16.4nm，三种重金属离子都使蒙脱石层间距有不同程度的增大，Cr^{3+}最显著。这一结果充分说明，Cu^{2+}、Cd^{2+}、Cr^{3+}已经进入蒙脱石层间，黏土矿物与重金属离子之间的反应存在离子交换吸附。由于 Cr^{3+}的电价最高，水合离子半径最小，最容易置换蒙脱石层间的 Na^{+}、Ca^{2+}等阳离子，引起层间距增大的效果更显著。交换吸附属于静电作用，它主要决定于矿物所带的永久电荷量，而永久电荷量则主要取决于晶体结构中不等价离子的类质同象置换。由于蒙脱石是 2∶1 型黏土矿物，四面体片中铝取代硅较少，其负电荷主要源自八面体片，因此在层间阳离子与八面体片中的负电荷点之间存在一定的间距，使库仑引力大大减弱，这便于层间阳离子与介质中金属离子的交换。之前研究[56]认为，当 pH<5.5 时，蒙脱石对重金属离子的吸附主要是交换性吸附。

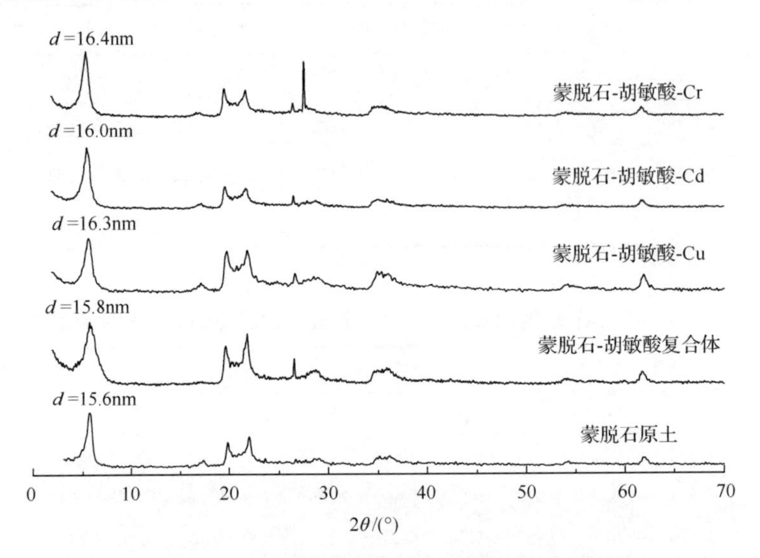

图 6-31　蒙脱石-胡敏酸-重金属离子 XRD 图

从高岭石-胡敏酸复合体复合三种重金属离子的 XRD(图 6-32)可知，高岭石吸附 Cu^{2+}、Cd^{2+}、Cr^{3+}后高岭石层间距变化不显著，这是因为高岭石由于其晶体结构中类质同象置换比较少，层电荷非常有限，因此高岭石与重金属离子间的交换吸附作用是非常弱的，所以重金属离子很少能到达高岭石层间。

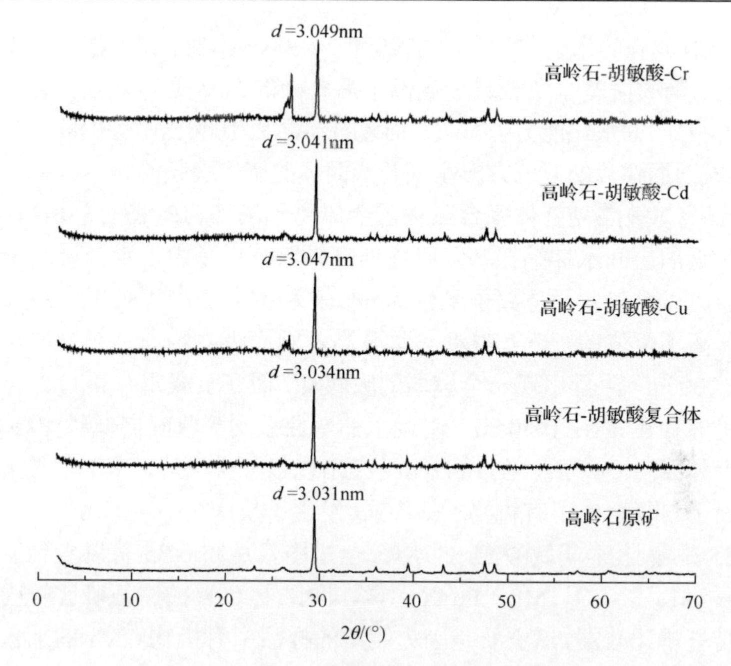

图6-32　高岭石-胡敏酸-重金属离子XRD图

从蒙脱石-胡敏酸复合体复合三种重金属离子的FTIR(图6-33)可知，在3434cm^{-1}附近的层间水伸缩振动吸收峰向低频漂移，表明复合体负载Cu^{2+}、Cd^{2+}、Cr^{3+}后层间水含量增加，这是由于Cu^{2+}、Cd^{2+}、Cr^{3+}交换了蒙脱石层间域的Ca^{2+}，而Cu^{2+}、

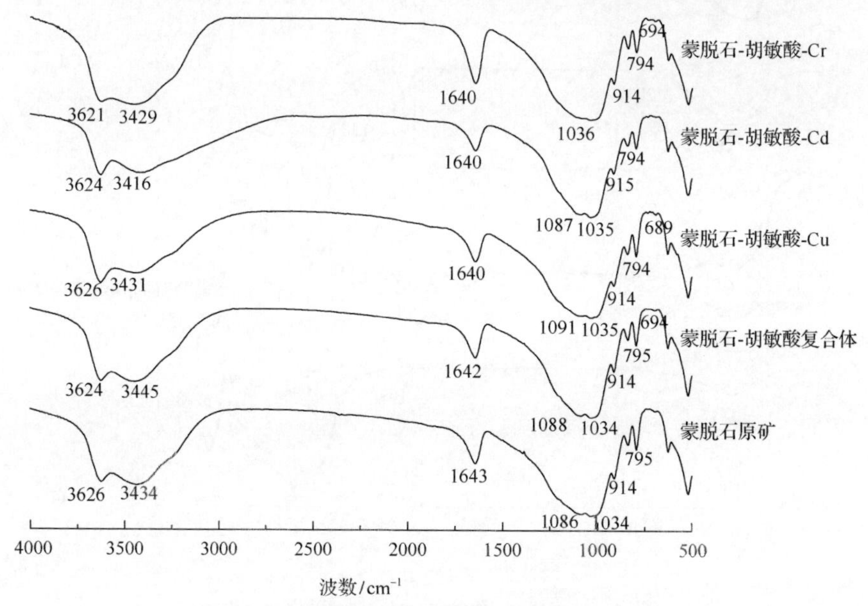

图6-33　蒙脱石-胡敏酸-重金属离子FTIR

Cd^{2+}、Cr^{3+}具有较强的水化作用。而在1000～1200cm^{-1}时，Si—O—Si和Si—O的伸缩振动吸附峰大而宽，负载重金属离子后此处的谱峰变窄，强度增加，可能与Cu^{2+}、Cd^{2+}比Ca^{2+}的水化能力强有关。而复合铬之后1086cm^{-1}处的峰消失，可能由Cr^{3+}进入硅氧四面体片的复三方形空洞及八面体的空位引起的。

从高岭石-胡敏酸复合体复合三种重金属离子的FTIR图(图6-34)可知，在3443cm^{-1}附近的层间水伸缩振动吸收峰向高频漂移，是由于重金属离子进入了晶体结构的通道，对与八面体离子配位的—OH和水分子产生吸引，即重金属的电场使八面体离子配位的—OH振动频率升高，因而吸收峰向高频方向移动。胡敏酸复合体2900cm^{-1}附近出现一个较弱的吸收峰，而在负载重金属Cu^{2+}、Cd^{2+}、Cr^{3+}后这个峰仍然存在。在1630cm^{-1}附近水的弯曲振动吸收峰向低频漂移。高岭石-胡敏酸复合体吸附Cu^{2+}后，在1442cm^{-1}处出现了一个尖峰，其为吸附Cd^{2+}、Cr^{3+}后重金属离子与复合体上有机物的—COO^-发生了反应。

图6-35是蒙脱石-胡敏酸-Cr的XPS全谱图，从图6-35可以看到制备的样品中存在Na、Al、Si、O、Mg、Fe等元素。图谱上O1s的特征峰比较明显，Cr2p和C1s的特征峰比较弱，这主要是因为制备的样品中有机物和Cr的加入量都比较小。分别就上面提到的C、O、Cr三种元素进行了高分辨XPS的测试以便更加详细地了解它们以什么方式和价态存在。

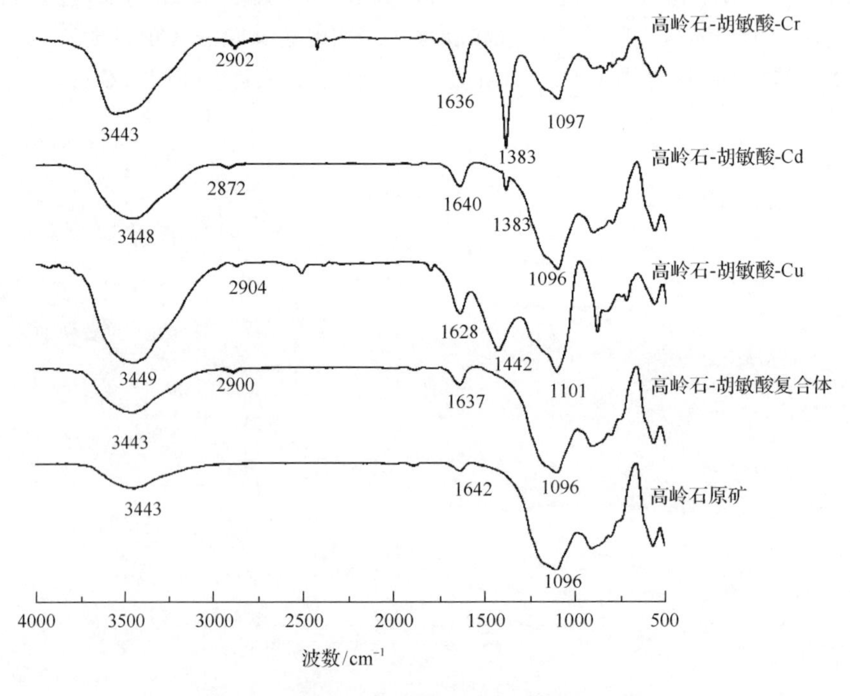

图6-34 高岭石-胡敏酸-重金属离子FTIR图

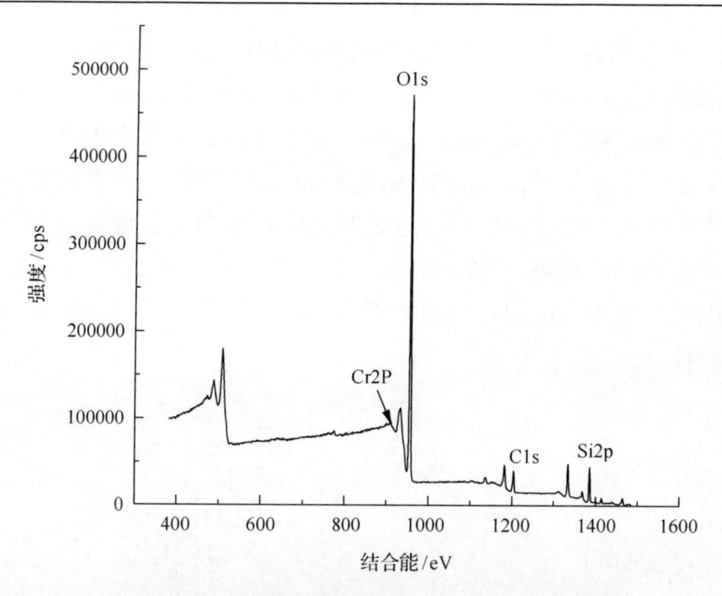

图 6-35　蒙脱石-胡敏酸-Cr 的 XPS 扫描全谱

图 6-36 是所制备的复合体中 C 的高分辨 XPS 图谱，对原曲线进行拟合分峰后可以看到 C1s 的 XPS 图谱，主要出现了 C1s1、C1s2、C1s3 三个分裂轨道，C 的结合能为 284.61eV，285.62eV 和 288.61eV，从两个光电子峰的面积比可以看出其比例分别为 34.01%、50.60%和 15.39%。位于 284.61eV 附近的峰属于芳香单元及其取代烷烃(C—C、C—H)，结合能为 285.62eV 的谱峰与 C—O 有关，而结合能为 288.61eV 的谱峰与—COO—有关。

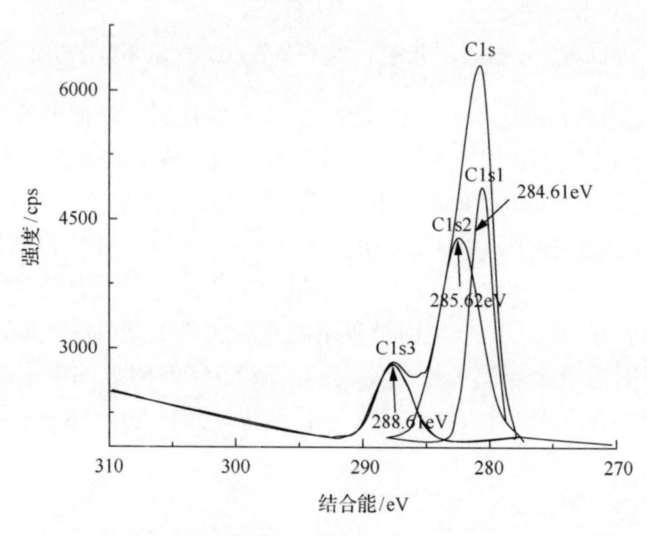

图 6-36　蒙脱石-胡敏酸-Cr 复合体的 C1s 的 XPS 高分辨图

图 6-37 是所制备的复合体中 O 的高分辨 XPS 图谱，对原曲线进行拟合分峰后可以看到 O1s 的 XPS 图谱，主要出现了 O1s1、O1s2、O1s3 三个分裂轨道，O 的结合能分别为 532.37eV、532.94eV 和 533.72eV，从两个光电子峰的面积比可以看出其比例分别为 75.87%、12.61%和 11.53%。图 6-37 并没有出现蒙脱石吸附水的吸收峰(约 533.0eV)[57]。这表明蒙脱石已由亲水性转变为疏水性。结合能为 532.37eV 的谱峰，属于蒙脱石片上的 O 所占的比例比较大。位于 532.94eV 的峰属于 C—O 键，说明碳氧有机官能团有一部分是以酚羟基和醚氧键形式存在的。

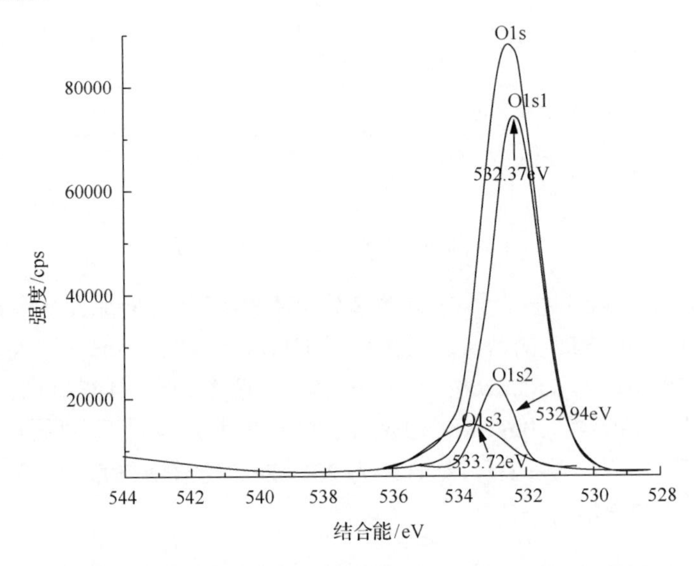

图 6-37　蒙脱石-胡敏酸-Cr 复合体的 O1s 的 XPS 高分辨图

图 6-38 是所制备的复合体中 Cr 的高分辨 XPS 图谱，对原曲线进行拟合分峰后可以看到 Cr 拟合谱图中存在两种化学形态，两个峰的结合能分别为 580.04eV 和 587.94eV，从两个光电子峰的面积比可以看出其比例为 71.97%和 28.03%。Cr 的不同化学态的形成原因，可能是在电荷由 Cr 向 O、Si、Al 转移过程中，由于空间位阻或 Al—O 键的作用，导致其中一部分 Cr 上的电荷没有转移完全，形成两种不同的化学形态。以静电作用而被吸附的重金属离子结合能较低，而通过专性吸附机制被吸附的重金属离子结合能较高。587.94eV 附近的电子结合能对应于 $Cr(OH)_3$，说明 Cr 和羟基结合与 FTIR 分析结果一致。位于 580eV 附近的关联峰属于 Cr 键。

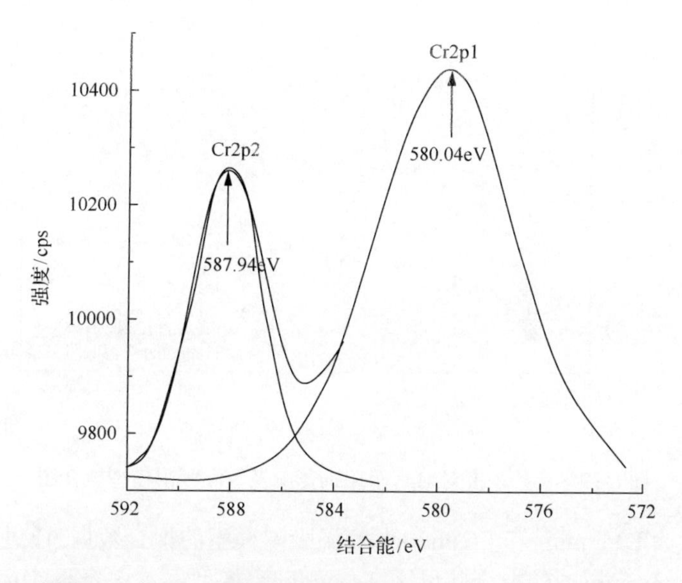

图 6-38　蒙脱石-胡敏酸-Cr 复合体的 Cr2p 的 XPS 高分辨图

6.3.2　有机改性黏土对 Hg^{2+}、Ag^{+}的吸附

Tran 等[58,59]采用含有巯基官能团的中性分子 3-巯丙基三甲氧基硅烷(mercaptoproply trimethoxysilane，MPTMS)、巯基乙胺(mercapto-ethyl-amine, MEA)、二巯基丙醇(dimercapto propanol，BAL)作为改性剂，制备吸附性能高效、结构稳定的 MPTMS、MEA、BAL 改性蛭石和蒙脱石，并将其应用于模拟重金属 Hg^{2+}、Ag^{+}废水的处理，获取相关的吸附试验参数，并对吸附机理进行探讨，为重金属废水的处理及蒙脱石和蛭石的推广应用做出有益的尝试。

1. MPTMS 改性蛭石和 MEA 改性蛭石对 Hg^{2+}吸附性能的研究

通过改变 Hg^{2+}的初始浓度来研究吸附剂和吸附质之间的平衡关系，并运用 Langmuir 和 Freundlich 等温吸附模型来分析实验数据，拟合结果如图 6-39 所示。由图 6-39 可以看出，MEA-VER 和 MPTMS-VER 对 Hg^{2+}的吸附量相对于原始蛭石有较大的提高，随着 Hg^{2+}初始浓度的不断增加，三者对 Hg^{2+}的吸附量不断增加，最终趋于平衡。这是因为随着 Hg^{2+}浓度的增加，吸附剂表面的活性位点逐渐被占据直至达到饱和[60]，此时再增加 Hg^{2+}浓度已不能提高吸附剂的吸附容量。

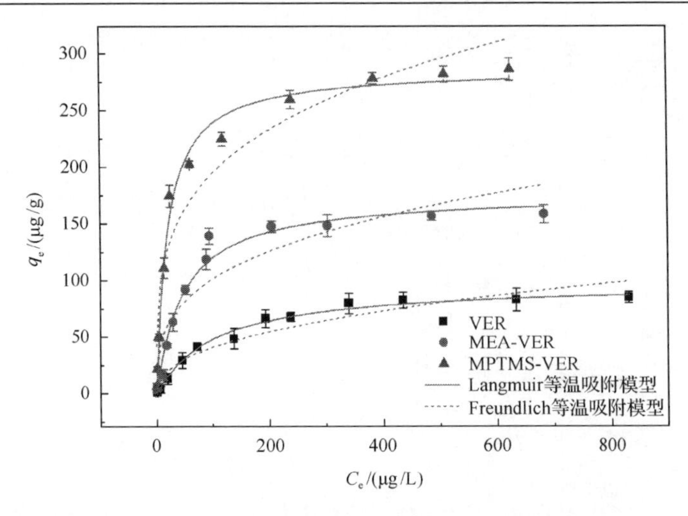

图 6-39　初始浓度对 Hg^{2+}吸附的影响及等温吸附模型拟合图

表 6-26 为 Langmuir 和 Freundlich 等温吸附模型的拟合数据。通过比较相关系数 R^2，Langmuir 模型的拟合效果比 Freundlich 模型好，这表明 Hg^{2+}在 VER、MEA-VER 及 MPTMS-VER 上的吸附属于单层吸附[61]。经过 MEA 和 MPTMS 改性后，蛭石对 Hg^{2+}的亲和力提高，最大吸附量由原始的 99.95μg/g 分别提高到 176.33 和 286.29μg/g，蛭石的吸附性能得到较大的改善。根据前面表征结果可知，改性后蛭石的比表面积变大同时负电荷变多，这些都为 Hg^{2+}提供了更多的吸附位点。另外，改性剂 MEA 中含有—NH_2 和—SH 基团，MPTMS 中含有—SH 和 Si—O 官能团，原始蛭石经过两者改性后表面可能含有了这些基团，从而与溶液中的 Hg^{2+}形成配位吸附模式，增加了对 Hg^{2+}的吸附量。

表 6-26　等温吸附模型拟合参数

样品	Langmuir 模型			Freundlich 模型		
	K_L/(L/μg)	q_m/(μg/g)	R^2	n	K_F/[(μg/g) (L/μg)$^{\frac{1}{n}}$]	R^2
VER	0.009	99.95	0.9890	0.379	7.64	0.9222
MEA-VER	0.021	176.33	0.9757	0.312	24.00	0.8581
MPTMS-VER	0.049	286.29	0.9892	0.216	58.19	0.9239

图 6-40 显示了改性前后蛭石对 Hg^{2+}的吸附量随吸附时间变化的情况，由图 6-41 可知 VER、MEA-VER 及 MPTMS-VER 对 Hg^{2+}表现出相似的吸附行为，在短时间内就达到了吸附平衡，但 VER 的吸附量小于 MEA-VER。整个吸附过程大致可以分为两个阶段，第一阶段为快速吸附阶段，大致为前 10min 左右，第二阶段为慢速吸附阶段，整个反应在 50min 左右即达平衡。为保证吸附过程的彻底性，在后续实验中选择 120min 作为吸附反应时间。快速吸附阶段是由吸附剂表面电荷吸附和络

合作用引起的[62]。除此之外，吸附剂表面丰富的活性位点和发达的多孔结构也是导致快速吸附的一个重要因素。随后吸附速率减慢，主要是因为吸附剂表面的 Hg^{2+} 迁移到吸附剂内部的孔道结构中，可能堵塞晶层间的通道，从而降低吸附速率[63]。

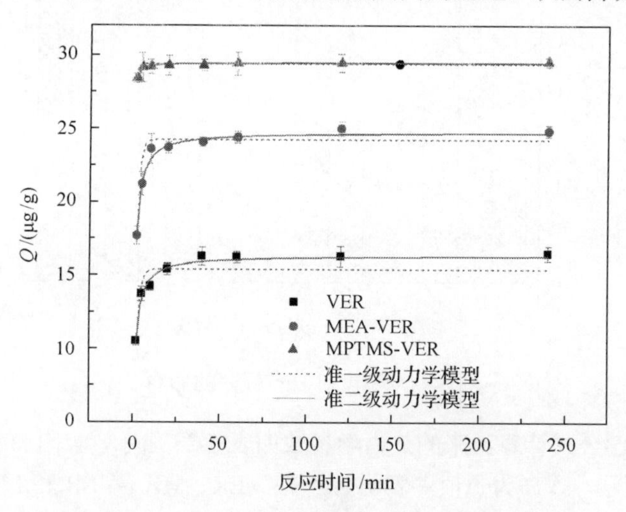

图 6-40　反应时间对 Hg^{2+}吸附的影响及吸附动力学

为了更好地理解 Hg^{2+}在 VER、MEA-VER 及 MPTMS-VER 上的吸附过程，分别采用准一级和准二级动力学方程对 Hg^{2+}的吸附量随时间变化的数据进行拟合，拟合参数如表 6-27 所示。由表 6-27 的数据可知，准二级动力学方程对三者的吸附数据拟合的相关系数更高，分别为 0.9974、0.9988 和 0.9998，同时经过拟合得到的理论吸附量与实验所得的饱和吸附量更相近，这些都表明 VER、MEA-VER 及 MPTMS-VER 对 Hg^{2+}的吸附过程更适用准二级动力学方程。其中 K_2 表示整个吸附过程的反应速率，由表中数据可知 MEA 改性后蛭石的吸附速率与改性前相比基本不变，MPTMS 改性后的吸附速率达到了较大的提高。

表 6-27　吸附动力学拟合参数

样品	实验所得 q_e/(μg/g)	准一级动力学模型			准二级动力学模型		
		k_1/(l/min)	q_e/(μg/g)	R^2	k_2[g/(μg·min)]	q_e/(μg/g)	R^2
VER	16.02	0.3305	16.32	0.9866	0.0512	16.59	0.9974
MEA-VER	24.18	0.3876	24.61	0.9979	0.0507	24.87	0.9988
MPTMS-VER	30.20	0.6913	29.59	0.9992	0.4112	29.50	0.9998

考察了温度为 293K、303K、313K 和 323K 时，VER、MEA-VER 和 MPTMS-VER 对 Hg^{2+}的吸附行为，结果如图 6-41 所示。随着温度的增加，VER 和 MEA-VER 对 Hg^{2+}的吸附量轻微减小，但 MPTMS-VER 的吸附量基本维持恒定，表明 MPTMS 改性提高了蛭石在热环境下的使用性能。

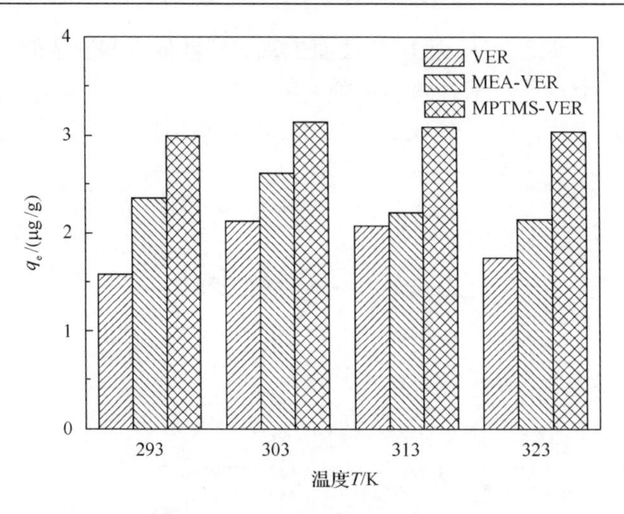

图 6-41　温度对 Hg^{2+}吸附的影响

根据热力学公式计算出来的热力学参数如表 6-28 所示，吸附 Hg2+的热力学拟合如图 6-42 所示。ΔH 为负值，表明 Hg^{2+}在 VER、MEA-VER 和 MPTMS-VER 上的吸附过为放热反应，温度越高，已经被吸附的 Hg^{2+}能获得更多的能量从吸附剂表面解吸出来。ΔG 为负值，说明整个吸附行为是自发的，且随着温度的升高，反应的自发程度增加。但在本章实验研究的温度范围内，ΔG 随温度变化不明显。对比 ΔG 的数值可以发现，反应自发程度的大小顺序为 MPTMS-VER>MEA-VER>VER，表明有机改性利于 Hg^{2+}在黏土上的吸附。吸附过程中固液界面处的混乱程度与 ΔS 有关，ΔS 为正值，说明随着吸附反应的进行，固液界面的混乱程度增加。

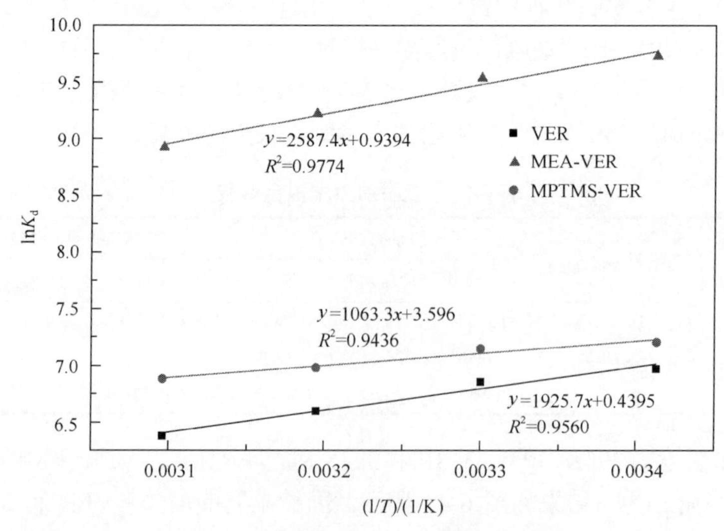

图 6-42　VER、MPTMS-VER 和 MEA-VER 吸附 Hg^{2+}的热力学拟合

K_d为分离系数，mL/g

表 6-28　VER、MPTMS-VER 和 MEA-VER 吸附 Hg^{2+} 的热力学参数

样品	Δ*H*/(kJ/mol)	Δ*S*/[J/(mol·K)]	Δ*G*/(kJ/mol)			
			293K	303K	313K	323K
VER	−16.01	3.65	−17.08	−17.12	−17.15	−17.19
MEA-VER	−8.84	29.90	−17.60	−17.90	−18.20	−18.50
MPTMS-VER	−21.51	7.81	−23.80	−23.88	−23.95	−24.03

为了探究巯基基团改性后蛭石对 Hg^{2+} 的吸附机理，对吸附实验前后的 MPTMS-VER 进行 XPS 分析，结果如图 6-43 所示。图 6-43(a)中，Hg 的峰在大范围扫描的 XPS 谱图中没有出现，原因可能是在于实验中吸附的是痕量的 Hg，低于仪器的检测限。从图 6-43(c)可以看出，吸附前的结合能为 161.70eV，对应于巯基基团。当吸附 Hg^{2+} 后，结合能升高到 167.60eV，这可能是由于巯基基团中的 S 将电子转移给 Hg^{2+} 所致。C—S 的结合能的改变表明巯基与重金属离子发生了络合。基于软硬酸碱理论，巯基与重金属离子之间有高的选择性和亲和性，这在以前的研究中可以证明。吸附过程模拟如下[64, 65]：

$$(\equiv Si—O)_3Si(CH_2)_3S—H + Hg^{2+} \longrightarrow (\equiv Si—O)_3Si(CH_2)_3S—Hg^{+} + H^{+} \quad (6\text{-}21)$$

$$2(\equiv Si—O)_3Si(CH_2)_3S—H + HgCl^{+} \longrightarrow [(\equiv Si—O)_3Si(CH_2)_3S—H]_2—HgCl + H^{+} \quad (6\text{-}22)$$

$$4(\equiv Si—O)_3Si(CH_2)_3S—H + Hg^{2+} \longrightarrow [(\equiv Si—O)_3Si(CH_2)_3S—H]_4—Hg^{2+} \quad (6\text{-}23)$$

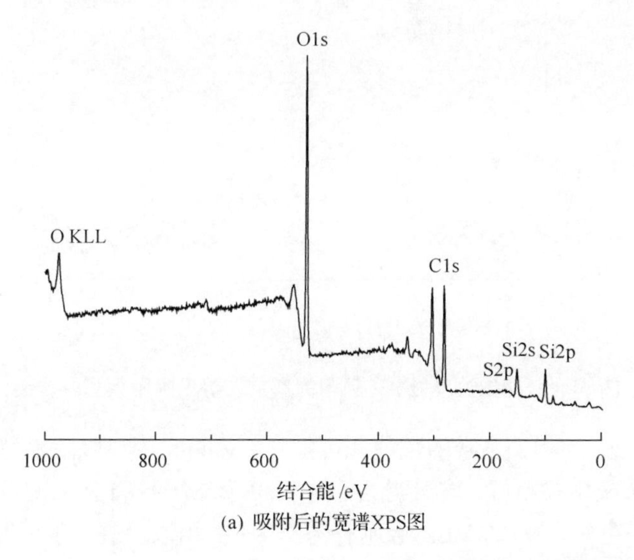

(a) 吸附后的宽谱XPS图

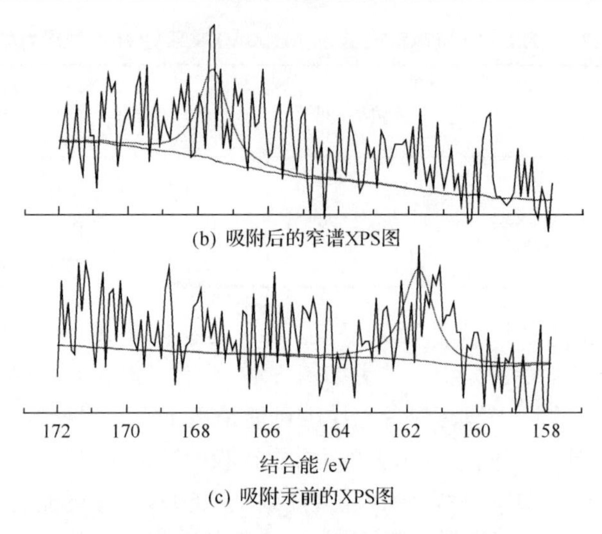

(b) 吸附后的窄谱XPS图

(c) 吸附汞前的XPS图

图 6-43　MPTMS-VER 吸附前后的 XPS 扫描

2. MEA 改性蛭石对 Ag^+ 吸附性能的研究

考察了 Ag^+ 初始浓度从 1mg/L 变化到 1000mg/L 时，VER 和 MEA-VER 对 Ag^+ 吸附的变化情况，并采用 Freundlich、Langmuir 等温吸附模型对吸附数据进行拟合。拟合图如图 6-44 所示，拟合参数如表 6-29 所示。

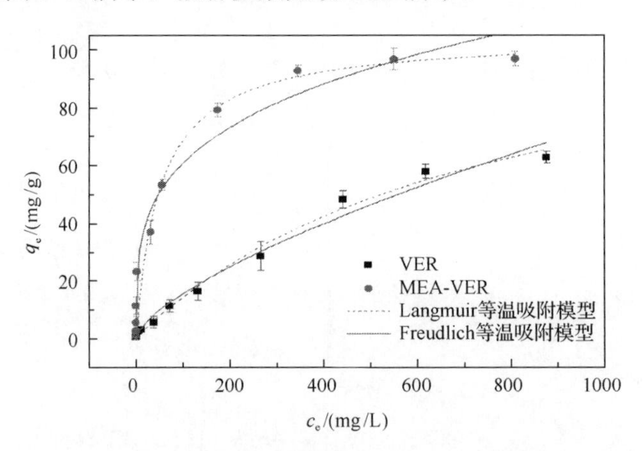

图 6-44　初始浓度对 Ag^+ 吸附的影响及等温吸附模型拟合图

比较表 6-29 的相关系数的数值，可知 Langmuir 等温吸附模型的拟合效果比 Freundlich 等温吸附模型好，这表明 Ag^+ 在 VER 和 MEA-VER 上的吸附属于单层吸附。由图 6-45 可知，MEA-VER 吸附行为与 VER 相似，进一步证明了 FTIR 的表征结果，蛭石经巯基乙胺改性后基本骨架没有发生明显改变，但两者的表面性质有显著差异。这主要表现在比表面积和孔道结构的增加及表面荷电量的变化，导致了 MEA-VER 对 Ag^+的平衡吸附量高于 VER。对 Ag^+最大吸附量由 104.64mg/L 变成 120.65mg/L。由此表明，经过巯基乙胺改性后的蛭石能够作为一种良好的吸附剂来去除废液中的 Ag^+。

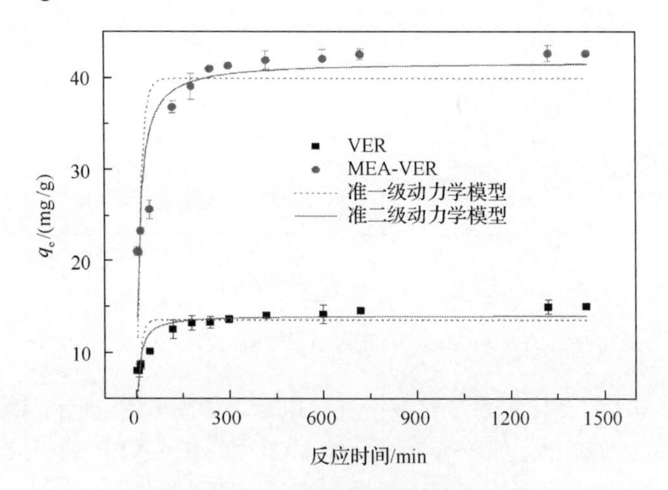

图 6-45　反应时间对 Ag^+吸附的影响

表 6-29　等温吸附模型拟合参数

样品	Langmuir 等温吸附模型			Freundlich 等温吸附模型		
	K_L/(L/mg)	q_m/(mg/g)	R^2	n	K_F/[(mg/g) (L/mg)$^{\frac{1}{n}}$]	R^2
VER	0.0014	104.64	0.9906	1.5383	0.8306	0.936
MEA-VER	0.0187	120.65	0.9616	4.5213	23.7704	0.8989

在 Ag^+初始浓度为 120mg/L，初始 pH 为 6，吸附剂量为 2g/L 的条件下，研究时间对 Ag^+去除效率的影响。如图 6-45 所示，随着吸附时间的增加，Ag^+的去除率增大，在 200min 左右达到最大去除率；如果再增加吸附时间，Ag^+的去除率并没有明显的增大。所以，200min 为最佳的吸附时间。MEA-VER 对 Ag^+的去除率要明显高于 VER，当吸附达到平衡时，MEA-VER 的去除效率约为 70%，而 VER 仅只有 23%左右。这表明巯基乙胺改性能够显著提高蛭石对 Ag^+的去除率。

通过 $\ln(q_e\text{-}q_t)$与反应时间 t 的变化关系，对数据进行拟合，得到理论 q_e、k_1 与相关系数 R^2。如图 6-46 和表 6-30 所示，拟合的 R^2 值较低，且理论饱和吸附量与实际饱和吸附量相差较大，所以准一级动力学不适合模拟 VER 和 MEA-VER 对 Ag^+的吸附过程。

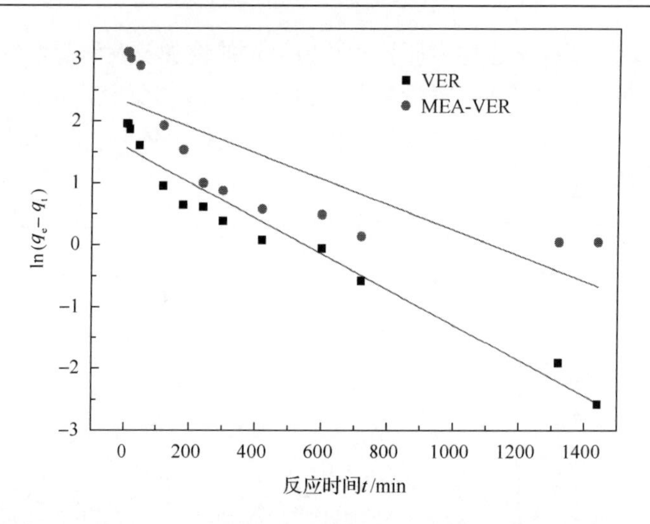

图 6-46　VER 和 MEA-VER 对 Ag^+吸附的准一级动力学模型

通过 t/q_t与 t 的变化关系，对数据进行拟合，如图 6-47 所示。经分析得到理论 q_e、k_2与相关系数 R^2。如表 6-30 所示，VER 和 MEA-VER 的相关系数 R^2 分别达到 0.997 和 0.998，且理论饱和吸附量与实际饱和吸附量相近，所以准二级动力学方程能够很好地解释 VER 与 MEA-VER 对 Ag^+的吸附过程，可以推断化学吸附过程是整个吸附反应的限速步骤。其中 k_1、k_2 是反应过程的速率常数，由表 6-30 可知，经过巯基乙胺改性后，蛭石的吸附速率得到很大的提高。

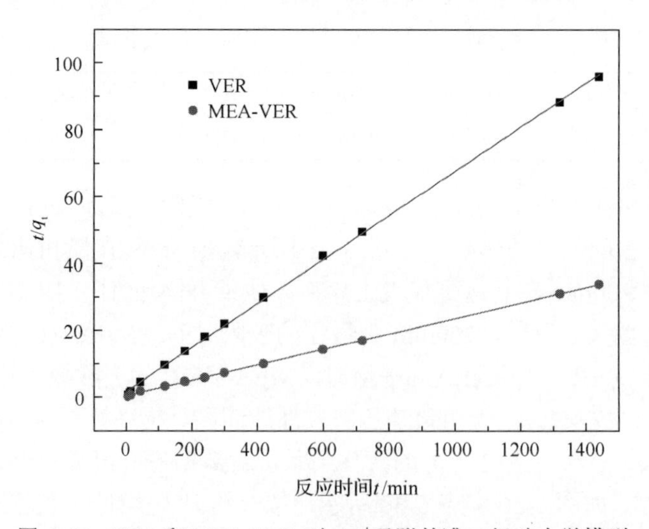

图 6-47　VER 和 MEA-VER 对 Ag^+吸附的准二级动力学模型

表 6-30　吸附动力学拟合方程

样品	实验所得 q_e/(mg/g)	准一级动力学模型			准二级动力学模型		
		k_1/(1/min)	q_e/(mg/g)	R^2	k_2/[g/(mg·min)]	q_e/(mg/g)	R^2
VER	15.02	0.002	4.85	0.951	0.0029	15.13	0.997
MEA-VER	43.61	0.002	10.07	0.632	0.0015	43.10	0.998

图 6-48 显示了在不同反应温度情况下，VER 和 MEA-VER 对 Ag^+的吸附效果。图中结果显示反应温度对 VER 和 MEA-VER 的吸附过程的影响显现出不同的趋势，随着温度的增加，VER 对 Ag^+的吸附呈下降趋势，而 MEA-VER 对 Ag^+的吸附呈增加趋势。表明 MEA-VER 热稳定性良好，在实际应用中对温度变化的适应能力好。

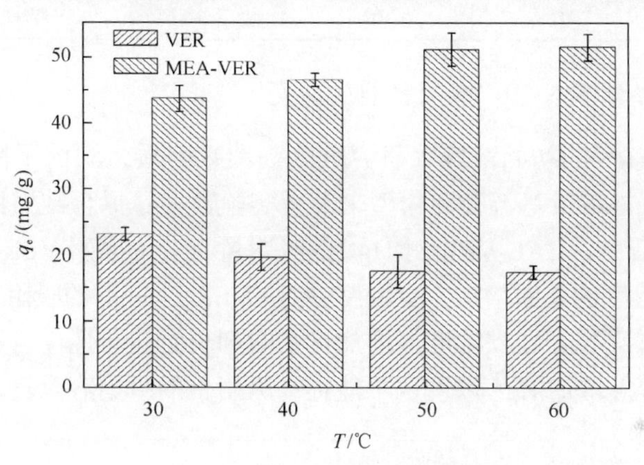

图 6-48　温度对 Ag^+吸附的影响

VER 和 MEA-VER 对 Ag^+的吸附热力学拟合如图 6-49 所示，由热力学公式拟合得出的热力学参数列于表 6-31。VER 和 MEA-VER 吸附 Ag^+的热力学行为相反，

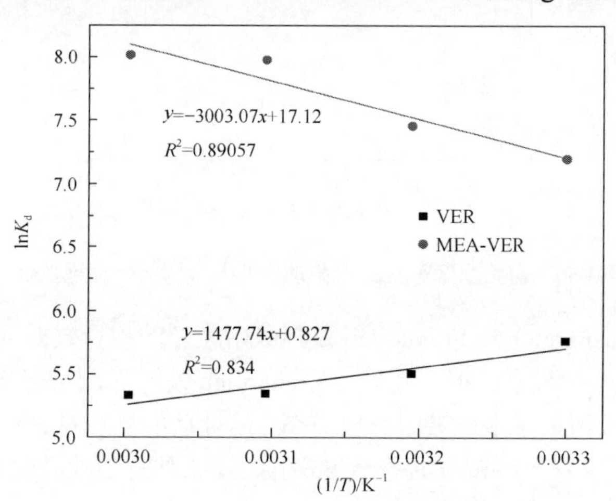

图 6-49　VER 和 MEA-VER 吸附 Ag^+的热力学拟合

VER 的 ΔH 为负值，吸附过程为放热反应，而 MEA-VER 的 ΔH 为正值，温度的升高有利于 MEA-VER 对 Ag^{+}的吸附。ΔG 为负值，表明吸附过程是自发的，且 MEA-VER 对 Ag^{+}的吸附反应的自发程度要比 VER 的大。MEA-VER 的 ΔS 为正值且比 VER 的要大，说明随着吸附反应的进行，固液界面的混乱程度增加。

表 6-31 VER 和 MEA-VER 吸附 Ag^{+}的热力学参数

样品	ΔH/(kJ/mol)	ΔS/[J/(mol·K)]	ΔG/(kJ/mol)		
			303K	313K	323K
VER	−17.14	8.81	−14.50	−14.31	−14.32
MEA-VER	31.35	162.95	−18.14	−19.41	−21.41

3. BAL 改性蛭石对 Hg^{2+}吸附性能的研究

通过改变 Hg^{2+}的初始浓度来研究吸附剂和吸附质之间的平衡关系，并运用 Langmuir 和 Freundlich 等温吸附模型来分析实验数据，拟合结果如图 6-50 所示。从图 6-50 可以看出，BAL-VER 对 Hg^{2+}的吸附量相对于原始 VER 有较大的提高。随着 Hg^{2+}初始浓度的不断增加，BAL-VER 和 VER 对 Hg^{2+}的吸附量不断增加，最终趋于平衡。因为随着 Hg^{2+}浓度的增加，吸附剂表面的活性位点逐渐被占据直至达到饱和，此时再增加 Hg^{2+}浓度已不能提高吸附剂的吸附容量。

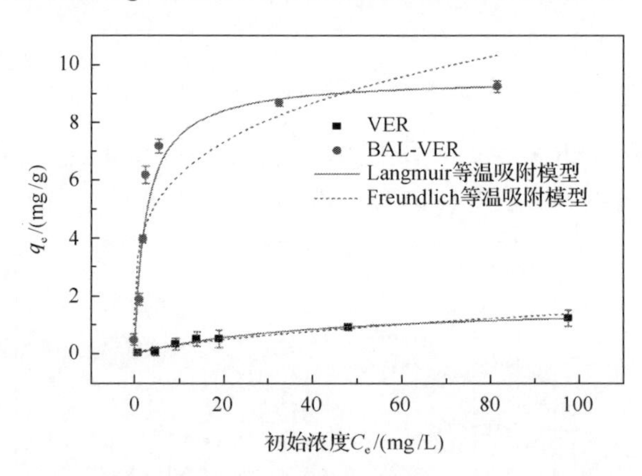

图 6-50 初始浓度对 Hg^{2+}吸附的影响及等温吸附模型拟合图

表 6-32 为 Langmuir 和 Freundlich 等温吸附模型的拟合数据。通过比较相关系数 R^2 可知 Langmuir 模型的拟合效果比 Freundlich 模型好，这表明 Hg^{2+}在 VER 和 BAL-VER 上的吸附属于单层吸附。经过 BAL 改性后的蛭石对 Hg^{2+}的亲和力提高，最大吸附量由原始的 1.75mg/g 提高到 9.63mg/g，天然蛭石的吸附性能得到较大的

改善。根据前面表征结果可知，改性后蛭石的表面的负电荷变多，为 Hg^{2+}提供了更多的吸附位点。另外，改性剂 BAL 中含有较强亲和力的—SH 基团，原始蛭石经过改性后的表面可能含有了这些基团，从而与溶液中的 Hg^{2+}形成配位吸附模式，增加了对 Hg^{2+}的吸附量。

表 6-32　等温吸附模型拟合参数

样品	Langmuir 等温吸附模型			Freundlich 等温吸附模型		
	K_L/(L/mg)	q_m/(mg/g)	R^2	n	K_F/[(mg/g) (L/mg)$^{\frac{1}{n}}$]	R^2
VER	0.0248	1.753	0.983	0.557	0.101	0.961
BAL-VER	0.4142	9.632	0.933	0.220	3.827	0.809

由图 6-51 可知，BAL 改性蛭石对 Hg^{2+}的吸附过程的吸附速率均较快，基本在 300min 左右达到平衡。VER 的吸附容量为 0.5mg/g，而改性后的 VER 吸附容量达到 5mg/g 左右，效果提高了 10 倍。VER 对 Hg^{2+}的吸附随着时间的改变没有发生太大改变，这是由于 Hg^{2+}的浓度较高而吸附剂的投加量较少所致，吸附剂在短时间内就达到了饱和状态。

通过 $\ln(q_e-q_t)$ 与 t 的变化关系，对数据进行拟合，得到理论 q_e、k_1 与相关系数 R^2。如图 6-52 和表 6-33 所示，拟合的 R^2 值较低，且理论饱和吸附量与实际饱和吸附量相差较大，所以准一级动力学不适合模拟 VER 和 BAL-VER 对 Hg^{2+}的吸附过程。

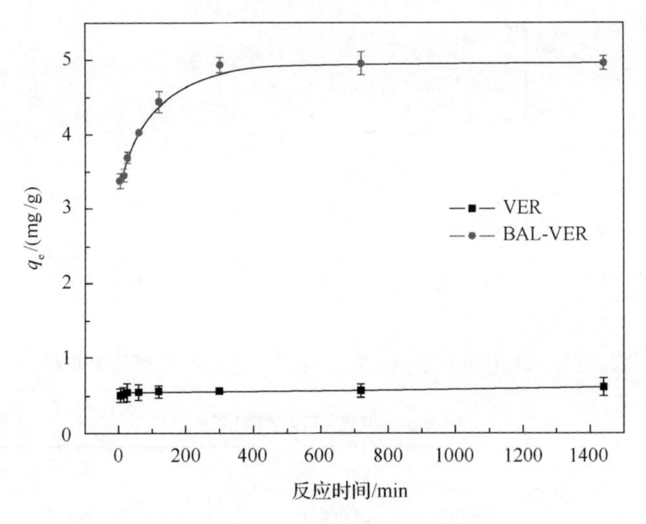

图 6-51　反应时间对 Hg^{2+}吸附的影响及吸附动力学

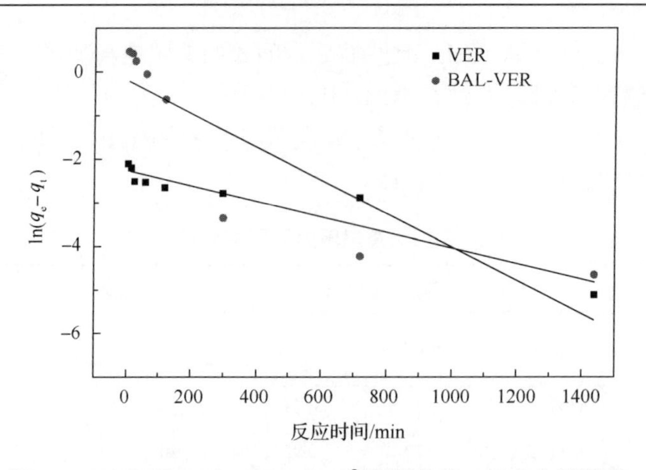

图 6-52　VER 和 BAL-VER 对 Hg^{2+}吸附的准一级动力学模型

通过 t/q_t 与 t 的变化关系，对数据进行拟合，如图 6-53 所示。经分析得到理论 q_e、k_2 与相关系数 R^2。如表 6-33 所示，VER 和 BAL-VER 的相关系数 R^2 分别达到 0.998 和 0.999，且理论饱和吸附量与实际饱和吸附量相近，所以准二级动力学方程能够很好地解释四种材料对 Hg^{2+}的吸附过程，可以推断化学吸附过程是整个吸附反应的限速步骤。其中 k_1、k_2 是反应过程的速率常数，由表 6-33 可知，经过 BAL 改性后，蛭石的吸附速率得到很大的提高。

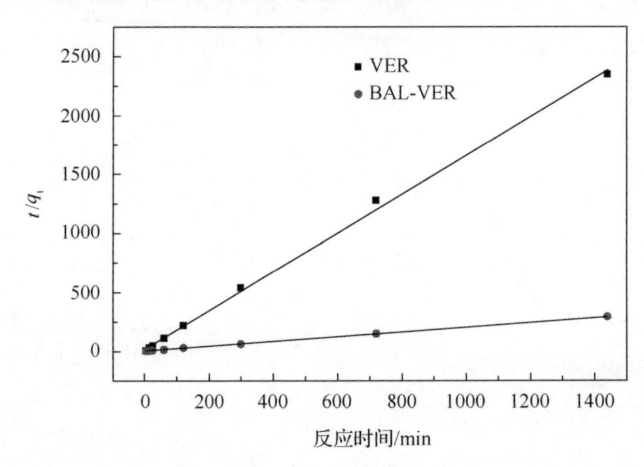

图 6-53　VER 和 BAL-VER 对 Hg^{2+}吸附的准二级动力学模型

表 6-33　吸附动力学拟合方程

样品	实验所得 q_e/(mg/g)	准一级动力学模型			准二级动力学模型		
		k_1/(1/min)	q_e/(mg/g)	R^2	k_2/[g/(mg · min)]	q_e/(mg/g)	R^2
VER	0.61	0.0018	0.104	0.880	0.134	0.608	0.998
BAL-VER	4.96	0.0038	0.821	0.723	0.024	5	0.999

考察温度为 303K、313K、323K 和 333K 时，VER 和 BAL-VER 对 Hg^{2+}的吸附行为，结果如图 6-54 所示。随着温度的增加，VER 和 BAL-VER 对 Hg^{2+}的吸附量有轻微的下降，BAL 的改性没有提高蛭石在热环境下的吸附性能，也没有改变材料吸附 Hg^{2+}的热力学性质，吸附过程仍然是一个放热的过程。

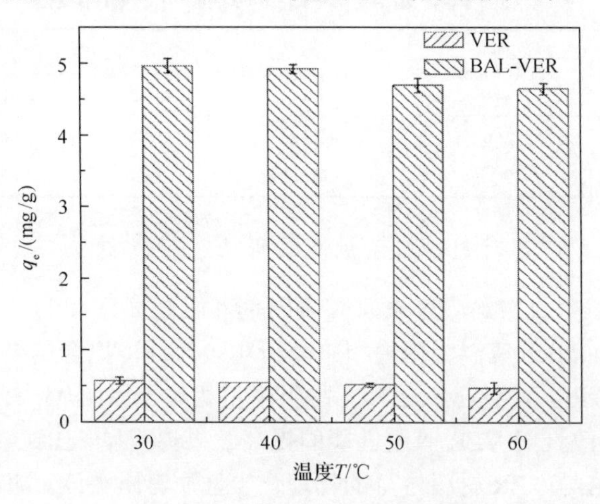

图 6-54　温度对 Hg^{2+}吸附的影响

根据热力学公式计算出来的热力学参数如表 6-34 所示，吸附 Hg^{2+}的热力学拟合如图 6-55 所示。ΔH 为负值，表明 Hg^{2+}在两种材料上的吸附过程为放热反应，温度越高，已经被吸附的 Hg^{2+}就能获得更多的能量从吸附剂表面解吸出来。ΔG 为负值，说明整个吸附行为是自发的，且随着温度的升高，反应的自发程度增加，但 BAL-VER 例外。在本章实验研究的温度范围内，ΔG 随温度变化不明显。对

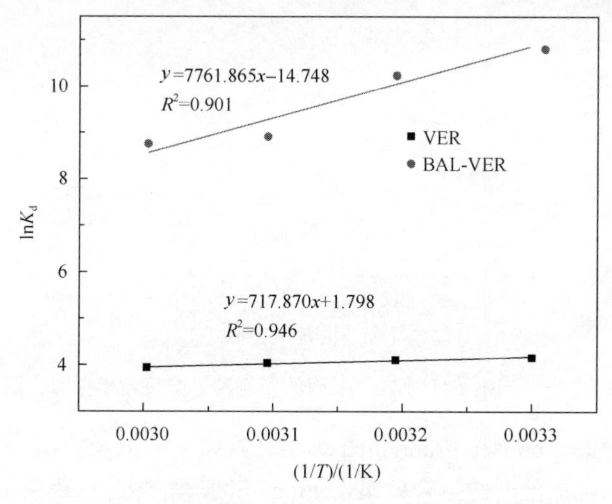

图 6-55　VER 和 BAL-VER 吸附 Hg^{2+}的热力学拟合

比 ΔG 的数值可以发现，反应自发程度的大小顺序为 BAL-VER>VER，表明 BAL 改性有利于 Hg^{2+}在蛭石上的吸附。吸附过程中固液界面处的混乱程度与 ΔS 有关，ΔS 为正值说明随着吸附反应的进行，固液界面的混乱程度增加。

表 6-34　VER 和 BAL-VER 吸附 Hg^{2+}的热力学参数

样品	ΔH/(kJ/mol)	ΔS/[J/(mol·K)]	ΔG/(kJ/mol)		
			303K	313K	323K
VER	–4.66	19.18	–10.46	–10.67	–10.84
BAL-VER	–79.41	–170.71	–27.38	–26.62	–23.93

4. BAL 改性蒙脱石对 Hg^{2+}吸附性能的研究

通过改变 Hg^{2+}的初始浓度来研究吸附剂和吸附质之间的平衡关系，并运用 Langmuir 和 Freundlich 等温吸附模型来分析实验数据，拟合结果如图 6-56 所示。从图 6-57 可以看出，BAL-Mt 对 Hg^{2+}的吸附量相对于原始 Mt 有较大的提高。对比发现，BAL 的改性对 VER 吸附性能的提高效果更明显，BAL-VER 的吸附量要高于 BAL-Mt，这与 VER 材料本身的物理化学性质有所关联。随着 Hg^{2+}初始浓度的不断增加，BAL-Mt 和 Mt 对 Hg^{2+}的吸附量不断增加，最终趋于平衡。因为随着 Hg^{2+}浓度的增加，吸附剂表面的活性位点逐渐被占据直至达到饱和，此时再增加 Hg^{2+}浓度已不能提高吸附剂的吸附容量。

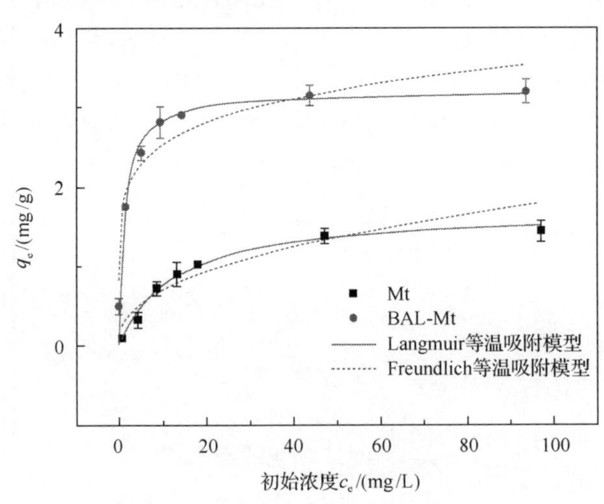

图 6-56　初始浓度对 Hg^{2+}吸附的影响及等温吸附模型拟合图

表 6-35 为 Langmuir 和 Freundlich 等温吸附模型的拟合数据。通过比较相关系数 R^2 可知 Langmuir 模型的拟合效果比 Freundlich 模型好，这表明 Hg^{2+}在 BAL-Mt 和 Mt 上的吸附属于单层吸附。经过 BAL 改性后的蒙脱石对 Hg^{2+}的亲和力提高，

最大吸附量由原始的 1.68mg/g 提高到 3.21mg/g，天然蒙脱石的吸附性能得到较大的改善。根据前面表征结果可知，改性后蒙脱石表面的负电荷变多，为 Hg^{2+}提供了更多的吸附位点。另外，改性剂 BAL 中含有较强亲和力的—SH 基团，改性蒙脱石的表面可能含有这些基团，从而与溶液中的 Hg^{2+}形成配位吸附模式，增加了对 Hg^{2+}的吸附量。

表 6-35　等温吸附模型拟合参数

样品	Langmuir 等温吸附模型			Freundlich 等温吸附模型		
	K_L/(L/mg)	q_m/(mg/g)	R^2	n	K_F/[(mg/g) (L/mg)$^{\frac{1}{n}}$]	R^2
Mt	0.081	1.682	0.984	0.357	0.312	0.873
BAL-Mt	0.735	3.208	0.946	0.149	0.788	0.912

由图 6-57 可知，BAL 改性蒙脱石对 Hg^{2+}的吸附过程的吸附速率较快，基本在 300min 左右达到平衡。Mt 的吸附容量在 0.5mg/g 左右，而改性后的 Mt 吸附容量达到 3mg/g 以上，吸附提高了 6 倍。而 Mt 对 Hg^{2+}的吸附随着时间的改变没有发生太大改变，这是由于 Hg^{2+}的浓度较高而吸附剂的投加量较少所致，吸附剂在短时间内就达到了饱和状态。

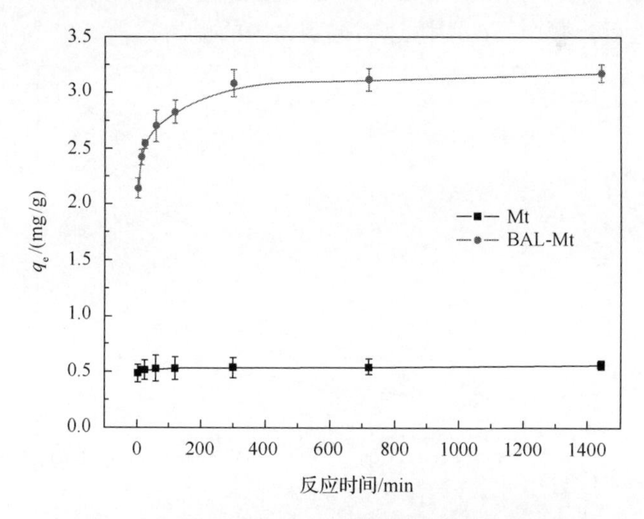

图 6-57　反应时间对 Hg^{2+}吸附的影响及吸附动力学

通过 $\ln(q_e-q_t)$与 t 的变化关系，对数据进行拟合，得到理论 q_e、k_1 与相关系数 R^2。如图 6-58 和表 6-36 所示，拟合的 R^2 值较低，且理论饱和吸附量与实际饱和吸附量相差较大，所以准一级动力学不适合模拟 Mt 和 BAL-Mt 对的 Hg^{2+}吸附过程。

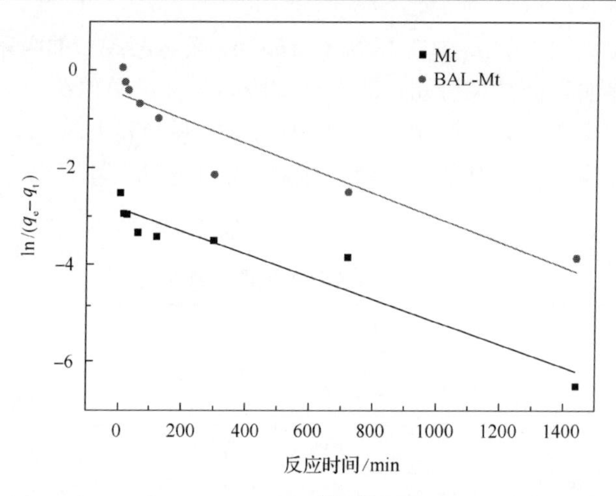

图 6-58　Mt 及 BAL-Mt 对 Hg^{2+}吸附的准一级动力学模型

通过 t/q_t与 t 的变化关系，对数据进行拟合，如图 6-59 所示。经分析得到理论 q_e、K_2与相关系数 R^2。如表 6-36 所示，Mt 和 BAL-Mt 的相关系数 R^2 分别达到 0.999 和 0.999，且理论饱和吸附量与实际饱和吸附量相近，所以准二级动力学方程能够很好地解释 Mt 和 BAL-Mt 对 Hg^{2+}的吸附过程，可以推断化学吸附过程是整个吸附反应的限速步骤。其中 k_1 和 k_2 是反应过程的速率常数，由表 6-36 可知，经过 BAL 改性后，蒙脱石的吸附速率得到大大的提高。

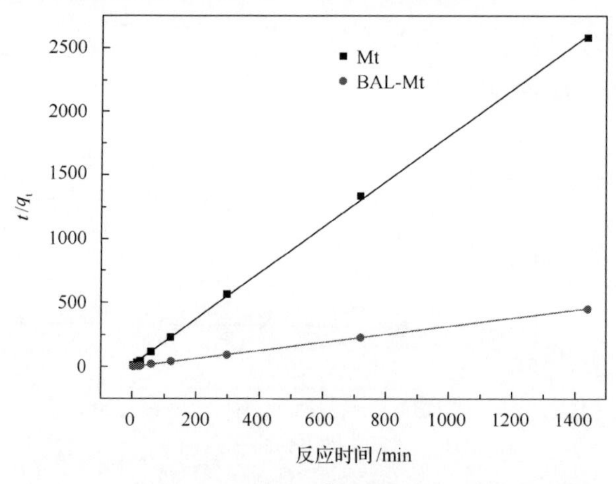

图 6-59　Mt 及 BAL-Mt 对 Hg^{2+}吸附的准二级动力学模型

表 6-36　吸附动力学拟合方程

样品	q_e/(mg/g)	准一级动力学模型			准二级动力学模型		
		k_1/(1/min)	q_e/(mg/g)	R^2	k_2[g/(mg · min)]	q_e/(mg/g)	R^2
Mt	0.56	0.0023	0.0578	0.901	0.294	0.55	0.999
BAL-Mt	3.18	0.0025	0.608	0.877	0.036	3.185	0.999

考察温度为 30℃、40℃、50℃和 60℃时，Mt 和 BAL-Mt 对 Hg^{2+}的吸附行为，结果如图 6-60 所示。随着温度的增加，两种材料对 Hg^{2+}的吸附量有轻微的下降，BAL 的改性没有提高蒙脱石在热环境下的吸附性能，也没有改变材料吸附 Hg^{2+}的热力学性质，吸附过程也是一个放热的过程。

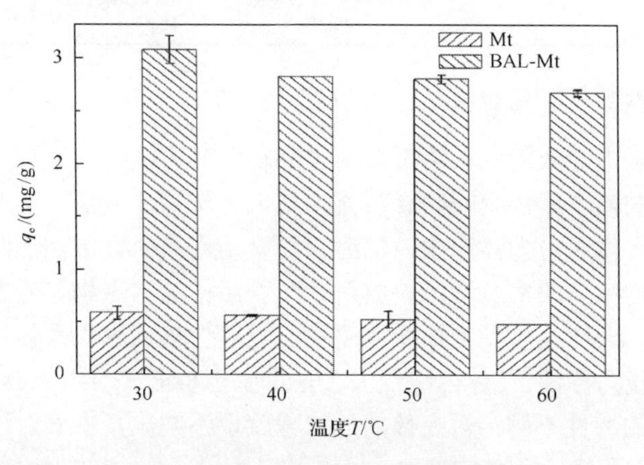

图 6-60　温度对 Hg^{2+}吸附的影响

根据热力学公式计算出来的热力学参数如表 6-37 所示，吸附 Hg^{2+}的热力学拟合如图 6-61 所示。ΔH 为负值，表明 Hg^{2+}在两种材料上的吸附过程为放热反应，温度越高，已经被吸附的 Hg^{2+}就能获得更多的能量从吸附剂表面解吸出来。ΔG 为负值，说明整个吸附行为是自发的，且随着温度的升高，反应的自发程度增加。在本实验研究的温度范围内，ΔG 随温度变化不明显。对比 ΔG 的数值可以发现，反应自发程度的大小顺序为 BAL-Mt>Mt，表明 BAL 改性有利于 Hg^{2+}在蒙脱石上的吸附。吸附过程中固液界面处的混乱程度与 ΔS 有关，ΔS 为正值，说明随着吸附反应的进行，固液界面的混乱程度增加。

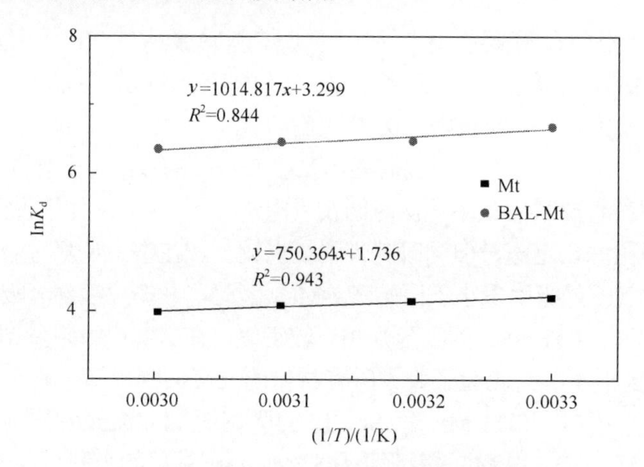

图 6-61　Mt 和 BAL-Mt 吸附 Hg^{2+}的热力学拟合

表 6-37 Mt 和 BAL-Mt 吸附 Hg^{2+} 的热力学参数

样品	ΔH/(kJ/mol)	ΔS/[J/(mol·K)]	ΔG/(kJ/mol)		
			303K	313K	323K
Mt	–4.88	18.82	–10.57	–10.80	–10.95
BAL-Mt	–9.10	25.25	–16.84	–16.85	–17.35

6.3.3 有机改性黏土矿物对 Sr^{2+}、Cs^{+} 的吸附

放射性废水中的放射性核素可以通过外辐射和内辐射对人体产生危害。外辐射是指废液中的辐射体(γ 和 β 射线)直接对人体辐照。废液中的放射性核素可通过食物链进入人体而对人体产生内辐射，如食用用放射性废水灌溉的农作物，饮用被放射性废物污染的水及食用被放射性废物污染的水生物。当人体摄入过多的放射性核素时，人体就会受到损伤或癌变。放射性核素进入人体后，由于其不断衰变并放出射线的特性，使体内组织失去正常生理机能并对组织器官造成损伤。α、β、γ 三种衰变的特性不同，对人体的危害程度也不同。其中 α 射线的内照射危害最大，因为它射程短，可集中在小范围内对人体进行强烈的内照射，使人体的肌肉组织承受高强度的辐射而造成损伤。放射性辐射可诱发癌变、再生障碍性贫血、白内障和视网膜发育异常等[66]。

基于放射性废水对环境和人体健康会产生强烈的危害性，放射性废水排放到环境中之前，需要经过严格的处理以降低对环境生态系统的危害。笔者的研究团队制备出吸附性能高效、结构稳定的有机改性蒙脱石，并将其应用于模拟放射性 Sr^{2+}、Cs^{+} 废水的处理，获取相关的吸附试验参数，为放射性废水的处理及黏土矿物的推广应用做出有益的尝试。

1. APTES、SDS 及 HDTMAB 改性蒙脱石对 Sr^{2+} 的吸附研究

Wu 等[61]、代亚平和吴平霄[63]利用十二烷基磺酸钠(SDS)、十六烷基三甲基溴化铵(HDTMAB)、3-氨丙基三乙氧基硅烷(APTES)来改性蒙脱石，吸附处理 Sr^{2+} 模拟废水，研究其对 Sr^{2+} 的吸附行为及吸附机理。

图 6-62 为不同有机改性材料在时间 t 下对 Sr(Ⅱ)的吸附量变化关系。如图 6-62 所示，不同有机改性材料的吸附平衡时间及吸附量都不一样。总体来说，HDTMAB-Mt 和 Ca-Mt 的吸附非常迅速，但同时其吸附量也较小，在整个吸附时间范围内变化较小。HDTMAB-Mt 的吸附量小于原始 Ca-Mt，因此，其在后续部分吸附实验中不予讨论。SDS-Mt 和 APTES-Mt 的吸附则相对较迟缓，在 24h 内吸附量增加，然后变得平稳而基本达到平衡。因此为了兼顾所有材料的反应达到平衡，确定吸附反应时间为 24h。吸附平衡时，SDS-Mt 对 Sr(Ⅱ)的吸附量(26.85mg/g)是原始 Ca-Mt 的(13.23mg/g)两倍，APTES-Mt 的吸附量(65.6mg/g)则是原始吸附量的四倍。

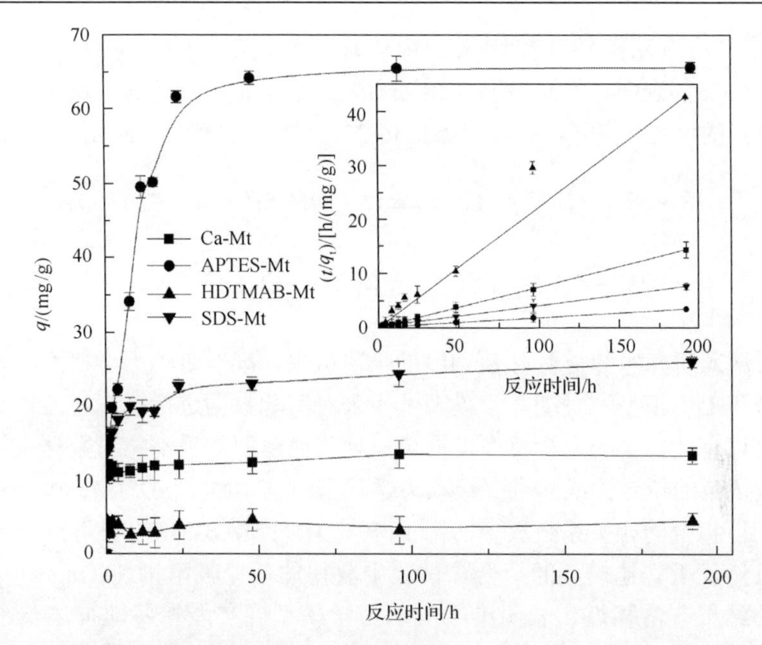

图 6-62　反应时间对 Sr(Ⅱ)吸附的影响及动力学方程线性拟合图

一般而言，化学吸附和络合反应比较快，离子交换和物理吸附则比较缓慢[67]。根据多方面考究硅烷的性质和表面活性剂改性材料的表征分析，此处从化学角度等更加细微的角度来分析吸附机理。

HDTMAB 吸附量较低的原因：从材料表征数据可以看出，HDTMAB 改性后材料的比表面积、外表面积、孔径和微孔体积几乎都是最小的，说明 HDTMAB 不管是处于层间还是外表面，都很容易堵塞蒙脱石的空隙，其表面能也降低，不利于吸附反应。另外，HDTMAB 分子较大，也容易滞留在材料中。虽然 HDTMAB 中含有氨基，但是 N 周围为 3 个—CH_3，因此呈正电，由于电中和的作用而吸引了 Br^-，带正电荷的 Sr^{2+}不与 Br^-发生离子交换。

材料 APTES-Mt 吸附 Sr(Ⅱ)反应缓慢可以解释为以下两点：一是由于有机改性剂的表面张力作用，改性材料在水溶液中溶解缓慢，这点也可以从试验过程中观察到；二是与材料中改性剂 APTES 的水解有关。APTES-Mt 在水溶液中，首先是 APTES 水解成硅醇后与蒙脱石结构片层的—OH 脱水缩合形成最终的材料，然后才是配位吸附反应。这个材料形成的过程也可以与吸附过程同时进行，但最终仍会影响整个吸附进程。

由于改性过程是在环己烷溶液中进行，在材料的制备过程中其水解受到限制。当材料投入到水溶液里面发生吸附反应的时候，APTES 分子中的—$Si(OC_2H_5)_3$ 首先水解，然后其分子上的—OH 和 Ca-Mt 上的—OH 脱水缩合形成最终的材料 APTES-Mt。另外，—NH_2 在和 Sr(Ⅱ)配位之前先水解，因此减缓反应速率。水解过程是导致反应减慢的直接因素。由于疏水性，Sr(Ⅱ)很难接近 SDS-Mt 和 HDTMAB-Mt 的表面，然而由于 SDS 分子中存在 Na^+，因此其提供了与 Sr(Ⅱ)发生离子交换的可交换离子，其反应如式(6-25)，R 和 X' 代表 Ca-Mt 的表面。

$$R-NH_3^+ + Sr^{2+} + H_2O \rightleftharpoons R-NH_2Sr^{2+} + H^+ + (H_2O) \tag{6-24}$$

$$X'-SO_3N_a + Sr^{2+} \rightleftharpoons (X'-SO_3)_2\,Sr + Na^+ \tag{6-25}$$

为了深入研究各种材料对 Sr(Ⅱ)的吸附机理，准一级动力学模型、准二级动力学模型和 DR 模型三种动力学模型被用来对实验数据进行模拟。通过对数据的拟合发现只有准二级动力学模型最符合，且其他模型几乎不能对数据进行模拟而得出比较规范的拟合曲线。准二级动力学模型对 Ca-Mt、SDS-Mt 和 APTES-Mt 吸附 Sr(Ⅱ)拟合的相关系数 R^2>0.99，而其对 HDTMAB-Mt 的吸附拟合则相对较差，但仍然优于其他模型的拟合。试验中取得的理论吸附量 q_e(mg/g)与通过实验获得的结果非常相近，表明准二级动力学模型确实能较好地描述整个吸附过程。根据模型的建立及定义，准二级动力学模型描述的是化学过程，因此限制吸附速率的可能是一个化学吸附过程[68]。其线性拟合如图 6-63 所示，参数如表 6-38 所示，k_2 代表反应速率的快慢。对于 APTES-Mt，准二级动力学模型 k_2 值为 2.23×10^4g/(mg·h)，比 SDS-Mt 和 Ca-Mt 的都要高出 1 个数量级，而且远远大于 HDTMAB-Mt 的值。这表明 APTES-Mt 的吸附速率在所有材料中是最快的，说明 APTES-Mt 材料上拥有更多的活性位点，这和材料表征的分析结果也是一致的。

表 6-38 Sr(Ⅱ)在 Ca-Mt 和有机改性蒙脱石上的二级动力学吸附参数

样品	实验所得 q_e/(mg/g)	K_d/(mg/g)	准二级动力学模型		
			k_2/[g/(mg·h)]	q_e/(mg/g)	R^2
Ca-Mt	13.55	107.07	2.79×10^3	13.40	0.999
APTES-Mt	54.53	869.09	2.23×10^4	56.21	0.996
HDTMAB-Mt	4.60	30.15	30.53	4.26	0.974
SDS-Mt	24.93	200.76	7.54×10^3	24.77	0.998

图 6-63 描述了初始浓度对吸附的研究，初始浓度设置范围为 20～300mg/L。在一定浓度范围内，吸附量随着初始浓度的增大而增加。对于 Ca-Mt，当初始浓度达到 120mg/L 时候，其吸附达到平衡。对于 SDS-Mt，其吸附量随着浓度的增大而增加，直到浓度达到 150mg/L 时达到平衡。对于 APTES-Mt，其吸附经历了两段过程。首先是当浓度小于 110mg/L 时，其吸附量随着浓度的增大而增加，而

当浓度增大到 120mg/L 时，吸附量是浓度为 110mg/L 时的两倍；然后吸附量继续增加，直到初始浓度为 240mg/L 时达到平衡。因此对于材料 Ca-Mt、SDS-Mt 和 APTES-Mt 的吸附，在后续研究中的平衡浓度分别选择 120mg/L、150mg/L 和 240mg/L。

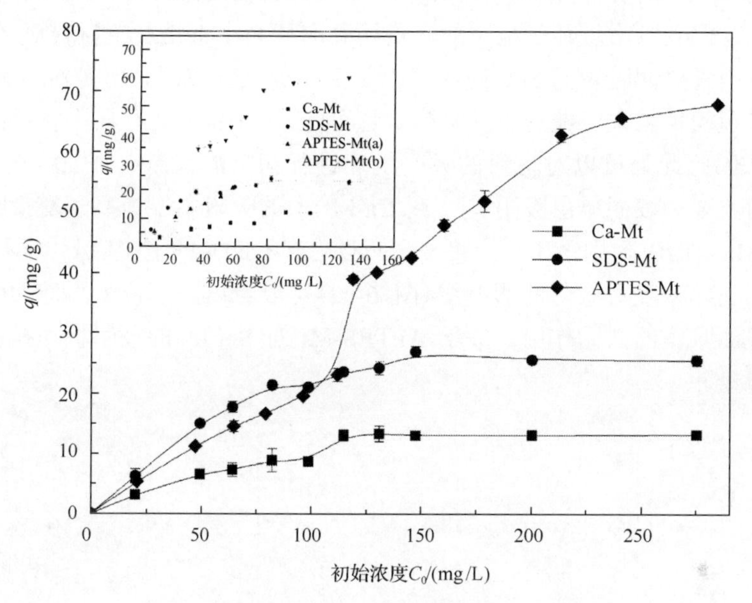

图 6-63　初始浓度对不同材料吸附 Sr(Ⅱ)的影响

APTES-Mt(a)代表低浓度下的吸附；APTES-Mt (b)代表相对高浓度下的吸附；实验条件为接触时间 24h，APTES-Mt 的 pH 为 8.5，Ca-Mt 和 SDS-Mt 的 pH 为 6.5

吸附容量的大小与材料的性质密切相关。除了材料的比表面积和孔隙结构外，还与材料对被吸附物的吸附机理有关。对于 Ca-Mt，其吸附主要是离子交换；对于 SDS-Mt，SDS 改性增强了其表面性能，因此其吸附量也增加；对于 APTES-Mt，其对 Sr(Ⅱ)的吸附除了离子交换、表面吸附，还存在配位吸附过程。配位吸附也是造成 APTES-Mt 吸附 Sr(Ⅱ)的过程被分为两段的重要原因。在低浓度情况下首先是离子交换和表面吸附，当浓度增加，材料的离子交换和表面吸附性能达到饱和时，材料的配位作用发挥作用，由于配位作用吸附能力较强，因此其吸附量增长较大。

图 6-64 为三种等温吸附模型，即 Langmuir、Freundlich 和 DR 模型对实验数据的模拟。材料 SDS-Mt 对 Sr(Ⅱ)的吸附可以用 DR 模型[图 6-64(a)]和 Langmuir 模型[图 6-64(b)]来描述，其相关系数分别为 0.985 和 0.978，二者相差不大。说明 Sr(Ⅱ)在 SDS-Mt 上的吸附可能为单层均匀吸附，因此可能主要还是表面吸附；其在 Ca-Mt 上的吸附可用 Freundlich 模型[图 6-64(c)]来描述，相关系数为 0.955；

其在 APTES-Mt 上的吸附分为低浓度和高浓度两部分，都可用 Freundlich 模型来描述。由 Freundlich 模型模拟的吸附主要的解释原理是化学吸附。

三种材料对 Sr(Ⅱ)吸附量的大小顺序为 APTES-Mt>SDS-Mt>Ca-Mt，这和材料的 Zeta 电位表征结果是一致的。根据材料表征结果可知，Ca-Mt 具有更大的表面积，但其吸附量却是最小的，说明表面积大小不是决定材料对 Sr(Ⅱ)吸附的关键因素，同时表面 Sr(Ⅱ)吸附不是由物理过程控制。但是对于 SDS-Mt，其根据模型模拟来说可能是表面吸附，这可能是 SDS 主要存在于材料的表面而引起的。因此此处可以对材料的吸附机理进行初步的推断：Sr(Ⅱ)在 SDS-Mt 上的吸附主要为表面单层吸附[69]，在 Ca-Mt 上的吸附主要为离子交换吸附，在 APTES-Mt 上的吸附则由离子交换、表面吸附和—NH_2 的配位吸附共同作用，而根据前面初始浓度对吸附的影响图(图 6-63)可以看出，配位吸附能力强于离子交换和表面吸附的共同作用。关于 APTES-Mt 对 Sr(Ⅱ)的吸附机理探讨将在下面详细讨论。

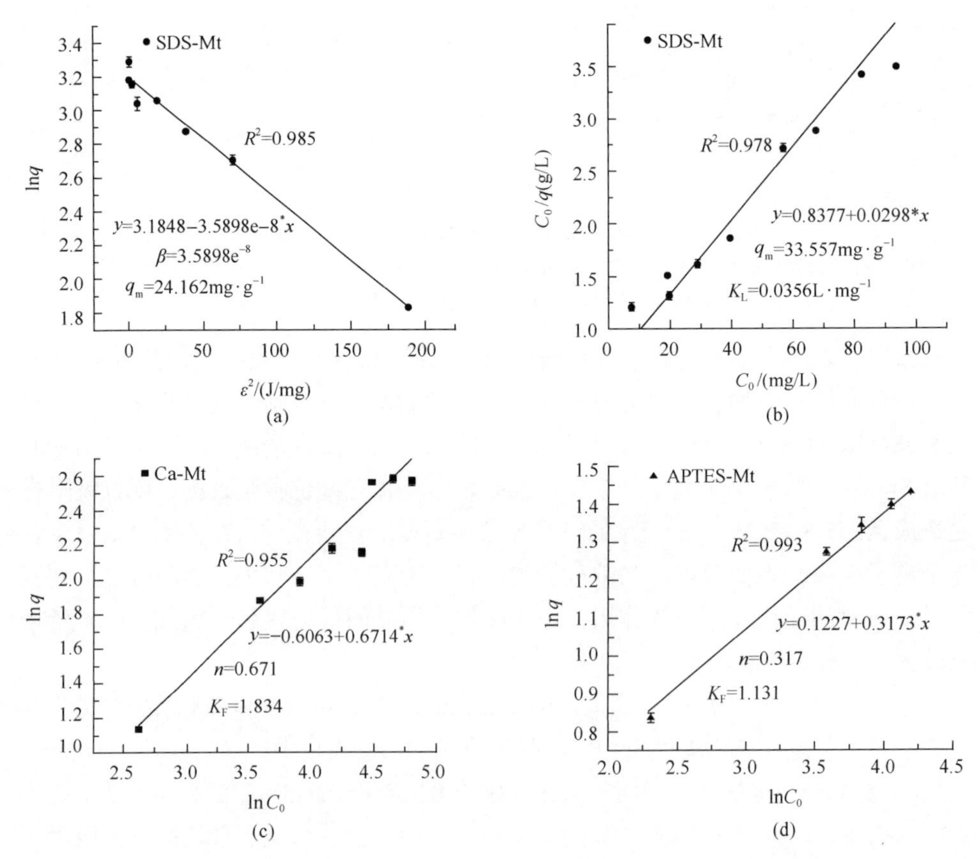

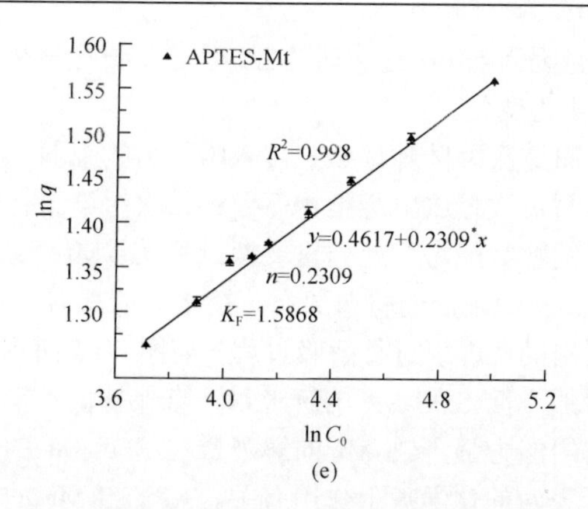

图6-64　各种材料吸附Sr(Ⅱ)的等温线性拟合模型

DR模型(a)和Langmuir模型(b)描述Sr(Ⅱ)在SDS-Mt上的吸附；Freundlich模型(c)描述Sr(Ⅱ)在Ca-Mt上的吸附；Freundlich模型(d、e)描述Sr(Ⅱ)在APTES-Mt上的吸附

初始溶液pH对吸附的影响如图6-65所示。pH是影响重金属在环境中去除效果的一个重要因素，设计实验来探讨溶液初始pH(1.0～10.0)对各种有机改性蒙脱石吸附Sr(Ⅱ)的影响。在选择的pH范围内，pH对Ca-Mt和SDS-Mt的吸附基本没有影响，但对APTES-Mt的影响较大。关于这个现象的解释如下：在pH较低时，H^+被优先吸附到APTES-Mt上从而与Sr(Ⅱ)产生竞争吸附，过量的H^+占据了材料上的活性位点。反应式(6-26)可以很直观地表现这一影响过程，H^+可以导致反应的逆向进行。H^+不影响Sr(Ⅱ)在SDS-Mt上的吸附则可以由反应式(6-27)来解释，在这个过程中，H^+不与Sr(Ⅱ)产生竞争吸附。在pH较高的环境下，溶液中的OH^-可以中和—NH_3^+中的H^+从而推进反应的正向进行。而实际反应时，APTES-Mt的水溶液为碱性，因此在探讨吸附量的反应过程中未调节其pH。当pH>10时，吸附量

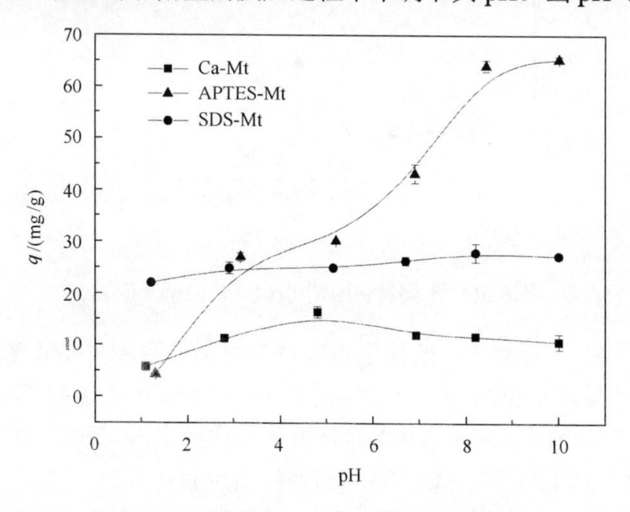

图6-65　初始溶液pH对Sr(Ⅱ)吸附的影响

基本保持不变，这是因为当 pH 过大时，Sr(Ⅱ)已经开始产生碱性沉淀，且此时的吸附已经达到饱和不再变化。

解吸研究的目的是探讨材料对 Sr(Ⅱ)吸附能力的强弱，查看材料吸附污染物后在环境中是否容易再次释放出污染物而导致二次污染。有很多文献在研究了吸附后，会探讨材料的解吸能力。此处重要探讨了 Ca-Mt、SDS-Mt 和 APTES-Mt 的吸附、解吸能力。将吸附后的材料放在蒸馏水中清洗后，加入 25mL 的蒸馏水，然后在吸附时所采用的条件下进行解吸过程。如图 6-66 所示，随着初始浓度的增加，其解吸量也增加，但 SDS-Mt 的解吸量一直保持低水平，变化不大，说明表面单层化学吸附作用能力强。Ca-Mt 的解吸量较 SDS-Mt 的要大，这和离子交换后的静电作用弱于表面的化学吸附作用有关。APTES-Mt 的解吸量最大，且随着初始浓度的增加而增大，但当初始浓度大于 120mg/L 时，其解吸量基本不变。关于这个的解释，和探讨初始浓度对吸附的影响是一致的，当初始浓度到达 120mg/L 时，其吸附已经由离子交换和表面吸附转为配位吸附，而配位吸附力比较强，所以当初始浓度到达 120mg/L 之后，其解吸量基本保持不变。但总体而言，所有材料的解吸量都非常低(<1.0mg/g)，这和吸附量相比是非常低的，因此实验中所采用的材料的吸附性是比较强，能达到实验要求的。

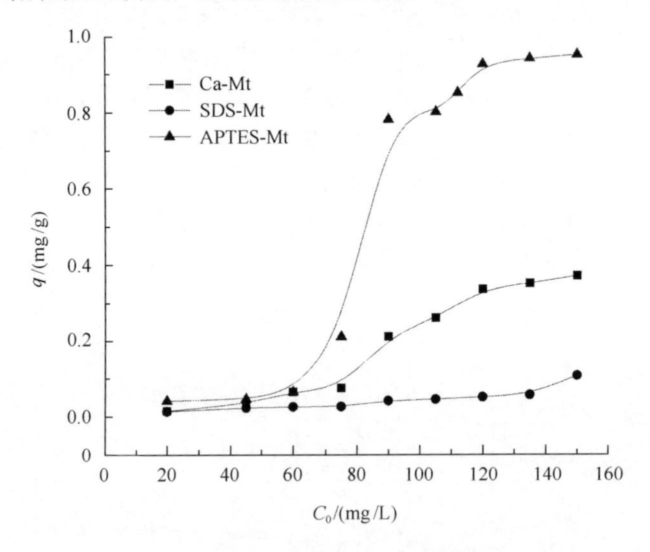

图 6-66　不同材料吸附 Sr(Ⅱ)后的解吸研究

如图 6-67 所示，APTES 改性量对改性后材料的吸附量是有影响的。随着改性量的增加，其吸附量也增加。当改性量为 3.0 倍 CEC(记为 APTES3.0-Mt，其余同理)时，其吸附量最大。这和 XRD 的分析有一定的出入，XRD 的分析结果显示，2.5 倍 CEC 改性时的 d_{001} 值是最大的，此处虽然没有研究 APTES2.5-Mt 对 Sr(Ⅱ)的吸附量，但根据推断来说，其吸附量小于 APTES3.0-Mt。因此在后续实验中，

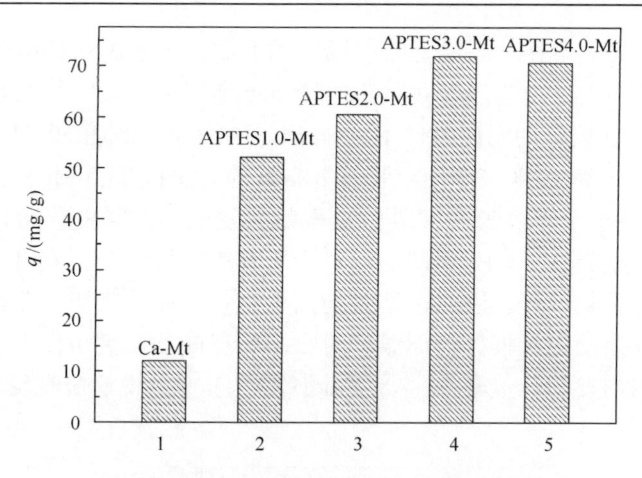

图 6-67　APTES 改性量对 Sr(Ⅱ)吸附的影响

初始浓度为 240mg/L，反应时间为 24h

以 APTES3.0-Mt 作为吸附材料来研究其他因素的影响。改性剂量越大，其附着在 Ca-Mt 上面的活性配位点—NH_2越多，因此配位吸附能力越大；当达到一定程度的时候，其改性已经达到上限，因此吸附量不再增加。或者存在改性剂量过大，堵塞了材料的空隙通道而阻止了材料的离子交换性能，从而降低了其吸附性能的可能。

如图 6-68 所示为 pH 对 APTES-Mt 吸附 Sr(Ⅱ)的影响。pH 对 Ca-Mt 的吸附基本没有影响，而其对不同改性剂量 APTES 改性蒙脱石材料的吸附的影响基本相同，且随着 pH 的增大，吸附量增加。APTES3.0-Mt 和 APTES4.0-Mt 对 Sr(Ⅱ)的吸附趋势基本相同。

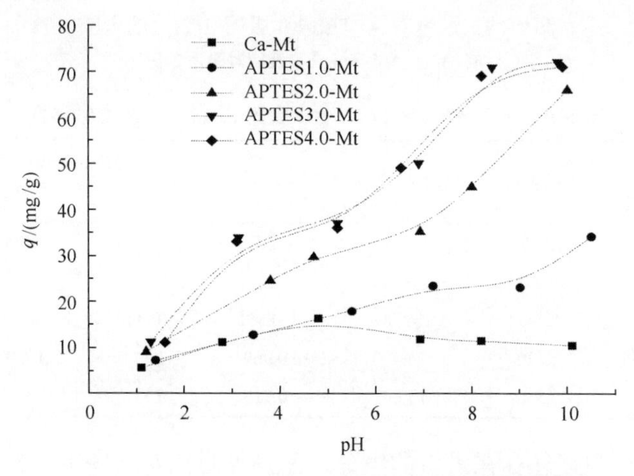

图 6-68　pH 对 APTES-Mt 吸附 Sr(Ⅱ)的影响

初始浓度为 240mg/L，反应时间为 24h

图 6-69 研究了温度对 APTES-Mt 吸附 Sr(Ⅱ)的影响。吸附试验在 30℃、

40℃、50℃、60℃条件下完成，随着温度的升高，所有材料的吸附量均有所增加，但增加量不大，说明温度对吸附的影响不是很大。其吸附的热力学参数如表 6-39 所示。在研究的温度条件下，Ca-Mt、APTES1.0-Mt 和 APTES2.0-Mt 的 ΔG(kJ/mol)大于零，说明其吸附过程是非自发的。APTES3.0-Mt 和 APTES4.0-Mt 的 ΔG(kJ/mol)小于零，说明其吸附过程是自发的。此种变化应该是由改性剂 APTES 所附带的基团—NH_2引起的。对于所有的材料，其 ΔH(kJ/mol)大于零，说明其反应为吸热过程。因此，不管是离子交换、表面吸附还是配位吸附，总体来说都是吸热反应。根据前面温度对吸附的影响的研究可以看出，所有材料对 Sr(Ⅱ)吸附需要的热量较少。ΔS(J/mol·K)为正值，说明所有反应在固液表面都是无序的。

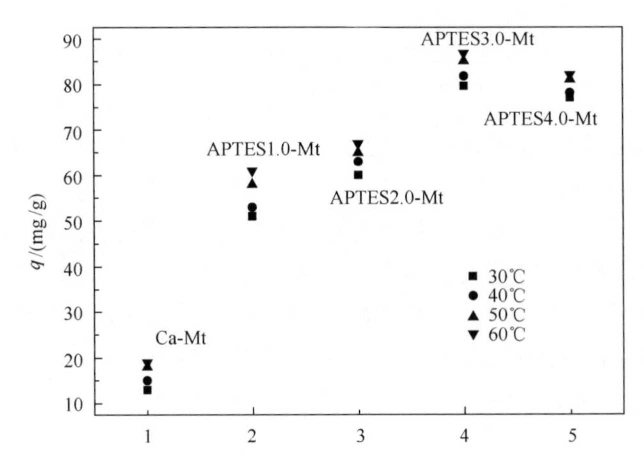

图 6-69　温度对 APTES-Mt 吸附 Sr(Ⅱ)的影响

初始浓度为 240mg/L，反应时间为 24h

表 6-39　APTES-Mt 和 Ca-Mt 吸附 Sr(Ⅱ)的热力学参数

样品	$-\Delta H$/(kJ/mol)	ΔS/[J/(mol·K)]	$-\Delta G$(kJ/mol)			
			303K	313K	323K	333K
Ca-Mt	−12.380	22.382	−5.630	−5.410	−5.024	−5.005
APTES1.0-Mt	−9.295	26.444	−1.257	−1.137	−0.628	−0.537
APTES2.0-Mt	−5.687	16.986	−0.561	−0.348	−0.199	−0.042
APTES3.0-Mt	−6.510	24.470	0.909	1.111	1.429	1.625
APTES4.0-Mt	−4.556	17.341	0.715	0.815	1.087	1.207

在环境水体中往往存在大量的组分，而且吸附剂对这些组分都会产生吸附，从而影响其对某种特定污染物的去除。即使其他组分的浓度较低，也仍然会产生影响。因此，本节以 APTES3.0-Mt 为吸附材料，探讨几种常见阴离子如 Cl^-、NO_3^-、CH_3COO^-、$H_2PO_4^-$和 SO_4^{2-}与 Sr(Ⅱ)共存时对 Sr(Ⅱ)吸附的影响。实验结果如图

6-70 所示，可知总体而言，其他离子对 Sr(Ⅱ)吸附影响均不大，其影响顺序为 $H_2PO_4^- > CH_3COO^- \approx NO_3^- > Cl^- > SO_4^{2-}$。共存离子影响能力的不同一方面与共存离子的价态有关，另一方面也与其和吸附材料之间的亲和力有关。SO_4^{2-}和 Cl^-基本不影响吸附过程，NO_3^-和 CH_3COO^-对吸附 Sr(Ⅱ)的抑制作用则比前两种强。$H_2PO_4^-$对吸附的影响最大，导致其吸附量减少了 20mg/g 左右。Zhow 等[70]在研究共存离子对柱撑蒙脱石对 Cr(Ⅵ)吸附的影响研究中，也曾指出 $H_2PO_4^-$的影响最大。因此，可以推断，$H_2PO_4^-$主要是对蒙脱石的吸附产生影响，影响蒙脱石结构中的活性位点，而与目标污染物 Sr(Ⅱ)的性质无关。其他离子对吸附的影响过程，应该是其与 Sr(Ⅱ)竞争吸附材料上—NH_2 的活性位点。

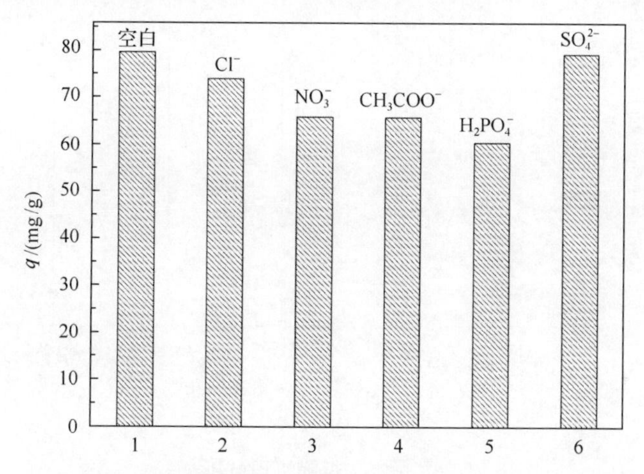

图 6-70　共存离子对 APTES3.0-Mt 吸附 Sr(Ⅱ)的影响

反应时间为 24h，初始浓度为 240mg/L，温度为 30℃，吸附剂投加量为 2g/L

以前的研究中，很少有报道通过化学研究的方法来探讨吸附机理，基本都是通过各种模型的模拟来推断和初步得出可能的吸附机理过程。化学吸附是一个复杂的过程，特别是吸附的主体材料为结构和表面较复杂的黏土材料，其吸附的微观现象更是难以看见和掌握。本节前面通过各种动力学和热力学模拟初步探讨各种材料对 Sr(Ⅱ)的吸附原理，下面重点讨论改性材料 APTES-Mt 对 Sr(Ⅱ)的吸附机理。前面初步分析了本吸附过程中可能存在离子交换、表面吸附和配位作用，在关于初始浓度的影响研究中也指出，配位吸附能力可能在所有吸附机理中占据重要位置，因此本节着重探讨各种吸附机理的主导支配作用，其详细的化学分析结果如图 6-71 所示。对于 Ca-Mt，其在水溶液中溶出的 Ca(Ⅱ)的含量(A_1)与其在 Sr(Ⅱ)溶液中溶出的 Ca(Ⅱ)的含量(A_2)相同，而整个过程中其吸附的 Sr(Ⅱ)的量(A_3)与 A_1 和 A_2 是相同的。此结果证明 Sr(Ⅱ)在 Ca-Mt 上的吸附主要是离子交换作用。对于 APTES-Mt，材料中的 Ca(Ⅱ)在 Sr(Ⅱ)溶液中溶出的量 A_2 大于其在水溶液中溶出的量 A_1，材料对 Sr(Ⅱ)的吸附量 A_3 远远大于 A_2，由于 A_2 同时也代表离子交换的 Sr(Ⅱ)的量，因此可以推断出有第三种吸附机理的存在，并且从吸附量上来看，这种吸附能力比离子交换和表面吸附都要强。单从不同材料溶出的 Ca(Ⅱ)含量上来看，溶出的 Ca(Ⅱ)含量的减少归因于材料 d_{001} 值的增大，导致在制备材料时 Ca(Ⅱ)更容易从层间流失，还有可能是改性剂 APTES 的增多阻止了 Ca(Ⅱ)流失的通道。图 6-71 显示 A_3 远大于 A_2，并且改性材料中的—NH_2 是重要的络合基团，因此可以得出结论，配位吸附在 APTES-Mt 的吸附中占据突出位置。

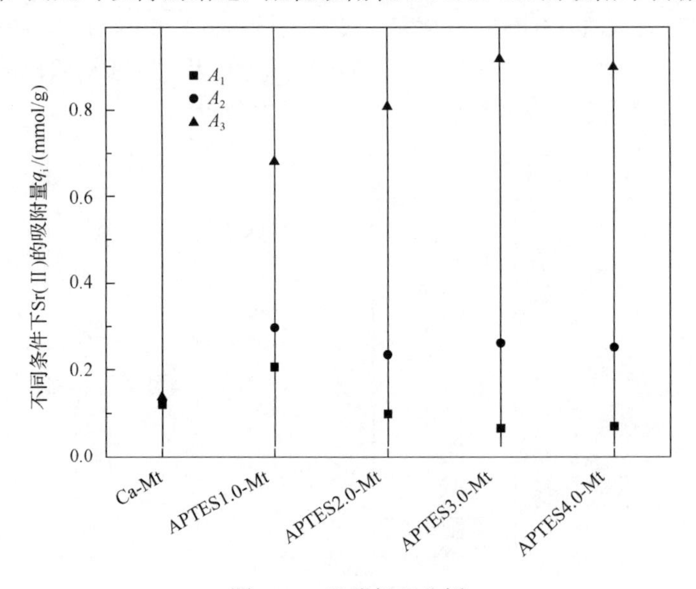

图 6-71　吸附机理分析

2. 乙胺改性蒙脱石对 Cs^+的吸附

Long 等[71]以天然蒙脱石(Ca-Mt)为原始材料，通过离子交换法制备了乙胺改性蒙脱石(Ethyl-Mt)，利用 XRD、FTIR、BET、SEM&EDS 和 Zeta 电位等分析技术对制备材料进行表征，考察 Ca-Mt 和 Ethyl-Mt 对 Cs^+的吸附性能，详细讨论 pH、吸附剂投加量、Cs^+初始浓度、吸附时间、吸附温度和共存阳离子等变量对吸附过程的影响，并对吸附机理进行了简单的研究。

1)溶液 pH 的影响

溶液的 pH 是影响吸附过程的一个重要因素，因为吸附剂的表面电荷和吸附质的离子化都会随着溶液 pH 的变化而变化[72]。Cs^+在一个较大的 pH 范围内不会水解或形成复合物而以离子状态存在[73]，因此本章实验考察了溶液 pH 为 1.0～10.0 时对吸附行为的影响。如图 6-72 所示，随着 pH 从 1.0 上升到 4.0，Ca-Mt 和 Ethyl-Mt 对 Cs^+的吸附量逐渐增大，随后在 pH 从 4.0 上升到 10.0 的过程中，Ca-Mt 和 Ethyl-Mt 对 Cs^+的吸附量变化不大。因为 Cs^+原始溶液的 pH=7.5，因此在后续的实验中不再另行调节溶液的 pH。在酸性条件下，Cs^+的吸附受到抑制，原因是 pH 小时，H^+会和 Cs^+竞争吸附剂表面的活性位点，降低供 Cs^+结合的吸附位点；当 pH 升高时，H^+的竞争作用减弱，吸附剂表面的吸附位点去质子化，增强了 Cs^+和吸附位点间的电荷吸附作用。在整个 pH 考察范围内，Ethyl-Mt 对 Cs^+的吸附能力明显优于 Ca-Mt，这与经乙胺改性后蒙脱石的表面负电荷增多有关，与 Zeta 电位分析结果一致，这表明静电吸附是 Ca-Mt 和 Ethyl-Mt 吸附 Cs^+的一种作用机制。但从 Zeta 电位的分析结果可以看出，pH 为 4.0～10.0 时，Ca-Mt 和 Ethyl-Mt 的表面负电荷量会出现较大幅度的波动，但两种材料对 Cs^+的吸附量变化不大，这表明电荷吸附不是唯一的作用机制，也不是决定性的机制。pH 为 2.0～3.0 时，H^+对 Ethyl-Mt 吸附 Cs^+的抑制作用已明显减小，但对 Ca-Mt 仍保持强烈的抑制作用，这表明 Ethyl-Mt 比 Ca-Mt 对溶液的 pH 变化具有更好的抗冲击能力。

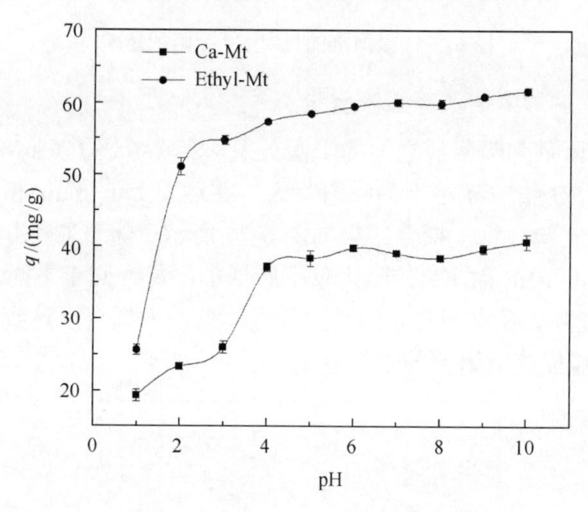

图 6-72　溶液 pH 对 Cs^+吸附的影响

2) 吸附剂的量的影响

为了节约资源，寻找合适的吸附剂投加量，本节实验考察了吸附剂的量对吸附行为的影响，结果如图 6-73 所示。对 Ethyl-Mt 而言，当 Cs^+浓度为 140mg/L 时，吸附剂为 0.2～5g/L 时，随着吸附剂量的增加，Cs^+的去除率从 12.17%增至 95.82%。这是因为吸附剂量增加使吸附表面积增大、吸附位点增多，因而 Cs^+的去除率提高。吸附剂量在 2g/L 时，吸附已基本达到最大值，随后吸附剂量的增加对 Cs^+的去除率已无明显影响。对 Ca-Mt 而言，随着吸附剂量的增加，Cs^+的去除率不断增加，这也表明经过乙胺改性后，蒙脱石的吸附性能大大提高，可减少实际应用中吸附剂的投加量。因此，在后续实验中选定吸附剂的浓度为 2g/L。

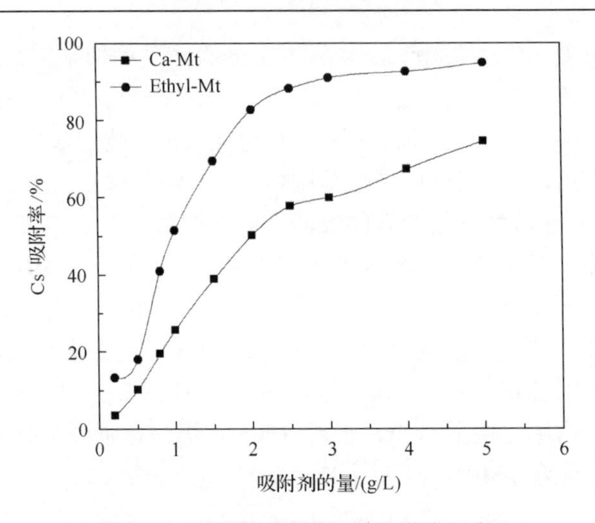

图 6-73　吸附剂的量对 Cs^+ 吸附的影响

3) Cs^+ 初始浓度的影响及等温吸附线

为了探讨吸附剂与吸附质之间的平衡关系，实验考察了 Ca-Mt 和 Ethyl-Mt 对一系列不同初始浓度的 Cs^+ 溶液的吸附行为，并运用 Langmuir 和 Freundlich 等温吸附模型分析了实验数据，拟合结果如图 6-74 所示。随着 Cs^+ 初始浓度的不断增大，Ca-Mt 和 Ethyl-Mt 对 Cs^+ 的吸附量不断增加，最终归于平衡。这是因为随着 Cs^+ 初始浓度的增加，吸附剂表面的活性位点逐渐被占据直至达到饱和，此时再增加 Cs^+ 浓度已不能提高吸附剂的吸附容量。

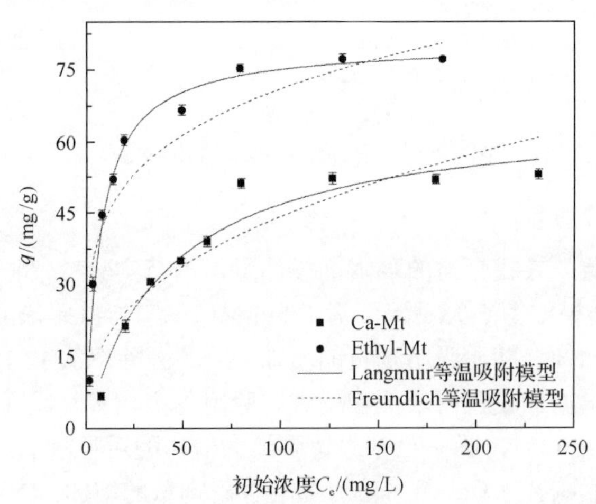

图 6-74　初始浓度对 Cs^+ 吸附的影响及等温吸附模型拟合图

表 6-40 列出了 Langmuir 和 Freundlich 等温吸附模型的拟合参数。根据相关系数 R^2，Langmuir 模型的拟合效果比 Freundlich 模型好，表明 Cs^+ 在 Ca-Mt 和 Ethyl-Mt

上的吸附属于单层吸附[74]。表 6-40 的数据显示，经乙胺改性后，蒙脱石对 Cs^+的最大吸附量由 60.03mg/g 增大到 80.27mg/g，Ethyl-Mt 比 Ca-Mt 表现出更强的亲和力，表明改性后蒙脱石的吸附性能得到大大改善。根据表征结果可知，乙胺改性蒙脱石具有更大的比表面积和负电荷，这些都为 Cs^+提供了更多的吸附位点。另外改性剂乙胺中—NH_2 的配位作用也可能提高 Cs^+的吸附量[72]。

表 6-40　等温吸附模型拟合参数

样品	Langmuir 等温吸附模型			Freundlich 等温吸附模型		
	K_L/(L/mg)	q_m/(mg/g)	R^2	n	K_F/[(mg/g) (L/mg)$^{\frac{1}{n}}$]	R^2
Ca-Mt	0.024	60.03	0.9534	2.6376	7.7037	0.8302
Ethyl-Mt	0.142	80.27	0.9837	4.7954	27.1688	0.8393

4) 震荡时间的影响及吸附动力学

图 6-75 显示了吸附剂对 Cs^+的吸附量随吸附时间的变化值。Ca-Mt 和 Ethyl-Mt 对 Cs^+表现出相似的吸附行为，都在短时间内达到吸附平衡，但 Ca-Mt 的吸附量小于 Ethyl-Mt。在整个吸附过程中，前 15min 内出现一个快速吸附阶段，随后吸附速率减缓直至在 45min 时达到吸附平衡。因此，为保证吸附过程的彻底性，在后续实验中选择 120min 作为吸附反应时间。快速吸附阶段是由吸附剂表面直接的电荷吸附和络合作用引起的。除此之外，吸附剂表面发达的多孔结构也是导致快速吸附的一个重要因素。随后吸附速率减慢主要是因为吸附剂表面的 Cs^+扩散到吸附剂内部的孔道结构中，可能会出现堵塞晶层通道的现象，从而降低吸附速率。

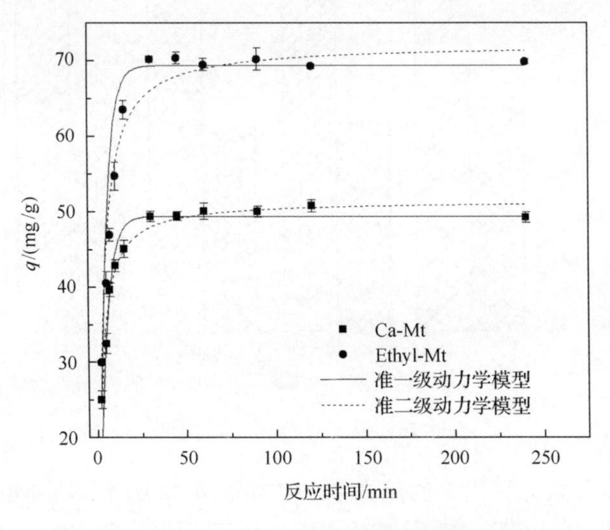

图 6-75　反应时间对 Cs^+吸附的影响及吸附动力学

为了更好地理解 Cs^+在 Ca-Mt 和 Ethyl-Mt 上的吸附过程，分别采用准一级和准二级动力学方程对 Cs^+的吸附量随时间变化的数据进行拟合，拟合参数如表 6-41 所示。准二级动力学方程对 Ca-Mt 和 Ethyl-Mt 的吸附数据拟合的相关系数较高，分别为 0.9689 和 0.9751，同时经过拟合得到的理论吸附量与实验结果十分接近，这表明整个吸附过程更适合用准二级动力学模型来描述。如前文所述，k_2 代表吸附过程的反应速率，从表 6-41 的数据可知，经乙胺改性之后蒙脱石对 Cs^+的吸附速率提高。

表 6-41　吸附动力学拟合方程

样品	实验测得 q_e/(mg/g)	准一级动力学模型			准二级动力学模型		
		k_1/(1/min)	q_e/(mg/g)	R^2	k_2/[g/(mg·min)]	q_e/(mg/g)	R^2
Ca-Mt	49.68	0.2364	49.32	0.9192	0.0049	51.38	0.9689
Ethyl-Mt	69.58	0.2416	69.30	0.9641	0.0091	72.14	0.9751

5）温度的影响及吸附热力学

因为实际放射性废水的温度可能比室温高，因此有必要研究温度对 Ca-Mt 和 Ethyl-Mt 吸附性能的影响。在本章实验中，考察温度为 303K、313K、323K 和 333K 时 Ca-Mt 和 Ethyl-Mt 对 Cs^+的吸附行为，结果如图 6-76 所示。随着温度的增加，Ca-Mt 对 Cs^+的吸附量轻微减小，但 Ethyl-Mt 的吸附量基本维持恒定，表明乙胺改性提高了蒙脱石在热环境下的使用性能。

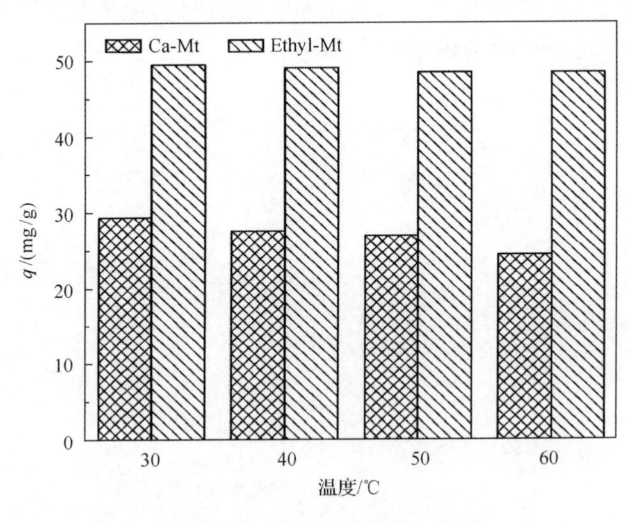

图 6-76　温度对 Cs^+吸附的影响

根据热力学公式计算出来的热力学参数如表 6-42 所示，Ca-Mt 和 Ethyl-Mt 吸附 Cs^+的热力学拟合如图 6-77 所示。ΔH 为负值，表明 Cs^+在 Ca-Mt 和 Ethyl-Mt

上的吸附过程为放热反应，因为温度越高，已经被吸附的 Cs^+就能获得更多的能量从吸附剂表面解吸出来。ΔG 为负值，说明整个吸附行为是自发的，且随着温度的升高，反应的自发程度增加。但在本章实验研究的温度范围内，ΔG 随温度变化不明显。吸附过程中固液界面处的混乱程度与 ΔS 有关，ΔS 为正值，说明随着吸附反应的进行，固液界面的混乱程度增加[75]。

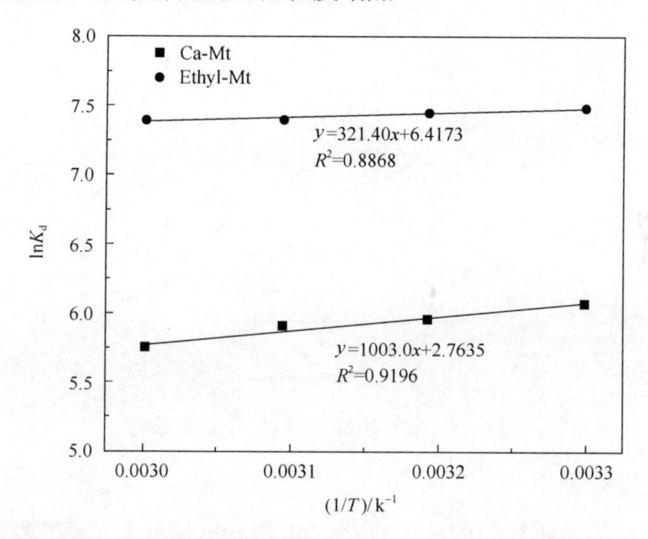

图 6-77　Ca-Mt 和 Ethyl-Mt 吸附 Cs^+的热力学拟合

表 6-42　Ca-Mt 和 Ethyl-Mt 吸附 Cs^+的热力学参数

样品	ΔH/(kJ/mol)	ΔS[J/(mol·K)]	ΔG/(kJ/mol)			
			303K	313K	323K	333K
Ca-Mt	−8.34	22.98	−15.29	−15.50	−15.88	−15.92
Ethyl-Mt	−2.67	53.35	−18.85	−19.40	−19.88	−20.47

6) 体系中共存阳离子的影响

考虑到实际废水中往往含有其他杂质离子，会对 Cs^+在吸附剂上的吸附效果产生影响，本章实验中主要探讨天然水体中几种常见的阳离子(Ca^{2+}、K^+、Na^+)对 Cs^+吸附的影响。实验结果如图 6-78 所示，加入阳离子后吸附剂对 Cs^+的吸附性能明显受到抑制，且阳离子的抑制作用随着离子浓度的增加而加强。三种阳离子对 Cs^+吸附效果的抑制作用依次为 $Ca^{2+}>K^+>Na^+$，共存离子对 Cs^+吸附的影响与离子所带电荷及其化学性质有关。Ca^{2+}离子作为二价阳离子，对 Cs^+造成的电荷竞争比一价阳离子强，这也间接说明电荷吸附是 Ca-Mt 和 Ethyl-Mt 吸附 Cs^+的一种作用机理。同时 Ca^{2+}的存在会阻碍 Cs^+和蒙脱石层间的 Ca^{2+}进行交换，减弱吸附剂的阳离子交换性能。K^+和 Cs^+是同一主族的化学元素，它们的水化半径和水合能相似[76]，导致

在吸附过程中 K^+能和 Cs^+竞争相同的吸附位点，对 Cs^+吸附产生强烈的抑制作用。溶液中 Na^+浓度过高时也会对 Cs^+的吸附产生明显的抑制作用。

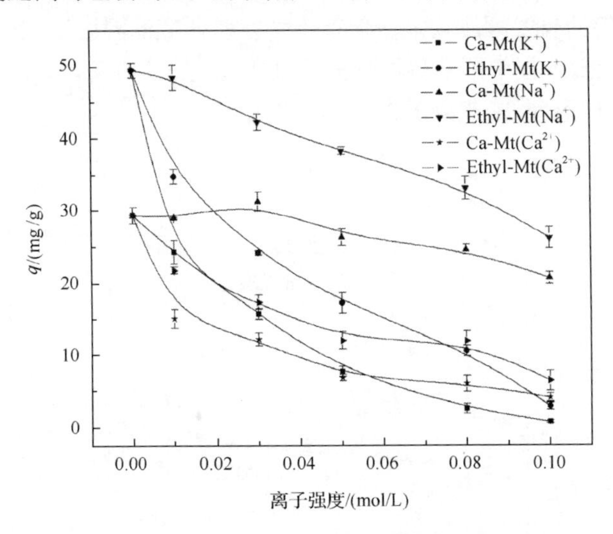

图 6-78　共存阳离子对 Cs^+吸附的影响

7) 吸附机理分析

此实验通过化学研究的方法探讨 Ca-Mt 和 Ethyl-Mt 对 Cs^+的吸附机理。由于黏土矿物的晶体结构和表面性质较复杂，难以直接观测其吸附的微观现象。本章前述内容通过等温吸附模型、动力学研究及其他影响因素初步探讨了 Ca-Mt 和 Ethyl-Mt 对 Cs^+的吸附机理，分析结果显示吸附过程中可能存在离子交换、表面吸附(表面电荷吸附和孔道截留作用)和配位作用，如图 6-79 所示。本节重点讨论不同吸附机理的主导支配作用，图 6-80 显示了其详细的化学分析结果。

Ca-Mt 在 Cs^+溶液中的含量(A_2)明显多于其在水溶液中的含量(A_1)，表明有一部分 Ca^{2+}从 Ca-Mt 层间被置换出来。Ca-Mt 吸附的 Cs^+的量(A_3)小于其在 Cs^+溶液中能交换的 Ca^{2+}($2A_2-2A_1$)，表明溶液中除了 Cs^+还存在其他阳离子与 Ca^{2+}进行交换。以上结果表明 Ca-Mt 吸附 Cs^+主要是通过离子交换，表面吸附的作用比较小，这与其他文献的研究结果相同[73]。Ethyl-Mt 在水溶液中溶出的 Ca^{2+}量(A_1)极少，表明在改性过程中大部分层间 Ca^{2+}已经与乙胺进行了交换。但 Ethyl-Mt 在 Cs^+溶液中溶出的 Ca^{2+}量(A_2)大于 A_1，表明在吸附过程中还有部分层间 Ca^{2+}被置换出来，这说明离子交换是 Ethyl-Mt 吸附 Cs^+的一种吸附机理。但 Ethyl-Mt 吸附的 Cs^+的量远远大于其在 Cs^+溶液中溶出的 Ca^{2+}量($2A_2-2A_1$)，这表明除了离子交换以外，还有其他吸附机理，结合前文的分析和表征，推断可能是—NH_2 的配位作用和增加的比表面积和孔道结构的截留作用导致吸附量的增加。将乙胺改性蒙脱石对 Cs^+的吸附机理总结如下。

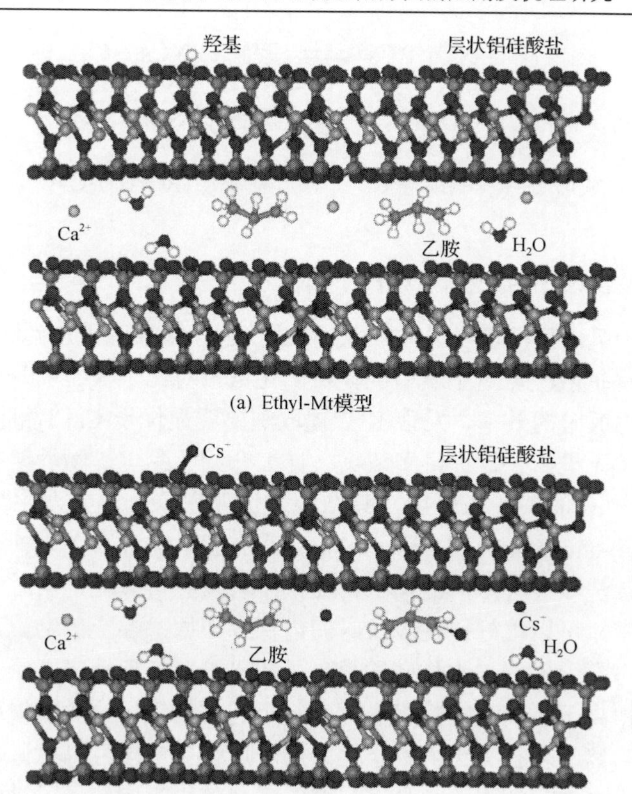

图 6-79　Ethyl-Mt 对 Cs^+吸附机理的假设拟合

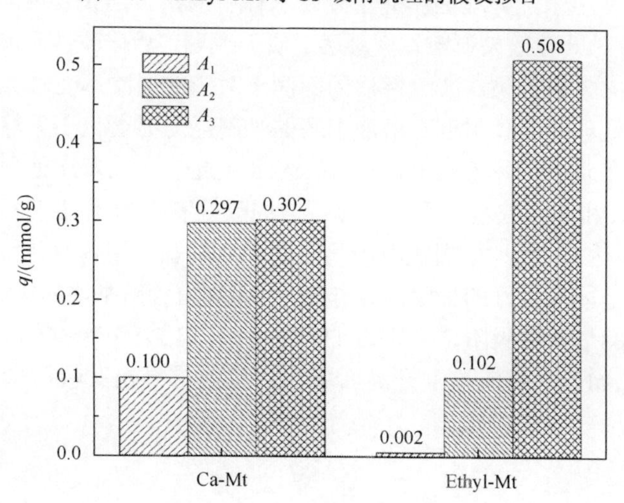

图 6-80　吸附机理分析

$$\text{蒙脱石-XCa} + Cs^{+} \rightleftharpoons \text{蒙脱石-XCs} + Ca^{2+}$$

$$\text{蒙脱石-SOH} + Cs^{+} \rightleftharpoons \text{蒙脱石-SOCs} + H^{+}$$

$$\text{蒙脱石-R—NH}_2 + Cs^{+} \rightleftharpoons \text{蒙脱石-R—NH}_2Cs^{+}$$

6.3.4 黏土及改性黏土对无机阴离子的吸附

土壤中的无机矿化氮可以通过淋洗进入地下水，造成地下水硝酸根离子污染。苏凯[77]利用加速扩散法测定土壤中的无机矿化氮，对比了 KCl 提取法与 $CaCl_2$ 淋洗法在测定矿化氮时的效率，发现 KCl 提取法要明显优于 $CaCl_2$ 淋洗法，为更加准确地测定土壤无机矿化氮提供了依据。详细介绍了黏土矿物骨架中的三价铁的还原方法，结构三价铁在还原后，其结构二价亚铁十分容易发生再氧化，采用 CALE（controlled-atmosphere liquid exchanger）洗涤系统可以在无氧环境下洗涤还原态黏土矿物，洗涤过程中，结构二价亚铁不会发生再氧化，同时还讨论了利用带有手套的气密箱可以很好地在较长时间内保存还原态黏土矿物。天然氧化态黏土矿物和还原态黏土矿物与水体硝酸根离子几乎没有任何反应，研究发现天然黏土矿物与硝酸根离子之间存在的库仑斥力是阻碍结构铁还原硝酸根离子的一大障碍，利用聚合阳离子交换黏土矿物层间阳离子所得到的改性黏土矿物可以克服库仑斥力，对地下水中硝酸根离子具有很强的吸附效用，同时还可以降解硝酸根离子至具有较小危害的硝族产物，如氮气。

关晓彤[78]使用未经处理的膨润土吸附水体中的磷，结果发现磷的去除率可达 85%，其中 pH 对处理效果影响比较显著。研究表明，活化改性后的膨润土对含磷废水具有较好的去磷效果，酸改性后的膨润土对磷的去除率有较大的提高[79]，而镁、铝等活化处理后的吸附剂对溶液中磷的吸附能力显著优于天然膨润土[80]，其对废水中磷的平均去除率在 91%以上,故废水经过一次或多次处理后即可达标排放[81]。用 $AlCl_3$ 和十六烷基三甲基溴化铵共同改性制得的无机-有机复合膨润土对 $PO4^{3-}$ 的去除率达 90.2%[82]，用铁聚阳离子和十六烷基三甲基溴化铵改性的膨润土对水体中含磷基团有很好的去除净化作用，30min 内含磷基团的去除率超过 95%，不同改性材料的最大磷吸附量分别为 11.60mg/g、13.32mg/g 和 9.82mg/g，且含磷基团吸附量随 pH 下降或温度升高而增大，由此推导出其吸附磷的机制是阴离子/OH^-交换反应[83]。

参 考 文 献

[1] 吴平霄. 黏土矿物材料与环境修复. 北京: 化学工业出版社, 2004.
[2] 王濮, 潘兆橹, 翁玲宝. 系统矿物学(中册). 北京: 地质出版社, 1984.

[3] Petrović M, Kaštelan-Macan M, Horvat A J M. Interactive sorption of metal Ions and humic acids onto mineral particles. Water, Air, and Soil Pollution, 1999, 111(1).

[4] 李爱民, 朱燕, 代静玉. 胡敏酸在高岭土上的吸附行为. 岩石矿物学杂志, 2005, 24(2): 145-150.

[5] Wu P, Wu W, Li S, et al. Removal of Cd^{2+} from aqueous solution by adsorption using Fe-montmorillonite. Journal of Hazardous Materials, 2009, 169(1-3): 824-830.

[6] 曹蕊, 张安龙, 王森. 改性蒙脱石的制备及对苯酚的吸附性能. 工业水处理, 2013, 33(10): 52-55.

[7] 刘瑞, 王志华, Ray L. HDTMAB 改性蒙脱石对苯酚的吸附实验研究. 长春工程学院学报(自然科学版), 2010, 11(3): 122-125.

[8] 沈培友, 徐晓燕, 马毅杰. 无机-有机柱撑蒙脱石吸附对硝基苯酚的热力学与动力学特征研究. 环境保护科学, 2005, 31(6): 15-19.

[9] 王完牡, 吴平霄. 有机蛭石的制备及其对 2, 4-二氯酚的吸附性能研究. 功能材料, 2013, 44(6): 835-839.

[10] 王菲菲, 吴平霄, 党志, 等. 蛭石矿物柱撑改性及其吸附污染物研究进展. 矿物岩石地球化学通报, 2006, 25(2): 177-182.

[11] 郑红, 韩丽荣, 方勤方, 等. 有机膨润土对苯胺的吸附性能及应用研究. 环境化学, 2001(05): 466-469.

[12] Di Toro D M. A particle interact ion model of reversible organic chemical sorption. Chemosphere, 1985, 14(10): 1503-1538.

[13] Karickhoffs. Organic pollutant sorption in aquatic systems. Journal of Hydraulic Engineering, 1984, 110(6): 707-735.

[14] James A, Smith P R J C. Effect of ten quaternary ammonium cations on tetrachloromethane sorption to clay from water. Environmental Science & Technology, 1990, 24: 1167-1172.

[15] Kim Y, Osako M. Leaching characteristics of polycyclic aromatic hydrocarbons (PAHs) from spiked sandy soil. Chemosphere, 2003, 51(5): 387-395.

[16] 张甲珅, 陶澍, 曹军. 中国东部土壤水溶性有机物荧光特征及地域分异. 地理学报, 2001, 56(4): 409-416.

[17] 代静玉, 秦淑平, 周江敏. 水杉凋落物分解过程中溶解性有机质的分组组成变化. 生态环境, 2004, 13(2): 207-210.

[18] 周江敏, 代静玉, 潘根兴. 土壤中水溶性有机质的结构特征及环境意义. 农业环境科学学报, 2003, 22(6): 731-735.

[19] 李廷强, 杨肖娥. 土壤中水溶性有机质及其对重金属化学与生物行为的影响. 应用生态学报, 2004, 15(6): 1083-1087.

[20] 郭朝晖, 黄昌勇, 廖柏寒. 模拟酸雨对红壤中铝和水溶性有机质溶出及重金属活动性的影响. 土壤学报, 2003, 14(9): 380-385.

[21] Weng L P, Fest E, Fillius J, et al. Transport of humic and fulvic acids in relation to metal mobility in a copper-contaminated acid sandy soil. Environmental Science & Technology, 2002, 36(8): 1699-1704.

[22] 方晓航, 仇荣亮, 刘雯, 等. 小分子有机酸对蛇纹岩发育土壤 Ni、Co 的活化影响. 中国环境科学, 2005, 25(5): 618-621.

[23] 方晓航, 仇荣亮, 曾晓雯, 等. EDTA、小分子有机酸对蛇纹岩发育土壤 Ni、Co 活性的影响. 中山大学学报(自然科学版), 2005, 44(4): 111-114.

[24] 吴宏海, 张秋云, 卢平, 等. 土壤和水体环境中矿物-腐殖质交互作用的研究进展. 岩石矿物学杂志, 2003, 22 (4): 429-432.

[25] 贺纪正, 刘冬碧, 刘凡, 等. 中南地区几种土壤的表面电荷特性(英文). 华中农业大学学报, 2000, 19(3): 240-248.

[26] Cox L, Celis R, Hermosin M C, et al. Effect of organic amendments on herbicide sorption as related to the nature of the dissolved organic matter. Environmental Science & Technology, 2000, 34 (21) : 4600-4605.

[27] 许明珠, 刘文新, 邢宝山, 等. 水-土体系中溶解有机质对菲解吸动力学的影响. 环境科学学报, 2008, 28(5): 976-981.

[28] 陈华林, 陈英旭, 沈梦蔚. 西湖底泥对多环芳烃(菲)的吸附性能. 农业环境科学学报, 2003, 22(5): 585-589.

[29] 朱利中, 李益民, 陈曙光, 等. CTMAB-膨润土吸附水中有机物的性能及应用. 环境化学, 1997, 16(3): 233-237.

[30] 吴宏海, 卢燕莉, 杜娟, 等. 红壤中矿物表面对腐殖质吸附萘的影响. 岩石矿物学杂志, 2007, 26(6): 539-543.

[31] 高彦征, 熊巍, 凌婉婷, 等. 重金属污染的长春水田黑土对菲的吸附作用. 中国环境科学, 2006, 26(2): 161-165.

[32] Lian L, Guo L, Guo C. Adsorption of Congo red from aqueous solutions onto Ca-bentonite. Journal of Hazardous Materials, 2009, 161 (1) : 126-131.

[33] Benguella B, Yacouta-Nour A. Adsorption of Bezanyl Red and Nylomine Green from aqueous solutions by natural and acid-activated bentonite. Desalination, 2009, 235 (1-3) : 276-292.

[34] Wang L, Wang A. Adsorption properties of Congo Red from aqueous solution onto surfactant-modified montmorillonite. Journal of Hazardous Materials, 2008, 160 (1) : 173-180.

[35] Zohra B, Aicha K, Fatima S, et al. Adsorption of Direct Red 2 on bentonite modified by cetyltrimethylammonium bromide. Chemical Engineering Journal, 2008, 136 (2-3) : 295-305.

[36] Anirudhan T S, Suchithra P S. Synthesis and characterization of tannin-immobilized hydrotalcite as a potential adsorbent of heavy metal ions in effluent treatments. Applied Clay Science, 2008, 42 (1–2) : 214-223.

[37] 李倩, 岳钦艳, 高宝玉, 等. 阳离子聚合物/膨润土纳米复合吸附材料的性能及对红色染料的脱色. 化工学报, 2006, 57(2): 436-441.

[38] 王秀平, 黄晓东, 陈小丹, 等. 改性伊利石对活性红 KD-8B 的吸附研究. 中国非金属矿工业导刊, 2014, 20(2): 17-19.

[39] 陈平, 曹晓强, 张燕. 有机膨润土对阴离子和非离子染料的吸附研究. 水处理技术, 2016, 42(8): 74-78.

[40] 邵红, 刘相龙, 李云姣, 等. 阴阳离子复合改性膨润土的制备及其对染料废水的吸附. 水处理技术, 2015, 41(1): 29-34.

[41] Sánchez-Martín M J, Dorado M C, Del Hoyo C, et al. Influence of clay mineral structure and surfactant nature on the adsorption capacity of surfactants by clays. Journal of Hazardous Materials, 2008, 150 (1) : 115-123.

[42] Undabeytia T, Nir S, Sánchez-Verdejo T, et al. A clay–vesicle system for water purification from organic pollutants. Water Research, 2008, 42 (4–5) : 1211-1219.

[43] Zait Y, Segev D, Schweitzer A, et al. Development and employment of slow-release pendimethalin formulations for the reduction of root penetration into subsurface drippers. Journal of Agricultural and Food Chemistry, 2015, 63 (6) : 1682-1688.

[44] 任彩霞, 李建法, 吴丽琴, 等. 有机膨润土载体对乙草胺在土壤中迁移的影响. 环境化学, 2010, 29(5): 860-864.

[45] Bhattacharyya K G, Sen Gupta S. Adsorption of a few heavy metals on natural and modified kaolinite and montmorillonite: A review. Advances in Colloid and Interface Science, 2008, 140 (2) : 114-131.

[46] Gamiz B, Celis R, Hermosin M C, et al. Organoclays as soil amendments to increase the efficacy and reduce the environmental impact of the herbicide fluometuron in agricultural soils. Journal of Agricultural and Food Chemistry, 2010, 58 (13) : 7893-7901.

[47] Chang P, Jean J, Jiang W, et al. Mechanism of tetracycline sorption on rectorite. Colloids and Surfaces A-Physicochemical and Engineering Aspects, 2009, 339 (1-3) : 94-99.

[48] Chang P, Li Z, Jiang W, et al. Adsorption and intercalation of tetracycline by swelling clay minerals. Applied Clay Science, 2009, 46 (1) : 27-36.

[49] Figueroa R A, Leonard A, Mackay A A. Modeling tetracycline antibiotic sorption to clays. Environmental Science & Technology, 2004, 38 (2) : 476-483.

[50] Aristilde L, Marichal C, Miehe-Brendle J, et al. Interactions of oxytetracycline with a smectite clay: A spectroscopic study with molecular simulations. Environmental Science & Technology, 2010, 44 (20) : 7839-7845.

[51] Wu Q, Li Z, Hong H et al. Adsorption and intercalation of ciprofloxacin on montmorillonite. Applied Clay Science, 2010, 50 (2) : 204-211.

[52] Wang C, Li Z, Jiang W, et al. Cation exchange interaction between antibiotic ciprofloxacin and montmorillonite. Journal of Hazardous Materials, 2010, 183 (1-3) : 309-314.

[53] 孙文, 王珊, 王高锋, 等. 伊利石对四环素的吸附动力学及热力学研究. 硅酸盐通报, 2016, (7) : 2153-2158.

[54] 徐玉芬, 吴平霄, 党志. 蒙脱石/胡敏酸复合体对重金属离子吸附实验研究. 岩石矿物学杂志, 2008, 27(3): 221-226.

[55] 吴平霄, 张惠芬, 郭九皋, 等. 柱撑蒙脱石的微结构变化研究. 无机材料学报, 1999, (1) : 95-100.

[56] 何宏平, 郭龙皋, 谢先德, 等. 蒙脱石等黏土矿物对重金属离子吸附选择性的实验研究. 矿物学报, 1999, (2): 231-235.

[57] Feliu S, Barranco V. XPS study of the surface chemistry of conventional hot-dip galvanised pure Zn, galvanneal and Zn-Al alloy coatings on steel. Acta Materialia, 2003, 51 (18) : 5413-5424.

[58] Tran L, Wu P, Zhu Y, et al. Comparative study of Hg (II) adsorption by thiol- and hydroxyl-containing bifunctional montmorillonite and vermiculite. Applied Surface Science, 2015, 356: 91-101.

[59] Tran L, Wu P, Zhu Y, et al. Highly enhanced adsorption for the removal of Hg (II) from aqueous solution by Mercaptoethylamine/Mercaptopropyltrimethoxysilane functionalized vermiculites. Journal of Colloid and Interface Science, 2015, 445: 348-356.

[60] Yu X, Wei C, Ke L, et al. Development of organovermiculite-based adsorbent for removing anionic dye from aqueous solution. Journal of Hazardous Materials, 2010, 180 (1-3) : 499-507.

[61] Wu P X, Dai Y P, Long H, et al. Characterization of organo-montmorillonites and comparison for Sr (II) removal: Equilibrium and kinetic studies. Chemical Engineering Journal, 2012, 191: 288-296.

[62] Wu J B, Ling L X, Xie J B, et al. Surface modification of nanosilica with 3-mercaptopropyl trimethoxysilane: Experimental and theoretical study on the surface interaction. Chemical Physics Letters, 2014, 591: 227-232.

[63] 代亚平，吴平霄. 3-氨丙基三乙氧基硅烷改性蒙脱石的表征及其对 Sr(Ⅱ)的吸附研究. 环境科学学报, 2012, 32 (10) : 2402-2407.

[64] Valente J S, Tzompantzi F, Prince J, et al. Adsorption and photocatalytic degradation of phenol and 2,4 dichlorophenoxiacetic acid by Mg-Zn-Al layered double hydroxides. Applied Catalysis B-Environmental, 2009, 90 (3-4) : 330-338.

[65] Herrera N N, Letoffe J M, Putaux J L, et al. Aqueous dispersions of silane-functionalized laponite clay platelets. A first step toward the elaboration of water-based polymer/clay nanocomposites. Langmuir, 2004, 20 (5) : 1564-1571.

[66] 王前裕. 铀矿山放射性危害及其防治. 中国矿业, 2000, 9 (1) : 86-88.

[67] Miaoying H, Yi Z, Yang Y, et al. Adsorption of cobalt (II) ions from aqueous solutions by palygorskite. Applied Clay Science, 2011, 54 (3-4) : 292-296.

[68] Yuan P, Fan M, Yang D, et al. Montmorillonite-supported magnetite nanoparticles for the removal of hexavalent chromium [Cr(VI)] from aqueous solutions. Journal of Hazardous Materials, 2009, 166(2-3): 821-829.

[69] Hu J, Lo I, Chen G H. Fast removal and recovery of Cr(VI) using surface-modified jacobsite (MnFe204) nanoparticles. Langmuir, 2005, 21(24): 11173-11179.

[70] Zhou J, Wu P, Dang Z, et al. Polymeric Fe/Zr pillared montmorillonite for the removal of Cr(VI) from aqueous solutions. Chemical Engineering Journal, 2010, 162(3): 1035-1044.

[71] Long H, Wu P, Zhu N, Evaluation of Cs^+ removal from aqueous solution by adsorption on ethylamine-modified montmorillonite. Chemical Engineering Journal, 2013, 225: 237-244.

[72] Guerra D L, Silva E M, Lara W, et al. Removal of Hg(II) from an aqueous medium by adsorption onto natural and alkyl-amine modified Brazilian bentonite. Clays and Clay Minerals, 2011, 59(6): 568-580.

[73] Wang T H, Liu T Y, Wu D C, et al. Performance of phosphoric acid activated montmorillonite as buffer materials for radioactive waste repository. Journal of Hazardous Materials, 2010, 173(1-3): 335-342.

[74] Tan I, Ahmad A L, Hameed B H. Adsorption isotherms, kinetics, thermodynamics and desorption studies of 2,4,6-trichlorophenol on oil palm empty fruit bunch-based activated carbon. Journal of Hazardous Materials, 2009, 164(2-3): 473-482.

[75] Ma B, Oh S, Shin W S, et al. Removal of Co^{2+}, Sr^{2+} and Cs^+ from aqueous solution by phosphate-modified montmorillonite (PMM). Desalination, 2011, 276(1-3): 336-346.

[76] Liu C X, Zachara J M, Smith S C, et al. Desorption kinetics of radiocesium from subsurface sediments at Hanford Site, USA. Geochimica Et Cosmochimica Acta, 2003, 67(16): 2893-2912.

[77] 苏凯. 改性黏土矿物去除硝酸根离子的试验研究. 西安: 西南交通大学博士学位论文, 2013.

[78] 关晓彤. 膨润土对水中磷的吸附研究. 沈阳工业大学学报, 2004, 26(5): 598-600.

[79] 吕晓丽, 张奶玲, 刘景华, 等. 膨润土酸改性技术及改性土对水体中磷吸附研究. 非金属矿, 2006, 29(6): 53-54.

[80] 王宜鑫, 林亚萍, 刘静, 等. 膨润土对富营养化水体中磷的吸附特征. 安徽农业科学, 2006, 34(24): 6549-6550.

[81] 孙家寿, 吴晓云. 膨润土对铬、磷的吸附性能研究. 非金属矿, 1992, 3: 33-35.

[82] 朱润良, 朱利中, 朱建喜. Al-CTMAB 复合膨润土同时吸附处理水中菲和磷酸根. 环境科学, 2006, 27(1): 91-94.

[83] Ma J, Zhu L. Simultaneous sorption of phosphate and phenanthrene to inorgano-organo-bentonite from water. Journal of Hazardous Materials, 2006, 136(3): 982-988.

第 7 章　黏土矿物在高级氧化技术上的应用及机理研究

柱撑黏土因具有大的比表面积或催化活性的层间支撑柱，在环境修复和环境净化方面得到广泛应用。根据相关文献报道，用于柱撑的矿物种类多达十余种，如海泡石[1]、云母[2]、累托石[3]、蛭石[4]、蒙脱石、合成皂石[5]、沸石[6]和凹凸棒石[7]。结合笔者研究团队前期的研究基础，下面重点介绍柱撑黏土矿物材料作用催化剂或催化剂载体，在高级氧化技术方面的应用及其相关机理。

7.1　钛柱撑蒙脱石的光催化性的研究

为了研究不同方法制备的钛柱撑蒙脱石的光催化性能，选择染料亚甲基蓝(methylene blue，MB)为目标物进行紫外光/可见光光催化活性的评价。配制不同浓度的亚甲基蓝溶液，在紫外-可见分光光度计上测量 200～800nm 波长区间的吸光度值，确定亚甲基蓝最大的吸收波长为 665nm。

配制不同浓度的亚甲基蓝溶液，于最大吸收波长处测定其吸光度值，绘制亚甲基蓝标准曲线(图 7-1)。可见亚甲基蓝溶液的吸光度值与溶液浓度具有较好的线性关系。

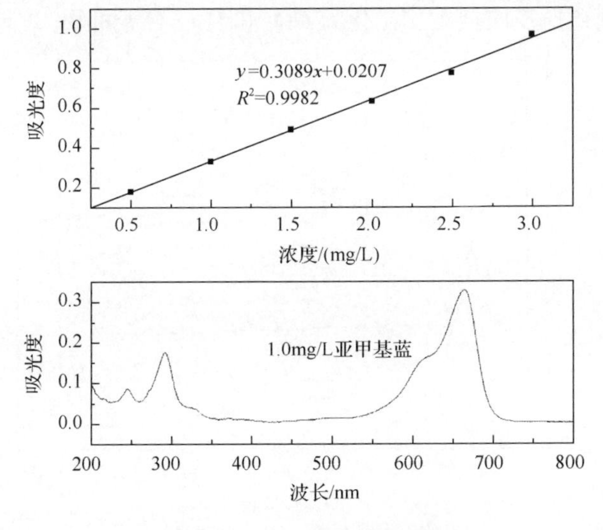

图 7-1　MB 溶液的标准曲线

7.1.1　不同制备方法的钛柱撑蒙脱石的光催化活性

1. Sol-Gel 法钛柱撑蒙脱石在紫外光/可见光下对 MB 的降解效果

据许多研究表明[8,9]，钛柱撑蒙脱石(Ti-Mt)的吸收边界相对于 P_{25}(商用 TiO_2)有一定的“蓝移”，Tang 等[10]等研究了在可见光下钛柱撑蒙脱石对若丹明 B 的降解。因此，选择了 MB 为目标物，对 Sol-Gel 法钛柱撑蒙脱石(Ti-Mt-2.0)进行可见光光催化活性的评价，并与紫外光光催化活性进行对比研究。

由图 7-2 易知，在紫外光下 Ti-Mt-2.0(钛溶胶的 pH 为 2)对 MB 的脱色效果要好于可见光。这可能是由于 MB 在紫外光和可见光下的降解过程不同。根据以往的研究[11,12]，在紫外光的照射下 MB 的降解过程是：当用紫外光(λ<387nm)照射 TiO_2 时，其价带中的电子将受到激发而跃迁到导带而成为光生电子，同时在价带中相应地形成一个光生空穴，一部分产生的光生电子有可能返回到价带与光生空穴(h_{vb}^+)发生复合而湮灭。另一部分有效分离后的光生电子将与吸附在 TiO_2 表面的 O_2 反应，生成活性氧物质 $\cdot O_2^-$ 和 ·OOH 并进一步形成 ·OH，而光生空穴被 OH^- 和 H_2O 捕获后生成 ·OH 活性基团。最后在 ·OH、h_{vb}^+ 和 $\cdot O_2^-$ 等活性基团的进攻下，经过一系列的氧化还原反应把亚甲基蓝 MB 矿化为 CO_2 和 H_2O 等无机物；而在可见光光照射下亚甲基蓝 MB 的降解过程是：在可见光照射下，吸附在 TiO_2 表面的 MB 受到激发后，形成激发单重态 $\cdot MB^1$ 或三重态，激发态的亚甲基蓝 MB 向 TiO_2 的导带(和/或表面)注入一个电子而形成阳离子型活性基团 $\cdot MB^+$。与紫外光激发一样，注入导带的电子将与吸附在 TiO_2 表面的 O_2 作用，生成活性氧物质 $\cdot O_2^-$ 和 ·OOH 并进一步形成 ·OH 自由基。最后在 ·OH、h_{vb}^+ 和 $\cdot O_2^-$ 等活性基团的进攻下，经过一系列氧化还原反应把 MB 矿化为 CO_2 和 H_2O 等无机物。

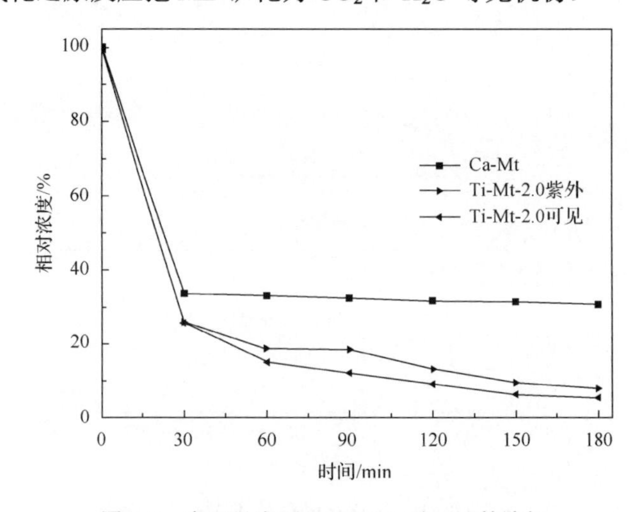

图 7-2　在可见光下 Ti-Mt-2.0 对 MB 的降解

2. 光助法钛柱撑蒙脱石的光催化性能

图 7-3 是光助法制备的钛柱撑蒙脱石(Ti-Mt-P)对亚甲基蓝的降解曲线。从前面的分析可知，在采用光助法制备钛柱撑蒙脱石的过程中，光照顺序对其微观结构产生影响，从而可能对其光催化性能造成影响。在 *a* 阶段，各种催化剂对亚甲基蓝的吸附顺序为 Ti-Mt-P_a＞Ti-Mt-P_b＞Ti-Mt-2.0＞Ca-Mt＞P_{25}，这主要跟表面积的大小有关。对于一般多相反应，在反应物充足和催化剂表面活性中心密度一定的条件下，表面积越大，活性越高。对于光催化反应，它是由光生电子与空穴引起的氧化还原反应，催化剂表面不存在固定的活性中心。因此，表面积是决定反应基质吸附量的重要因素，在晶格缺陷等其他因素相同时，表面积越大吸附量越大，有利于光催化反应在表面上进行，表现出更高的活性。在 *b* 阶段，经光催化降解 30min 后，Ti-Mt-P_a、Ti-Mt-P_b 对亚甲基蓝的脱色率分别达到 92.26%、91.04%。钛柱撑蒙脱石对高浓度的亚甲基蓝有较好的脱色效果。

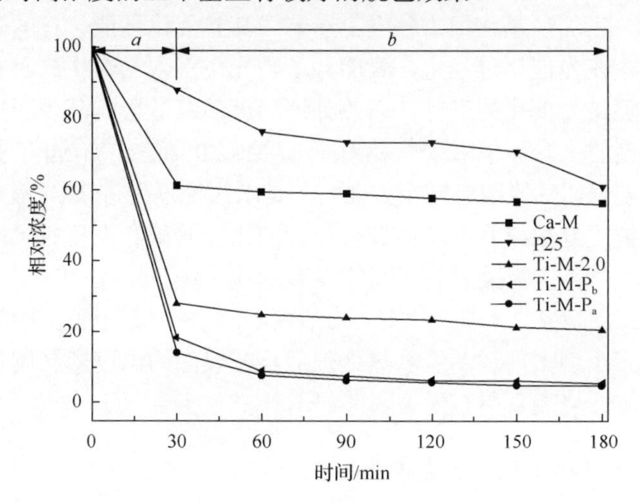

图 7-3　光助法制备的钛柱撑蒙脱石对 MB 的降解

3. 水热法钛柱撑蒙脱石的光催化性能

图 7-4 是水热法制备的钛柱撑蒙脱石(Ti-Mt-T)对亚甲基蓝的降解曲线。经 30min 暗吸附后，Ti-Mt-T 对 MB 的脱色率达到 89.9%，相对于钙基蒙脱石的 39% 而言提高了 2 倍多，这主要是由于水热处理使蒙脱石的内表面积有很大的提高，同时孔隙更为发达，孔径分布越广。吸附在光催化过程中起到很重要的作用，只有污染物被吸附到位于蒙脱石层间的钛柱上才能被彻底降解。试验过程中注意到当溶液中 MB 的浓度很低时，再光照则催化剂的颜色由蓝色渐渐变淡。

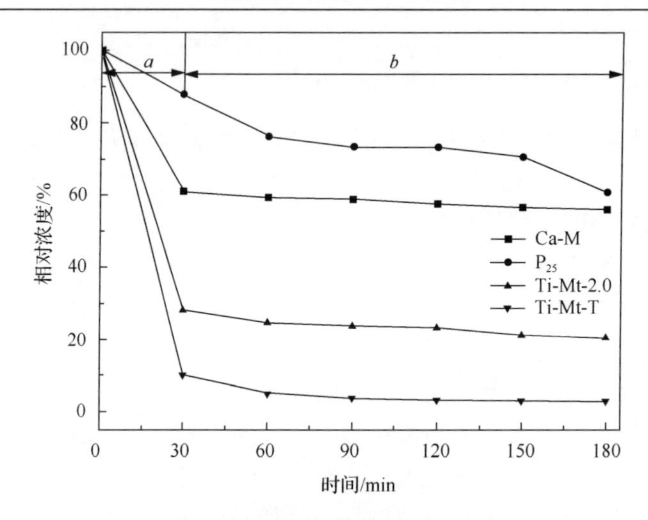

图 7-4　水热法制备的钛柱撑蒙脱石对 MB 的降解

另外，TiO_2表面羟基在很大程度上影响了其光催化性能。TiO_2表面存在着两种类型的羟基，在光催化过程中，表面羟基与光生空穴结合生成具有强氧化性的羟基自由基，促进光催化的进行。而热处理温度的高低影响其表面羟基的数量，随着热处理温度的上升而下降[13]。相对于 Ti-Mt-2.0 而言，Ti-Mt-T 的吸附能力和光催化效果都要好，其原因有三个方面：一是水热处理促进 TiO_2晶核的成长，使蒙脱石的片层被更好地撑开，从而拥有更大的比表面积和微孔内表面积，使吸附性能有所提高；二是因为蒙脱石层间的 TiO_2呈堆叠排列，使 TiO_2与 MB 的接触概率大大增加；三是经过水热处理，即使在酸性条件下蒙脱石层间的 TiO_2也不容易溶出。综上三个因素，说明经水热处理后再在较低的温度煅烧制备的钛柱撑蒙脱石比直接高温煅烧制备更有潜力。

4. H_2O_2法钛柱撑蒙脱石的光催化性能

图 7-5 是 H_2O_2法制备的钛柱撑蒙脱石(Ti-Mt-H)对亚甲基蓝的降解曲线。H_2O_2处理后的钛柱撑蒙脱石对亚甲基蓝也表现出很强的吸附能力，30min 吸附脱色率达到 86.59%，而 Ti-Mt-2.0 对 MB 的脱色率为 66.52%。BET 分析表明，Ti-Mt-H 的比表面积比 Ti-Mt-2.0 略小，而前者的 d_{001}大于后者且出现 d_{002}晶面，但二者的吸附能力相差较大，这可能与钛柱撑在蒙脱石层间的排列有关，二氧化钛以堆叠的方式存在，会占去一定的内表面使比表面积下降，但蒙脱石层间距的扩大使其吸附能力还是有所提高。经过 150min 光催化降解后，Ti-Mt-H 对 MB 的脱色率为 96.74%，而 Ti-Mt-2.0 为 79.47%，这说明经 H_2O_2处理低温煅烧制备的催化剂比直接高温煅烧的光催化性能要好。许多研究表明[14]，在溶液中添加 H_2O_2 极大地影响 TiO_2的光催化性能。这是因为 H_2O_2本身也是强氧化剂，通常能够直接氧化有

机物，而且 H_2O_2 又能作为均相光催化剂，H_2O_2 与 $\cdot O_2^-$ 作用能生成 ·OH 自由基，另外，在光的作用下 H_2O_2 被激发，激发态的 H_2O_2 可激发为 ·OH 自由基，有利于目标物的降解。因此假设由于 H_2O_2 处理，在钛柱撑蒙脱石层间的钛柱的表面上存在分解的过氧离子，它一方面有利于锐钛矿晶型的形成，另一方面能产生协同效应，提高光催化效果。

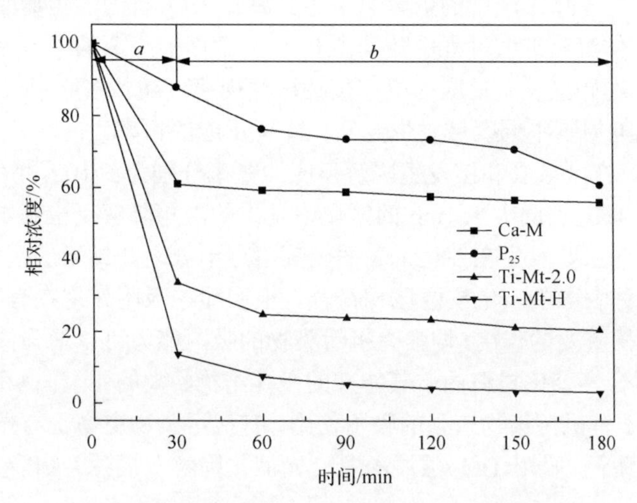

图 7-5　H_2O_2 法制备的钛柱撑蒙脱石对 MB 的降解

7.1.2　钛柱撑蒙脱石降解亚甲基蓝的机理研究

1. 吸附在光催化降解中的作用

吸附是指由于物理或化学的作用力，某种物质的分子能附着或结合在两相界面上(固-固相界面除外)，从而使这两种分子在两相界面上的浓度大于体系的其他部分。吸附分为物理吸附和化学吸附。物理吸附主要依靠分子间范德瓦尔斯力，化学吸附主要是形成吸附化学键。发生在两相界面上的多相催化反应，首先是由于催化剂表面的某些活性部位对反应分子发生化学吸附作用，使其中的某些键减弱，从而活化了反应分子，降低了反应活化能，大大加快了反应速率，因此研究吸附在催化反应中起的作用具有深刻的意义。

为了讨论有机污染物在复合光催化材料表面上的吸附在光催化降解中所起的作用，同时，由于光催化反应的活性位点在 TiO_2 上，对于光催化反应主要是羟基反应，设有机物在 TiO_2 表面上的吸附浓度为[S]，·OH 与有机物之间的反应速率为 $K_{\cdot OH}$[S]。光催化反应主要存在于羟基与吸附有机质之间，或游离的羟基扩散到溶液相中与有机物发生反应。令·OH 在溶液中的扩散系数为 D，游离基在其“存活”时间内从催化剂表面能向溶液中扩散的距离为 L，则可以定义反应-扩散模数为

$$\Phi = K_{\cdot OH}[S]/(D/L^2) \tag{7-1}$$

在充分混合反应的条件下扩散过程进行得非常快，因此可以令 Φ 为 0.01，$K_{\cdot OH}$ 的数量级为 10^9，$D=10^{-9}m^2/s$，$[S]=10^{-4}\sim10^{-6}mol/L$，代入式(7-1)计算可得 $L=10^{-8}\sim10^{-7}m$。

由于 ·OH 在本体溶液中的扩散速率与其离开 TiO_2 表面的距离的平方成反比，即 ·OH 在向本体溶液扩散过程中随其离开 TiO_2 表面的距离的平方衰减，也就意味着 ·OH 与有机物碰撞发生反应的概率也按这种规律衰减。在此用图 7-6 来说明本体溶液中催化剂周围不同区域发生光催化降解反应的概率。区域 I 内发生降解反应的概率为 P，在区域Ⅱ和Ⅲ发生降解反应的概率分别为 $P/100$ 和 $P/10000$。由此可见，在离开 TiO_2 表面大于 1nm 的区域中发生的液相降解反应基本上可以忽略。光催化降解反应主要发生在催化剂表面及其附近十分之几纳米的区域内，这个区域正好与半导体表面的双电层区域相符合。很明显，吸附作用在有机物的光催化降解中必然发挥重要的作用，增大有机污染物的吸附能力可以增强催化降解速率。TiO_2/蒙脱石复合光催化材料由于其特殊的微孔结构、大的比表面积和较多的酸性位点，因而对于有机污染物较强的吸附作用，有机污染物更易于与光催化剂接触，从而缩短反应路径。吸附 TiO_2/蒙脱石复合光催化降解有机污染物能力的提高有一定的贡献作用。

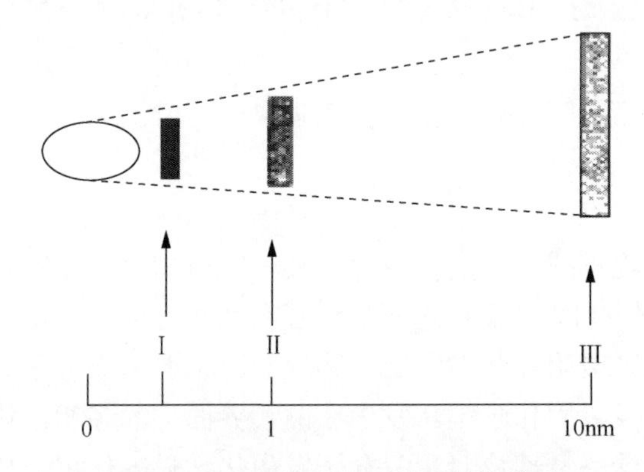

图 7-6　羟基在催化剂周围的扩散模型

I、II 和 III 分别为距离催化剂表面十分之几纳米、1nm 和 10nm 的区域，
各区域的明暗程度表示 ·OH 浓度的相对大小

必须指出，由于光催化降解反应直接受复合催化剂中客体 TiO_2 表面和主体蒙脱石表面的吸附浓度控制，只能分析反应前的吸附浓度，在反应过程中，只能监测到本体溶液中的有机物浓度，但在实验中发现，当停止光辐照后，反应液中的有机物浓度不再发生变化，这说明在催化剂表面有机物的浓度一旦因为降解反应而降低后，体系很快就会建立起新的吸附-脱附平衡。

2. 光催化降解 MB 的机理研究

当用紫外光(λ<387nm)照射 TiO_2 时，其价带中的电子将受到激发而跃迁到导带而成为光生电子，同时在价带中相应地形成一个光生空穴。有效分离后的光生电子将与吸附在 TiO_2 表面的 O_2 反应，生成活性氧物质 $\cdot O_2^-$ 和 ·OOH 并进一步形成 ·OH，而光生空穴被 OH^- 和 H_2O 捕获后生成 ·OH 活性基团(图 7-7)。在光催化降解 MB 的过程中，·OH 可以攻击 MB 的 $C—S^+═C$ 官能团，其具体反应式如下：

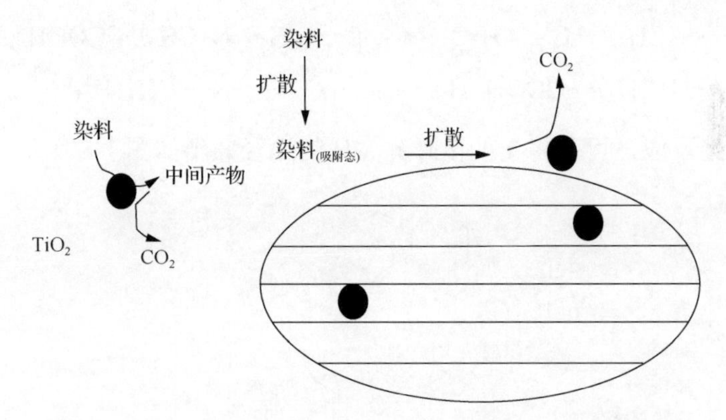

图 7-7　纯 TiO_2 与 TiO_2 柱撑蒙脱石光催化剂降解传质机理

$$R\text{-}S{+}{=}R'+\cdot OH \longrightarrow R—S(=O)—R' + H^+ \tag{7-2}$$

$$NH_2—C_6H_3(R)—S(=O)—C_6H_4—R+\cdot OH \longrightarrow NH_2—C_6H_3(R)—SO_2+C_6H_5—R \tag{7-3}$$

或

$$NH_2—C_6H_3(R)—S(=O)—C_6H_4—R+\cdot OH \longrightarrow NH_2—C_6H_4—R+SO_2—C_6H_4—R \tag{7-4}$$

$$SO_2—C_6H_4—R+\cdot OH \longrightarrow R—C_6H_4—SO_3H \tag{7-5}$$

$$R—C_6H_4—SO_3H+\cdot OH \longrightarrow R—C_6H_4\cdot+SO_4^{2-}+2H^+ \tag{7-6}$$

至于 MB 中的三个含氮基是如何降解的，可以分两种情况予以解释。首先，中心位置的亚氨基随着芳环对位的$—S^+═$的分裂而分裂。而氨基可以被羟基自由基取代生成羟基苯，并且释放出 $NH_2\cdot$，具体反应式如下：

$$R—C_6H_4—NH_2+\cdot OH \longrightarrow R—C_6H_4—OH+NH_2\cdot \tag{7-7}$$

$$NH_2\cdot+H\cdot \longrightarrow NH_3 \tag{7-8}$$

$$NH_3+H^+ \longrightarrow NH_4^+ \tag{7-9}$$

而另外两个对称的二甲基苯氨基则通过如下途径进行降解：

$$\mathrm{R{-}C_6H_4{-}N(CH_3)_2 + \cdot OH \longrightarrow R{-}C_6H_4{-}N(CH_3){-}CH_2\cdot + H_2O} \tag{7-10}$$

$$\mathrm{R{-}C_6H_4{-}N(CH_3){-}CH_2\cdot + \cdot OH \longrightarrow R{-}C_6H_4{-}N(CH_3){-}CH_2OH} \tag{7-11}$$

$$\mathrm{R{-}C_6H_4{-}N(CH_3){-}CH_2OH + \cdot OH \longrightarrow R{-}C_6H_4{-}N(CH_3){-}\dot{C}H{-}OH + H_2O} \tag{7-12}$$

$$\mathrm{R{-}C_6H_4{-}N(CH_3){-}\dot{C}H{-}OH + \cdot OH \longrightarrow R{-}C_6H_4{-}N(CH_3){-}CH(OH)_2 \longrightarrow R{-}C_6H_4{-}N(CH_3){-}CHO + H_2O} \tag{7-13}$$

$$\mathrm{R{-}C_6H_4{-}N(CH_3){-}CHO + \cdot OH \longrightarrow R{-}C_6H_4{-}N(CH_3){-}\dot{C}{=}O + H_2O} \tag{7-14}$$

$$\mathrm{R{-}C_6H_4{-}N(CH_3){-}\dot{C}{=}O + \cdot OH \longrightarrow R{-}C_6H_4{-}N(CH_3){-}COOH} \tag{7-15}$$

$$\mathrm{R{-}C_6H_4{-}N(CH_3){-}COOH + H^+ \longrightarrow R{-}C_6H_4{-}\dot{N}{-}CH_3 + H^+} \tag{7-16}$$

根据上述反应，可以将光催化降解 MB 的途径归结如图 7-8 所示。

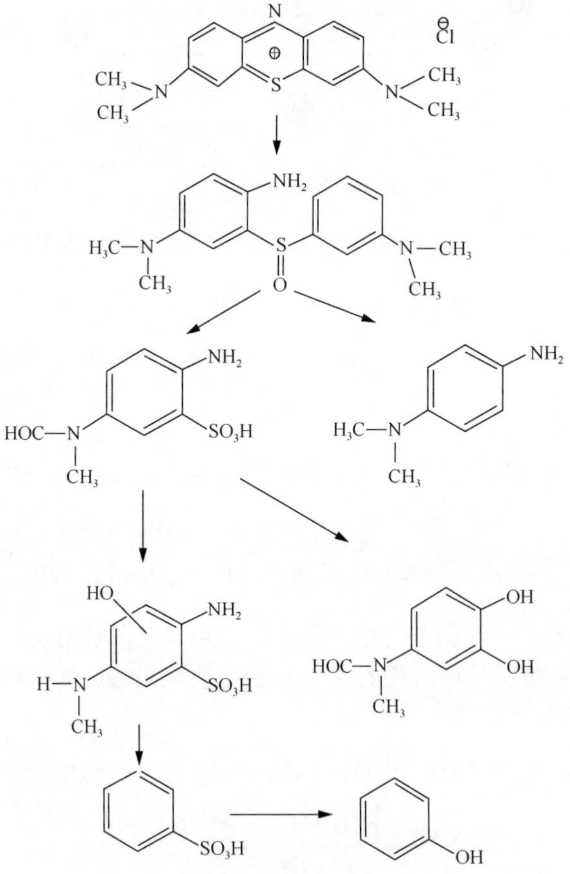

图 7-8　光催化降解 MB 途径

7.2　Cu 掺杂 TiO_2/累托石复合光催化剂的光催化性能研究

根据第 2 章黏土材料的改性方法材料所述，在制备过程中可以通过控制加入的硝酸铜粉体的量和煅烧温度，就可以得到不同 Cu 掺杂量(质量分数)和不同煅烧温度的复合光催化材料。将制得的复合材料简记为 TR-*r*-*T*，其中，*r* 代表 Cu 掺杂量(*r*=0.1%、0.5%、1.0%、2.0%)，*T* 代表煅烧温度(*T*=400℃、500℃、600℃、700℃)。

本节以对氯苯酚(4-CP)为目标污染物来评价 Cu 掺杂 TiO_2/累托石复合光催化剂的光催化性能。对氯苯酚，英文名为 4-chlorophenol，简写为 4-CP，分子式为 C_6H_5OCl；由苯酚直接经过氯化，Cl 取代苯酚羟基对位上的 H 所形成的有机化合物，分子量为 128.56。化学结构式如图 7-9 所示，呈无色透明针状结晶，有刺激性气味；相对密度为(4～40℃)1.2651，沸点为 217℃，蒸气易挥发，溶点为 42～43℃，闪点为 121℃，易燃；微溶于水，水中溶解度(20℃)为 27.1g/L，易溶于苯、乙醇、乙醚、甘油及苛性碱溶液。1%的溶液使石蕊显酸性，pKa 值(水中/25℃)为 9.38，小于苯酚的 9.94，因此酸性略强于苯酚；低毒，有腐蚀性。

HO—⟨苯环⟩—Cl

图 7-9　对氯苯酚结构式

采用日立公司的 D-2000 型高效液相色谱仪测定 4-CP 的浓度。具体测定条件如下：分离柱为 C18 色谱柱(250mm×4.6mm，孔径 5μm)；流动相甲醇与水的体积比为 70∶30；流速为 1mL/min；进样体积为 20μL；柱温控制在 25℃。在 280nm 紫外波长处测定其浓度，通过式(7-17)计算去除率 η：

$$\eta = \frac{c_0 - c_t}{c_0} \times 100\% \tag{7-17}$$

式中，c_0 为光照前达到吸附-解吸平衡时溶液中 4-CP 的浓度；c_t 为光照 t 时间溶液中的 4-CP 的浓度。

以紫外灯作为光源，称取一定量制备的复合光催化材料，加入一定浓度的 100mL 4-CP 溶液中，光源与溶液液面距离为 25cm，利用磁力搅拌器进行恒温水浴搅拌，反应温度控制在 25℃。在光催化反应前避光搅拌 2h，以使目标污染物在催化剂的表面达到吸附/脱附平衡，然后打开紫外光源进行光催化反应。在光催化反应进行中每隔一定时间用一次性针筒从反应液中取样 4mL，经 0.45μm 滤膜过滤后用高效液相色谱法测定溶液中 4-CP 的浓度。

7.2.1　光催化实验结果分析

图 7-10 为不同 Cu 掺杂量(0%、0.1%、0.5%、1.0%、2.0%)对 4-CP 光催化降解的影响。从图 7-10 可以看出，经过 3h 的紫外光照后，掺杂 Cu 的复合材料对 4-CP 的光催化去除率均要比不掺 Cu 的材料高。在所有掺杂 Cu 的样品中，随着 Cu 掺杂量的增加，复合材料对 4-CP 的光催化去除率是先增加后减小的过程，在 Cu 掺杂量为 0.5%时，复合材料对 4-CP 的光催化去除率达到最高(为 64.7%)。这可能是因为在 TiO_2 晶格中引入 Cu 元素后，使 TiO_2 晶格产生了一定程度的缺陷，或使 TiO_2 的结晶度发生改变，有效抑制了电子与空穴对的复合，提高了催化剂的光催化活性，但掺杂过多的 Cu 会引起晶体结构的破坏，反而会降低催化剂的催化性能[15]。

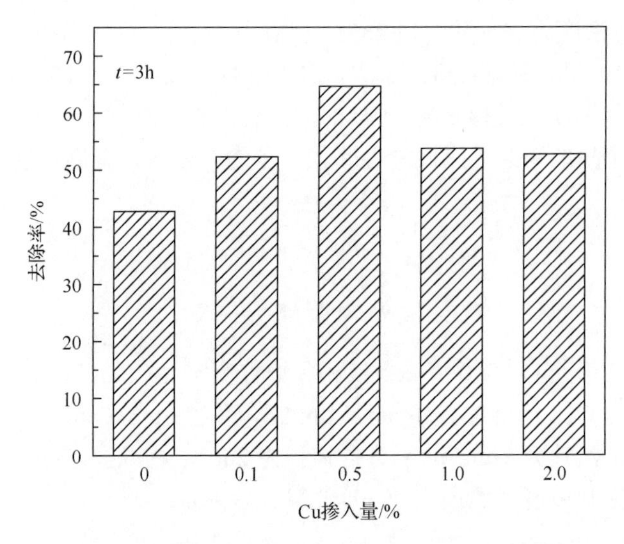

图 7-10　不同掺铜量的 TR-*r*-500℃复合材料对 4-CP 降解率的影响

图 7-11 为在不同煅烧温度(400℃、500℃、600℃、700℃)下，所制备的 TR-0.5%-*T* 复合光催化剂对 4-CP 光催化降解的影响。如图 7-11 所示，复合材料对 4-CP 的降解率随着煅烧温度的升高逐渐增加，当煅烧温度为 500℃时，降解率达到最大值(约 70%)。当煅烧温度超过 500℃时，降解率反而有所降低。

煅烧可以使复合材料中的无定型 TiO_2 转变为锐钛矿型 TiO_2，而锐钛矿是 TiO_2 所有型态中具有最高光催化活性的型态，因此随着煅烧温度的增加，复合材料的光催化活性逐渐增加。但当煅烧温度超过一定程度时，一方面复合材料中的钛矿型 TiO_2 会逐渐转变为金红石型 TiO_2，并且随着温度越来越高，金红石型 TiO_2 的含量会逐渐增加，所以复合材料的光催化活性有所下降；另一方面，当煅烧温度过高时，累托石中的 Na^+、Mg^{2+}等金属离子会与 TiO_2 颗粒反应生成钛酸盐，

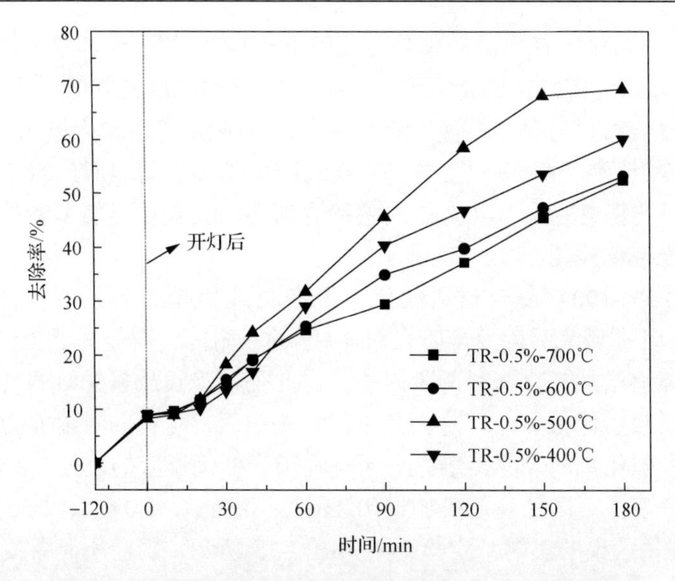

图 7-11　不同煅烧温度对复合材料光催化降解 4-CP 的影响

而这些金属离子的钛酸盐是光生电子和空穴的复合中心，会促进光生电子和空穴的复合，降低量子产率，从而降低复合催化剂的光催化活性[16]。因此存在着一个最佳的煅烧温度。

图 7-12 为在不同反应条件(不加催化剂的紫外光照反应、无光照的避光吸附反应、加入不同光催化剂的紫外光照反应)下，复合材料对 4-CP 的光催化降解的影响。

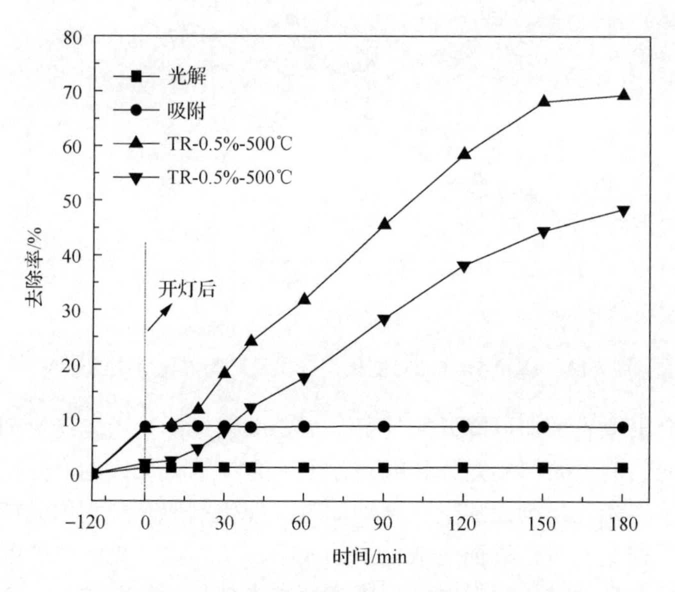

图 7-12　不同反应条件对 4-CP 降解率的影响

由图 7-12 可知，在单独的紫外光照射下，4-CP 的浓度基本保持不变，说明 4-CP 不能被光照降解。在避光吸附反应中，4-CP 的浓度先降低，然后保持不变，说明制备的复合材料对 4-CP 有一定的吸附能力(吸附降解率大概为 10%)，并且吸附在 2h 后就达到平衡。而当加入 TR-0.5%-500℃复合材料时，4-CP 的去除率明显提高，紫外光照 3h 后，4-CP 的去除率达到 70%，说明对氯苯酚的降解主要靠复合材料的光催化作用。

与 TR-0.5%-500℃复合材料相比，没有负载累托石的光催化材料即 TiO_2-0.5%-500℃，其在避光吸附反应阶段对 4-CP 的吸附能力明显降低很多，说明负载在累托石上能够增加复合材料的吸附能力。此外，未负载累托石的材料的光催化性能也要比负载后低很多，这是因为负载累托石后，材料的吸附能力增加，污染物更容易与光催化剂的表面接触，进而有利于光催化反应的进行。

实验还考察了不同催化剂投加量(0.25g/L、0.5g/L、1.0 g/L、1.5g/L、2.0 g/L) 对 4-CP 光催化效果的影响。实验结果如图 7-13 所示，随着所制备复合材料投加量的逐渐增加，4-CP 的光催化降解率首先增加，然后降低。在复合材料的投加量为 1.0g/L 时，4-CP 的光催化降解率达到最大值(约 75%)。

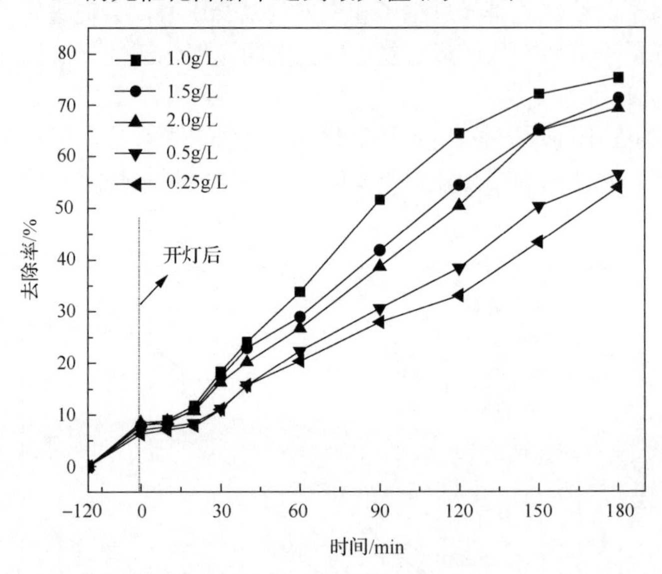

图 7-13　TR-0.5%-500℃催化剂投加量对光催化效果的影响

之所以会出现先增加后降低的情况，主要原因是：①当光催化剂投加量过低时，会导致催化剂表面不能充分利用光源光子的能量，·OH 的产生减少，进而降解率降低；②当光催化剂投加量逐渐增加时，催化剂能充分利用光能量，产生更多的光生电子和空穴对，进而生成更多的 ·OH，从而提高光催化降解率；③然而当光催化剂投加量超过一定量时，反应溶液中光催化剂颗粒过多，占据了主导地位，使催化剂粒子对入射光产生严重的散色现象，照射到催化剂上的光子减少，因此反而使光催化效率降低。

本实验采用 HCl 和 NaOH 调节 4-CP 溶液的初始 pH 值，考察 pH=2，5，8，11 时对 4-CP 光催化降解的影响。图 7-14 为 4-CP 溶液 pH 值对光催化效果的影响，在 pH=5 和 11 条件下的 4-CP 光催化降解率要高于在 pH=2 和 8 条件下的 4-CP 光催化降解率，并且最终经过 3h 的光照降解后，在 pH=5 条件下的 4-CP 光催化最终降解率要高于在 pH=11 条件下的 4-CP 光催化最终降解率。

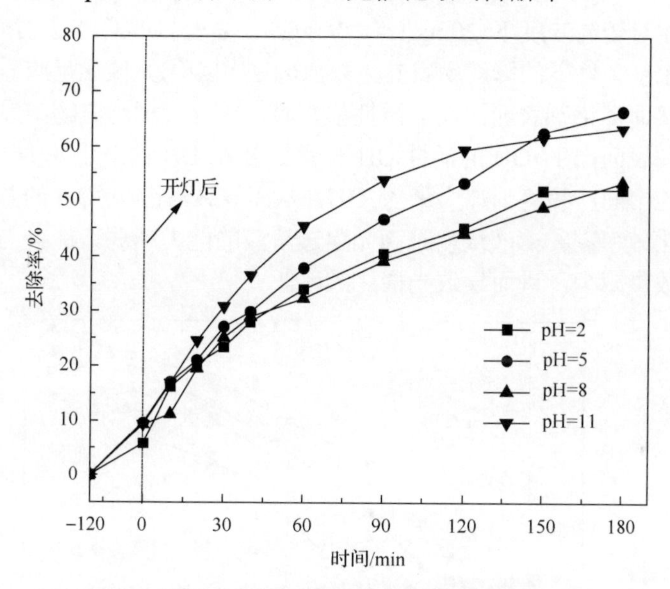

图 7-14　4-CP 溶液初始 pH 对光催化效果的影响

pH 会对光催化效果产生一定程度的影响，主要原因是[17, 18]：一方面，光催化剂表面所带电荷的正负性会受溶液 pH 的影响；另一方面，污染物在不同 pH 下的性质不同，因此其在光催化剂表面的吸附行为会受溶液 pH 的影响。TiO_2 的光催化原理是在光照条件下产生光生电子和空穴对，然后分别与溶解氧和水反应，生成强氧化性的 ·OH，同时还会产生 H^+与 OH^-。因此，当溶液呈碱性时，OH^-增多，有利于反应 $h_{vb}^+ + OH^- \rightarrow \cdot OH$ 的发生，进而产生更多的 ·OH，有利于光催化反应的进行。所以在 pH=11 的条件下，4-CP 的光催化降解率较高。

虽然碱性条件有利于 TiO_2 表面 OH^-的空穴氧化，产生更多的 ·OH，但还要考虑 pH 对污染物在催化剂表面吸附行为的影响。由于水中 TiO_2 的等电位约为 pH=6.0，在 pH 值较高时，TiO_2 表面因 OH^-而带负电荷，同时氯酚类物质在碱性条件下多以阴离子形式存在，不利于其吸附在 TiO_2 表面。这就解释了在 pH=5 条件下的 4-CP 光催化最终降解率要高于 pH=11 条件下的最终降解率。

由于 4-CP 的原始水溶液 pH 在 5.5～6.5，接近 TiO_2 等电点，所以综合考虑光催化效果和实验操作两方面因素，本实验采用 4-CP 的原始水溶液作为反应溶液，不需调节其 pH。

为了研究 4-CP 初始浓度对光催化降解效果的影响，配制不同初始浓度（1mg/L、5mg/L、10mg/L、20mg/L、30mg/L）的 4-CP 溶液，考察催化剂在不同 4-CP 初始浓度下的催化降解情况。实验结果如图 7-15 所示，随着反应初始浓度的升高，在相同时间内，复合光催化剂对 4-CP 溶液的降解效率出现降低的趋势。在低浓度的条件下（1mg/L、5mg/L、10mg/L），复合材料对 4-CP 溶液的光催化降解率可达 70%以上；而在相对较高浓度下（20mg/L、30mg/L），复合材料对 4-CP 溶液的降解率略低于在低浓度条件下的降解率。其主要原因是[19]：①光催化反应一般在催化剂表面进行，然而催化剂表面的反应活性位有限，因此目标污染物浓度较高时，会去竞争催化剂表面产生 ·OH 的活性 OH^- 位点，导致 ·OH 的产生减少；②反应过程中产生大量的中间产物将消耗大量的 ·OH，从而导致溶液中 ·OH 的数量减少，最终降低光催化效率；③溶液浓度越高光穿透溶液的能力越弱，能参与光催化氧化反应的光子数量减少，进而导致光催化效率低。

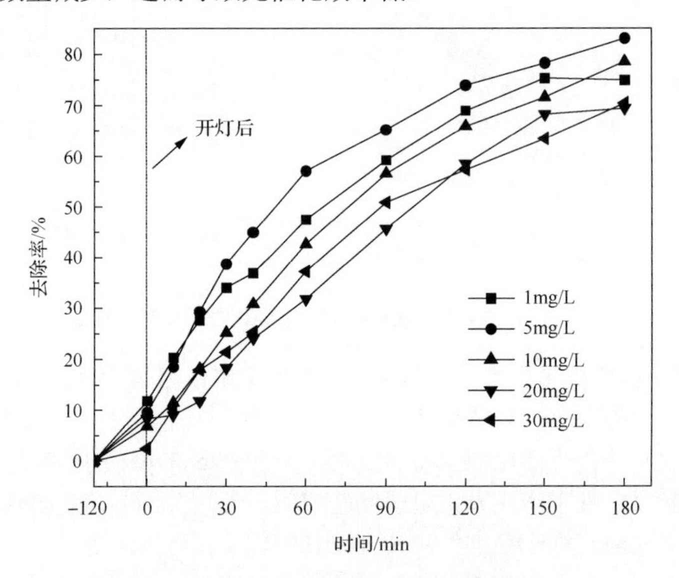

图 7-15　4-CP 初始浓度对光催化效果的影响

图 7-16 为不同光照时间的 4-CP 溶液的 UV-vis 吸收光谱。在 225nm 和 280nm 处是 4-CP 的两个特征吸收峰[20]。由图 7-16 可以看出，在 225nm 处的峰强度随着光照时间的增加而逐渐减弱，表明 4-CP 的浓度在逐渐减少；而在 280nm 处的峰强度随着光照时间的增加仅有微小的减弱，这可能是 4-CP 在光催化过程中产生的中间产物对紫外光有所吸收导致的。在 285nm 处附近出现了宽的吸收峰，这可能是由 4-CP 和一些中间产物如对苯二酚（223nm、287nm）、苯醌（246nm）共同作用

的结果。此外，随着光照时间的增加，4-CP 溶液的颜色也逐渐由无色变为浅红色，可能形成了苯醌类等中间产物[21]。

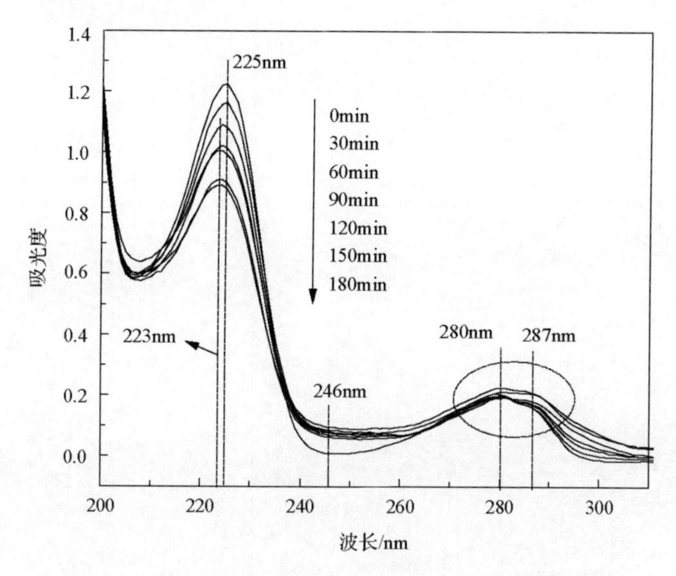

图 7-16　不同光照时间的 4-CP 溶液的 UV-vis 吸收光谱

7.2.2　对氯苯酚的光催化降解机理探讨

关于 4-CP 的光催化降解机理，前人也有很多研究 [22]，其中“羟基自由基氧化降解机理”是众多研究者比较一致接受的。首先吸附在 TiO_2 表面的 H_2O 或—OH 俘获空穴，形成羟基自由基 ·OH，然后羟基自由基进攻 4-CP 生成自由基活性中间体，然后再按照不同的降解途径，最终经开环、脱羧等过程矿化为 CO_2 和 H_2O[23]。

图 7-17 为不同光照时间的 4-CP 溶液的高效液相色谱图。保留时间在 10min 左右的色谱峰为目标污染物 4-CP 的色谱峰。从图 7-17 可以发现，随着光照反应时间的增加，4-CP 的色谱峰强度逐渐减小，表明 4-CP 浓度逐渐减少。此外，随着光照时间的增加，还可以看见有新的色谱峰出现，且峰形逐渐增大。由此可知，目标污染物 4-CP 在光催化反应过程中逐渐降解为多种中间产物，这与 4-CP 的 UV-vis 吸收光谱分析的结果是一致的。

根据前人的研究[22-25]及实验的结果，推测出对氯苯酚的光催化降解途径可能为：4-CP 首先与羟基自由基作用导致 C—Cl 键断裂生成对苯二酚，由于对苯二酚的不稳定性，进而被羟基自由基进一步氧化成苯醌。由于苯醌的相对稳定性，一方面使 4-CP 容易氧化为苯醌生成有颜色的化合物，另一方面使 4-CP 不容易进一步发生矿化。

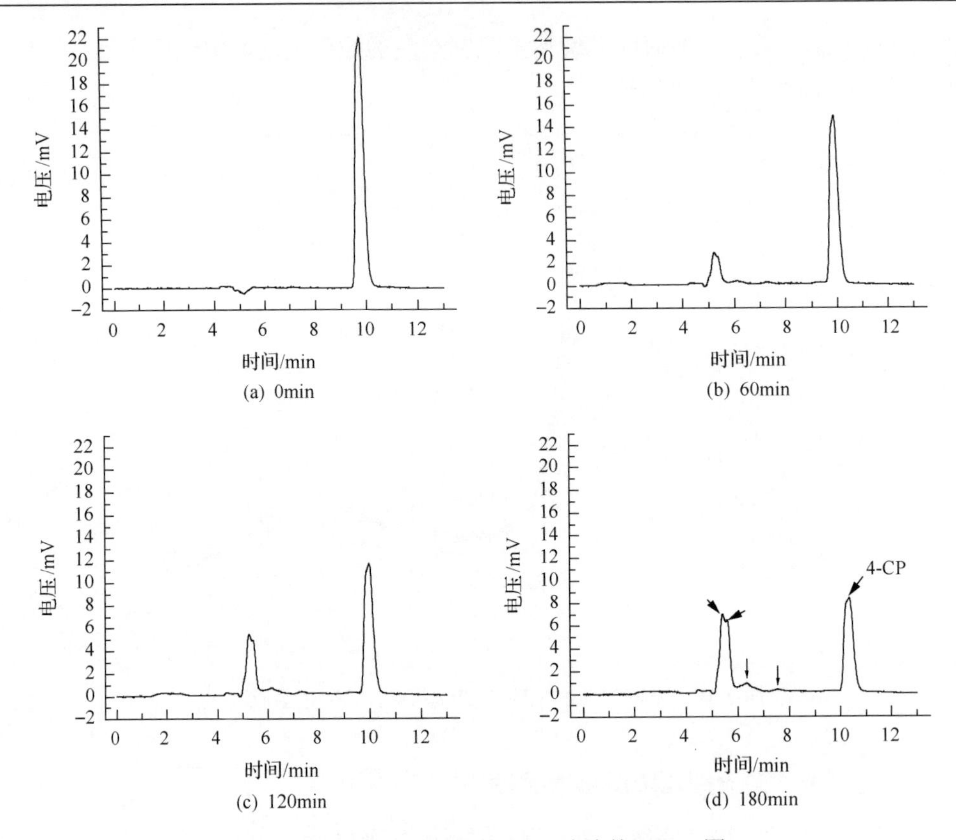

图 7-17　不同光照时间的 4-CP 溶液的 HPLC 图

7.3　N、Cu 共掺杂 TiO_2/累托石复合光催化剂的光催化性能研究

由于在 7.2 节确定了 Cu 掺杂量为 0.5%、煅烧温度为 500℃时，制备的相应材料的光催化性能最好，因此在本节实验中，选定 Cu 的掺杂量为 0.5%，煅烧温度为 500℃，通过控制加入的尿素的量来制备不同 N 掺杂量(质量分数)的复合光催化材料，将制得的复合材料简记为 TR-*r*N，*r* 代表 N 掺杂量，分别取 0.2%、0.5%、1.0%、2.0%。本节仍以对氯苯酚为目标污染物评价 N、Cu 共掺杂 TiO_2/累托石复合光催化剂的光催化性能。

以氙灯(用滤光片过滤掉 420nm 波长以下的光)作为可见光源，称取一定量制备的复合光催化材料，加入一定浓度的 100mL4-CP 溶液中，光源与溶液液面距离为 25cm，利用磁力搅拌器进行恒温水浴搅拌，反应温度控制在 25℃。在光催化反应前避光搅拌 2h，以使目标污染物在催化剂的表面达到吸附/脱附平衡，然后打开氙灯进行光催化反应。在反应进行中每隔一定时间用一次性针筒从反应液中取样 4mL，经 0.45μm 滤膜过滤后用高效液相色谱法测定溶液中 4-CP 的浓度。

图 7-18 为在可见光照下，不同 N 掺杂量样品 TR-*r*N（$r=0\%$，0.2%，0.5%，1.0%，2.0%）对 4-CP 光催化降解率的影响。样品中不掺杂 N（$r=0\%$）时，也就是仅掺杂 0.5%Cu，并在 500℃煅烧制备的 TiO_2/累托石样品，其在可见光下对 4-CP 有一定的降解能力，但降解率不高。当向样品中同时掺入不同量的 N 时，其对 4-CP 的降解率与不掺杂 N 的样品相比，均有一定程度的提高。这是因为 N 的掺入，一方面可以使样品的光响应范围更加宽泛地拓展至可见光范围，另一方面 N 会与样品中本身掺杂的 Cu 产生协同效应，更大程度地增强样品在可见光下的光催化性能。

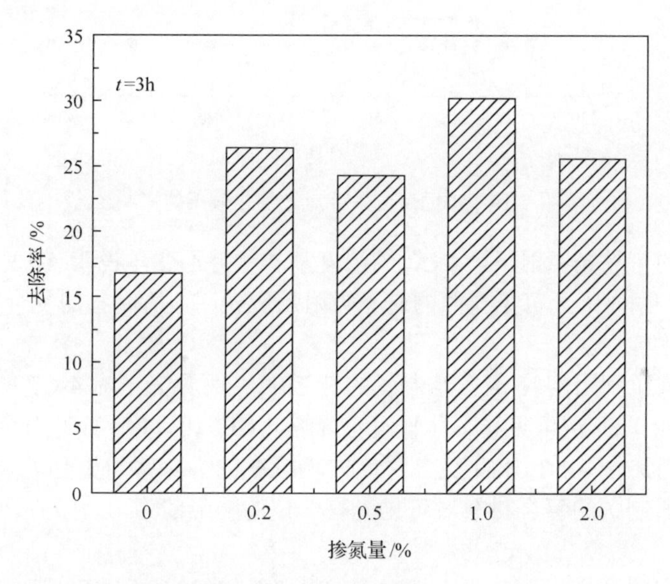

图 7-18　不同掺 N 量的 TR-*r*N 复合材料对 4-CP 降解率的影响

还可以发现，随着 N 掺杂量的增加，TR-*r*N 复合材料对 4-CP 的光催化去除率并不是单调增加或单调减少的趋势，而是一个有增有减的过程，即存在一个最佳掺杂量。在 N 掺杂量为 1.0%时，复合材料 TR-1.0%N 对 4-CP 的光催化去除率达到最高（为 30.2%）。过低或过高的 N 掺杂量都会影响样品对 4-CP 的光催化去除率，这是因为 N 掺杂会产生氧空缺，抑制光生电子与空穴的复合，进而增加光催化活性。氧空缺会随着 N 掺杂量的增加而增多，但氧空缺过多又会促进空穴和电子的重新复合，反而使光催化性能降低，所以存在着最佳 N 掺杂量[26]。

实验考察了不同反应条件（不加催化剂的可见光照反应、无可见光照的避光吸附反应、加入不同光催化材料的可见光照反应）对 4-CP 的光催化降解效果的影响，实验结果见图 7-19。

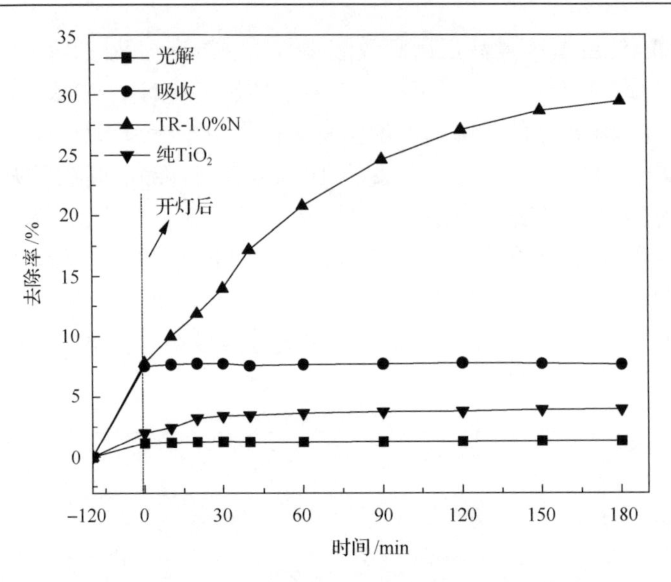

图 7-19　不同反应条件对光催化效果的影响

在单独的可见光照射下，4-CP 的浓度基本保持不变，说明 4-CP 不能单独被可见光降解。同时，无可见光照的避光吸附反应表明，所制备的复合材料对 4-CP 有一定的吸附能力。

实验考察了利用溶胶-凝胶法制备的纯 TiO_2 在可见光下对 4-CP 的降解，很明显所制备的纯 TiO_2 在可见光下几乎没有降解 4-CP，说明纯 TiO_2 对可见光几乎没有响应。但当加入 TR-1.0%N 复合材料时，4-CP 的去除率明显有了一定程度的提高，这说明所制备的复合材料对可见光有一定的响应能力，可以在可见光照下降解 4-CP。

由于光催化剂的投加量对光反应中的量子效率及光催化活性反应点的数量产生直接的影响，因此研究光催化剂的投加量对其光催化性能的影响具有重要意义。本实验考察了不同 TR-1.0%N 复合材料的投加量(0.25g/L、0.5g/L、1.0g/L、2.0g/L)对 4-CP 溶液光催化效果的影响(图 7-20)。

如图 7-20 所示，4-CP 的光催化降解率随着光催化剂投加量的增加而有一定程度的增加。但当催化剂用量从 1.0g/L 增加到 2.0g/L 时，降解率反而下降，也就是说在催化剂投加量为 1.0g/L 时，取得最佳的光催化效果，存在一个最佳投加量。这是因为当溶液中催化剂投加量过高时，一方面对光散射作用增强，影响溶液的透光率，导致光的利用率降低，降低光催化活性；另一方面过多的催化剂会与 4-CP 和可见光在催化剂表面活性点位上产生竞争吸附，导致光生电子-空穴和 ·OH 数量降低，影响了光催化降解效果。当投加量过低时，光源产生的光子不能被催化剂充分利用，也会影响光催化效果，因此存在一个最佳投加量。本实验选择 1.0g/L 作为最佳催化剂投加量。

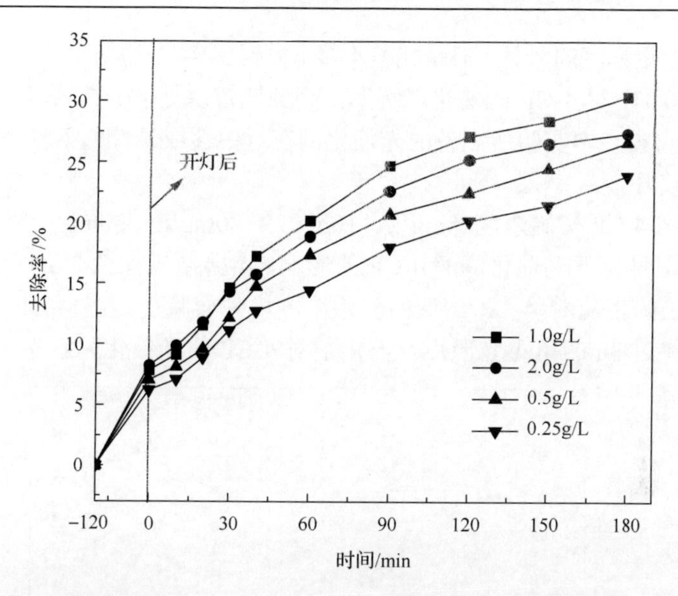

图 7-20　TR-1.0%N 催化剂投加量对光催化效果的影响

实验考察了不同溶液 pH(pH=2，5，8，11)对 4-CP 光催化降解的影响。通过加入 HCl 和 NaOH 溶液来调节 4-CP 溶液的初始 pH。实验结果如图 7-21 所示，所制备的 TR-1.0%N 复合材料在溶液 pH=5 的条件下，对 4-CP 的光催化降解率达到最佳。在 pH=11 的条件下，催化剂对 4-CP 的光催化降解率与在 pH=5 的条

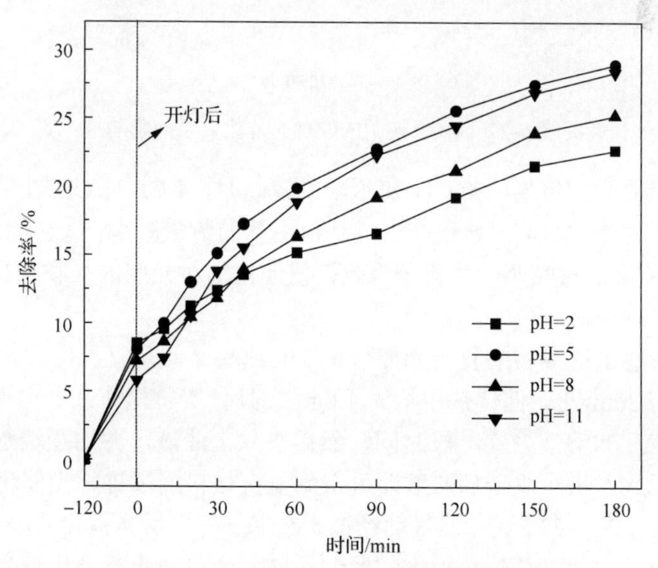

图 7-21　4-CP 溶液 pH 对光催化效果的影响

件下相比有一定程度的降低，但是相差不多。根据图 7-21 的结果，在不同溶液 pH 值下，TR-1.0%N 对 4-CP 光催化降解率由高到低依次是 pH=5＞pH=11＞pH=8＞pH=2。由此可得，本实验所制备的光催化剂在近中性或碱性的条件下对 4-CP 的光催化效果较好。

考察不同 4-CP 初始浓度(5mg/L、10mg/L、20mg/L、30mg/L)对 TR-1.0%N 复合材料在可见光下光催化降解 4-CP 的影响，实验结果如图 7-22 所示，催化剂对 4-CP 的去除率随着 4-CP 溶液的初始浓度增大而减小，当 4-CP 初始浓度为 5mg/L 时，经过 3h 的可见光照后，催化剂对 4-CP 的光催化降解率可达到 40%。

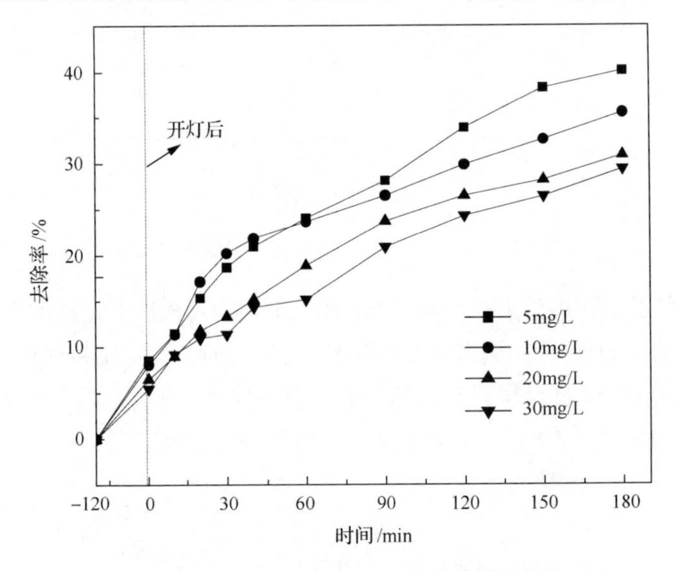

图 7-22　4-CP 初始浓度对光催化效果的影响

分析可能的原因包括两点：①初始浓度较高时，4-CP 与 OH^-在催化剂表面的活性位点上产生竞争吸附，导致产生羟基自由基的数量减少；②初始浓度过高时，4-CP 也会与催化剂对光照产生竞争吸收，使催化剂对光照的吸收减少，因而催化降解率也随之减少。

本实验考察了所制备的复合光催化剂 TR-1.0%N 的重复利用性能。采用 4-CP 初始浓度均为 20mg/L，催化剂用量为 1.0g/L。具体实验操作：一次光催化反应结束后，将反应后的溶液静置一段时间，然后去除上清液，并用蒸馏水反复离心清洗几次，最后放入烘箱烘干后研磨即可得到复合材料继续进行光催化反应。

实验结果如图 7-23 所示，催化剂经过 5 次重复使用后光催化效率会逐渐降低，但降低得很少。因此，总体来说本实验制备的复合材料重复使用效果比较理想。另外，在催化剂回收重复实验操作中，催化剂沉降性能良好，可在短时间内迅速沉淀，表明该复合材料具有回收利用价值和回收可操作性。

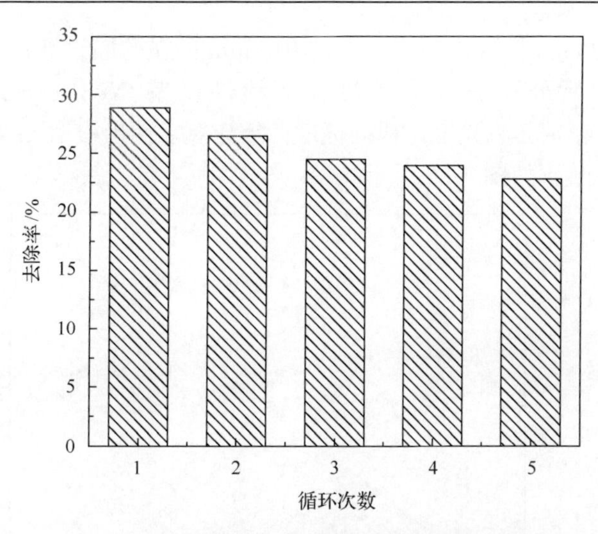

图 7-23　催化剂重复利用次数对催化效果的影响

分析催化剂重复使用导致光催化效果下降的原因，主要包括两方面：一方面，催化剂进行光催化反应后表面会吸附 4-CP 及其降解产物，使复合催化剂表面活性中心位被占据，进而降低了催化效率；另一方面，重复使用时催化剂表面已吸附的物质会阻碍 4-CP 吸附在表面上，进而影响了光催化反应。

7.4　铁柱撑蛭石的 photo-Fenton 催化性能的研究

7.4.1　光催化实验装置和步骤

取一定质量的活性艳橙 X-GN 放入 100mL 的烧杯中，加入去离子水，用玻璃棒将其搅拌均匀，并定容于 1000mL 的容量瓶中，配成一系列不同浓度的活性艳橙 X-GN 染料废水。

以去离子水作为参比溶液，用日本岛津 UV-2450 紫外-可见分光光度计测定活性艳橙 X-GN 溶液的最大吸收波长。以去离子水作为参比溶液，取活性艳橙 X-GN 溶液最大吸收波长处(λ_{max}=479nm)测定其吸光度，以浓度为横坐标，吸光度为纵坐标，绘制标准曲线，见图 7-24。活性艳橙 X-GN 溶液的标准曲线方程为 $Y= 0.0176X-0.0018$ (R^2=0.99976)。

取 200mL 活性艳橙 X-GN 溶液置于 500mL 烧杯中，并恒温于 30℃(或设定温度)，用稀 H_2SO_4 和 NaOH 溶液调节 pH 至 3.0(或设定值)。然后加入一定量的铁柱撑蛭石(记为 Fe-VER)，恒温(30℃)搅拌 10min，使活性艳橙 X-GN 在催化剂表面达到吸附平衡。然后迅速加入一定量的 H_2O_2，并以此作为反应的开始时间(t= 0min)，开启汞灯(8W，主波长 256nm)，计时取样(5min 取 1 次样)，反应液面距汞灯高度 20cm。将取出的样品通过 0145μm 的微孔膜过滤后进行波长扫描，采用 UV-2450 紫外可见分光光度计在活性艳橙 X-GN 的最大吸收波长(λ_{max}=479nm)处测定其吸光度，根据标准曲线计算活性艳橙 X-GN 溶液的剩余质量浓度。光反应装置如图 7-25 所示。

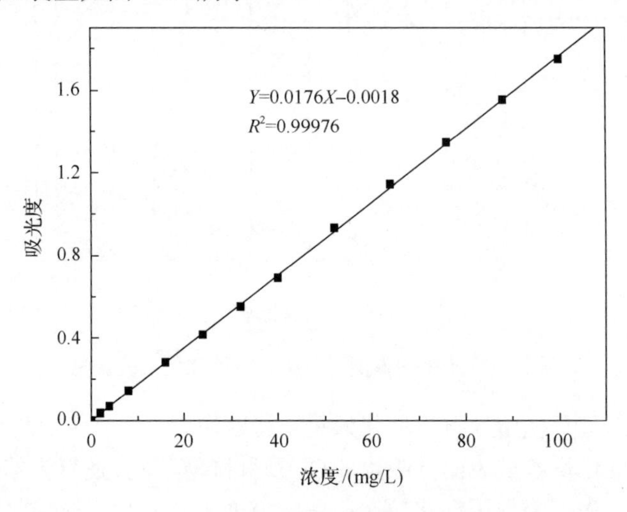

图 7-24　活性艳橙溶液标准曲线

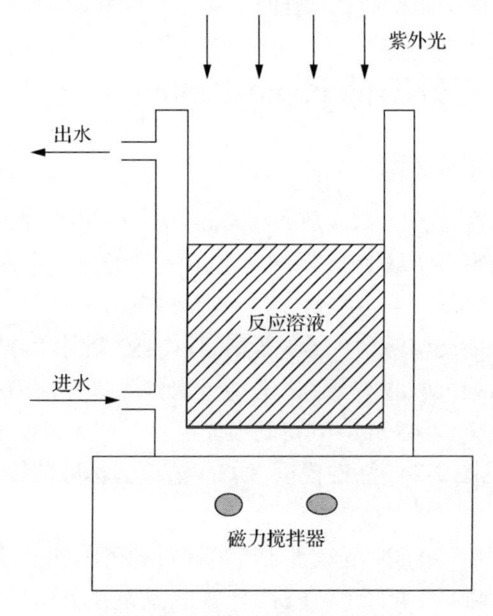

图 7-25　实验光催化反应装置

7.4.2　光催化实验结果分析

由图7-26可知，仅在紫外灯或紫外灯和Fe-VER催化剂的作用下，对X-GN的脱色率极低，75min后脱色率分别只有2.1%和6.1%。这说明由紫外灯或紫外灯和Fe-VER催化剂引起的降解作用对X-GN的去除效果非常有限。在Fe-VER催化剂和H_2O_2的作用下，构成异相Fenton体系，对X-GN的脱色率有所提高，反应75min为48.0%。在紫外灯和H_2O_2的共同作用下，对X-GN的脱色率大幅提高，这是由于H_2O_2光解产生的·OH对X-GN氧化降解所致。反应机理如式(7-18)～式(7-21)所示。当添加Fe-VER催化剂后，与紫外灯和H_2O_2构成异相photo-Fenton反应体系，从而使体系的氧化能力大大加强，光照反应75min后98.7%的X-GN被脱色。各个反应体系对活性艳橙X-GN的降解效果如下：UV＜Fe-VER-UV＜Fe-VER-H_2O_2＜ UV-H_2O_2＜UV-Fe^{3+}-H_2O_2＜UV-Fe-VER-H_2O_2。

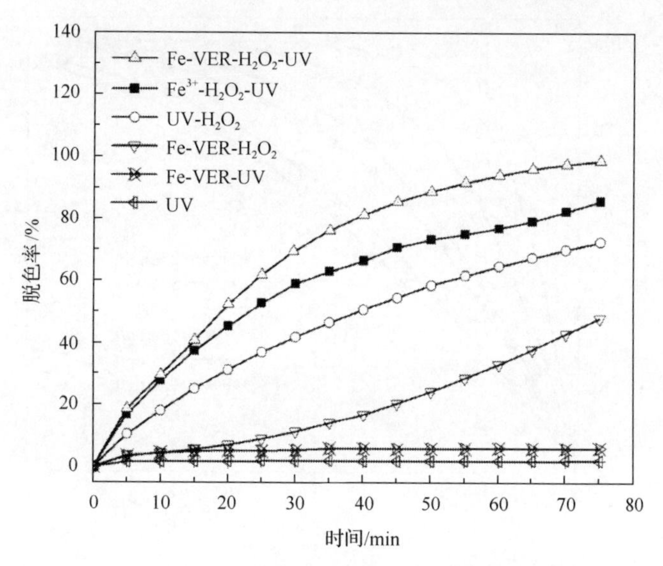

图7-26　不同反应体系对X-GN的降解

实验条件为：[X-GN]=100mg/L，$[H_2O_2]_0$=3.92mmol/L，Fe-VER=0.5g/L，pH=3，T=30℃

由以上分析可以看出，紫外光、H_2O_2和Fe-VER催化剂在该异相photo-Fenton反应过程中存在着协同作用，并且催化剂具有较高的催化活性，所建立的异相photo-Fenton反应体系对X-GN有很好的降解效果。

$$\text{X-GN+UV} \longrightarrow \text{X-GN}^* \tag{7-18}$$

$$\text{Fe(III)络合物+X-GN}^* \longrightarrow \text{Fe(II)络合物(e}^-\text{)+·X-GN}^+ \tag{7-19}$$

$$H_2O_2\text{+Fe(II)络合物(e}^-\text{)} \longrightarrow \text{·OH+Fe(III)络合物} \tag{7-20}$$

$$\cdot OH+X\text{-}GN^{+} \longrightarrow CO_2+H_2O+X\text{-}GN \text{中间产物} \tag{7-21}$$

由图 7-27 可见，活性艳橙 X-GN 的初始浓度升高时，降解率降低。如 X-GN 的初始浓度为 25mg/L 时，反应 60min 后，活性艳橙 X-GN 的脱色率为 99.7%；而当 X-GN 的初始浓度为 100mg/L 时，反应 60min 后活性艳橙 X-GN 的脱色率降至 94.2%。这是因为一方面在异相光催化反应体系中，当反应的初始浓度较高时，反应物分子可在催化剂表面达到饱和吸附，占据催化剂表面的反应活性位，在其他条件不变时，产生的光电子与空穴的数量少，生成羟基自由基的数量减少；另一方面，活性艳橙 X-GN 溶液初始浓度太高，增加了活性艳橙 X-GN 对紫外光的吸收，达到催化剂表面的紫外光减少，因而脱色率也随之下降。而当反应物浓度较低时，既能保证反应物分子优先吸附在活性中心位，又能保证有足够数量羟基自由基生成，这将有助于脱色率提高。

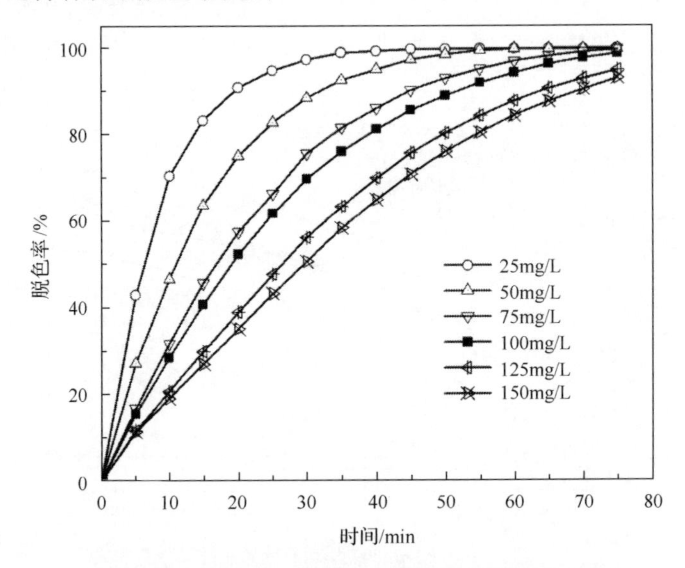

图 7-27　X-GN 初始浓度对降解效果的影响

实验条件：$[H_2O_2]_0$=3.92mmol/L，Fe-VER=0.5g/L，pH=3，T=30℃

溶液的 pH 对光催化的影响主要是通过影响催化剂表面特性、表面吸附和化合物的存在形态来作用的。如图 7-28 所示，低 pH 有利于染料的光催化降解，pH 为 3 时，活性艳橙 X-GN 的降解效最为显著。

这与其他的均相和异相 Fenton 体系结果一致[27]，在 pH=3 时能够有效活化 H_2O_2 产生高活性的氧化物种 ·OH，从而对染料进行降解。

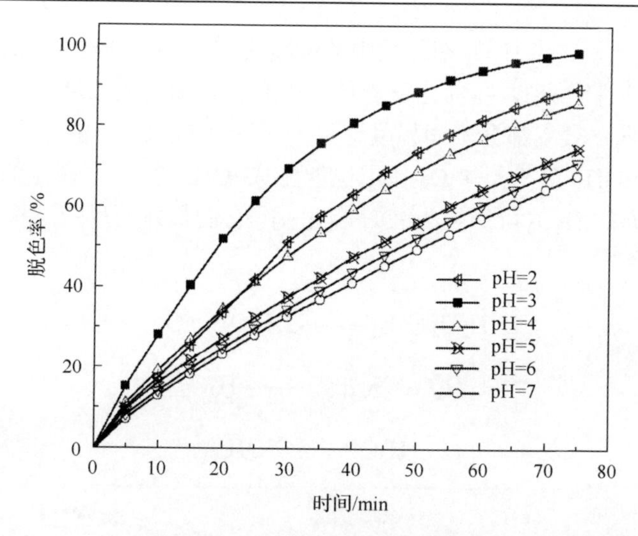

图 7-28　pH 值对降解效果的影响

实验条件：[X-GN]=100mg/L，$[H_2O_2]_0$=3.92mmol/L，Fe-VER=0.5g/L，T=30℃

如图 7-29 所示，随着样品 Fe-VER 用量的增加，脱色率随之增大。当催化剂加入量从 0.05g/L 增加到 0.5g/L 时，经过 75min 的反应，活性艳橙 X-GN 的脱色率从 82.6%增至 98.7%。这是因为随着催化剂用量的增加，提供更多的反应活性位，能使光生电子-空穴对增加，进而提高脱色率。进一步加大催化剂加入量，当催化剂用量为 0.7g/L 时，降解率反而有所下降，为 96.4%。这可能由于过量加入催化剂，悬浮的固体颗粒增大了对紫外光线的散射和屏蔽，造成光催化效率降低。因此在本实验中，催化剂的用量在 0.5g/L 比较适宜。

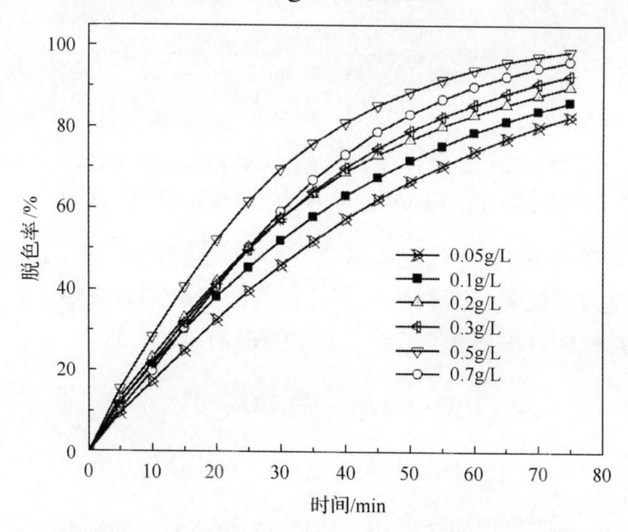

图 7-29　不同 Fe-VER 用量对 X-GN 溶液的降解影响

实验条件：[X-GN]=100mg/L，$[H_2O_2]_0$=3.92mmol/L，pH=3，T=30℃

如图 7-30 所示，当 H_2O_2 在体系中的浓度 3.92mmol/L 时，催化剂表现出最佳的降解性能。这说明 H_2O_2 在催化反应体系中有一个最佳的浓度或用量，即过多或过少催化剂的催化效率都会不同程度地降低。这是因为 H_2O_2 能作为电子的受体与电子作用生成 ·OH。H_2O_2 与 $\cdot O_2^-$ 作用也能生成 ·OH，另外，在光的作用下 H_2O_2 被激发，激发态的 H_2O_2 可激发为 ·OH 自由基，它们具体的反应过程如式(7-22)～式(7-24)所示[27]：

$$H_2O_2 + \cdot O_2^- \longrightarrow \cdot OH + OH^- + O_2 \tag{7-22}$$

$$H_2O_2 + \text{紫外光} \longrightarrow \cdot H_2O_2 \tag{7-23}$$

$$\cdot H_2O_2 \longrightarrow 2\cdot OH \tag{7-24}$$

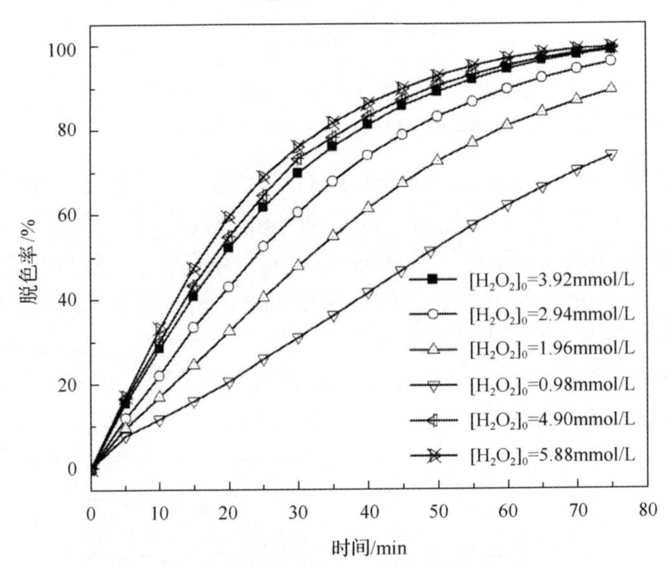

图 7-30　不同 H_2O_2 浓度对 X-GN 溶液的降解影响

实验条件：[X-GN]=100mg/L，Fe-VER=0.5g/L，pH=3，T=30℃

H_2O_2 同时会消耗 ·OH，而且也能与空穴作用生成 O_2 或 $\cdot HO_2$ 活性中间体，$\cdot HO_2$ 活性中间体能作为活性氧与有机物作用，但同时又会消耗 ·OH，对光催化反应不利，它们的主要反应方程如式(7-25)～式(7-26)所示：

$$H_2O_2 + \cdot OH \longrightarrow \cdot HO_2 + H_2O \tag{7-25}$$

$$\cdot HO_2 + \cdot OH \longrightarrow O_2 + H_2O \tag{7-26}$$

总的来说，在光催化反应体系中，H_2O_2 在产生 ·OH 的同时又会消耗 ·OH，这是一个动态的竞争过程，当 H_2O_2 过量时，·OH 的消耗占主导地位，显然这一点对光催化反应不利。反之 H_2O_2 不足时，又不能产生充足的 ·OH。所以只有当两者处于一种性能平衡时，催化剂才表现出最佳的催化性能。

由于印染废水大多具有温度高的特点，所以有必要对不同反应温度对 X-GN 的去除率的影响进行分析，结果见图 7-31。实验除反应温度变化之外，其他均在基准条件下进行。结果表明染色废水 X-GN 的脱色率随温度的提高而加快。当反应温度分别为 25℃、30℃、35℃、40℃、45℃时，反应 30min，脱色率分别为 62.5%、69.7%、84.1%、79.5%和 71.2%。当反应时间为 75min 时，脱色率均达到 96%以上。

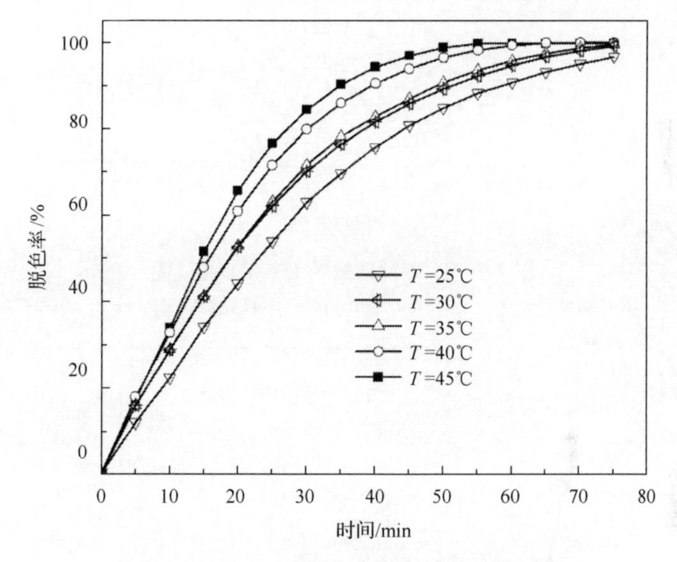

图 7-31　反应温度对 X-GN 溶液的降解影响

实验条件：[X-GN]=100mg/L，Fe-VER=0.5g/L，pH=3，$[H_2O_2]_0$=3.92mmol/L

活性艳橙 X-GN 溶液主要有 2 个吸收峰，其中 479nm、298nm 处的吸收峰对应染料分子结构中—N═N—和萘环的吸收。活性艳橙 X-GN 中的—N═N—化学性质活泼，见光、受热及在酸性介质和碱性介质中都不稳定，易发生反应，放出 N_2，造成染料溶液的脱色。采用异相 photo-Fenton 法处理 X-GN 溶液，350～550nm 处宽化的吸收峰强度迅速降低，反应 75min 后 479nm 处的吸收峰基本消失。这是由于羟自由基首先攻击染料的偶氮集团，打破 X-GN 的 π 共轭结构。活性艳橙 X-GN 的分子结构被破坏，生成了一些中间产物，在 200nm 附近处新产生的 1 个吸收峰是典型的苯环和萘环吸收峰，且随反应时间延长，强度依次减弱(图 7-32)。

对于异相 Fenton 体系而言，由于产生的羟自由基数量较少，479nm、298nm 处的吸收峰下降速度比较慢，反应 75min 后，仍然存在较强的吸收峰(图 7-33)。由此可见，异相 Fenton 体系对活性艳橙 X-GN 的降解能力远远不如异相 photo-Fenton 体系，与前面的讨论结果相一致。

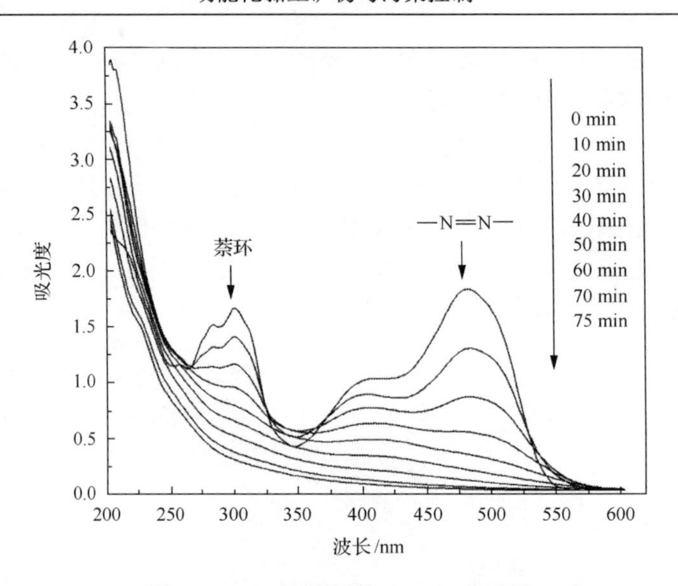

图 7-32　X-GN 降解的 UV-Vis 光谱图

实验条件：[X-GN]=100mg/L，Fe-VER=0.5g/L，pH=3，$[H_2O_2]_0$=3.92mmol/L，T=30℃,8W UV

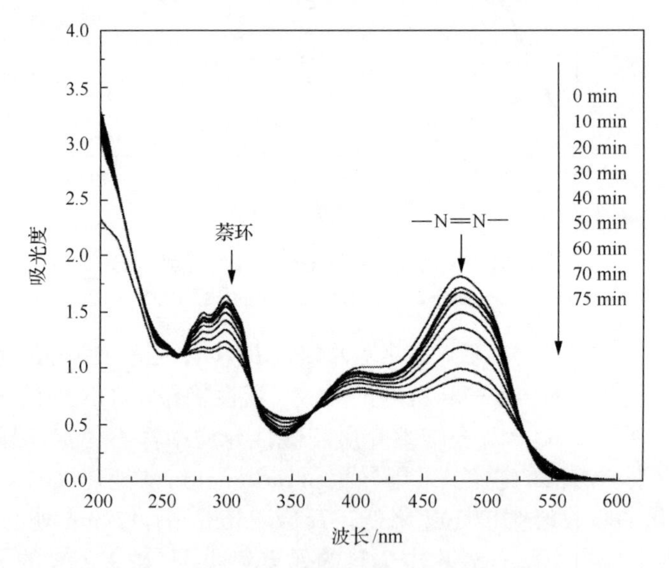

图 7-33　X-GN 降解的 UV-Vis 光谱图

实验条件：[X-GN]=100mg/L，Fe-VER=0.5g/L，pH=3，$[H_2O_2]_0$=3.92mM，T=30℃

而对于 H_2O_2-UV 体系，因为 H_2O_2 在 UV 作用下能够产生许多羟自由基，因而对活性艳橙 X-GN 的降解作用大于异相 Fenton 体系，479nm、298nm 处的吸收峰有一定程度的下降(图 7-34)。而 200nm 附近处的吸收峰强度则上升，这是因为活性艳橙 X-GN 降解产生了大量的中间产物。

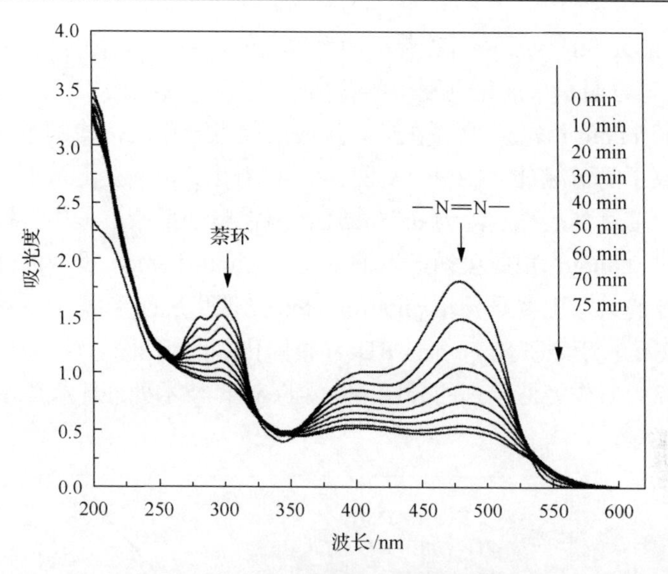

图 7-34　X-GN 降解的 UV-Vis 光谱图

实验条件：[X-GN]=100mg/L，pH=3，$[H_2O_2]_0$=3.92mM，T=30℃，8W UV

由图 7-35 可见，在光催化反应的初始阶段，活性艳橙 X-GN 在光催化作用下，染料分子的发色基团首先被破坏，仅有少部分被直接矿化，大部分可能被分解为多种小分子基团的有机物；当降解时间为 40min、75min 时，TOC 的去除率可以达到 23.0%和 54.4%，说明随着光催化反应时间的延长，活性艳橙 X-GN 能够在 Fe-VER-H_2O_2-UV 光催化作用下被逐渐矿化。

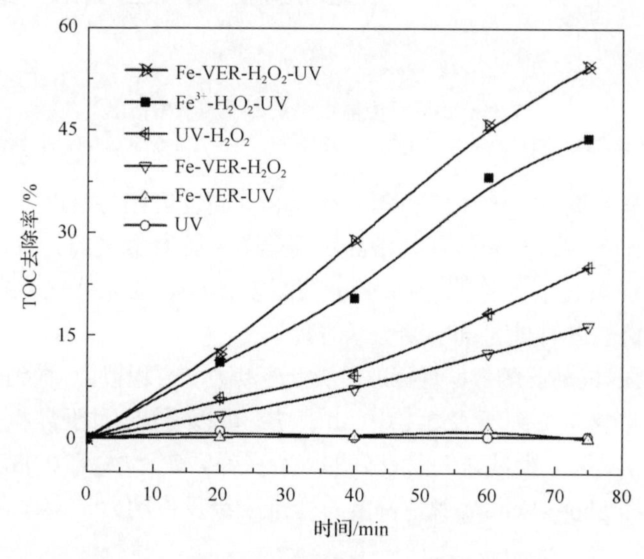

图 7-35　不同反应体系对 X-GN 的 TOC 去除

实验条件：[X-GN]=100mg/L，$[H_2O_2]_0$=3.92mmol/L，Fe-VER=0.5g/L，pH=3，T=30℃

非均相photo-Fenton反应可能包括两个方面的作用：一方面是异相photo-Fenton催化反应；另一方面是从催化剂浸出的铁离子和H_2O_2发生均相photo-Fenton反应。为了研究异相 photo-Fenton 是否在催化反应中起主导作用，检测了反应过程中催化剂溶出铁离子的情况(图 7-36)。从图 7-36 可看出，反应 70min 时，反应液中的铁离子质量浓度达到最高，约为 0.75mg/L；但在整个反应过程中，铁离子质量浓度均没有超过 0.8mg/L.由此可知，溶液中均相 photo-Fenton 反应的强度非常弱，对染料 X-GN 的去除主要是异相 photo-Fenton 光催化反应形成 ·HO 攻击有机物的结果，这与 Feng 等[28]研究 Fe-Lap-RD 异相催化剂的结果一致。该结果也说明，当采用铁柱撑蛭石作为催化剂的异相 photo-Fenton 技术处理印染废水时，无需加设后续除铁工序。

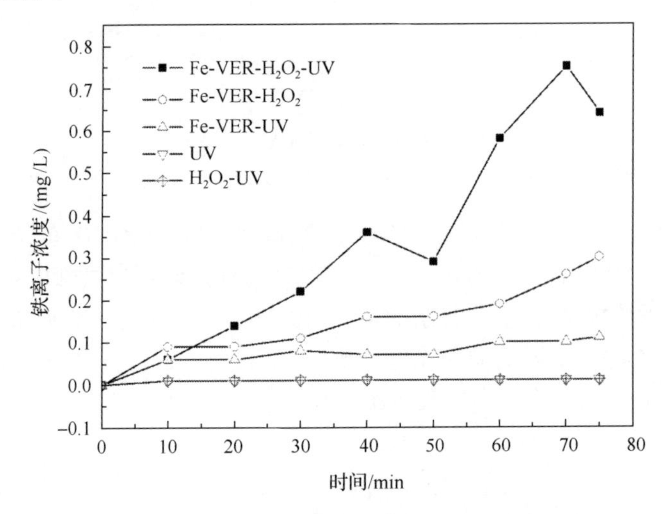

图 7-36　不同反应体系中铁离子的溶出情况

实验条件：[X-GN]=100mg/L，$[H_2O_2]_0$=3.92mmol/L，Fe-VER=0.5g/L，pH=3，T=30℃

研究动力学有助于了解反应历程，计算和判断反应趋势，同时了解反应中体系的最佳的操作条件，对光催化技术的实用化是十分有意义的。所以详细地研究在实验中各反应条件下各种催化剂对活性艳橙 X-GN 的光催化反应的动力学理论，同时比较讨论各种催化剂的动力学方程。

对异相photo-Fenton的数据进行准一级反应动力学方程拟合，得到的反应速率方程及其反应速率常数 k 列于表 7-1 中。由表 7-1 可以看出，对于异相 photo-Fenton 反应，$\ln(A_0/A_t)$-t 关系曲线之间呈良好的线性关系，R^2 均大于 0.98，说明活性艳橙 X-GN 的异相 photo-Fenton 脱色降解符合准一级反应动力学方程。

表 7-1　X-GN 的降解准一级反应参数

Fe-VER 投加量/(g/L)	$[H_2O_2]_0$/(mmlol/L)	pH	k	$t_{1/2}$/min	R^2
0.5	3.92	2	2.87	24.1	0.990
0.5	3.92	3	4.35	15.9	0.992
0.5	3.92	4	2.43	28.5	0.995
0.5	3.92	5	1.67	41.5	0.997
0.5	3.92	6	1.52	45.6	0.997
0.5	3.92	7	1.39	49.9	0.998
0.05	3.92	3	2.26	30.7	0.998
0.1	3.92	3	2.57	27.0	0.999
0.2	3.92	3	2.99	23.2	0.999
0.3	3.92	3	3.27	21.2	0.995
0.7	3.92	3	3.89	17.8	0.985
0.5	0.98	3	1.57	44.1	0.980
0.5	1.96	3	2.74	25.3	0.986
0.5	2.94	3	3.77	18.4	0.991
0.5	4.90	3	4.96	14.0	0.993
0.5	5.88	3	5.57	12.4	0.991

注：实验条件为[X-GN]=100mg/L，T=30℃

7.5　铁柱撑蒙脱石 photo-Fenton 催化性能的研究

目前异相 photo-Fenton 法多采用紫外光作为光源，这显然增加了运行成本，尤其是自然光中可见光占绝大部分，紫外光仅占 3%～5%，因此设法将可见光应用于异相 photo-Fenton 体系就显得意义尤为重大。在本节中选择活性艳橙 X-GN 染料作为目标污染物，成功地利用了可见光，极大地加速了染料污染物的降解反应。

7.5.1　光催化实验装置和步骤

取一定质量的活性艳橙 X-GN 放入 100mL 的烧杯中，加入去离子水，用玻璃棒将其搅拌均匀，并定容于 1000mL 的容量瓶中，配成一系列不同浓度的活性艳橙 X-GN 染料废水。

以去离子水作为参比溶液，用日本岛津 UV-2450 紫外可见分光光度计测定活性艳橙 X-GN 溶液的最大吸收波长。以去离子水作为参比溶液，取活性艳橙 X-GN 溶液最大吸收波长处(λ_{max}= 479nm)测定其吸光度，以浓度为横坐标，吸光度为纵坐标，绘制标准曲线。活性艳橙 X-GN 溶液的标准曲线方程为 $Y = 0.0176X-$

0.0018（R^2=0.99976）。

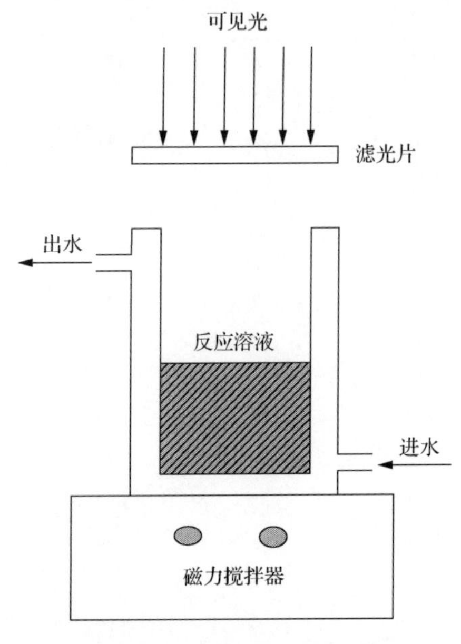

图 7-37　实验光催化反应装置

反应装置采用恒温磁力搅拌器（图 7-37），置于暗箱中，可见光源为 300W 卤钨灯，卤钨灯发出光通过一滤光片滤去 λ<420nm 的光，以保证反应只在可见光区激发条件下进行。将配制好的 200mL 一定浓度的 X-GN 置于夹套玻璃杯中（直径为 10cm），夹套间通自来水冷却以使反应液保持一定的温度，反应液面与光源相距大约 30cm，调节溶液的 pH，然后加入一定质量的铁柱撑蒙脱石（Fe-Mt），于黑暗中搅拌反应 30min，使 X-GN 溶液和 Fe-Mt 之间达到吸附-脱附平衡，然后开启卤钨灯和加入一定量的 H_2O_2 溶液，以此时记为光催化反应的零点，开始计时，相隔 10min 使用注射器吸取反应液 2mL，将取得的反应液通过 0.45μm 滤膜，在 X-GN 的最大吸收波长（λ_{max}=479nm）处测定其吸光度，根据工作曲线换算成浓度，按式（7-27）计算 X-GN 的光催化降解率。

$$E = \frac{c_0 - c}{c_0} \times 100\% \tag{7-27}$$

式中，c_0 为初始浓度，mg/L；c 为光照之后的剩余浓度，mg/L；E 为光降解率，%。

7.5.2 光催化实验结果分析

采用铁柱撑蒙脱石作为光催化剂，与 H_2O_2 在可见光条件下形成异相 photo-Fenton 试剂对活性艳橙 X-GN 进行降解实验，研究不同反应体系对 X-GN

的降解情况，以及 X-GN 浓度、pH、催化剂用量、H_2O_2 浓度、反应温度等不同因素对 X-GN 光解过程的影响。

实验条件：X-GN 初始浓度为 100mg/L，调节反应溶液 pH 至 3.0，$[H_2O_2]_0$ 为 4.9mmol/L，Fe-Mt 用量为 0.6g/L。不同反应体系对 X-GN 的降解情况见图 7-38。显然，反应体系不同，对 X-GN 的降解率差异很大。在 Fe-Mt 催化剂、可见光和 H_2O_2 同时存在的情况下，能够产生较多的 ·OH 自由基，故对 X-GN 有良好的降解效果，140min 后降解率可达 98.5%，其反应方程式如式(7-28)～式(7-37)所示[29-33]。但当没有可见光照射时，140minX-GN 的降解率只有 68.7%。在 Fe-Mt 催化剂和可见光情况下，对 X-GN 的去除主要依靠 Fe-Mt 的表面吸附作用，140min 时 X-GN 的去除率只有 11.5%。在 H_2O_2 和可见光情况下，H_2O_2 对 X-GN 的降解效果较差，仅为 8.8%，这主要是因为在此条件下 H_2O_2 难以被激发，从而使产生能降解 X-GN 的 ·OH 非常有限。

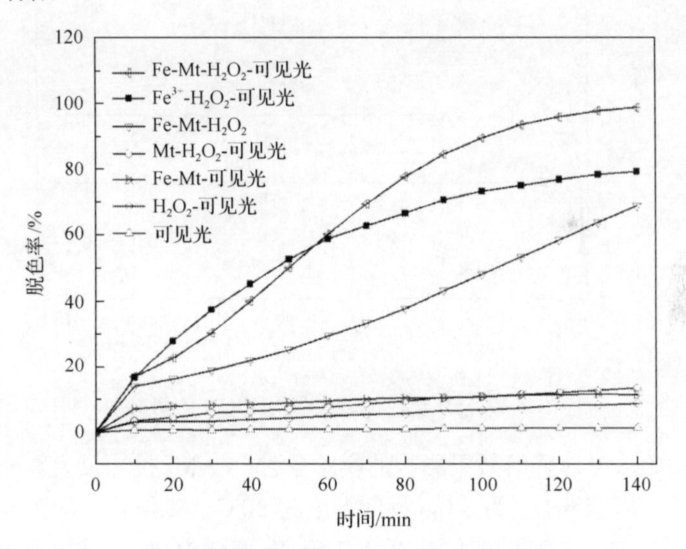

图 7-38　不同反应体系对 X-GN 的降解

$$H_2O_2\text{+可见光}\longrightarrow \cdot OH + OH^- \tag{7-28}$$

$$\text{X-GN+可见光}\longrightarrow \cdot \text{X-GN}^* \tag{7-29}$$

$$\text{Fe(III)络合物+X-GN}^*\longrightarrow \text{Fe(II)络合物}(e^-)\text{+X-GN}^{+\cdot} \tag{7-30}$$

$$H_2O_2\text{+Fe(II)络合物}(e^-)\longrightarrow \cdot OH\text{+Fe(III)络合物} \tag{7-31}$$

$$\text{Fe(III)络合物+}H_2O_2\longrightarrow \text{Fe(II)络合物+}\cdot HO_2^{\cdot}+H^+ \tag{7-32}$$

$$\text{Fe(II)络合物+ +}H_2O_2\longrightarrow \text{Fe(III)络合物+}\cdot OH+OH^- \tag{7-33}$$

$$X\text{-}GN^{*}+Fe^{3+}\longrightarrow Fe^{2+}+X\text{-}GN^{+\cdot} \quad (7\text{-}34)$$

$$Fe^{2+}+H_2O_2\longrightarrow Fe^{3+}+OH^{-}+\cdot OH \quad (7\text{-}35)$$

$$\cdot OH+X\text{-}GN\longrightarrow X\text{-}GN\text{ 中间产物} \quad (7\text{-}36)$$

$$\cdot OH+X\text{-}GN^{+}\longrightarrow X\text{-}GN\text{ 中间产物} \quad (7\text{-}37)$$

图 7-39 表明，铁柱撑蒙脱石对 X-GN 的吸附容量很小，对 X-GN 的脱色率最大约为 6%。

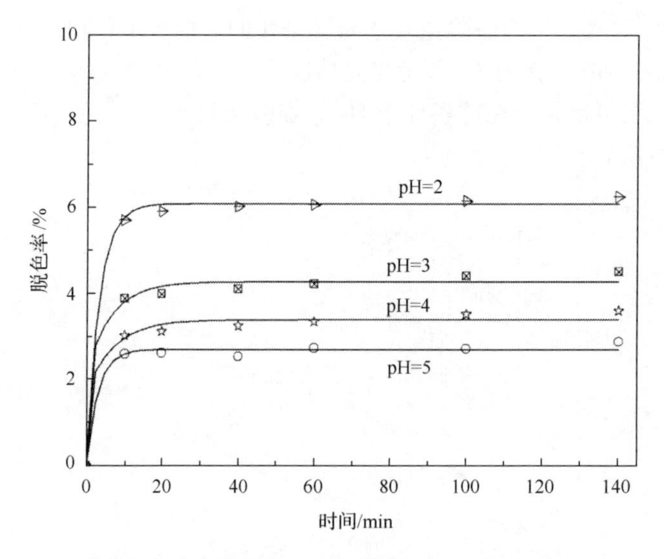

图 7-39　pH 值对 Fe-Mt 吸附 X-GN 的影响

X-GN 初始浓度对降解效果影响的实验条件：Fe-Mt 投加量为 0.6g/L，$[H_2O_2]_0$ 为 4.9mmol/L，溶液 pH 值为 3.0，反应温度为 30℃，光催化时间为 0～140min。由图 7-40 可知，当 X-GN 的初始浓度从 75mg/L 增至 150mg/L 时，60min 时 X-GN 的降解率从 76.3%降至 52.2%。这主要是因为 X-GN 的初始浓度越高，对光的吸收能力越强，被催化剂捕获的光子数相对减少，从而使反应速率下降。

初始 pH 对降解效果影响的实验条件：X-GN 初始浓度为 100mg/L，Fe-Mt 投加量为 0.6g/L，$[H_2O_2]_0$ 为 4.9mmol/L，反应温度为 30℃，分别调节反应溶液 pH 为 2.0、3.0、4.0、5.0，光催化时间为 0～140min，得到不同 pH 条件下对 X-GN 的降解结果如图 7-41 所示。由图 7-41 可知，光降解的最佳初始 pH 为 3.0，此时 X-GN 的降解率达到 98.5%，而当 pH 大于或小于 3.0，X-GN 的降解率都明显下降。尤其是当 pH 为 5.0 时，140min 后 X-GN 的降解率仅为 22.8%，由此可见，在较高 pH 时，可见光 photo-Fenton 对 X-GN 的降解作用受到限制。在酸性条件下，

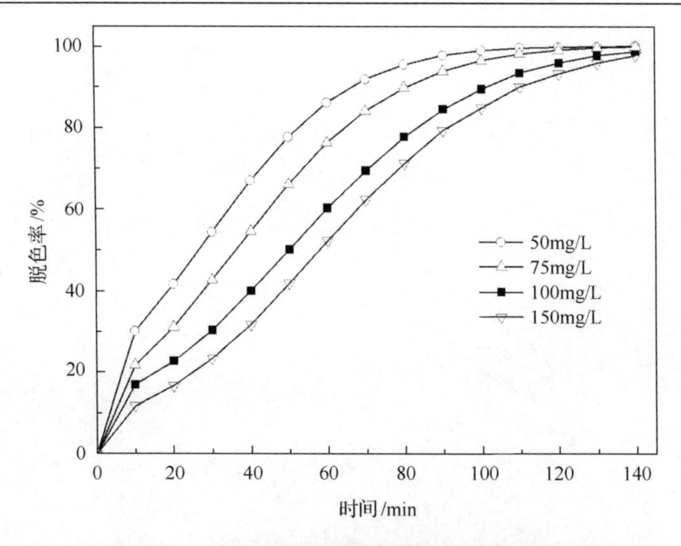

图 7-40　X-GN 初始浓度对降解效果的影响

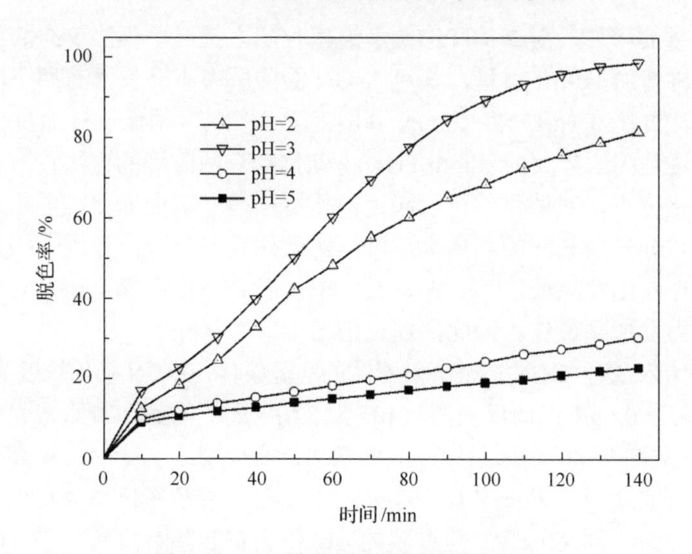

图 7-41　pH 对 X-GN 降解效果的影响

光催化降解效果总体更优，可以作这样的解释：在低 pH 时(3.0 左右)，一方面能够有效活化 H_2O_2 产生高活性的氧化物种 ·OH[34]；另一方面使催化剂氧化电势增大，这样就使催化剂有更强的氧化能力，增强催化剂的光催化活性，从而提高对 X-GN 的降解速率。因此，实验反应溶液的 pH 选用 3.0。

催化剂投加量影响的实验条件：X-GN 初始浓度为 100mg/L，调节反应溶液 pH 至 3.0，$[H_2O_2]_0$ 为 4.9mmol/L，Fe-Mt 投加量分别是 0.2g/L、0.4g/L、0.6g/L、1g/L，反应温度为 30℃，光催化时间为 0～140min。由图 7-42 可见，随着 Fe-Mt

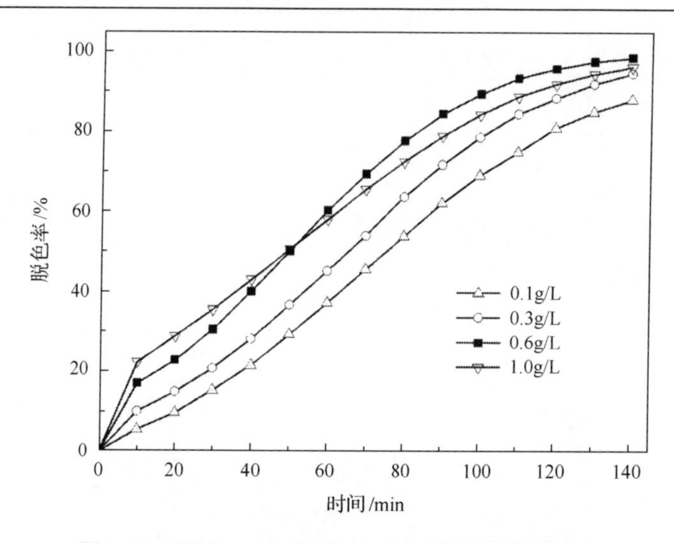

图 7-42　不同 Fe-Mt 用量对 X-GN 溶液的降解影响

催化剂投加量的增加，对 X-GN 的降解速率也随之提高。但当 Fe-Mt 投加量大于 0.6g/L 时，再增加 Fe-Mt 用量，其对 X-GN 的降解率不升反而有所下降。140min 后，Fe-Mt 投加量为 1g/L 时，X-GN 降解率为 96.2%，稍低于投加量为 0.6g/L 时的 98.5%。这是因为异相的 photo-Fenton 催化剂有两方面的作用：一方面为催化反应提供催化位点，对催化的进行起正向作用；另一方面催化剂的投加使溶液的透光性变差，导致对光线的利用率下降，对催化反应起负向作用。当两种作用达到平衡时，光催化性能最佳[35]。在本实验中，当 Fe-Mt 用量为 0.6g/L 时，催化剂的光催化能力发挥到最佳。因此，催化剂用量选用 0.6g/L。

H_2O_2 初始浓度对 X-GN 溶液降解影响的实验条件：X-GN 初始浓度为 100mg/L，Fe-Mt 投加量为 0.6g/L，调反应溶液 pH 为 3.0，反应温度为 30℃，光催化时间为 0～140min。从图 7-43 可知，H_2O_2 浓度增加，产生更多的 ·OH，提高对 X-GN 的降解速率，当浓度为 2.9mmol/L，60min 时 X-GN 降解率仅为 44.0%，而浓度为 4.9mmol/L 时则达到 60.2%。但过多的 H_2O_2 会抑制降解反应，当 H_2O_2 浓度由 9.8mmol/L 增加至 19.6mmol/L 时，两者对 X-GN 的降解能力并没有明显的差别。这主要是因为 H_2O_2 消耗 ·OH 的同时，也能与空穴作用生成 O_2 或 $·HO_2$ 活性中间体，$·HO_2$ 活性中间体既能作为活性氧类与有机物作用，但同时又消耗 ·OH，对光催化反应不利，它们的主要反应方程如式(7-38)～式(7-39)所示[36]：

$$H_2O_2 + ·OH \longrightarrow H_2O + ·HO_2 \tag{7-38}$$

$$·HO_2 + ·OH \longrightarrow H_2O + O_2 \tag{7-39}$$

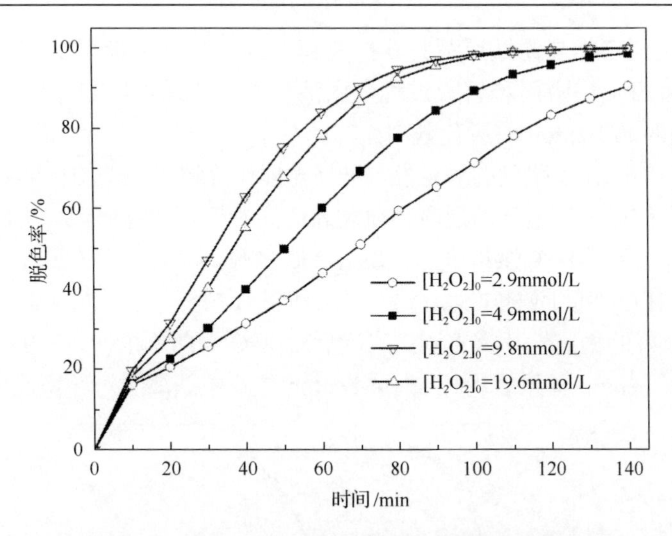

图 7-43　不同 H_2O_2 浓度对 X-GN 溶液的降解影响

正由于 H_2O_2 在产生 ·OH 同时又会消耗它，这是一个动态的竞争过程，所以只有当两者处于一种性能平衡时，催化剂才表现出最佳的催化性能。在本实验中，选用 H_2O_2 浓度为 4.9mmol/L。

图 7-44 为反应温度对催化处理效果的影响。从图 7-44 可以看出，升高温度可加快异相光催化反应的速度。当温度为 50℃时，经 60min 反应后的 X-GN 去除率可达 98%，较 30℃的体系高约 38%。这是因为在异相 photo-Fenton 反应体系中，·OH 攻击有机物所经历 5 个步骤：①反应物从液相扩散到铁柱撑蒙脱石；②反应物吸附在铁柱撑蒙脱石表面；③催化反应；④反应产物从铁柱撑蒙脱石表

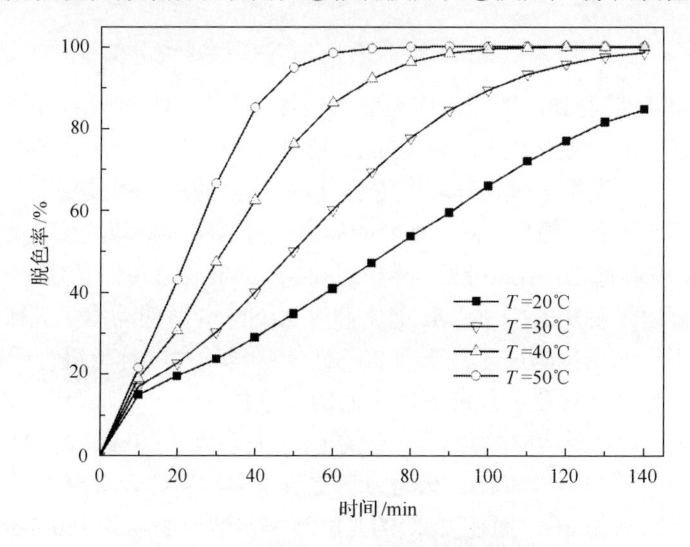

图 7-44　反应温度对 X-GN 溶液的降解影响

面解吸；⑤反应产物从铁柱撑蒙脱石扩散到溶液。这5个步骤受温度的影响都很大。升高温度可加快吸附和解吸过程中固液相间的传递作用和光催化反应，从而可提高异相photo-Fenton的脱色效率。

为了验证Fe-Mt催化剂的稳定性，进行光催化降解X-GN的循环利用实验。做每一个循环之前将上一循环的反应物通过高速离心机以4500r/min将Fe-Mt催化剂与溶液分离，并置于80℃烘箱中干燥后过200目筛。按照前面的实验步骤，加入等量的X-GN、H_2O_2和回收的Fe-Mt进行下一个循环的反应。从图7-45可知，Fe-Mt催化剂具有较好的稳定性，重复利用三次后对X-GN的降解率仍有93.3%，能够很好地避免均相Fenton体系或均相photo-Fenton体系中铁离子对环境造成二次污染。

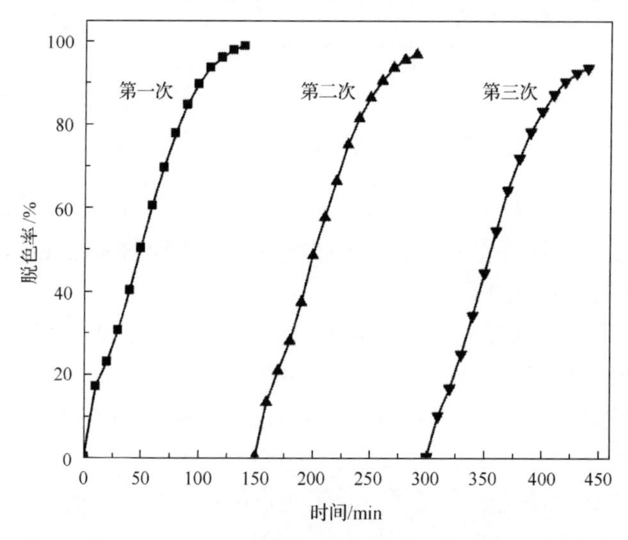

图7-45　催化剂的循环利用对X-GN的降解影响

由图7-46可以看到，随着反应时间的增加，溶液的吸收峰向短波方向移动，且吸收峰强度减弱，峰形宽化，在479nm处峰形近于消失，表明X-GN分子中的发色基团—N=N—发生了氧化开环；位于298nm处的波峰强度变小，说明萘环被破坏，生成了小分子的物质。同时溶液的吸收峰向紫外区移动，且可见光区的吸收峰强度减弱，峰形宽化。由此可见，异相photo-Fenton体系可以有效降解印染废水。

为了更好地了解实验中Fe-Mt催化剂对X-GN降解的动力学规律，对Fe-Mt光催化剂在不同的反应温度条件下对X-GN的降解动力学行为进行研究，以便更好地了解反应速率、温度和反应时间之间的关系。

由表7-2可知，反应阶段拟合相关性好(相关系数$R=0.9689\sim0.9795$)，接近于表观一级反应的动力学特征；从动力学常数来看，X-GN在50℃的光解速率常数最大，为0.0716min^{-1}，而在20℃的光解速率常数最小，为0.0116min^{-1}，这表明反应温度的提高有利于光降解。

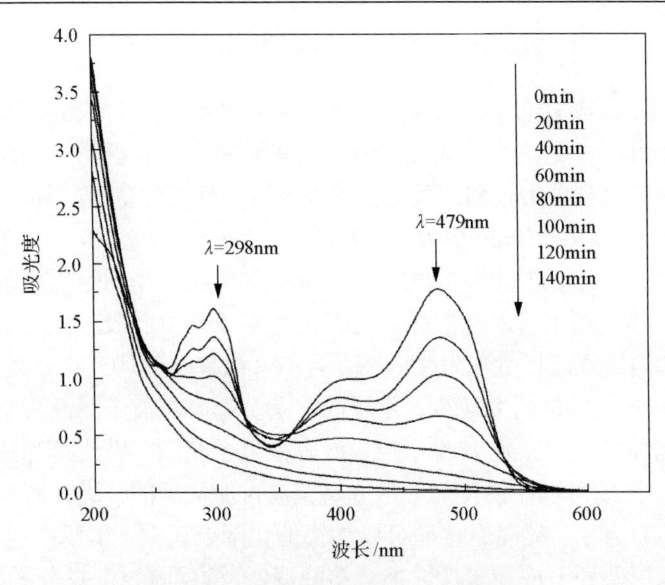

图 7-46　X-GN 降解的 UV-Vis 谱图

表 7-2　不同温度下催化剂对 X-GN 光降解的动力学方程和常数

温度/℃	动力学方程	相关系数	速率常数 k/min^{-1}
20	Y=0.0116X	0.9795	0.0116
30	Y=0.0244X	0.9690	0.0244
40	Y=0.0478X	0.9689	0.0478
50	Y=0.0716X	0.9695	0.0716

7.6　掺杂 Ce 羟基铁铝插层蒙脱石的 photo-Fenton 催化性能研究

由于羟基铁铝对蒙脱石的改性效果显著，羟基铁铝改性蒙脱石已经得到广泛研究。研究者初期对羟基铁铝作了详细的研究，并利用丰富的表征手段对改性材料的物理化学结构进行分析。这些研究为改性材料的应用提供了基础。由于羟基铁铝改性蒙脱石具有独特的物理化学性能，因此广泛应用于吸附及催化领域。近年来，改性蒙脱石在作为光助 Fenton 试剂方面引起了研究者的兴趣[37]。羟基铁铝插层蒙脱石具有多孔结构、比表面积大，有利于催化反应的进行。铁被固定在蒙脱石层间，反应过程中铁溶出量少，可避免传统 Fenton 反应中产生的二次污染问题。同时，催化剂可重复利用，是一种对环境友好的绿色催化剂[38-40]。

在光催化反应过程中，羟基三价铁离子的光解生成亚铁离子及羟基自由基[式(7-40)]，亚铁离子接着和氧分子反应生成三价铁离子和过氧化氢[式(7-41)]。

$$\mathrm{Fe(III)OH} + h\nu \longrightarrow \mathrm{Fe(II)} + \cdot\mathrm{OH} \qquad (7\text{-}40)$$

$$2Fe(II)+2H^{+}+O_2 \longrightarrow 2Fe(III)+H_2O_2 \tag{7-41}$$

三价铁离子继续式(7-40)的反应而使反应不断循环。生成的羟基自由基和有机物反应并将其降解。这个反应已被研究用于降解多种有机物[41]。但羟基三价铁离子对太阳光的吸收能力较弱，反应在紫外及近紫外区的量子产量小(Φ[Fe(II)]$<$0.14)，如 $Fe(H_2O)_6^{3+}$在 254nm 辐射下的羟基自由基量子产量为 0.065，$Fe(H_2O)_5Cl^{2+}$在 350nm 下的 Cl^-量子产量为 0.093[42]。光催化剂掺杂适当的金属离子可以改善其光催化性能。掺杂离子进入光催化剂的晶格后形成杂质能级，使电子空穴复合率下降，催化剂的氧化还原性能发生改变。目前金属掺杂的研究主要集中在 TiO_2 领域，而对 Fenton 试剂的研究较少。常用的掺杂金属有过渡金属及稀土金属。稀土金属含有不饱和电子层，即 4f 电子层，没有被电子充满，因此具有独特的化学性质。研究指出，Ce 可以在催化剂中形成氧空缺，加快氧的传递，而氧是影响催化效率的一个重要方面，提高氧传递可以加快催化降解速率。本章将制备的掺杂 Ce 的羟基铁铝插层蒙脱石应用于活性艳蓝的降解，考察不同 Ce 掺杂量、反应体系、催化剂投加量、H_2O_2 初始浓度及 pH 对催化效率的影响，探讨掺杂 Ce 的羟基铁铝插层蒙脱石的催化机理。

7.6.1 photo-Fenton 催化实验步骤

实验使用插层蒙脱石作为催化剂对醌型染料活性艳蓝(C.I.Reactive Blue 19, RB19)进行降解，对其光催化性能进行研究。活性艳蓝的主要化学性质如表 7-3 所示。

表 7-3　活性艳蓝的主要特性

化学结构	分子式	分子量/(g/mol)	λ_{max}/nm
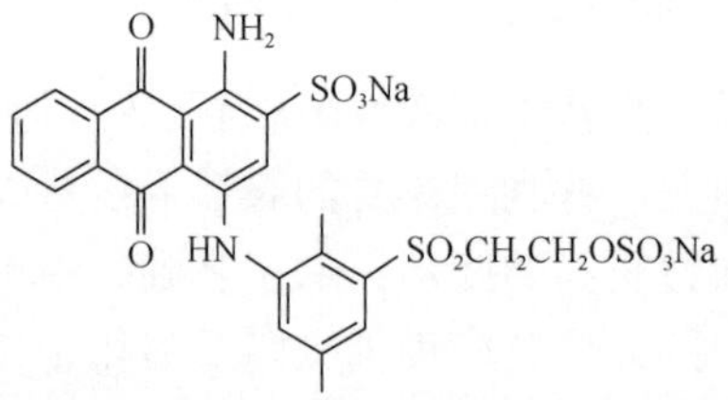 O NH$_2$ SO$_3$Na O HN SO$_2$CH$_2$CH$_2$OSO$_3$Na	$C_{22}H_{16}O_{11}N_2S_3Na_2$	626.55	590

光催化实验步骤：首先配制一定浓度的 RB19 溶液，取 200mL 溶液置于 500mL 烧杯中。使用 1mol/L 的盐酸或 NaOH 溶液将 pH 调到特定的值。然后加入一定量催化剂，在黑暗中搅拌 10min 使其吸附达到平衡后加入一定量的双氧水，同时开启紫外灯(飞利浦紫外灯，8W，λ=256nm)。实验中每隔 10min 取大约 3mL 样品，使用 0.45μm 水系滤膜过滤去除固体颗粒后，使用 UV-2450 紫外-可见分光光度计在 RB19 最大吸收波长处(λ_{max}=590nm)处测染料剩余浓度，并以式(7-42)计算染料

的脱色率：

$$脱色率(\%)=\frac{c_0-c_t}{c_0}\times 100 \tag{7-42}$$

式中，c_0 为 RB19 的初始浓度，mg/L；c_t 为时间为 t(min) 时的染料浓度，mg/L，所有的实验在恒温条件下(T=30.0℃±0.5℃)进行。

7.6.2 光催化实验结果分析

图 7-47 为不同 Ce 掺杂量的羟基铁铝插层蒙脱石的光催化降解情况。从实验结果可看出，掺杂 Ce 有助于提高羟基铁铝插层蒙脱石的光催化效率。在 t=140min 时，不同催化剂的降解率如下：FeAl-Mt 为 89.6%，FeAl/Ce0.5-Mt 为 98.7%，FeAl/Ce1.0-Mt 为 99.4%，FeAl/Ce4.0-Mt 为 97.7%，Fe/Ce6.0-Mt 为 93.4%，表明掺杂 Ce 后催化剂的降解率都有所提高。由实验结果可知，催化效果的改善情况受到 Ce 掺杂量的影响，Ce 掺杂量为 1.0%时催化效率最高，t=70min 时，FeAl/Ce1.0-Mt 对 RB19 的降解率为 80.5%，而 FeAl-Mt 的降解率仅为 56.5%，t=140min 时，FeAl/Ce1.0-Mt 的降解率为 99.4%，FeAl-Mt 的降解率为 89.6.0%。掺杂 Ce 可提高催化效率的原因主要是：①Ce 在催化反应中可作为电子捕获剂[43]，Ce^{3+}/Ce^{4+} 的氧化还原作用增强了光催化作用[式(7-43)～式(7-45)]；②镧系元素具有贮氧能力，Ce 对 Fe 的氧传递作用可提高光催化性能。但 Ce 负载量进一步增加并不能提高反应速率，原因可能是受较低的量子效率的限制。

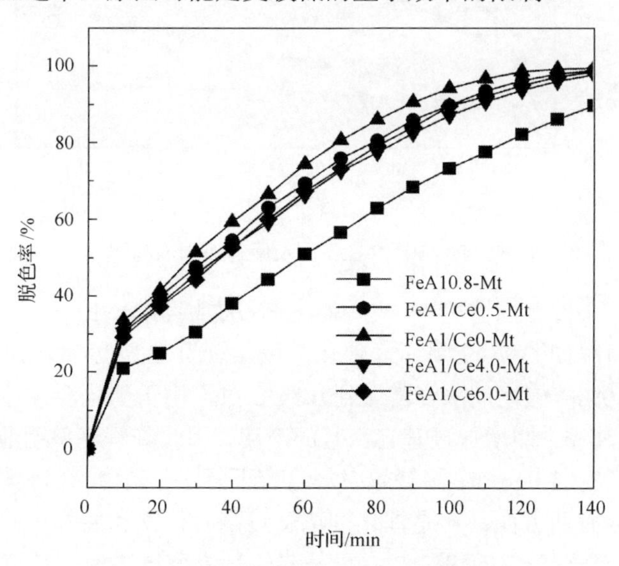

图 7-47 不同 Ce 掺杂量对催化效果的影响

$$Ce^{4+}+e^{-} \longrightarrow Ce^{3+} \tag{7-43}$$

$$Ce^{3+}+O_2 \longrightarrow O_2^{-}\cdot+Ce^{4+} \tag{7-44}$$

$$O_2^{-}\cdot+2H^{+} \longrightarrow 2\cdot OH \tag{7-45}$$

为了探讨 FeAl/Ce_x-Mt 的催化性质，选择催化效果良好的 FeAl/Ce1.0-Mt 作进一步研究。

FeAl/Ce1.0-Mt 在不同反应体系中的降解效率如图 7-48 所示。UV 联合双氧水降解有机污染物已有报道，但由于染料的耐晒性和难降解性，在紫外灯和只加双氧水的条件下，H_2O_2 光解产生羟基自由基有限，140min 时 RB19 的去除率仅为 39.0%，光解的速率较低。在紫外灯照射并投加 FeAl/Ce1.0-Mt 条件下，RB19 的去除主要来源于光解作用及催化剂的吸附作用，其去除率为 17.0%。photo-Fenton 反应即只加催化剂和双氧水条件下，催化剂对 RB19 的去除率为 64.1%。而增加紫外光照射可以明显提高 photo-Fenton 反应的速率，在 t=140min 时 RB19 几乎可完全降解。

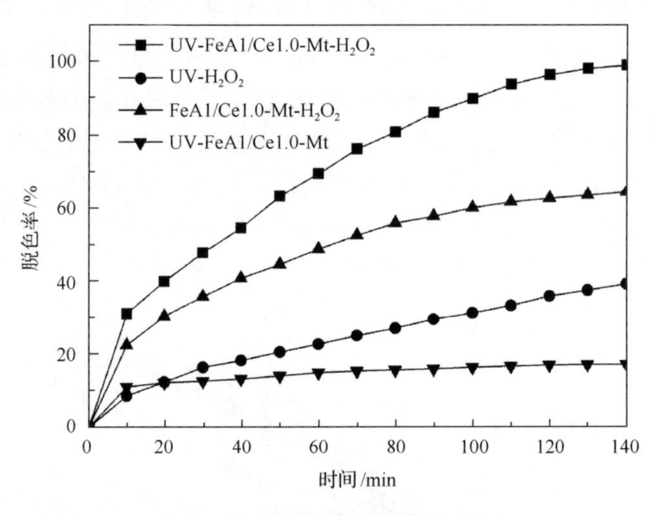

图 7-48　RB19 在不同反应体系中的降解

在其他实验条件相同情况下，改变催化剂投加量（0.3～1.0g/L），FeAl/Ce1.0-Mt 的光催化降解情况如图 7-49 所示。催化剂投加量为 0.3g/L 时，140min 时 RB19 的去除率为 94.0%，催化剂浓度增加到 0.5g/L 时，由于催化活性位的增加而提高了 H_2O_2 的分解速率，即增加羟基自由基的产率，因此降解速率明显提高。但催化剂浓度增加到 0.8～1.0g/L 时,降解效率却略有下降，分别为 98.1%和 98.0%。效率降低的主要原因有两方面：一是催化剂浓度过高时，铁和羟基自由基反应降低了氧化效率［式(7-46)～式(7-49)］[44]；二是催化剂浓度过高使溶液浑浊，降低了光的穿透率，使催化剂对紫外光的利用率降低；同时细小的催化剂颗粒可能产生团聚，提供的催化活性位减少。

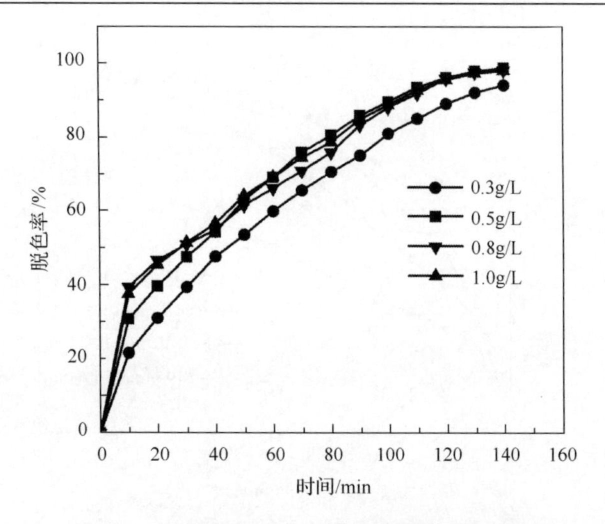

图 7-49　不同催化剂投加量对催化效果的影响

$$Fe^{2+}+\cdot OH \longrightarrow Fe^{3+}+OH^{-} \tag{7-46}$$

$$FeOH^{+}+\cdot OH \longrightarrow Fe^{3+}+2OH^{-} \tag{7-47}$$

$$Fe^{2+}+HO_2\cdot \longrightarrow Fe^{3+}+HO_2^{-} \tag{7-48}$$

$$Fe^{3+}+HO_2\cdot \longrightarrow Fe^{2+}+O_2+H^{+} \tag{7-49}$$

在 RB19[C_0]=75mg/L、pH=3.0 的实验条件下，不同 H_2O_2 初始浓度对 RB19 脱色率的影响如图 7-50 所示。当 H_2O_2 投加量为 3.2mmol/L 时，降解速率缓慢，140min 时去除率为 74.0%。这是因为 H_2O_2 是羟基自由基生成的来源，当 H_2O_2 消耗完时，羟基自由基不足，H_2O_2 成为控制 UV/Fe^{3+}反应进程的主要因素。随着 H_2O_2 投加量的增加，RB19 降解速率和去除率增加，4.9mmol/L 时 140min 去除率为 98.7%，14.7mmol/L 时去除率为 99.1%，19.6mmol/L 时去除率可达 100%。实验结果说明，一定浓度范围内增加 H_2O_2 投加量可提高氧化速率。但当 H_2O_2 初始浓度大于 4.9mmol/L 时，反应速率提高缓慢，说明在一定催化剂浓度下，H_2O_2 的氧化作用受催化剂的制约。

pH 是影响光助 Photo-Fenton 反应速率的主要因素之一，已有研究报道光助 photo-Fenton 反应的最佳 pH 为 3。图 7-51 显示了不同 pH 条件下 FeAl/Ce1.0-Mt 对 RB19 的降解情况。其结果表明 pH 越低，催化剂对 RB19 的降解速率越快，当 pH 为 2.0 时，40min 时 RB19 的去除率已达到 99.2%。pH 大于 3 时去除率虽然下降，但仍然有较好的去除率，在 pH 为 4.0 和 5.0 条件下，140min 时去除率分别为 64.8%和 53.1%。pH 影响 H_2O_2 的寿命及 Fe 在溶液中的赋存状态，当 pH 升高时，H_2O_2 快速分解成 O_2 和 H_2O，从而大大减少了羟基自由基的生成量[45]，同时在碱性条件下，Ce 和 Fe 都可能形成沉淀，因此降低了光催化能力。

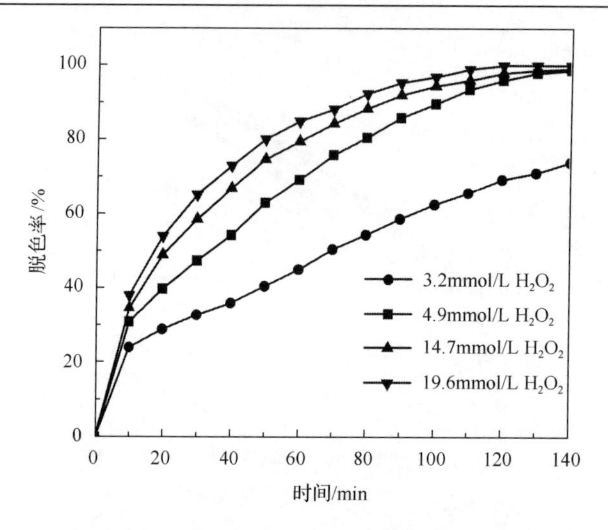

图 7-50　不同 H_2O_2 初始浓度对催化效果的影响

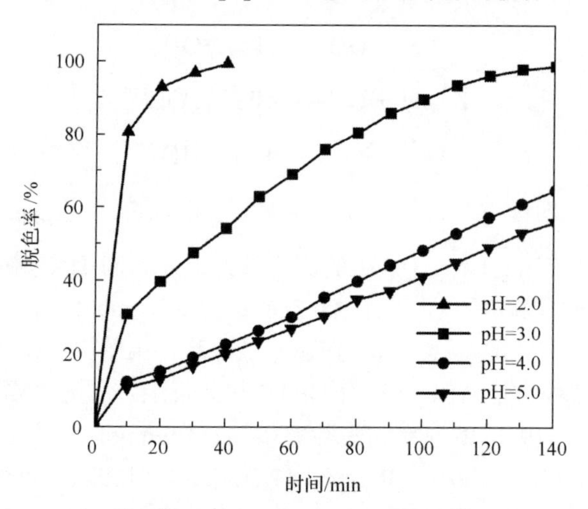

图 7-51　不同 pH 对催化效果的影响

7.7　谷氨酸螯合铁插层蒙脱石的 photo-Fenton 催化性能研究

我国陆地面积每年接收的太阳辐射总量在 3.3×10^3～8.4×10^6kJ/($m^2\cdot a$)，相当于 2.4×10^4 亿 t 标煤。全国总面积的 2/3 以上地区年日照时数大于 2200h，日照能量在 5×10^6kJ/($m^2\cdot a$)[46]，太阳能资源丰富。因此利用太阳光进行光催化反应具备良好的自然条件。太阳光谱 300nm 以下的光都被大气层中的臭氧吸收，太阳光中紫外线(280～380nm)只有大约 2%，可见光(380～780nm)占 51%，还有 47%为红外线(780～2500nm)。因此利用太阳能去除有害物质的前提是该体系对 300nm 以上的光具有活性[41]。铁盐的光助 Fenton 反应的研究已得很大的进展，但铁盐对太阳光的光催化活性较弱。实际上自然环境中就存在多种光化学反应，是水体产生自我净化的原因之一。这是因为环境中的许多无机及有机化合物能吸收太阳光谱范围内的光波。在自然界中，铁通常不是以简单的阳离子或羟基离子的形式存在，而是和各种有机物如腐殖酸、草酸等结合而形成配合物。许多研究表明，铁的有机酸配合物通常能吸收大部分太阳光的能量并且具有较高的量子产率，这些配合物的 Fenton 化学效应在自然环境中的有机物的降解中扮演了重要的角色。

光还原 Fe(Ⅲ)-有机配合物的一个重要方面是其可产生 Fe(Ⅱ)，后者可以与过氧化氢反应生成羟基自由基，也就是 Fenton 反应。因此，在过氧化氢存在的条件下，光还原铁的有机酸配合物可以连续产生羟基自由基。其中 Fe(Ⅱ)的量子产率和有机酸种类有关，并随着酸根的不同而不同。草酸铁复合体是目前最常见、研究最广泛的羧酸铁配合物，在 19 世纪 50 年代，大量的研究就已证明草酸铁复合体有很高的光催化效率。TiO_2 仅吸收到达地球表面的 3%的辐射能量，其表面产生的羟基自由基量子产率≤5%，而草酸却能吸收大约 18%的太阳能量，量子产率接近 1 个单位。理论上草酸铁复合体的光化学反应对 Fe(Ⅱ)的量子产率为 2.0，但实际监测到的 Fe(Ⅱ)量子产率为 1.0～1.2，且和 250～450nm 的光波波长相关，随着波长的增加而减少[47]。

铁离子及其与氨基酸及酯类等形成的配合物是潜在的可利用太阳光去除有害物质的催化介质。因为这些种类的分子在近紫外区及可见光区有很强的配体向金属电荷转移吸收带。羧酸存在的条件下，铁离子受光照时释放出二氧化碳：

$$2[Fe(RCOO^-)_2]^+ + H_2O + h\nu \longrightarrow 2Fe(II) + ROH + CO_2 + RCO_2H \tag{7-50}$$

Trott 等[48]发现光解三价铁的次氮基三乙酸酯配合物能够完全降解次氮基三乙酸酯。笔者认为在光化学作用下，氨基多羧酸的光降解对减少自然水体中的这些有机污染物有重要的作用。氨基酸是生命的基本物质，在自然环境中广泛存在，而且自然中的配合物多与环境中的黏土相结合，研究黏土负载氨基酸铁配合物的光催化性能有较大的理论和实际应用价值。

7.7.1　photo-Fenton 催化实验步骤

对谷氨酸螯合铁插层蒙脱石(G-Fe-Mt)的光催化实验是在自然太阳光条件下进行的。光催化实验地点在广州大学城华南理工大学(23°02′N，113°24′E，海平面 5m)，时间为 2010 年 10 至 12 月。所有的光催化对比实验在每日相同时段(11：30～14：30)且光照强度相近的条件下进行。实验时天气稳定且无云。每次实验取三份溶液对相同变量因子进行测试。实验前配制 200mL 活性艳蓝溶液，使用盐酸或 NaOH 将溶液 pH 调到特定值。向溶液中加入一定量的催化剂后在黑暗中搅拌

10min 使催化剂吸附达到平衡。然后向悬浮液中加入一定量 H_2O_2 并置于太阳光下，以此作为计时起点，每隔 10min 取一次样。样品使用 0.45μm 水系滤膜将固体物过滤后，在活性艳蓝的最大吸收值处(λ_{max}=590nm)测定染料的剩余浓度。溶液的搅拌使用德国 IKA 公司的 RT5Power 多点加热磁力搅拌器。谷氨酸螯合铁插层蒙脱石的紫外光催化对比实验使用 8W(主波长 256nm)飞利浦紫外灯为光源，光源距液面约 30cm。太阳光照度使用 Tenmars DL-201 数字照度计测定。

7.7.2　光催化实验结果分析

在不同反应体系中 RB19 的降解情况如图 7-52 所示。实验条件为：[G-Fe-Mt]或[Fe-Mt]= 0.4g/L，[RB19]=75mg/L，[H_2O_2]=24.7mmol/L，pH=6.5。从图 7-52 可以看出，H_2O_2 在太阳光下对 RB19 几乎没有产生降解，说明太阳光光解 H_2O_2 羟基自由基有限，没有足够的氧化能力氧化难降解的 RB19 分子。只投加催化剂的条件下，染料的脱色主要依靠 G-Fe-Mt 的吸附作用，100min 时对 RB19 的去除率为 7.9%。在投加 G-Fe-Mt 和 H_2O_2 时，RB19 的脱色率为 23.0%。增加太阳光照射使催化效率迅速提高，在 100min 时对 RB19 的脱色率为 100%。Fe-Mt 在同样条件下进行光催化的脱色率为 21.5%，仅和 G-Fe-Mt 的 Fenton 催化效率相当。这说明 Fe-Mt 对太阳光的反应活性低，而 G-Fe-Mt 对太阳光非常敏感，光利用效率高。由第 3 章的 UV-Vis 分析结果可知，G-Fe-Mt 具有较高的光活性，对 450nm 以下的波长有较高的摩尔吸收系数，甚至能吸收 600nm 的可见光，因此有利于生成羟基自由基。G-Fe-Mt 的光催化反应机理可能和螯合物中的谷氨酸有机配体和铁之间的电子转移有关。有机配体与金属间电子转移过程如下：①有机配体生色团接受光子，②有机配体演变成电子激发态，通常从稳定的 n、π 轨道跃迁到不稳定的反键轨道 π^*；③金属离子接受电子发生光还原反应[49]。

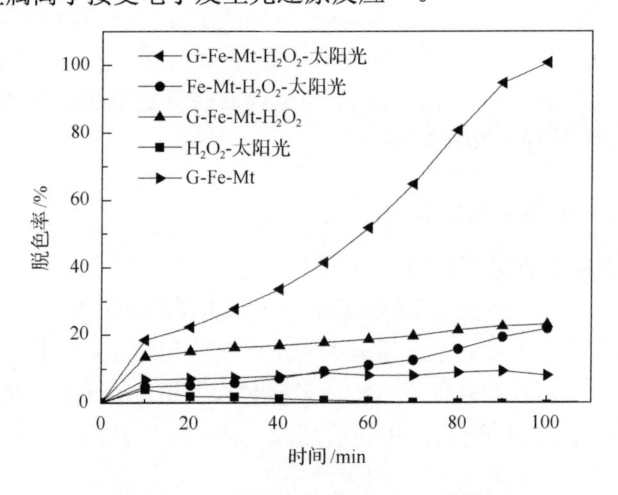

图 7-52　不同反应体系对 RB19 的降解

在 pH=6.5、[RB19]=75mg/L、$[H_2O_2]$=24.7mmol/L 的条件下，改变催化剂浓度考察其对催化效率的影响，结果如图 7-53 所示。当催化剂浓度过低(0.2g/L)时，100min 时 G-Fe-Mt 对 RB19 的脱色率仅为 51.5%。催化效率随着催化剂浓度的增加而提高，当催化剂浓度为 0.4g/L 时，RB19 在 100min 时可被完全脱色。这是因为催化剂在催化过程中提供催化活性位和吸附位，催化剂浓度较低时活性位和吸附位不足，不能充分利用 H_2O_2 和太阳光，因此催化效率低。但当催化剂浓度达到 0.4g/L 时，继续增加催化剂浓度对提高催化效率的作用缓慢。这是因为 H_2O_2 有限，催化产生的羟基自由基也有限，增加催化剂浓不能大幅度提高羟基自由基的产率。

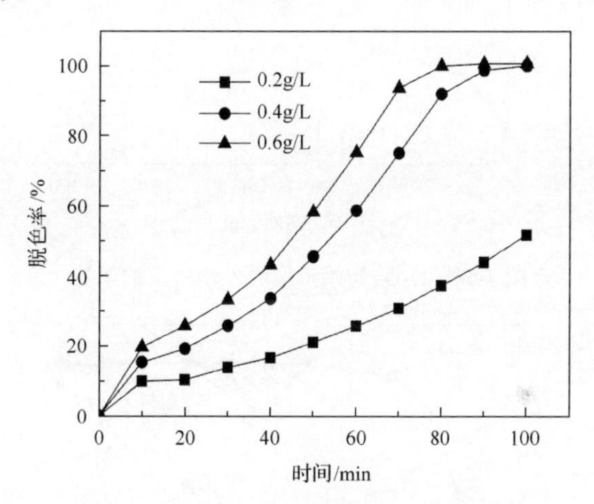

图 7-53　不同催化剂浓度对催化效果的影响

不同 H_2O_2 初始浓度下催化剂对 RB19 的脱色情况如图 7-54 所示。在 H_2O_2 浓度为 9.9mmol/L 时，其降解速度和 24.7mmol/L 相似，说明 G-Fe-Mt 对 H_2O_2 有很高的利用率，H_2O_2 增加到 39.6mmol/L 时，降解速度略有下降。这是因为过多的 H_2O_2 对羟基自由基产生湮灭效应，同时多余的 H_2O_2 或 Fe^{2+}可能和某些中间产物如羟基自由基反应，降低了氧化效率[式(7-51)、式(7-52)][50]。

$$Fe(\text{II})+\cdot OH \longrightarrow Fe(\text{III})+OH^-,\ k=3.0\times10^8 L/(mol\cdot s) \tag{7-51}$$

$$H_2O_2+\cdot OH \longrightarrow HO_2\cdot+H_2O,\ k=2.7\times10^7 L/(mol\cdot s) \tag{7-52}$$

式中，k 为反应速率常数。

传统 Fenton 反应受 pH 的限制很大，其最适 pH 为 3.0，pH 大于 3.0 时降解速率明显下降。PH 反应条件窄，限制了光助 Fenton 反应在实际中的应用。在 pH 为 3.0～7.5 时，G-Fe-Mt 对 RB19 的脱色率情况如图 7-55 所示。从图 7-55 可以看出，G-Fe-Mt 对 RB19 的降解在较低 pH 时速率较快，pH 为 3.0 时 RB19 在 40min 时可完全脱色。随着溶液的 pH 升高，降解效率下降，但在 pH 为 7.5 时对 RB19 的脱色率仍达到 99%。而 pH 由 5.5 上升到 7.5 时降解效率差异较小，说明 G-Fe-Mt 的催化效率受 pH 限制较小，这对于提高光助 Fenton 的实际应用有很大的意义。

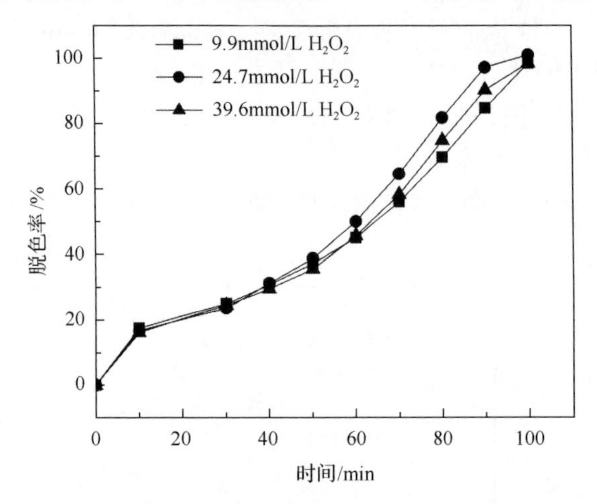

图 7-54　H_2O_2 初始浓度对催化效果的影响

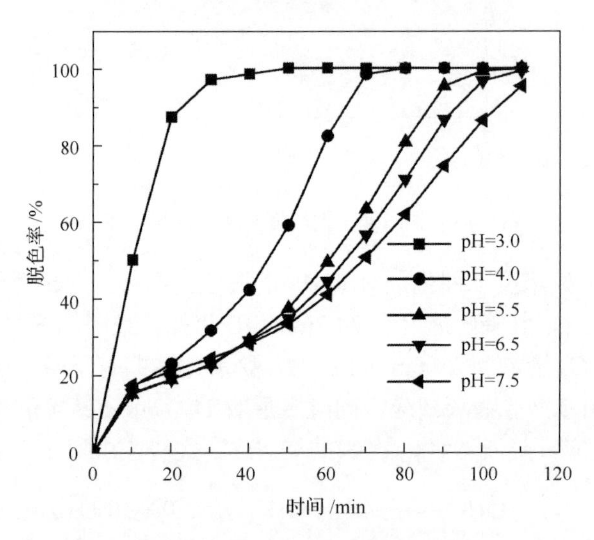

图 7-55　pH 对催化效果的影响

实验分别以紫外光及自然太阳光为光源对 G-Fe-Mt 的光催化效率进行研究，结果如图 7-56 所示。Fe-Mt 在紫外光条件下的脱色率为 32.7%，而在太阳光条件下为 21.5%。G-Fe-Mt 在紫外光照射下对 RB19 的脱色率为 99.0%，其降解速率和太阳光条件下的降解速率相似。这说明 Fe-Mt 的光催化活性主要对 UV 感应，而 G-Fe-Mt 对太阳光和 UV 的利用率都相近，利用太阳光即可激活 G-Fe-Mt 的催化活性。

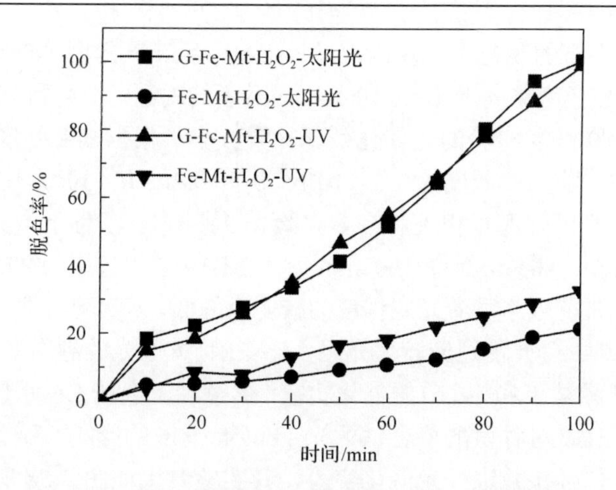

图 7-56　催化剂在紫外光及太阳光条件下的催化效果

光照强度是影响光催化效率的重要因素之一。为了研究其影响效果，保持其他实验条件不变，在不同日照条件下利用 G-Fe-Mt 对 RB19 进行降解，实验结果如图 7-57 所示。从结果可以看出，G-Fe-Mt 的光催化速率和光照强度正相关，在 a 实验条件下，实验开始阶段光强度弱于 b，催化剂获得较多的能量，因此 a 的初始脱色率高于 b。随后 b 的光照强度增加，在 10～40min 内维持光照强度强于 a

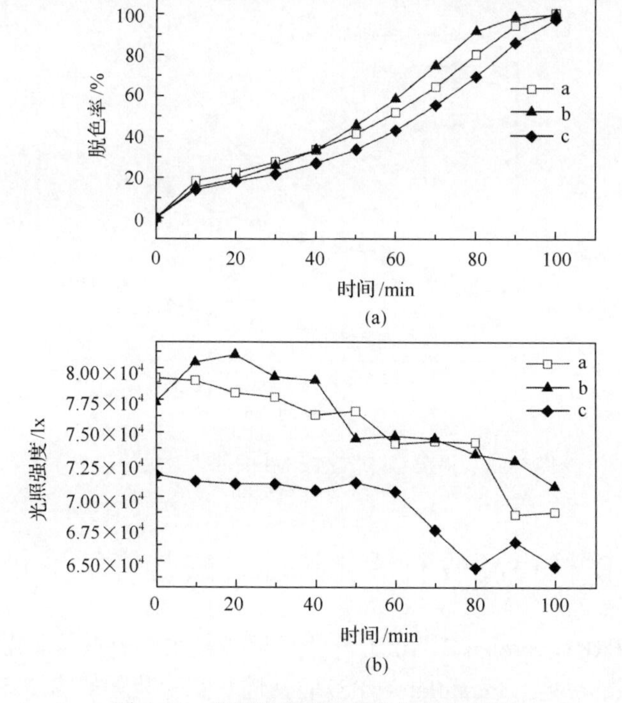

图 7-57　光照强度对光催化效果的影响

条件，该实验条件下的脱色率也逐渐上升。在 50～80min 内两者的光照强度相近，而该阶段 b 的光脱色率略高于 a，到 100min 时两者的脱色率都达到 100%。从图 7-57 可以看出，a 实验和 b 实验的光催化效率差异较小，根据光照强度的测试结果计算得到 a 实验的平均光照照度为 7.5×10^4lx，b 实验为 7.6×10^4lx，这说明 G-Fe-Mt 的光催化效率与光照强度正相关。在 c 实验(6.9×10^4lx)条件下，其光照强度与 a 实验相比显著较弱，G-Fe-Mt 在 100 min 时对 RB19 的去色率为 97.3%，这进一步说明 G-Fe-Mt 的催化效率随着光照强度的减弱而降低。c 实验条件下仍具有较高的催化效率，说明 G-Fe-Mt 能适应较大光照变化范围，太阳光的利用率和转化率较高。

根据相关文献结果和 7.6 节的催化实验，掺杂稀土金属 Ce 可促进光助 Fenton 反应。为了考察 Ce 对谷氨酸螯合铁的光 Fenton 反应的影响，制备 Ce 掺杂量为 1.0%的 G-Fe/Ce1.0-Mt 并进行光催化实验，其实验结果如图 7-58 所示。实验结果表明掺杂 Ce 后光催化效率下降，这和 Ce 在羟基铁铝中的作用相反。由有机酸-铁配合物的 Fenton 反应机理可以知道，Fe—N 及 Fe—OOC 键是参与光化学反应的主体。Ce 是一种硬酸，倾向于与硬碱接受体结合，因此氨基酸、膦类是镧系元素的最佳配体。当 Ce 形成配合物后被谷氨酸分子屏蔽而不能和 Fe 产生化学作用，而生成的光催化介质谷氨酸螯合铁减少，因此使催化效率下降。

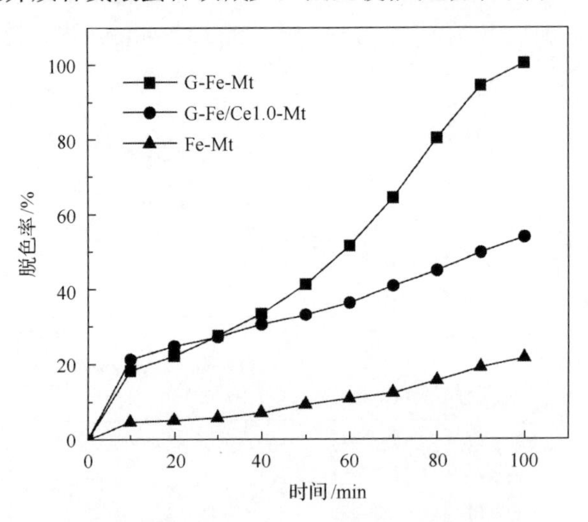

图 7-58　掺杂 Ce 对 G-Fe-Mt 的催化效果的影响

7.8　铁柱撑高岭石活化过硫一酸盐降解罗丹明 B

以罗丹明 B(Rhodamine B，RhB)作为目标污染物来衡量异质化铁柱撑高岭石(K-Fe)活化过硫一酸盐(Persulfare，PS)的特性。实验装置如图 7-59 所示，LED

灯的平均光照强度为 0.47/mW/cm，在每组实验中，反应器中依次放入 200mL 的 0.1mmol/LRhB 溶液、PS 和 K-Fe，然后打开磁力搅拌器和 LED 灯。反应过程中，按照一定的时间间隔使用注射器吸取反应液 2mL，将取得的反应液通过 0.45μm 滤膜，在 RhB 的最大吸收波长(λ_{max}=554nm)处测定其吸光度。

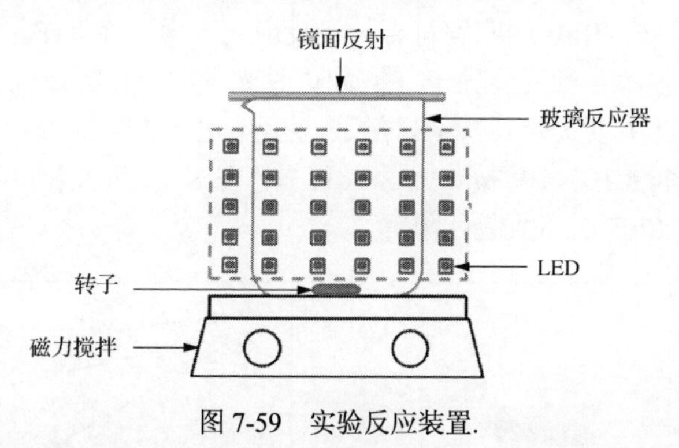

图 7-59　实验反应装置.

由图 7-60 可知，空白条件及仅在可见光的作用下，RhB 几乎不脱色。由曲线 2 可知，K-Fe 对 RhB 的吸附脱色效果可以忽略(脱色率＜10%)；由曲线 3 可知，在可见光和 K-Fe 的共同作用下，RhB 的脱色率仍小于 14%。在 PS 单独存在时，180min 后，RhB 的脱色率为 55%，说明 PS 可以直接与 RhB 发生反应，从而达到脱色的效果。当溶液依次加入 7.0mmol/LPS 和 K-Fe，RhB 的脱色率并没有提高，说明在黑暗条件下(无可见光)，K-Fe 不能活化 PS。在可见光的作用下，PS 对 RhB 的脱色率由 55%增加到 77%；当加入催化剂 K-Fe 后，RhB 的脱色率显著增加到 97%。从

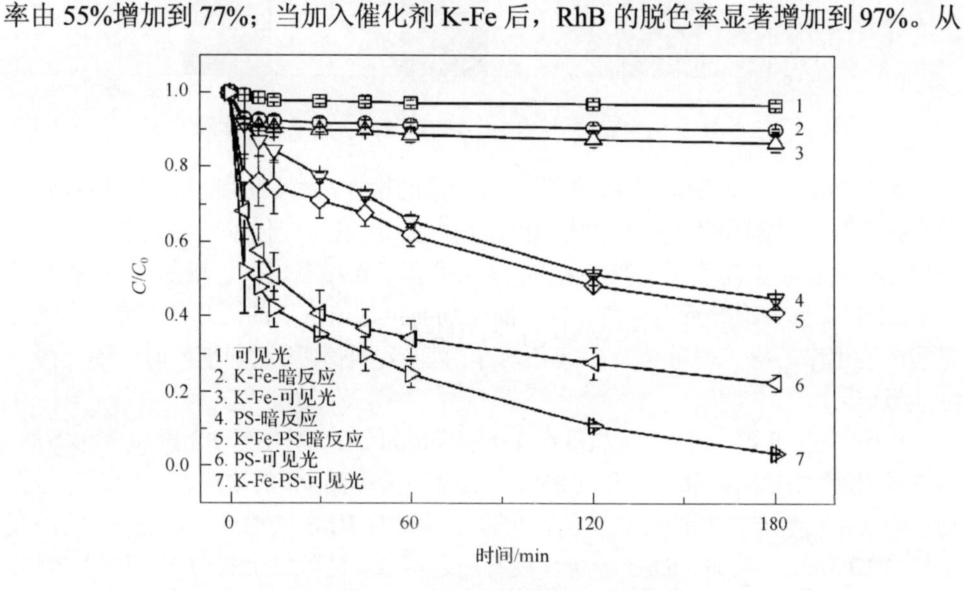

图 7-60　不同反应体系对 Rh B 的降解

反应条件：RhB(0.1mmol/L)；K-Fe(0.4g/L)；PS(7.0mmol/L)；初始 pH5.0.

上述结果易知，在可见光照射/无可见光下，PS 对 RhB 有一定的脱色效果，但不能完全脱色。然而在可见光的照射下，K-Fe 可活化 PS，使 RhB 的脱色效果有明显的提高。对 RhB 各个反应体系对活性艳橙 X-GN 的降解效果如下：可见光＜K-Fe-暗反应＜K-Fe-可见光＜PS-暗反应＜K-Fe-PS-暗反应＜PS-可见光＜K-Fe-PS-可见光。

由图 7-61 可知，RhB 的降解符合一级反应动力学，在 K-Fe、PS 和可见光共同存在时，反应速率常数明显大于 PS 和可见光共同存在的反应速率常数。体系 K-Fe-PS-可见光、PS-可见光及 K-Fe-PS-暗反应的反应速率常数依次为 $1.57\times10^{-2}min^{-1}$、$6.60\times10^{-3}min^{-1}$ 和 $4.10\times10^{-3}min^{-1}$。由此可见，在 K-Fe，PS 和可见光的协同作用下，可以实现对 RhB 的高效脱色降解。

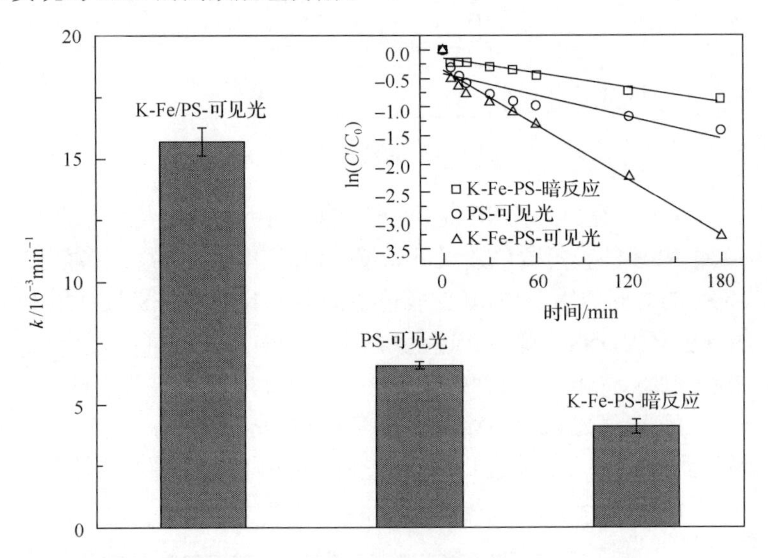

图 7-61　不同反应体系对 Rh B 的降解的一级动力学参数

由图 7-62 可见，随着 K-Fe 催化剂投加量的增加，对 RhB 的降解速率也随之提高，这可能是因为随着催化剂投加量的增加，可以为催化反应提供催化位点，对催化的进行起正向作用。但当 K-Fe 投加量大于 0.4g/L 时，再增加 K-Fe 用量其对 RhB 的降解率不升反而有所下降。催化剂的投加使溶液的透光性变差，导致对光线的利用率下降，对催化反应起负向作用。当两种作用达到平衡时，催化降解性能最佳[51]。

由图 7-63 可知，当 PS 投加量在 1.0～7.0mmol/L 时，随着 PS 投加量的增加，RhB 降解率加快，从 66%上升到 97%。这是因为提高 PS 的浓度，也就意味着提高了溶液中活性自由基的含量，从而提高了其进攻 RhB 的概率。但在 PS 的最高投加量 10.5mmol/L 时，RhB 降解率没有随之增加，这可以用式(7-53)及式(7-54)解释[52]：

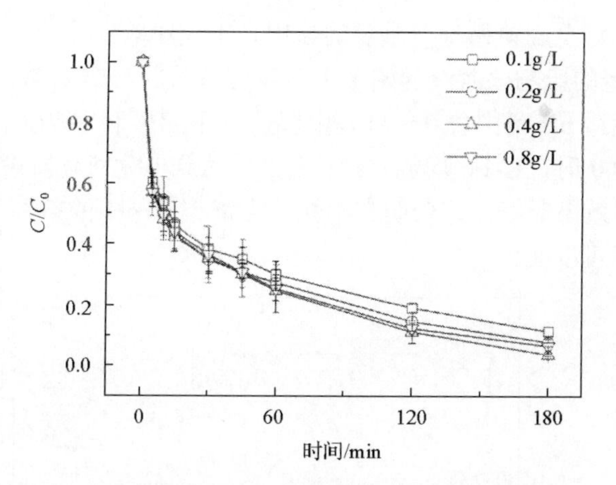

图 7-62 不同 K-Fe 投加量对 Rh B 溶液的降解影响

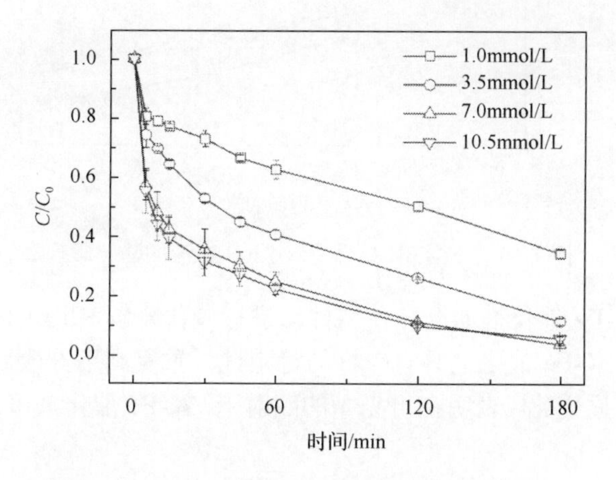

图 7-63 不同 PS 投加量对 Rh B 溶液的降解影响

$$SO_4^{\bullet-} + S_2O_8^{2-} \longrightarrow S_2O_8^{\bullet-} + SO_4^{2-} \tag{7-53}$$

$$2SO_4^{\bullet-} \longrightarrow S_2O_8^{2-} \tag{7-54}$$

因此，只有合适浓度的 PS 才能有效转换为 $SO_4^{\bullet-}$，并且避免 $SO_4^{\bullet-}$ 的猝灭，从而达到氧化降解 RhB 的目的。在 K-Fe-PS-可见光的反应体系中，PS 的最佳初始浓度为 7.0mmol/L，这个值与根据式(7-55)计算得到的理论值 7.3mmol/L 相接近。

$$C_{28}H_{31}ClN_2O_3+73\,S_2O_8^{2-}+59H_2O \rightarrow 28CO_2+149H^++Cl^-+2\,NO_3^-+146\,SO_4^{2-} \tag{7-55}$$

溶液的 pH 对反应体系有着重要的作用，不仅影响催化反应，而且对材料中 Fe 的溶出有一定的影响。溶液初始 pH 对反应体系的影响如图 7-64 所示，与类 Fenton 体系的最适 pH 范围(2.0～4.0)相比较，K-Fe-PS 体系的最适 pH 范围更广。在 pH 为 3.0～9.0 时，K-Fe 均能有效活化 PS 达到催化氧化降解 RhB[53]。当 pH 为 5.0 时，降解效果最好，这表明在中性、无需调节 pH 的条件下，RhB 的高效催化氧化降解就可以实现。

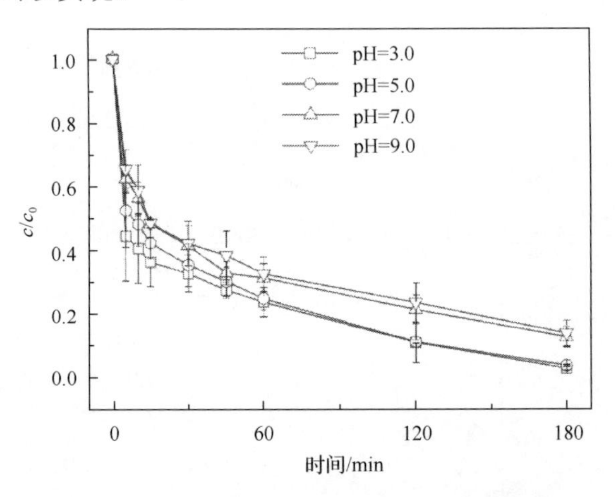

图 7-64　不同 pH 条件下对 Rh B 溶液的降解影响

为了验证 K-Fe 催化剂的循环使用性，进行催化降解 RhB 的循环利用实验。从图 7-65 可知，K-Fe 催化剂具有较好的稳定性，重复利用 5 次后，对 RhB 的降解率没有发生明显变化，表明在可见光的照射下，K-Fe 催化剂可作为稳定光催化剂氧化催化降解 RhB。

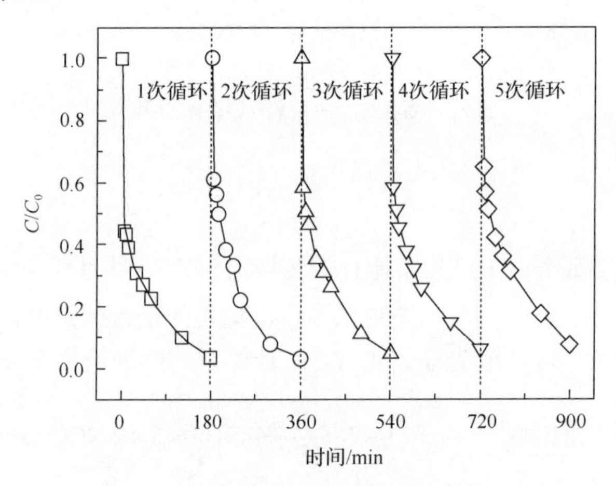

图 7-65　催化剂重复利用次数对催化效果的影响

参 考 文 献

[1] Long R Q, Yang R T.FTIR and kinetic studies of the mechanism of Fe^{3+}-exchanged TiO_2-pillared clay catalyst for selective catalytic reduction of NO with ammonia. Catalysis, 2000, 190: 22-31.

[2] Li W B, Sirilumpen M, Yang R T. Selective catalytic reduction of nitric oxide by ethylene in the presence of oxygen over Cu^{2+} ion-exchanged pillared clays. Applied Catalysis B: Environmental, 1997, 11: 347-363.

[3] Chmielarz L, Kustrowski P, Zbroja M, et al. SCR of NO by NH_3 on alumina or titania-pillared montmorillonite various modified with Cu or Co Part I. General characterization and catalysts screening. Applied Catalysis B: Environmental 2003, 45: 103-116.

[4] Gao B F, Ma Y, Cao Y A .Effect of ultraviolet irradiation on crystallization behavior and surface microstructure of titania in the sol–gel process. Solid State Chemistry, 2006, 179: 41-48.

[5] Hunt A J, Ayers M R. Light scattering studies of UV-catalyzed gel and aerogel structure. Journal of non-crystalline solids. 1998, 225: 325~329.

[6] Imai H, Hirashima H, Awazu K. Alternative modification methods for sol-gel coatings of silica, titania and silica-titania using ultraviolet irradiation and water vapor. Thin Solid Films, 1999, 351(1-2): 91-94.

[7] Shultz A N, Jang W, Hetherington W M, et al. Comparative second harmonic generation and X-ray photoelectron spectroscopy studies of the UV creation and O_2 healing of Ti^{3+} defects on (110) rutile TiO_2 surfaces. Surface Science, 1995, 339(1-2): 114-124.

[8] Ooka C, Yoshida H, Suzuki K. Effect of surface hydrophobicity of TiO_2-pillared clay on adsorption and photocatalysis of gaseous molecules in air. Applied Catalysis A: General, 2004, 260: 47-53.

[9] Ooka C. Crystallization of hydrothermally treated TiO_2 pillars in pillared montmorillonite for improvement of the photocatalytic activity. Materials Chemistry, 1999, 9: 2943-2952.

[10] Tang J W, Wu P X, Zheng S Y, et al. Synthesis and photocatalytic activity of Ti-pillared bentonite. Acta Geologica Sinica, 2006, 80(2): 273-277.

[11] Ma Y, Yao J N. Photodegradation of rhodamine B catalyzed by TiO_2 thin films. Photochemistry and Photobiology A: Chemistry, 1998, 116(2): 167-170.

[12] Wu J M, Zhang T W. Photodegradation of rhodamine B in water assisted by Titania films prepared through a novel procedure. Photochemistry and Photobiology A: Chemistry, 2004, 162(1): 171-177.

[13] Pecchi G, Reyes P, Sanhueza P. Photocatalytic degradation of pentachlorophenol on TiO_2 sol-gel catalysts. Chemosphere. 2001, 43: 141-146.

[14] 丁敦煌, 关鲁雄, 杨松青. TiO_2/H_2O_2 光催化体系降解亚甲基蓝的动力学研究. 中南工业大学学报(自然科学版), 2003, 34(5): 513-515

[15] 李芳柏, 李湘中, 李新军, 等. 金离子掺杂对二氧化钛光催化性能的影响. 化学学报, 2001, 59(7): 1072-1077.

[16] 陈小泉, 李芳柏, 李新军, 等. 二氧化钛/蒙脱土复合光催化剂制备及对亚甲基蓝的催化降解. 土壤与环境, 2001, 10(1): 30-32.

[17] Wang K H, Hsieh Y H, Wu C H, et al. The pH and anion effects on the heterogeneous photocatalytic degradation of O-methylbenzoic acid in TiO_2 aqueous suspension. Chemosphere, 2000, 40(4): 389-394.

[18] 陈哲铭. 催化臭氧对氯苯酚及其动力学研究. 杭州: 浙江大学博士学位论文, 2006.

[19] San N, Hatipoğlu A, Koçtürk G, et al. Prediction of primary intermediates and the photodegradation kinetics of 3-aminophenol in aqueous TiO_2 suspension. Journal of Photochemistry and Photobiology A: Chemistry, 2001, 139(2-3): 225-232.

[20] Kais E, Olfa H, Najwa M, et al. Photocatalytic degradation of 4-chlorophenol under P-modified TiO_2/UV system: Kinetics, intermediates, phytotoxicity and acute toxicity. Journal of Environmental Sciences, 2012, 24(3): 479-487.

[21] Rao N N, Dubey A K, Mohanty S, et al. Photocatalytic Degradation of 2-chlorophenol: A study of kinetics, intermediates and biodegradability. Journal of Hazardous Materials, 2003, 101(3): 301-314.

[22] Hoffmann M R, Martin S T, Choi W, et al. Environmental applications of semiconductor photocatalysis. Chemical Reviews, 1995, 95(1): 69-96.

[23] Mills A, Morris S, Davies R. Photomineralisation of 4-chlorophenol sensitised by titanium dioxide: A study of the intermediates. Journal of Photochemistry and Photobiology A: Chemistry, 1993, 70(2): 183-191.

[24] Kim S, Hwang S J, Choi W. Visible light active platinum-ion-doped TiO_2 photocatalyst. The Journal of Physical Chemistry B, 2005, 109(51): 24260-24267.

[25] Cheng Y P, Sun H Q, Jin W. Q, et al. Photocatalytic degradation of 4-chlorophenol with combustion synthesized TiO_2 under visible light irradiation. Chemical Engineering Journal, 2007, 128(2-3): 127-133.

[26] Irie H, Watanabe Y, Hashimoto K. Nitrogen-concentration dependence on photocatalytic activity of $TiO_{2-x}N_x$ powders. The Journal of Physical Chemistry B, 2003, 107(23): 5483-5486.

[27] Lei P X, Chen C C, Yang J, et al. Degradation of dye pollutants by immobilized polyoxometalate with H_2O_2 under visible-light irradiation. Environmental Science and Technology, 2005, 39(21): 8466-8474.

[28] Feng J Y, Hu X J, Yue P L, et al. A novel laponite clay-based Fe nanocomposite and its photo-catalytic activity in photo-assisted degradation of Orange II. Chemical Engineering Science, 2003, 58 (3-6): 679-685.

[29] Cheng M M, Ma W H, Chen C C, et al. Photocatalytic degradation of organic pollutants catalyzed by layered iron(II) bipyridine complex-clay hybrid under visible irradiation. Applied Catalysis B: Environmental, 2006, 65 (3-4): 217-226.

[30] Huang Y P, Li J, Ma W H, et al. Efficient H_2O_2 Oxidation of Organic Pollutants Catalyzed by Supported Iron Sulfophenylporphyrin under Visible Light Irradiation. The Journal of Physical Chemistry B, 2004, 108 (22): 7263–7270.

[31] Cheng M M, Ma W H, Li J, et al. Dye pollutants over Fe(III)-loaded resin in the presence of H_2O_2 at neutral pH values. Environmental Science and Technology, 2004, 38(5): 1569-1575.

[32] Wu F, Li J, Peng Z, et al. Photochemical formation of hydroxyl radicals catalyzed by montmorillonite. Chemosphere, 2008, 72(3): 407-413.

[33] 赵超, 姜利荣, 黄应平. Fenton 及 Photo-Fenton 非均相体系降解有机污染物的研究进展. 分析科学学报, 2007, 23(3): 355-360.

[34] Parra S, Nadtotechenko V, Kiwi J, et al. Discoloration of azo-dyes at biocompatible pH-values though an Fe-histidine complex immobilized on nafion vis Fenton-like processes. Journal of Physical Chemistry B, 2004, 108(14): 4439-4448.

[35] Feng J Y, Hu X J, Yue P L, et al. Discoloration and mineralisation of Reactive Red HE-3B by heterogeneous photo-Fenton reaction. Water Research, 2003, 37(15): 3776-3784.

[36] Fernandez J, Bandara J, Lopez A, et al. Photoassisted Fenton degradation of nonbiodegradable azo dye (Orange II) in Fe-free solutions mediated by cation transfer membranes. Langmuir, 1999, 15(1): 185-192

[37] Chirchi A.G. L. Use of various Fe-modified montmorillonite samples for 4-nitrophenol degradation by H_2O_2. Applied Clay Science, 2002, 21 (5-6): 271-276.

[38] Najjar W, Azabou S, Sayadi S, et al. Catalytic wet peroxide photo-oxidation of phenolic olive oil mill wastewater contaminants: Part I. Reactivity of tyrosol over (Al–Fe) PILC. Applied Catalysis B: Environmental, 2007, 74 (1-2): 1-18.

[39] Li Y M, Lu Y, Zhu X. Photo-Fenton discoloration of the azo dye X-3B over pillared bentonites containing iron. Journal of Hazardous Materials, 2006, 132 (2-3): 196-201.

[40] Kiss E E, Lazic M M, Boskovic G C. AlFe-pillared clay catalyst for phenol oxidation in water solution. Reaction Kinetics and Catalysis Letters, 2004, 83 (2): 221-227.

[41] Safarzadeh-Amiri A, Bolton J R, Cater S R. Ferrioxalate-mediated solar degradation of organic contaminants in water. Solar Energy, 1996, 56 (5): 439-443.

[42] Langford C H, Carey J H. The charge transfer photochemistry of hexaaquoiron (III) ion, the chloropentaaquoiron (III) ion, and the μ-dihydroxo dimer explored with tert-butyl alcohol scavenging. Canadian Journal of Chemistry, 1975, 53 (16): 2430-2435.

[43] Martín M M B, Pérez J A S, López J L C, et al. Degradation of a four-pesticide mixture by combined photo-Fenton and biological oxidation. Water Research, 2009, 43 (3): 653-660.

[44] Hermosilla D, Cortijo M, Huang C P. Optimizing the treatment of landfill leachate by conventional Fenton and photo-Fenton processes. Science of The Total Environment, 2009, 407 (11): 3473-3481.

[45] Martins R C, Amaral-Silva N, Quinta-Ferreira. R M. Ceria based solid catalysts for Fenton's depuration of phenolic wastewaters, biodegradability enhancement and toxicity removal. Applied Catalysis B: Environmental, 2010, 99 (1-2): 135-144.

[46] 赵玉文. 我国太阳能利用技术的发展概况和趋势. 农村电气化, 2004, 9: 11-12.

[47] Faust B C, Zepp R G. Photochemistry of aqueous iron (III) -polycarboxylate complexes: Roles in the chemistry of atmospheric and surface waters. Environmental Science and Technology, 1993, 27 (12): 2517-2522.

[48] Trott T, Henwood R W, Langford C H. Sunlight photochemistry of ferric nitrilotriacetate complexes. Environmental Science and Technology, 1972, 6 (4): 367-368.

[49] 杨桂朋, 赵润德, 陆小兰, 等. 海水中铁(III)-氨基酸盐配合物的光化学反应研究 . 海洋学报, 2005, 27 (3): 46-50.

[50] Pérez M, Torrades F, García-Hortal J A, et al. Removal of organic contaminants in paper pulp treatment effluents under Fenton and photo-Fenton conditions. Applied Catalysis B: Environmental, 2002, 36 (1): 63-74.

[51] Zhao X R, Zhu L H, Zhang Y Y, et al. Removing organic contaminants with bifunctional iron modified rectorite as efficient adsorbent and visible light photo-Fenton catalyst. Journal of Hazardous Materials, 2012, 215-216: 57-64.

[52] Avetta P, Pensato A, Minella M, et al. Activation of Persulfate by Irradiated Magnetite: Implications for the Degradation of Phenol under Heterogeneous Photo-Fenton-Like Conditions. Environmental Science and Technology, 2015, 49 (2): 1043-1050.

[53] Su R, Sun J, Sun Y P, et al. Oxidative degradation of dye pollutions over a broad pH range using hydrogen peroxide catalyzed by FePz ($dtnCl_2$). Chemosphere, 2009, 77 (8): 1146-1151.

第8章　黏土矿物的界面反应特征

8.1　引　　言

土壤中最细小、最活跃的组分是层状硅酸盐黏土矿物等物质，它们对土壤物理、化学和生物学性质有深刻的影响。黏土矿物也是地球表生环境中最常见的物质，与DNA分子在土壤和其他生态环境中的长期稳定存在紧密相关[1]，同时，也与生命的起源密切相关，最新研究表明形成生命的两个重要组成部分——遗传物质和细胞膜很可能是由黏土矿物将它们结合在一起的。因此，研究DNA与黏土矿物之间的相互作用关系，将有助于从分子水平上了解生命现象的本质。另外，也有助于从基因水平上通过分子设计来寻找有效的治疗药物。

土壤同样是微生物的更好的载体，传统的微生物降解强化和改良技术手段，大多采用人工添加营养物质或刺激生物活性的化学物质来达到目的。固定化强化的技术也较多地涉及在人工制备材料如生物膜、活性炭和单纯的包埋材料等，可能涉及较大的成本花费和环境本身自净原理的脱离。微生物与黏土矿物二者皆是自然存在于污染场所并相互协作的；使用的载体材料为天然黏土矿物，因环境中自然存在，对微生物降解菌可以达到联系紧密而完全无害的作用，且材料价廉易得，黏土矿物可以作为微生物的良好载体。

本章的黏土矿物主要以阳离子黏土矿物为例，黏土矿物的界面反应特征主要是与生命物质反应，生命物质分为DNA、微生物和氨基酸等，主要通过研究黏土矿物同这些生命物质的反应，来分析研究黏土矿物在反应中起到的作用，分析界面反应特征。

8.2　黏土矿物对DNA的吸附界面反应

早在20世纪50年代，研究显示来自各种有机体的核酸分子(如DNA、RNA、核蛋白质、核苷酸)能被黏土、沙土、腐殖酸和土壤吸附[2]，DNA通过弱键作用在黏土外表面上吸附，一端在黏土表面的边缘结合，剩下的DNA“尾巴”向外自由延伸[3]。

近年来，国内蒙脱石与DNA作用研究的焦点放在了对DNA在蒙脱石的表面吸附机理研究。Cai等[2]许多学者认为DNA主要通过范德瓦尔斯力和静电力吸附在蒙脱石的表面，DNA固定后构型未发生变化，吸附态DNA容易被解吸。朱俊[4]研究发现，在一定pH条件下，DNA与黏土表面都带电荷，DNA与固相表面产生静电排斥。此外，在表面吸附过程中，DNA 的磷酸基、羟基和矿物表面的羟基之间也存在配位交换作用。在黏土矿物中，蒙脱石的硅氧表面也可能通过疏水作用与 DNA 分子结合。研究发现，蒙脱石中羟基铝的存在虽然降低了蒙脱石对 DNA 的吸附量，却增强了蒙脱石与 DNA 的结合强度，使固定在表面的 DNA 分子很难被解吸[5-9]。

Mortland[9]认为 DNA 通过阳离子桥接作用固定于蒙脱石上。作用机理是当 DNA 上阴离子与矿物表面多价阳离子的部分正电荷中和后，再通过这个多价阳离子与带负电的矿物表面桥接，它的作用机理如图 8-1 所示。与之相近的，王慎阳[10]认为在蒙脱石表面，DNA 主要通过静电作用被吸附。目前普遍认为 DNA 与黏土矿物作用机理为静电吸附理论[1]。

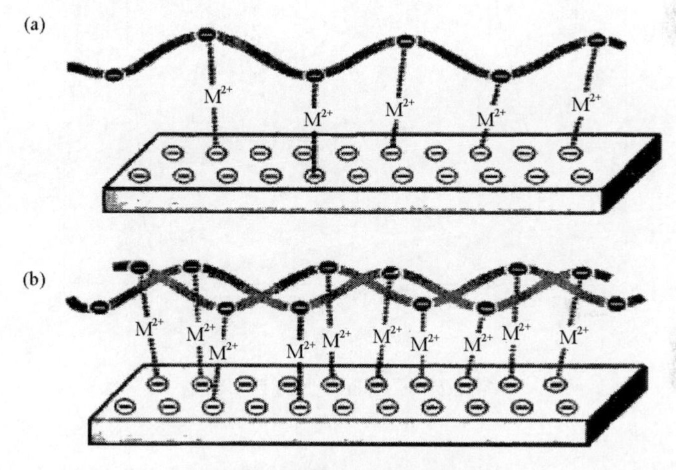

图 8-1　蒙脱石的层状结构

Khanna 和 Stotzky[11]通过 XRD 结果显示枯草芽孢杆菌的 DNA 在蒙脱石表面吸附后，矿物的层间距值并未增大，表明 DNA 不能嵌入矿物的层间。FTIR 表明苏云金芽孢杆菌 DNA 固定到腐殖酸表面后，DNA 碱基和脱氧核糖参与了吸附过程。王慎阳[10]的研究结果揭示了蒙脱石对 DNA 的吸附和解吸特征，蒙脱石对 DNA 的吸附量随着 pH 的升高出现不同程度的降低，等温吸附曲线在 pH 为 5.0 时更符合 L 形。Pietramellara 等[12]讨论了纯 DNA 和带有细胞壁的不纯 DNA 在蒙脱石矿物表面的吸附，发现细胞壁的存在促进了 DNA 在蒙脱石表面的吸附。

8.2.1　蒙脱石和 DNA 概述

1. 蒙脱石概述

1) FTIR 分析

蒙脱石原样经 FTIR 得到红外吸收光谱图，如图 8-2 所示。钙基蒙脱石的红外谱线高频区有 2 个吸收峰[12]，一个在 3626cm^{-1} 处，属于 Al—OH 基团的伸缩振动，另一个在 3434cm^{-1} 处较宽的吸收峰，属于层间水分子的伸缩振动；中频区 1643cm^{-1} 处属于层间水分子的弯曲振动；低频区 1086cm^{-1} 和 1034cm^{-1} 处属于的 Si—O 伸缩振动；低频区晶格弯曲振动带中 914cm^{-1} 处属于黏土八面体层 Al—O(OH)—Al 的平移振动[13]，795cm^{-1} 处可能是由 Si—O—Mg 或 Mg—OH 引起的，520cm^{-1} 处可能是由 Si—O—Al 引起的。

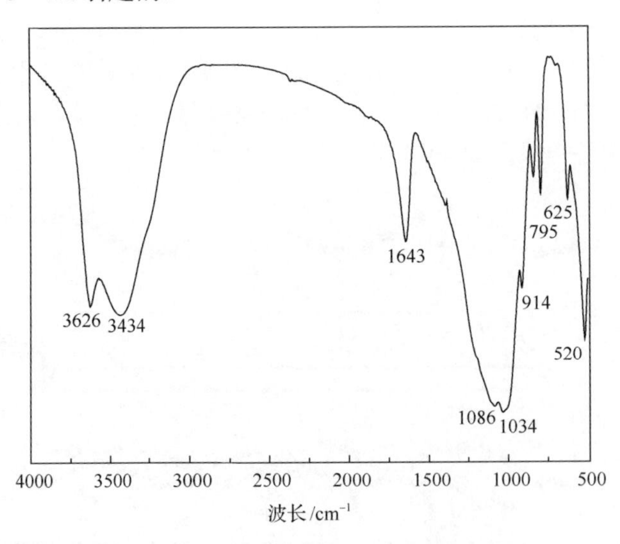

图 8-2　蒙脱石原土的 FTIR 图

2) XRD 分析

蒙脱石矿样品取自广东南海膨润土矿物，经粉晶 XRD 分析图谱如图 8-3 所示，

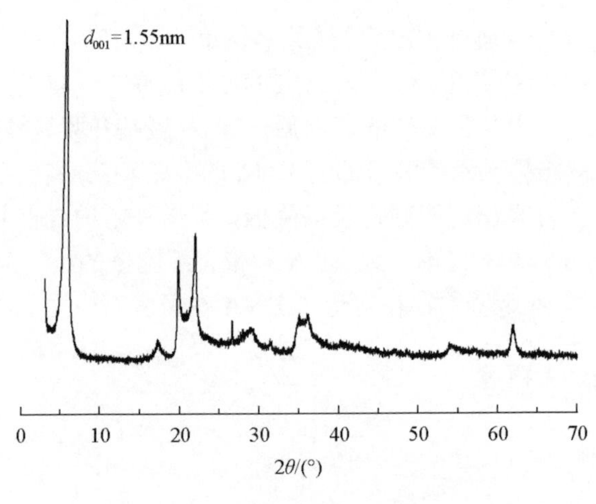

图 8-3　蒙脱石原矿的 XRD 图

蒙脱石特征衍射峰 d_{001}=1.55nm。因此，本实验所用的蒙脱石原土为钙基蒙脱石。通过其 XRD 图可知，其所含的杂质矿物主要为石英、长石和少量方解石。蒙脱石的 CEC 为 78cmol/g，pH 为 6.77，平均孔径和粒度是 8.1nm 和 15.52nm，胶体组成为 61.1%。

3) 改性蒙脱石样品

选用蒙脱石的改性材料建立黏土矿物反应体系。改性蒙脱石研究利用聚羟基铁铝作制备出无机柱撑蒙脱石，以阳离子表面活性剂十六烷基三甲基溴化铵、阴离子型表面活性剂作为有机改性剂制备出有机柱撑蒙脱石。

2. DNA 样品概述

本实验选用了四种 DNA，分别来自鲱鱼精和鲑鱼精，其中两种 DNA 又分别选取高纯度和低纯度。DNA 样品均购自美国 Sigma-Aldrich co. Ltd 公司生产的鲱鱼精(Herring Testes Type XIV, D6898)、鲱鱼精(Herring Sperm, D3159)、鲑鱼精(Salmon Testes, D1626)、鲑鱼精 DNA(Salmon Sperm, 74783)。D6898 和 D1626 是高纯度 DNA，其 A260/A280≥1.8。D3159 和 74782 纯度较低，A260/A280≤1.5。

为避免插层实验过程中蛋白质和 RNA 干扰，DNA 样品先进行提纯前处理。将鲱鱼精 DNA 用苯酚-氯仿抽提后，回收水相后用 17 号皮下注射器快速抽打 15 次，以剪断 DNA[13]。剪断 DNA 用预冷乙醇沉淀，在 10000r/min 下高速离心。最后把纯化的 DNA 重新溶解于去离子水。四种 DNA 的 FTIR 分析见图 8-4。

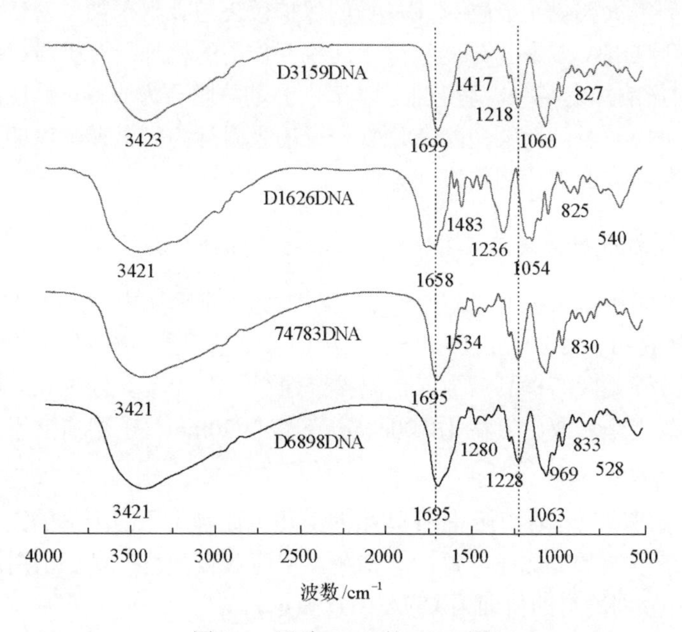

图 8-4　四种 DNA 的 FTIR 图

DNA 的特征峰如下：DNA 分子中骨架和碱基上的 C═O 伸缩振动峰（1534cm^{-1} 和 1488cm^{-1}），C—O 伸缩振动峰（1218～1236cm^{-1}），磷酸二酯基团 P—O 对称伸缩振动（1096cm^{-1}），磷酸单酯二价阴离子（PO_3^{2-}）对称伸缩振动峰（969cm^{-1}）。由于四种 DNA 本身结构的差异性，特征峰出现的位置略微偏差，其中差异性较大的为鲑鱼精 D1626，分别在 1658cm^{-1}、1054cm^{-1}、540cm^{-1} 处伸缩振动峰强度变大，且明显偏移，说明其结构差异较大，因而选为典型吸附 DNA，与其他三种 DNA 作为对比。

8.2.2 黏土矿物对 DNA 界面反应构建机制

蒙脱石作为一种天然层状硅酸盐，因其比表面积大、多孔而具有强大的吸附功能[14,15]，再加上其储量丰富[16]，是一种较为理想的吸附材料。在溶液中大分子链可以插入蒙脱石层间，形成插层复合物。根据蒙脱石的这种阳离子交换能力对其进行柱撑改性已经得到广泛的研究。目前国内外对柱撑黏土矿物在环境与生物领域的应用开展了一些研究，但多集中于废水处理领域[17]，对于分子生物学及药学领域研究较少。同时，由于生物活性分子 DNA 和黏土矿物在化学组成和结构上的巨大差异，DNA 分子与黏土矿物作用体系也可作为模式系统，用以研究和评价其他生物分子，如转基因微生物产物——疫苗、激素、抗体、病毒等进入土壤环境后的最终归宿和效果[1]。

近几十年来，对 DNA 在蒙脱石、高岭土等黏土矿物吸附和稳定性已进行了一些研究，研究表明黏土矿物对 DNA 的保护效果与吸附剂类型密切相关[18-21]。事实上，对于 DNA 与黏土矿物组分之间相互作用的机理及有机质、矿物结构对 DNA 吸附的影响知之甚少。基于此，本节以钙基蒙脱石为原料，系统研究了有机与无机改性蒙脱石及其对鲑鱼精 DNA 分子的吸附行为和机理，以期为改性黏土矿物在基因药物方面的应用提供理论依据。

1. *有机无机改性蒙脱石对 DNA 的吸附解吸实验方法*

吸附实验采用批量振荡吸附平衡法。在 50mL 锥形瓶中，加入 15mL 已知浓度的 DNA 溶液和 5mL10mmol/L Tris（三羟甲基氨基甲烷）-HCl（pH=7.0），加入一定量的不同改性蒙脱石样品后放入恒温振荡器中，在 25℃，200r/min 的转速下恒温振荡，振荡完毕后取出，在 18000r/min 下离心 20min，上层清液用紫外分光光度计在波长 260nm 处比色测定。

DNA 的解吸附实验：Tris-HCl 体系的上述沉淀物用不同浓度的醋酸钠、磷酸二氢钠及背景溶液重复洗涤，每次分别测上层清液吸光值，直至上层清液检测不出 DNA 时，分别测得的值即为 DNA 的解吸量。

2. 分析方法和质量保证

DNA 溶液的配制：称取一定量的 DNA 用 Tris-HCl（pH=7）缓冲液充分溶解后，采用 200mL 容量瓶定容，配制成 300μg/mL 的母液，备用。

标准曲线的绘制：分别取母液 10mL、20mL、30mL、40mL、60mL 至于 100mL 容量瓶中，加入 Tris-HCl（pH = 7）缓冲液，定容。配制的 DNA 溶液浓度分别为 30μg/mL、60μg/mL、90μg/mL、120μg/mL、180μg/mL。用日本岛津紫外分光光度计在 200～800nm 的范围内扫描，扫描所得的最大吸收波长为 260nm[图 8-5（a）]。在 260nm 波长条件下进行扫描，以浓度为横轴、吸光度为纵轴绘制标准曲线[图 8-5（b）]。

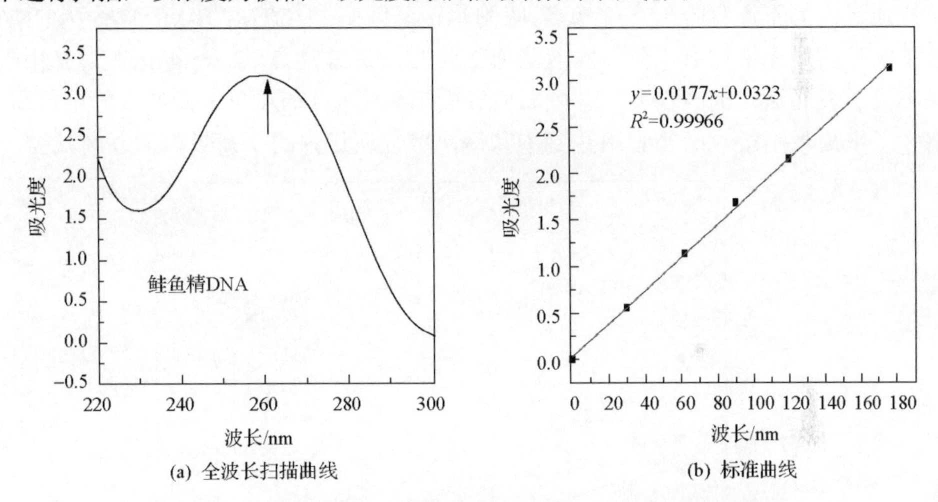

图 8-5　鲑鱼精 DNA 溶液的全波长扫描曲线和标准曲线

测定结果表明，DNA 浓度与测定的吸光度（OD）基本成线性正相关，说明在所测的浓度范围内紫外光谱的相应值呈线性。标准曲线直线拟合相关系数 R^2 达 0.99966，充分保证了紫外分光光度计测量 DNA 的浓度定量结果。

改性蒙脱石固相上 DNA 的吸附量通过吸附平衡前后溶液中溶质的变化计算所得：

$$q_e=V_0(c_0-c_e)/W_s \tag{8-1}$$

式中，q_e 为达到吸附平衡时固相上 DNA 的吸附量，μg/mg；c_e 为达到吸附平衡时液相中 DNA 的浓度，μg/mL；c_0 为溶液的初始浓度，μg/mL；V_0 为加入 DNA 溶液的体积，mL；W_s 为投加吸附剂的量，g。

吸附和解吸实验均在密封避光条件下进行，通过预实验，DNA 的分解和光解可以忽略不计。每次实验所配的 DNA 溶液均做空白测定。所有吸附实验均做空白和平行。

8.2.3　黏土矿物对 DNA 界面反应影响因素

1. 吸附剂用量对 DNA 吸附的影响

由图 8-6 可知，除阳离子表面活性剂 HDTMAB 改性蒙脱石之外，蒙脱石原土及其余两种改性蒙脱石对 DNA 的平衡吸附量随着黏土投加量的增加而减少。蒙脱石原土平衡吸附量下降幅度最大，从 57.75μg/mg 降至 51.89μg/mg，其次是 SDS-Mt 体系中，DNA 吸附量从 56.21μg/mg 减至 52.30μg/mg。这是因为在 DNA 浓度一定的情况下，蒙脱石用量增大，进而增加了蒙脱石外表面的不饱和吸附点位，相应地单位质量内的不饱和吸附点位增多，吸附量下降。而在 HDTMAB-Mt 体系中，DNA 的平衡吸附量先增加后下降，固液比为 2.5g/L 时达最高点 62.88μg/mg。这是由于在阳离子表面活性剂改性后，蒙脱石内表面阳离子与 DNA 负电荷产生静电作用，增大了平衡吸附量，而当吸附达到饱和后，单位质量内的平衡吸附量逐渐减少。

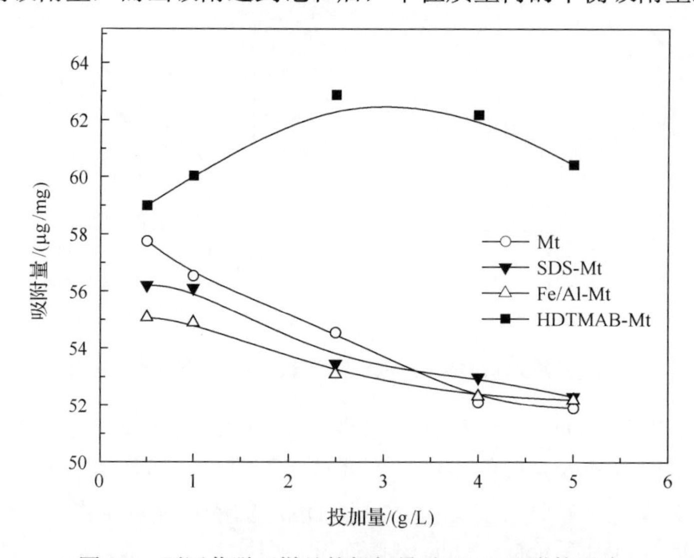

图 8-6　不同蒙脱石样品的投加量对 DNA 吸附的影响

2. pH 对 DNA 吸附的影响

pH 对不同蒙脱石 DNA 的吸附影响如图 8-7 所示，DNA 在蒙脱石原土、SDS 改性和无机改性蒙脱石表面的吸附量随着 pH 从 2.0 上升到 9.0 而降低。在 pH 为 2.0 时，它们对 DNA 的吸附量达到最大，分别为 88.23μg/mg、50.89μg/mg、50.32μg/mg。pH 从 2.0 上升到 5.0 时，DNA 在 SDS-Mt 表面的吸附量降低到 24.35μg/mg，而蒙脱石表面 DNA 的吸附量仅降低到 73.83μg/mg。对于蒙脱石，pH 在 5.0～9.0 时，DNA 的吸附量急剧减少，尤其在 pH 为 10.0 时最小。而对于有机和无机分别改性后的蒙脱石，在 pH5.0～9.0 时，DNA 的吸附量略微减少。由于 DNA 的等电点约为 5[22]，体系 pH＜5.0 时，DNA 分子表面的正电荷量增加，DNA 与蒙脱石之间的静电引力增强，导致吸附量增大。体系 pH＞5.0 时，DNA 分子和蒙脱石表面的负电荷量增加，静电排斥作用增强，导致吸附量下降。这表明 DNA 在蒙脱石表面的吸附主要靠静电力作用。另外低 pH 下(pH=2.0) DNA 吸附量较高，可能是因为 DNA 发生了沉淀。

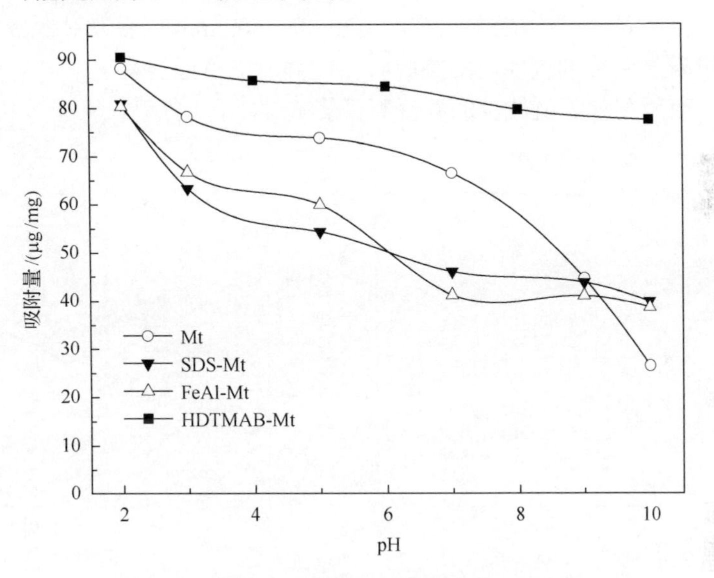

图 8-7 p 值对不同蒙脱石样品吸附 DNA 的影响

对于有机和无机改性后的蒙脱石，根据 XRD 结果和 Zeta 电位结果可知，经聚合阳离子柱撑后，由于聚羟基 Fe/Al 插入蒙脱石层间域后，补偿了它的大部分永久负电荷，而使其电荷负值降低。在负电荷减少的情况下，Fe/Al-Mt 对 DNA 吸附量缓慢增加后再下降，说明在 pH5.0～10.0 时，DNA 分子中的氨基脱去质子后通过氢键或聚羟基离子配位交换的作用[8]固定在 Fe/Al-Mt 上，因而不再受 pH 影响。经有机阴离子表面活性剂 SDS 改性后，其比表面积急剧增大，为 DNA 提供了更多结合点位，SDS-Mt 吸附量逐渐超过蒙脱石，说明在 SDS-Mt 外表面的吸附可能是物理作用力的结果。阳离子表面活性剂 HDTMAB 进入层间后，其 Zeta 电位大幅度减少，且其电荷零点在 pH=6 左右，因此，在 pH=6 时其表面正电与 DNA 负电荷发生静电作用，进而维持吸附量不变。这些数据表明，DNA 在蒙脱石及两种有机改性的蒙脱石上吸附可能主要通过静电引力、氢键和配位交换等多种作用力[1,9,18,22]。

3. 离子浓度对 DNA 吸附的影响

图 8-8 为在不同电解质 NaCl、$MgCl_2$ 和 $AlCl_3$ 中，电解质浓度对有机无机改性蒙脱石吸附 DNA 的影响。由图 8-8 可见，NaCl 浓度从 0mmol/L 增加到 30mmol/L，DNA 在有机改性蒙托石表面的吸附量显著增加，继续增加 NaCl 浓度，DNA 吸附量变化不大。然而，对无机改性蒙脱石和蒙脱石原土而言，在 0～30mmol/L NaCl 浓度范围内，DNA 吸附量增幅很小，而在 30～60mmol/L 后吸附量才开始增加。这说明有机表面活性剂改性后的蒙脱石在电解质浓度低的情况下，受离子浓度的影响较大，而原土和无机改性的蒙脱石受影响较小。

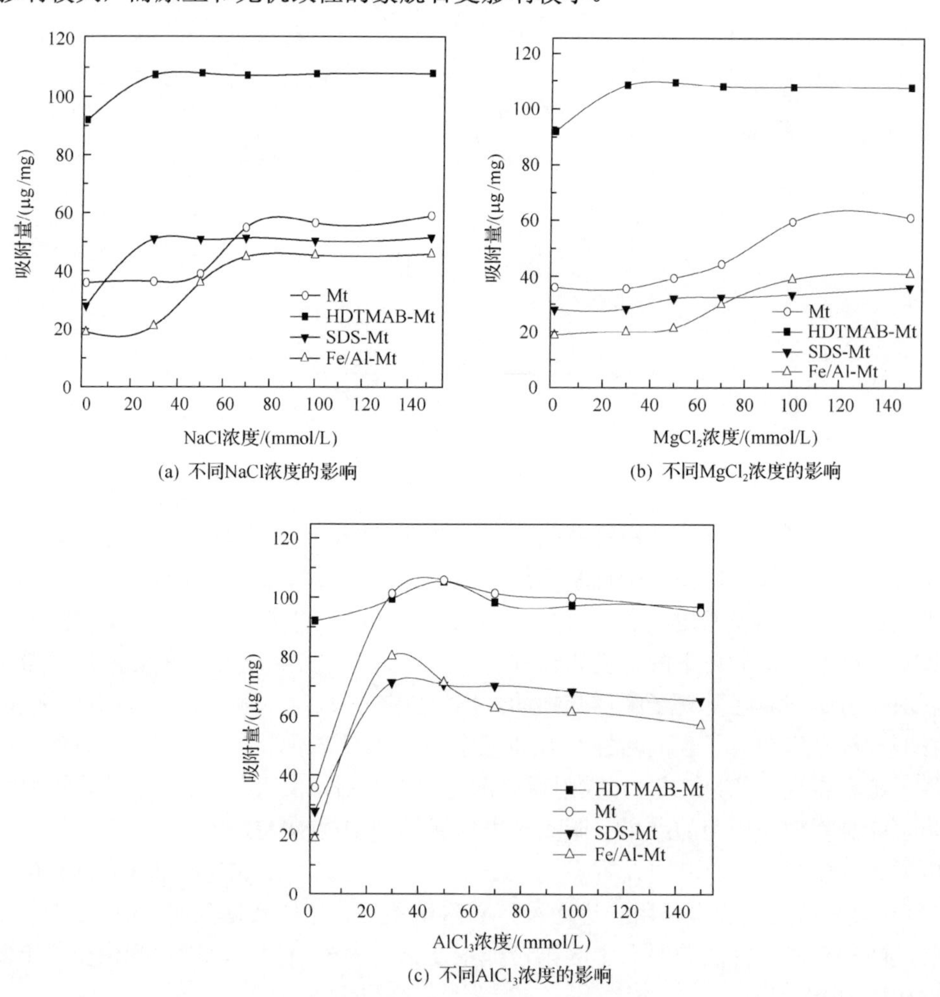

图 8-8　离子浓度对不同改性蒙脱石样品吸附 DNA 影响

在 0～30mmol/L 浓度范围内，DNA 在有机和无机改性的蒙脱石的吸附随电

解质 $AlCl_3$ 浓度的增大而逐渐增加(图 8-8)。体系中加入 30mmol/L $AlCl_3$，DNA 吸附量均达 60μg/mg 以上，而加入相同浓度的 NaCl 和 $MgCl_2$，DNA 的吸附量仅为 20～60μg/mg，这表明 $AlCl_3$ 比 NaCl、$MgCl_2$ 更能促进 DNA 在有机与无机改性蒙脱石表面的吸附，这可能是由于 Al^{3+} 在 DNA 与改性蒙脱石之间提供了更强的静电引力。除了静电作用的因素外，还可能因为较高浓度的 Al^{3+} 使 DNA 絮凝，从而增加了 DNA 在蒙脱石矿物表面的吸附。在 60mmol/L 之后，$AlCl_3$ 体系中，除 HDTMAB-Mt 吸附量基本不变外，其他改性蒙脱石及原土的吸附量下降，而在 $MgCl_2$ 体系中吸附量上升，这说明了 HDTMAB-Mt 在电荷饱和平衡后，吸附稳定性较强。

4. 黏土矿物对 DNA 界面反应等温吸附曲线研究

以吸附平衡浓度为横坐标，以平衡吸附量为纵坐标，采用 Langmuir、Freundlich 和 Redlich-Peterso 吸附等温模型进行吸附等温线拟合，吸附等温拟合如图 8-9 所示，吸附等温模型拟合参数如表 8-1 所示。

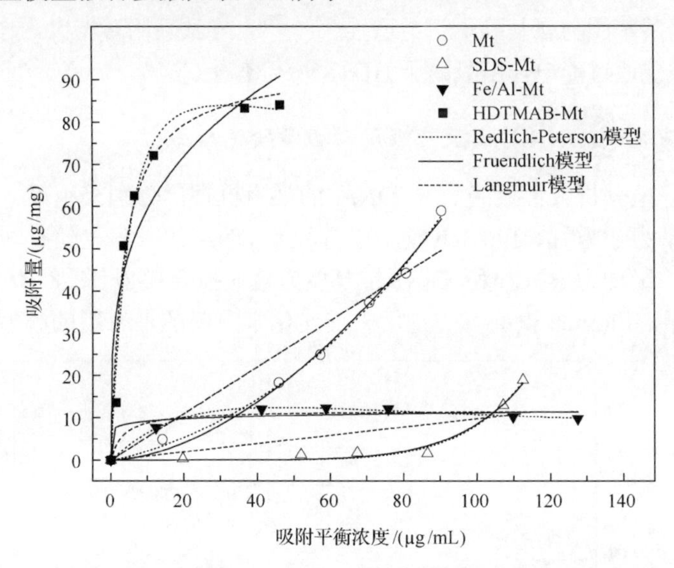

图 8-9　不同蒙脱石样品对 DNA 吸附的等温吸附曲线

表 8-1　吸附等温线拟合参数

吸附剂	Langmuir 模型			Freundlich 模型			Redlich- Peterson 模型			
	R^2	K_L/(L/g)	q_m/(μg/mg)	R^2	K_F/[(mg/g)(L/mg)]	n	R^2	K_{RP}/(L/g)	α	β
Mt	0.173	5.112	31.454	0.992	0.033	0.667	0.996	0.058	0.579	0.102
SDS-Mt	0.986	0.06	6.132	0.999	0.011	0.155	0.976	5.591	0.011	–5.59
Fe/Al-Mt	0.947	0.001	10.713	0.861	7.541	11.546	0.996	0.751	0.004	1.581
HDTMAB-Mt	0.999	1.157	61.040	0.891	30.912	3.559	0.977	17.227	0.133	1.182

从表 8-1 可知，蒙脱石及无机改性蒙脱石对 DNA 的吸附等温线符合 Redlich-Peterso（相关系数 $R^2>0.99$）方程。对于有机改性蒙脱石，阴离子表面活性剂 SDS 改性蒙脱石对 DNA 吸附曲线为 Freundlich 型，$R^2=0.999$，而阳离子表面活性剂 HDTMAB 改性蒙脱石体系中，Langmuir 吸附模型拟合效果更好。在 Fe/Al-Mt 体系中，DNA 吸附量随初始 DNA 浓度的增加而缓慢上升，吸附模型与蒙脱石原土相似，进一步证明了 FTIR 表征的结论，聚羟基铁铝柱撑过程中，蒙脱石的基本骨架没有发生明显的改变，但两者的异质性指数 β 有显著差异，分别为 0.102 和 1.581；在 SDS-Mt 体系中，Freundlich 吸附模式说明其不是均匀的单层吸附。SDS-Mt 比表面积远大于蒙脱石，而其吸附量小于蒙脱石，因此，SDS-Mt 吸附过程不仅是表面物理力吸附作用，还有配位键或氢键作用参与；在 HDTMAB-Mt 体系中，Langmuir 吸附模型拟合效果好，说明 DNA 与 HDTMAB-Mt 之间的吸附为单层吸附[22-24]。且 HDTMAB 改性蒙脱石对 DNA 的平衡吸附量（q_m=61.04μg/mg）显著高于原土和其余两种改性蒙脱石，根据 Zeta 电位结果，阳离子表面活性剂改性后，蒙脱石外部的正电荷增加，对 DNA 中磷酸基团与氨基静电引力增强[1,22,25,26]，导致吸附量增大。与此同时也说明了 DNA 主要通过静电作用吸附于 HDTMAB-Mt 上。

5. 黏土矿物对 DNA 界面反应吸附动力学研究

为了更好地分析改性蒙脱石对 DNA 的吸附机理，分别采用准一级动力学方程、准二级动力学方程、Elovich 动力学方程对 DNA 的吸附量随时间变化数据进行拟合，准二级动力学方程和 Elovich 模型为最佳拟合模型（图 8-10），拟合参数如表 8-2 所示。Elovich 模型[27-30]是用来描述化学吸附的最有用的模型。

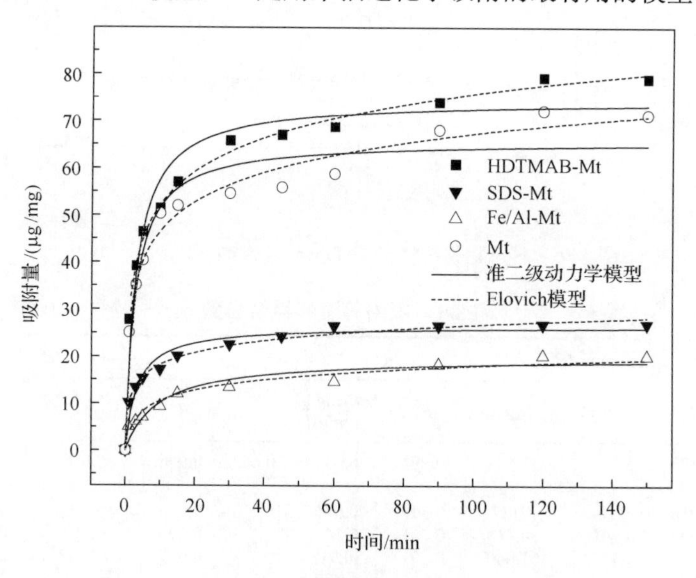

图 8-10　不同蒙脱石样品吸附 DNA 的动力学研究

由表 8-2 中准二级动力学模型的计算参数 q_e 值与实际实验测定 q_e 的比较可知，平衡吸附量的实验值与模型理论值吻合性好。四种蒙脱石及其改性材料的 q_e 大小顺序为 HDTMAB-Mt＞Mt＞SDS-Mt＞Fe/Al-Mt，有机 HDTMAB 柱撑蒙脱石的平衡吸附量最大，无机柱撑蒙脱石吸附最小。对于有机柱撑蒙脱石，由于 SDS 的荷负电荷端朝外，从而减少了对 DNA 的吸附。在 HDTMAB-Mt 体系中，在最初的 5～10min 内吸附迅速，吸附百分率达到 95%，这说明 DNA 与 HDTMAB 之间存在强的相互作用。之后吸附逐渐缓慢，说明吸附逐渐接近平衡[31]。可以认为吸附过程分为两步：第一步是界面吸附，DNA 分子从溶液迅速扩散到蒙脱石外表面；第二步是界面内扩散，DNA 分子向 HDTMAB-Mt 内层毛孔扩散，包含层间的离子交换。Elovich 模型拟合效果较好，R^2＞0.96。相关系数 β 大小顺序为 Fe/Al-Mt＞SDS-Mt＞Mt＞HDTMAB-Mt，β 值越大，表示改性蒙脱石材料对 DNA 的吸附亲和力越强[1]。由此可以看出，虽然 SDS-Mt 和 Fe/Al-Mt 吸附量不如蒙脱石原土，但其吸附亲和力更强。

表 8-2　吸附动力学拟合参数

吸附剂	准一级动力学模型			准二级动力学模型			Elovich 模型			q_e（实验值）/(μg/mg)
	R^2	k_1/(1/min)	q_e/(mg/g)	R^2	k_2/[g/(mg·min)]	q_e/(mg/g)	R^2	α	β	
Mt	0.864	0.250	61.479	0.934	0.006	65.895	0.984	156.721	0.111	71.297
SDS-Mt	0.877	0.191	24.916	0.952	0.011	26.604	0.990	51.465	0.271	26.877
Fe/Al-Mt	0.878	0.078	17.935	0.933	0.005	20.065	0.965	8.057	0.305	20.212
HTDM-Mt	0.880	0.226	69.732	0.956	0.005	77.263	0.997	164.633	0.097	79.002

6. 有机无机改性蒙脱石对 DNA 的解吸

实验用 NaOAc 溶液、NaH_2PO_4 溶液及背景溶液 Tris-HCl 为解吸剂，在 25℃ 恒温条件下将改性所吸附的 DNA 解吸下来。NaOAc 解吸的是通过分子引力或静电引力吸附的 DNA，NaH_2PO_4 解吸的主要是通过配位体交换吸附的 DNA[9]。Tris-HCl 解吸的 DNA 可被认为是通过范德瓦尔斯力吸附的[1]。

由图 8-11 可以看出，以 NaOAc 溶液为解吸剂，蒙脱石、SDS-Mt、Fe/Al-Mt 和 HDTMAB-Mt 上吸附 DNA 的解吸率分别为 31.0%、8.3%、6.8%和 41.1%。从总解吸率来看，HDTMAB-Mt 至少有 50%的 DNA 被 NaOAc 溶液解吸，要比 NaH_2PO_4 溶液解吸的 DNA 量大很多，表明其对 DNA 的吸附主要通过静电引力作用；以 NaH_2PO_4 溶液为解吸剂，有机与无机改性蒙脱石结构存在差异，使吸附在 FeAl-Mt 表面的 NaH_2PO_4 解吸 DNA 量要略高于 SDS-Mt。与 HDTMAB-Mt 不同的是，对 FeAl-Mt 解吸时 NaH_2PO_4 可以和 DNA 的磷酸基团之间形成竞争，且低浓度的 NaH_2PO_4 可将 DNA 从矿物表面解吸[22]。因此，DNA 分子中的磷酸基团主要通过阴离子交换与Fe/Al-Mt上的—OH离子作用，或与Fe/Al-Mt上的正电荷位点发生静电作用而被吸附。这进一步证明了DNA的磷酸基团是DNA与蒙脱石相互作用的主要基团。从总解吸率来看，SDS-Mt和Fe/Al-Mt仅有23.03%和21.42%被溶液解吸，未解吸部分也可能是更强烈的键合作用[9,32]，因此，蒙脱石表面聚羟基铁铝和SDS存在可显著增强DNA的吸附强度。

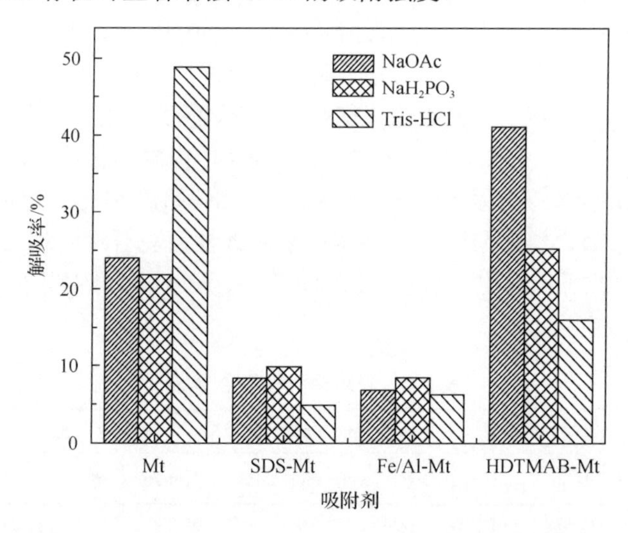

图 8-11　不同解吸剂对不同蒙脱石样品吸附DNA的解吸率

解吸结果表明，DNA在蒙脱石原土表面主要通过范德瓦尔斯力等作用吸附在黏土边缘；经有机阳离子表面活性剂改性HDTMAB后，DNA的吸附主要通过静电引力作用，且吸附量提高显著；而有机阴离子表面活性剂SDS改性后，DNA的吸附量有所下降，吸附过程有配位或氢键作用参与[32]；用无机聚羟基铁铝改性后，DNA分子中磷酸基团通过配位交换、氢键和静电引力的作用吸附于蒙脱石内外表面。

8.2.4　黏土矿物对DNA界面反应表征

1. 解吸DNA的电泳与圆二CD谱验证

图8-12为从四种吸附剂上解吸DNA的电泳图。孔道1～4为吸附前，未投入SDS-Mt、HDTMAB-Mt、Fe/Al-Mt、Mt的DNA溶液的对比条带。由于DNA初始浓度较大，因而亮带较为弥散，为80～300bps(bp表示碱基对)。5、6、7、8分别为从SDS-Mt、HDTMAB-Mt、Fe/Al-Mt、Mt解吸下的DNA的电泳条带。由于SDS-Mt与Fe/Al-Mt的DNA解吸量较少，DNA的80～300bps条带没有出现，且图中条带出现拖尾现象。从HDTMAB-Mt上解吸下来的DNA大小在50～300bps。

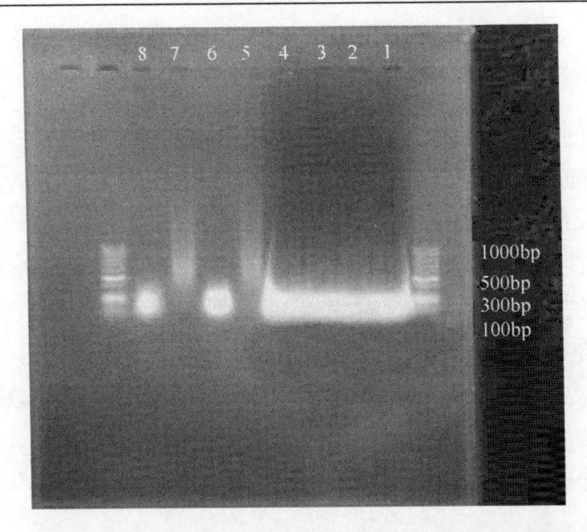

图 8-12　不同蒙脱石样品解吸 DNA 的凝胶电泳图

将从四种吸附剂上解吸下来的 DNA 用圆二色 CD 谱分析其构型。如图 8-13 所示，a 为原始线所代表的位置，b、c、e 分别是从 HDTMAB-Mt、Fe/Al-Mt、Mt 解吸的 DNA 光谱，其在 247nm 和 278nm 处分别有一个负峰和一个正峰，DNA 的 B 型构型特征没有改变，HDTMAB-Mt 和蒙脱石 DNA 解吸量较大，因而信号较强，虽然 Fe/Al-Mt 信号较弱，但其波形峰位保持一致。d 为 SDS-Mt 上解吸下来的 DNA，其正峰消失，负峰向左偏移，说明其构型已发生变化。

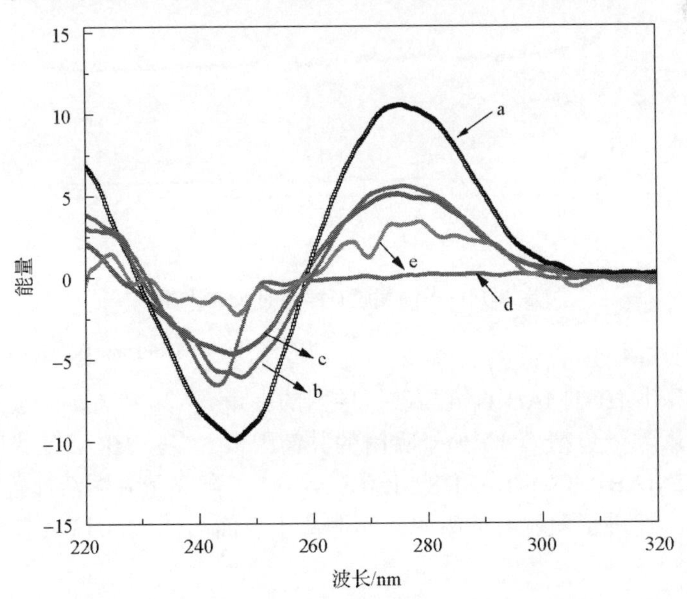

图 8-13　不同蒙脱石样品解吸 DNA 的圆二色谱图

2. 有机无机改性蒙脱石层间结构表征

图 8-14 是有机和无机改性蒙脱石与原始蒙脱石的 XRD 图。从图 8-14 可以看出，经过无机柱撑后，蒙脱石的层间距由 1.55nm 增大到 1.89nm，说明聚羟基铁铝进入了蒙脱石层间，从而引起蒙脱石层间距的变大。对于有机柱撑蒙脱石，经阴离子表面活性剂 SDS 改性后，层间距略有增加，d_{001} 为 1.66nm，这说明 SDS 插入了蒙脱石的层间域，且 SDS 插入层间的量比较少，存在方式可能为单层平卧，SDS 主要分布在蒙脱石表面。另外，SDS-Mt 在 2θ =26.5°的衍射峰明显增强，表明蒙脱石的结构受了 SDS 的影响。按阳离子表面活性剂 HDTMAB 的 1.0 倍 CEC 浓度改性后，d_{001} 增大到 2.06nm，且 HDTMAB-Mt 的 d_{001} 峰峰形锐而强，说明其有序程度较高。层间距 2.06nm 说明了 HDTMAB 直链在蒙脱石层间排列方式为倾斜单层[33]。

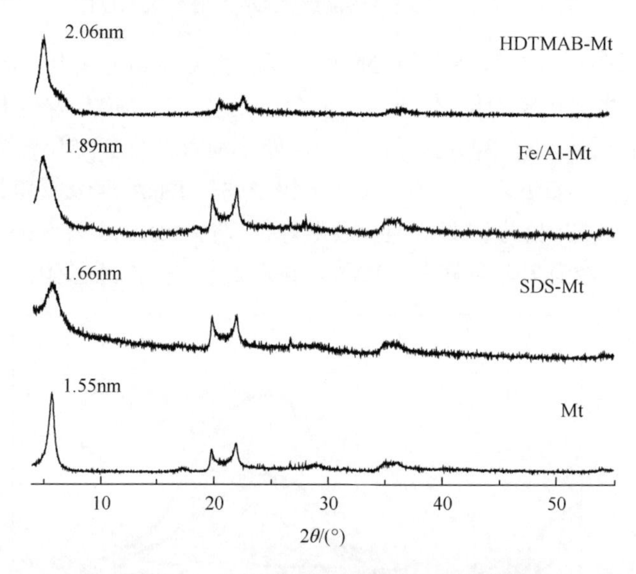

图 8-14　不同蒙脱石样品的 XRD 图谱

根据 HDTMAB 直链的长度 2.5nm 和 2∶1 型层状硅酸盐 TOT 的厚度为 0.96nm，计算出 HDTMAB 直链与硅氧层面的夹角 α =26.1º 左右。蒙脱石层间结构的变化是影响鲑鱼精 DNA 分子吸附的关键因素。实验表明，最大吸附量大小顺序为 HDTMAB-Mt＞Mt＞SDS-Mt＞Fe/Al-Mt。阳离子表面活性剂 HDTMAB 进入层间后，促进了蒙脱石的吸附，而阴离子表面活性剂 SDS 覆盖其表面后，吸附量减少。

3. 有机无机改性蒙脱石的 Zeta 电位和比表面积分析

表 8-3 列出了不同蒙脱石样品在 pH 为 7 时的 Zeta 电位、电荷零点及比表面积。由表 8-3 可知不同蒙脱石样品在中性的条件下，其表面都带负电荷，蒙脱石原土在 pH 为 7 时，其 Zeta 电位为–26.5mV。这是由于在蒙脱石的晶体结构中，四面体层中部分 Si(Ⅳ)被 Al^{3+}替代和八面体层中部分 Al^{3+}被 Mg^{2+}、Fe^{2+}等取代，使层间产生永久性负电荷。经聚合阳离子柱撑后，其 Zeta 电位的负值有所降低，这是由于聚羟基 Fe/Al 插入黏土层间域后，补偿了蒙脱石的大部分永久负电荷，而使其电荷负值降低。但经十二烷基硫酸钠改性后，其 Zeta 电位的负值有较大的提高。因为十二烷基硫酸钠为阴离子表面活性剂，其柱撑到蒙脱石层间后，会产生电离，形成阴离子，增强蒙脱石表面负电荷。相反，阳离子表面活性剂进入层间后，其 Zeta 电位大幅减少，表面的负电荷因与阳离子产生静电作用而减少。因此，不同改性材料上电荷变化是影响 DNA 吸附的重要因素。

由表 8-3 可知，经过无机柱撑后蒙脱石的比表面积增大，而经有机柱撑后蒙脱石的比表面积减小，这可能是 SDS 进入到蒙脱石层间或吸附在蒙脱石表面，堵塞了蒙脱石表面的微孔，使 SDS-Mt 的比表面积相对原土要小。比表面积数据与第 3 章中有机无机柱撑蒙脱石的扫描电镜分析结果一致。有机无机改性后的蒙脱石比表面积对其吸附 DNA 也产生了一定的影响。

表 8-3　不同蒙脱石的 Zeta 电位和比表面积

蒙脱石类型	Zeta 电位/mV	电荷零点(zero point charge，ZPC)	比表面积/(m^2/g)
Mt	−26.5	2.5	76.9
FeAl-Mt	−16.6	5.7	171.2
SDS-Mt	−37.7	4.2	26.0
HDTMAB-Mt	−8.4	6.1	30.6

8.2.5　蒙脱石与改性蒙脱石吸附解吸 DNA 机理模型

1. 蒙脱石吸附机理与模型

DNA 在蒙脱石原土表面主要通过范德瓦尔斯力等作用吸附在蒙脱石边缘。蒙脱石对 DNA 的吸附等温线符合 Redlich-Peterso 方程。吸附动力学用 Elovich 方程拟合效果较好。吸附过程以快速吸附为主，吸附类型为化学吸附。蒙脱石的吸附机理可表示为

$$\text{DNA+矿物表面} \rightleftharpoons \text{DNA}_{\text{残留}}\text{+DNA–矿物表面} \tag{8-2}$$

为了更好地阐释吸附界面反应机理，建立 DNA/矿物黏土模型。DNA 采用 Accelrys 公司新版 Discovery Stduio Visualizer3.1 版软件模拟。为简化模型计算，采用 20bps 长度 DNA 进行模拟。黏土矿物的原子力场采用 COMPASS（Condensed-phase Optimized Molecular Potentials for Atomistic Simulation Studies，Accelrys，San Diego，CA，USA）。机理模拟见图 8-15。

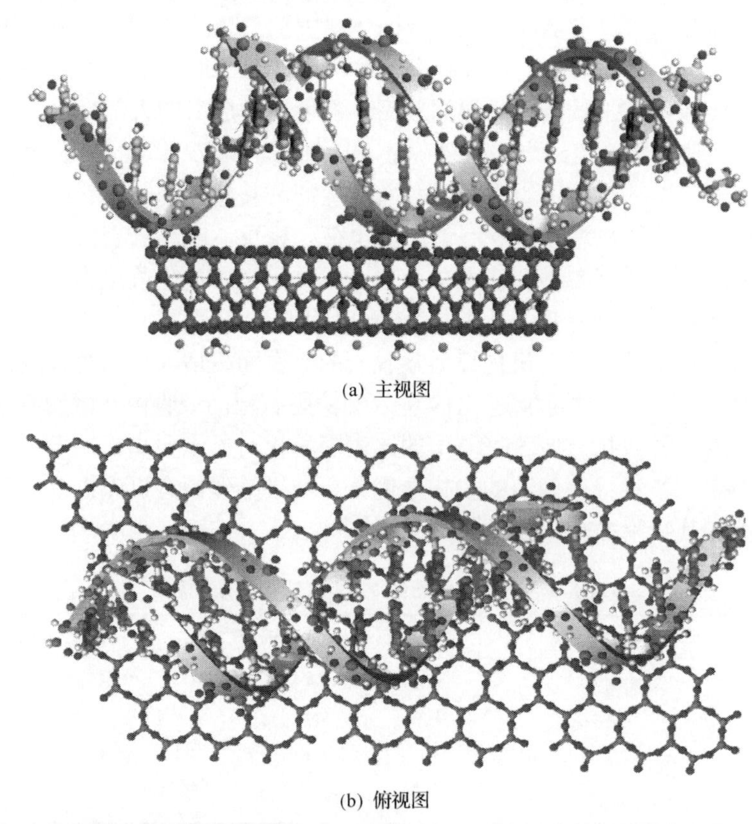

(a) 主视图

(b) 俯视图

图 8-15　DNA 在蒙脱石外表面上的吸附的界面反应机理图

2. 改性蒙脱石对 DNA 的吸附机理与模型

实验结果显示，不同改性蒙脱石的结构不同，吸附机理也不同。有机阴离子表面活性剂 SDS-Mt 和无机聚羟基 Fe/Al-Mt 的吸附机理与 Mt 的吸附机理相似。

$$\text{DNA+新矿物表面} \rightleftharpoons \text{DNA}_{\text{残留}}\text{+DNA–矿物表面} \tag{8-3}$$

因此，有机阴离子表面活性剂 SDS-Mt 与无机聚羟基 Fe/Al-Mt 吸附 DNA 作用模型可与蒙脱石归为一类结构，如图 8-15 所示。吸附点位都是外表面，仅仅结合吸附力作用有所区别。

由于 HDTMAB 本身带有正电，会与 DNA 发生静电作用，因此，HDTMAB-Mt 的吸附量远大于蒙脱石吸附量。吸附模型如图 8-16 所示，其吸附机理可表示为

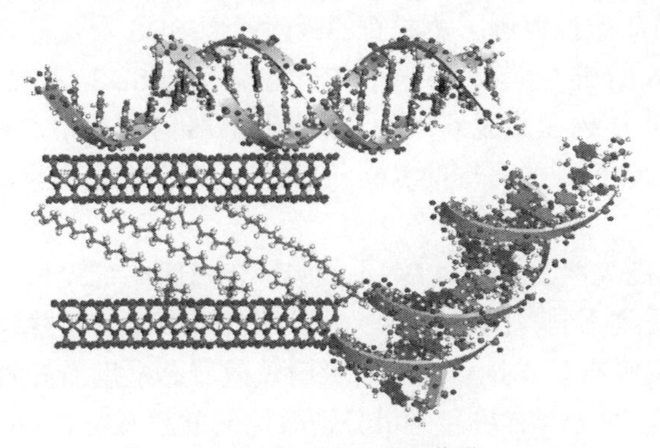

(a) DNA与HDTMAB-Mt作用

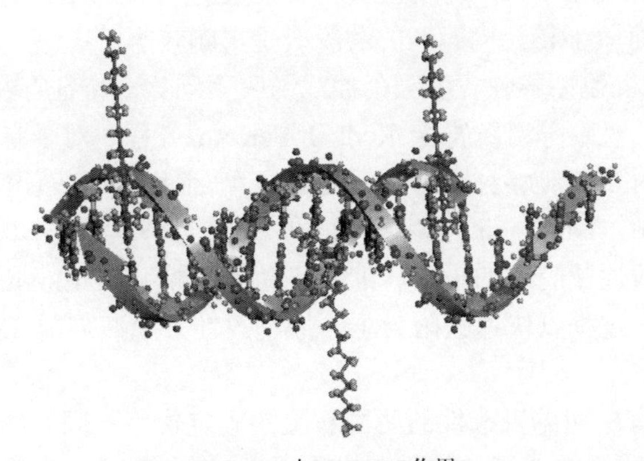

(b) DNA与HDTMAB作用

图 8-16　DNA 在 HDTMAB-Mt 表面上的吸附的界面反应机理图

$$\text{DNA+矿物表面} \rightleftharpoons \text{DNA}_{\text{残留}}\text{+DNA–矿物表面} \tag{8-4}$$

$$\text{DNA}_{\text{残留}}\text{+HDTMA}^{+} \rightleftharpoons \text{HDTMAB–DNA–矿物表面} \tag{8-5}$$

$$\text{HDTMAB}^{+}\text{+矿物表面} \rightleftharpoons \text{HDTMAB–矿物表面} \tag{8-6}$$

$$\text{DNA}_{\text{残留}}\text{+HDTMAB–矿物表面} \rightleftharpoons \text{HDTMAB-DNA–矿物表面} \tag{8-7}$$

正是由于负电荷 DNA 与阳离子表面活性剂 HDTMAB 静电作用，表面吸附作用力进一步增强，解吸率低于原土蒙脱石。

通过研究有机和无机改性蒙脱石与 DNA 相互作用，揭示不同层间结构的蒙脱石对 DNA 的吸附与固定作用特征。通过现代表征手段深入研究黏土矿物对 DNA

的固定特性、固-液界面反应行为和微结构特征。研究结论如下。

(1)蒙脱石结构、电负性及表面性质的变化是影响鲑鱼精 DNA 分子吸附的关键因素。HDTMAB 改性促进了蒙脱石的吸附，而 SDS 覆盖其表面后，吸附量减少。这是由于 SDS 的进入，蒙脱石表面的一些微孔被 SDS-Mt 堵塞；而 HDTMAB 以倾斜单层的方式排列在蒙脱石层间，为蒙脱石吸附水相中 DNA 提供了有利的通道和空隙；无机改性蒙脱石层间 Keggin 结构的存在使吸附量减少，但吸附强度增加。

(2)有机或无机改性蒙脱石对 DNA 的吸附随着吸附剂投加量、pH、电解质浓度等因素变化而受到不同程度的影响。除了 HDTMAB 改性蒙脱石之外，蒙脱石及其余两种改性蒙脱石对 DNA 的平衡吸附量随着黏土投加量的增加而减少。在 pH 为 5.0～9.0 时，原土与有机和无机分别改性的蒙脱石对 DNA 的吸附量下降幅度存在显著差异。HDTMAB 改性后的蒙脱石，在电解质浓度低的情况下受离子浓度的影响较大，而原土和无机改性的蒙脱石受影响较小。

(3)有机或无机改性蒙脱石的吸附曲线与吸附动力学特征存在差异。无机改性蒙脱石对 DNA 的吸附等温线符合 Redlich-Peterso 方程。对于有机改性蒙脱石，SDS 改性蒙脱石对 DNA 吸附曲线为 Freundlich 型，而阳离子表面活性剂 HDTMAB 改性蒙脱石体系中，Langmuir 吸附模型拟合效果更好，吸附为单层吸附。动力学研究表明：对于改性蒙脱石的吸附，准二级动力学模型和 Elovich 模型为最佳拟合模型，说明吸附过程以快速吸附为主，控制改性蒙脱石吸附 DNA 的主要步骤是化学吸附。

(4)DNA 在有机和无机改性的蒙脱石上的固定作用不同。经有机 HDTMAB 改性后，DNA 的吸附主要通过静电引力作用。DNA 分子中磷酸基团通过配位交换、氢键和静电引力的作用吸附于无机 Fe/Al-Mt 和 SDS-Mt 内外表面。蒙脱石表面聚羟基 Fe/Al 和 SDS 的存在显著增强 DNA 的吸附强度，且从 SDS-Mt 与 DNA 载体上解吸 DNA 的 B 构型发生变化。

8.3 黏土矿物对微生物的界面反应

相比游离降解菌单独降解的过程，固定化作用具有其独特的优势。经固定，微生物对系统有机毒物的去除往往具有更佳的效果，载体自身性质如吸附作用能吸附污染物或代谢产物，增加污染物去除的同时保证降解菌的正常代谢。此外，固定化微生物在处理系统中相比游离细菌往往具有更强的耐冲击负荷能力，良好的固定手段能提高微生物在系统中的竞争力，防止其流失及原生动物的吞噬，因而应用在更复杂多变的废水工艺中[34]。在延长高效降解微生物的停留时间和生物活性，降解系统中存在的形态和其机械强度等方面都具有良好的优化改良，如包埋法将微生物制备成材料化的生物小球，杜绝微生物流失的同时，大大提升了其机械强度和停留时间及菌种保存时间，实现了微生物的长效运用。最后，经活化的固定化微生物若能应用于处理反应器等废水处理工艺，较游离菌降解过程具有更短的启动时间。

传统的微生物降解强化和改良技术手段，大多采用人工添加营养物质或刺激生物活性的化学物质来达到目的。固定化强化的技术也较多地应用在人工制备材料如生物膜、活性炭和单纯的包埋材料等，可能涉及较大的成本花费和环境本身自净原理的脱离。运用与微生物生存的自然环境及其本身常态下与之相联系的活性物质，挑选黏土矿物作为微生物固定的载体材料，微生物与黏土矿物二者皆是自然存在于污染场所并相互协作的；使用的载体材料为天然黏土矿物，因环境中自然存在，对微生物降解菌可以达到联系紧密而完全无害的作用，且材料价廉易得；不同于一般包埋法单纯以能胶联塑化材料为载体。所以，通过进一步对微生物同黏土矿物的界面反应研究，了解其机制和影响因素，方便更好地应用于实际生产中。

8.3.1　黏土矿物对微生物界面反应构建机制

微生物本身在实际应用中易损失，环境适应性差和降解周期长等缺陷大大限制了微生物在实际污染治理中的运用和投入，因此强化降解菌的性能并赋予其更强的环境耐受能力是关键步骤之一。作为土壤中最活跃的组分之一，黏土矿物往往能与目标污染物结合或通过界面反应与特异微生物结合在一起，影响微生物自身的生长状况和降解性能。因此研究选择了由华南理工大学环境与能源学院党志课题组在华南地区受污土壤中筛选出的鞘胺醇单胞菌 GY2B——一株能降解多种多环芳烃和酚类化合物的高效降解菌作为目标降解微生物，以华南地区土壤中常见的阳离子黏土矿物为载体固定 GY2B 降解菌，优化其降解性能，通过游离降解菌和固定化降解菌对苯酚的降解差异来考察固定化对 GY2B 降解菌降解性能的增强效果，并研究微生物与黏土矿物的界面反应机理。研究对土壤中微生物与黏土矿物的相互结合作用，苯酚等有机污染物的去除和微生物强化技术等具有重要的理论参考和应用价值。

1. 黏土矿物对微生物界面反应的技术路线

首先以适宜浓度的含苯酚体系驯化富集已有的 GY2B 降解菌，制成菌悬液保存。然后探索常见阳离子黏土高岭土、蒙脱石、蛭石与 GY2B 降解菌吸附结合对苯酚的降解过程，并与游离 GY2B 降解对比，利用 FTIR、SEM 等确定其结合状态，确定最佳的黏土种类和投加量。采用优势黏土矿物吸附固定 GY2B 用于苯酚水溶液体系的降解实验，探讨高浓度底物、强酸碱性、重金属离子存在等条件下的降解强化效果，并确定体系 pH 的改变情况和所用黏土矿物的循环利用性。将所选黏土矿物作为载体成分用包埋法固定于实验中，确定聚乙烯醇、海藻酸钠、黏土矿物、菌液等浓度的最佳投加比例，降制成的最优生物小球用于降解实验，探讨高浓度底物、强酸碱性、重金属离子存在等条件下的降解强化效果，并确定生物小球的保存性能和循环利用性。

2. 黏土矿物对微生物界面反应的实验菌体

研究所用菌种 GY2B 属鞘胺醇单胞菌(Sphingomonas sp)，是由华南理工大学党志教授课题组实验室从广州油制气厂、广州石油化工总厂附近和一木材防腐处理厂污染土壤筛选所得的多种苯环类有机物高效降解菌[35]。GenBank 登录号为 DQ139343。该菌被用于菲、苯、芘、萘、酚和部分有机酸的降解。

3. 黏土矿物对微生物界面反应的相关培养基

菌体在驯化培养、富集培养、菌体保存和降解体系中的生长均涉及不同的培养基。GY2B 的循环培养需用以含一定浓度苯酚的无机盐培养基培养。富集培养采用含苯酚的牛肉膏液体培养基。菌种的保存则采用牛肉膏固体培养基。相关培养基的配置和成分如下[36]。

(1)无机盐基础培养液(mineral salt medium，MSM)：5.0mL/L 磷酸盐缓冲液(8.5g/L KH_2PO_4、21.75g/L $K_2HPO_4\cdot H_2O$、33.4g/L $Na_2HPO_4\cdot 12H_2O$、5.0g/L NH_4Cl)、3.0mL/L $MgSO_4$ 水溶液(22.5g/L)、1.0mL/L $CaCl_2$ 水溶液(36.4g/L)、1.0mL/L $FeCl_3$ 水溶液(0.25g/L)、1.0mL/L 微量元素溶液(39.9mg/L $MnSO_4\cdot H_2O$、42.8mg/L$ZnSO_4\cdot H_2O$、34.7mg/L$(NH_4)_6Mo_7O_{24}\cdot 4H_2O$)，调 pH 为 7.2。无机盐培养液均通过高温蒸汽灭菌后得到实验所需的无菌 MSM 培养液。其中 mL/L 是指已配好的组分液在最终混合液体积为 1L 时的投加量。

(2)特定浓度含苯酚 MSM 培养液配置：称取一定量苯酚于烧杯中，以上述 MSM 培养液溶解，并转移至容量瓶中，以 MSM 培养液定容使苯酚浓度为 1g/L，制成苯酚母液；计算后，吸取一定量此定容后的溶液，经过滤灭菌后加入高温蒸汽灭菌后的 MSM 培养液中，稀释得到目标浓度，即可得到所需浓度的苯酚的无菌 MSM 培养液。

(3)富集培养液：10g 蛋白胨，5g 牛肉膏，5gNaCl，1L 蒸馏水，调 pH 为 7.0；该富集培养液灭菌之后，加入过滤灭菌后的苯酚溶液，使终浓度为 100mg/L，即得试验所需的含苯酚浓度 100mg/L 的富集培养液，用以大量扩增需要的降解菌进而制备菌悬液。

(4)牛肉膏固定培养基：10g 蛋白胨，5g 牛肉膏，5gNaCl，1L 蒸馏水，调 pH 为 7.0 后加入 15g 琼脂粉，高温蒸汽灭菌后倒平板。冰箱 4℃保存。

4. 黏土矿物对微生物界面反应的分析测试方法

(1) 菌种驯化方法：通过多次传代培养驯化方法进行 GY2B 降解菌的驯化培养。将原保存的平板保存菌种性状较好的菌落挑取一环置于含苯酚的无机盐培养液中，待其生长成型后吸取 4mL 菌液注入新的含苯酚无机盐培养液，以此重复培养三次后将所得菌体图平板保存。而后选取性状较好的菌落挑取一环同条件下驯化培养，涂平板保存，再培养，涂平板保存，以此三次。最后涂平板生长的菌落即得降解性能较好的菌体。

(2) 菌液浓度计量方法：研究采用涂平板计数法和 OD600 分光光度计法。将配置的菌悬液的吸光度值调节为 A=1。

(3) 灭菌方法：研究采用的灭菌方法主要涉及高温蒸汽灭菌法和过滤式灭菌两种。其中在实验过程中需要用到的仪器器材、无机盐培养、富集培养液、固体培养基及无菌生理盐水的灭菌均采用高温蒸汽灭菌。苯酚母液加入降解体系中时则采用过滤式灭菌方法。

(4) 黏土矿物处理方法：选取华南地区极常见的天然高岭土、蒙脱石、蛭石，粉碎研细过 200 目筛。土样经研细后于锥形瓶中，120℃高温蒸汽灭菌 30min，取出放于烘箱 120℃烘干分散 15min，再于无菌操作台中紫外照射下冷却至室温备用。

(5) 水样前处理和测定方法：降解体系中取待测水样预处理，以 10000r/min 的速度离心，离心后取上清液用 MSM 培养液稀释至适当倍数，于紫外分光光度计下测定，调定波长为 270nm，MSM 做参比，苯酚浓度由标准曲线计算得出。

(6) 电镜分析方法：GY2B/高岭土结合的形态和方式对二者协同降解苯酚的进程具有重要作用，不同的结合方式可能导致不一样的污染物摄取途径，也可能在对 GY2B 的保护机制上具有较大的差异。以此采用电镜观察高岭土和 GY2B 降解菌的微观结合状态。

(7) pH 调节：pH 的调节涉及培养基的配置、降解体系的环境 pH 及该指标变化对 GY2B 降解菌降解性能的影响，都是需要控制的因素。研究中采用 ZD-2A 型自动电位滴定仪调节 pH。

8.3.2　黏土矿物对微生物反应构建-包埋法固定影响因素

GY2B 降解菌能摄取苯酚作为单一碳源生长代谢，但含苯酚的无机盐培养液中，GY2B 受限、污染物的毒害和营养物质的缺乏往往无法得到浓度较高的菌液，制备成菌悬液用以降解实验时，实验研究过程中平行因素也会因此受到干扰。经预实验验证，在含苯酚的富集培养液(Luria-Bertani LB)中 GY2B 降解菌能够大量生长繁殖，同时因体系环境苯酚的存在，得到的 GY2B 降解菌与含苯酚无机盐培养液培养的 GY2B 降解菌降解性能并无差异，因而在研究中采用具有一定苯酚浓度的富集培养液进行菌体的培养繁殖和菌悬液的制备。菌悬液制备过程包括以下步骤：将上述涂平板所得，活化培养制得的菌落挑取一至两环至含苯酚浓度 100mg/L 的富集培养液中，相同条件培养 12h，得到浓菌液；得到的浓菌液用生理盐水离心洗涤三次，离心条件为 4℃、8000r/min、离心 15min；洗得菌体悬于生理盐水中，得到菌悬液，并于紫外分光光度计下 600nm 处调节菌悬液浓度，使其吸光度值为 A=1，即得实验所需的 GY2B 菌悬液；菌悬液保存在 4℃冰箱备用。

1. 底物浓度对降解的影响

自然环境中污染物受分布和介质的影响，浓度呈各不相同的现状，降解菌可能利用的营养物质也因而不尽相同。GY2B 降解菌对苯酚具有特异性的吸收降解作用，在无其他有机营养物质存在时能利用其作为唯一碳源进行生长代谢。但苯酚作为有毒害作用的有机污染物，对 GY2B 降解菌存在一定的毒害作用，降解菌可降解浓度阈值和污染物浓度耐受程度也是直接关系其实际应用的一大因素。实验表明，GY2B 降解菌对低浓度的苯酚体系具有良好的降解作用，能在 12h 内基本完成近 100%的降解[37]。

体系在各较高浓度下 GY2B 降解菌降解苯酚过程的浓度变化如图 8-17 所示。苯酚浓度较低时，GY2B 游离菌具有较快速而高效的降解过程，能在 12h 内基本完成降解。而在底物浓度较高时，降解菌具有更长的适应期，浓度超过 150mg/L 时，体系降解过程有约 8～10h 的适应期，该时间段苯酚的浓度并无明显变化，完成降解的时间需超过 24h。浓度增大至 200mg/L 时，体系完成降解的时间延长至 36h 以上具有 75%的降解率。而底物浓度在 250mg/L 以上时，GY2B 降解菌的降解性能受到极大的抑制，降解周期长达 48h，且降解率降低至约 40%。这是由于苯酚本身的毒害性对降解菌生长特性具有毒害作用，低浓度苯酚环境下菌体具有良好的耐受性和适应能力，从而有效摄入污染物进行降解活动，高浓度的苯酚虽然在碳源摄入上能够提供一定的优势，但其过大的毒害性可能造成降解菌表面性质的变化，也可能对降解酶的活性产生抑制甚至失活[38]。另一方面，过高浓度的苯酚溶液体系在降解过程中会产生更多的代谢产物，这些呈酸性的代谢产物对 GY2B 降解菌往往具有抑制作用，其蓄积抑制效果协同高浓度苯酚的毒害作用[39]，是造成高浓度环境下降解菌无法高效稳定降解的主要原因之一。在实际环境中，受人为排放影响，水体或土壤中所含苯酚浓度可能很高，因而高浓度环境下其降解效应的限制也是其应用于实际的一大障碍，这也是利用固定化作用需要解决的问题之一。

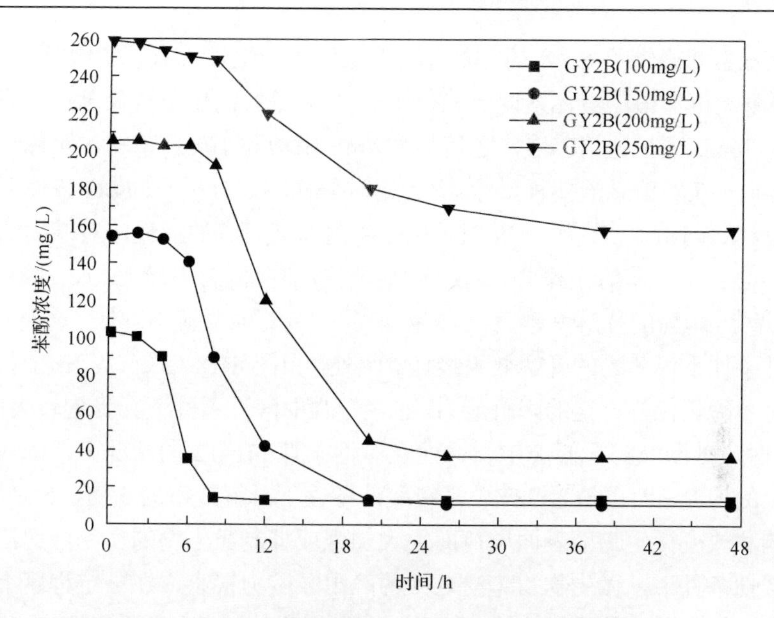

图 8-17　高浓度底物条件下 GY2B 降解菌降解苯酚过程

2. pH 对降解的影响

微生物群体在自然环境中生长常常不能维持在中性条件，因自然环境中存在的小分子化合物的影响和排放到自然中的污染物，其生长环境 pH 往往具有较大的范围变动。大部分的菌属均可在 pH 为 2～8 时生长，有少数降解菌能够超出这一范围生长，也有部分降解菌能在碱性条件下进行污染物的代谢活动[40]。这涉及微生物内部代谢机制和降解代谢产物排入环境中可能造成的环境条件变化。微生物虽然生长环境多为 pH 变动极大的水体或土壤，但其内部环境的 pH 却较为稳定，一般为中性。这样能够保持菌体的内部环境稳定，避免 DNA、ATP 和叶绿素等重要成分被酸性物质破坏，同时也能防止 RNA、磷脂类物质被碱破坏。与降解息息相关的酶则在胞内外具有不同的性质，一般胞内酶最适宜的 pH 均接近中性，而胞外酶的最适宜 pH 与环境变化相关，在 pH 接近环境 pH 时具有最好的活性。pH 对于微生物重要的影响作用主要体现在两个方面：一是造成细胞膜电荷的变化，从而影响微生物对营养物质的吸收；二是影响代谢过程中关键性酶的活性[41]。此外环境 pH 的变化还能改变菌体生长环境中营养物质的可得性及有毒有害物质的毒性大小。因而微生物均有其最适宜的 pH。实验所用的 GY2B 菌是一种在中性条件下具有最佳生长状态的苯环类有机物高效降解菌。

研究探索并确定了 6～8 的 pH 有利于微生物的生长代谢。实验时，借助 pH 计，将系列无机盐培养液体系调节 pH 为 1～12，进行高压蒸汽灭菌后，每个锥形瓶中倒入 86mL 无机盐培养液，之后加入 4mL 菌液和 10mL 苯酚，保持苯酚最终浓度为 100mg/L，菌悬液接种量为 4%。定时取样测定分析不同 pH 条件下的苯酚降解情况(图 8-18)。pH 为 6～9 时，GY2B 菌具有较高的活性，对苯酚的降解效果良好；pH=7 时，苯酚在约 12h 后达到降解平衡，且降解率最大，Φ 为 88%左右。pH 越接近 7，苯酚的降解率越高；pH 越偏离 7，苯酚的降解率越低，这说明 GY2B 菌在中性条件下对苯酚的降解效果最佳。此外，由图 8-18 可知 GY2B 菌体在碱性条件下对苯酚仍保持一定的降解能力，而在较强的酸性条件下会受到较大的抑制。pH 为 3 时，苯酚降解率低于 10%；而在碱性条件 pH=12 的情况下，降效率虽然受到较大的抑制，但也约为 52%，是较酸性条件下降解效率的 5 倍，这是因为 pH 能够影响和改变微生物的表面电荷而大大加强或抑制微生物的生物降解活性。在较强的酸性条件下，微生物与苯酚之间的静电吸附力很小，在一定程度上阻碍了 GY2B 菌对苯酚的吸附摄入过程，严重削弱了微生物对苯酚的生物降解能力。

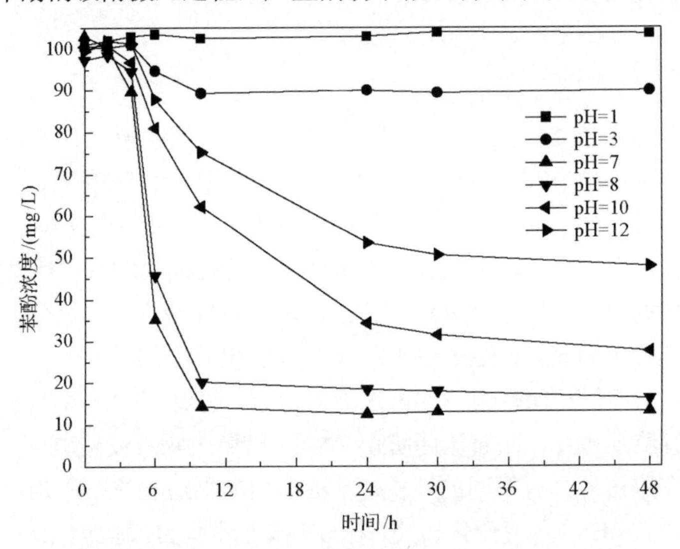

图 8-18　不同 pH 条件下 GY2B 菌对苯酚的降解效果

此外，微生物的酶活性会受 pH 的影响，对于 GY2B 菌而言，其苯酚的降解酶在酸性条件及碱性条件下均受到抑制，在极酸性条件下失去活性。pH 对于微生物的膜结构影响较大。原核生物细胞膜的一个很重要的功能是为细胞代谢合成能量。在其细胞膜上含有大量的与 ATP 合成有关的酶[41],并且具备有关氧化磷酸化的电子传递链。而过高或过低的 pH 会影响细胞膜结构的稳定性[42],并且可能会破坏与氧化磷酸化有关的电子传递链。造成微生物细胞没有足够的能量进行降解。此外，pH 还会影响细胞膜的通透性,使外界物质向细胞内的转运过程受阻[43]，导致细胞对周围环境中的营养物质利用率降低。GY2B 游离菌摄入苯酚的代谢过程能产生小分子有机酸等酸性物质，在降解过程中会对降解产生一定的抑制，而碱性环境下体系的 pH 也因此得到缓冲和稳定，这也是 GY2B 降解菌在碱性条件下保持一定的降解能力而在酸性条件下则基本丧失了对苯酚的降解能力的原因之一。

3. 重金属离子共存对降解的影响

重金属离子和有机污染物共存的研究一方面涉及自然环境中成分的复杂性，重金属离子存在使有机物降解难度增大，二者常常具有不可控的反应性，造成毒性更大或性质更稳定难以降解的后果，重金属离子的毒性也能造成大部分微生物的生长抑制甚至死亡; 另一方面则利用重金属与微生物或有机污染物的相互作用，以及与代谢产物可能的反应来加速体系污染物的降解过程。

设计 Cr(Ⅵ)、Cd、Hg 与苯酚共存体系 GY2B 降解菌的降解实验。系列实验将苯酚浓度控制为 100mg/L，重金属离子浓度为 1mg/L，定时取样测定体系苯酚浓度。结果如图 8-19 所示，Cd 和 Hg 的高毒性对 GY2B 降解菌产生致命毒害。含汞和镉的降解体系苯酚浓度无明显变化，说明二者对 GY2B 降解菌具有很强的毒害作用，丧失了降解苯酚的性能。而 Cr(Ⅵ)的加入则较明显地增强了降解过程，与游离 GY2B 降解菌降解相比，Cr(Ⅵ)的协同作用能将系统降解时间由约 12h 缩短至 6h，但最终降解率的提升不明显，约有 2%的提升。这说明 Cr(Ⅵ)的投加在

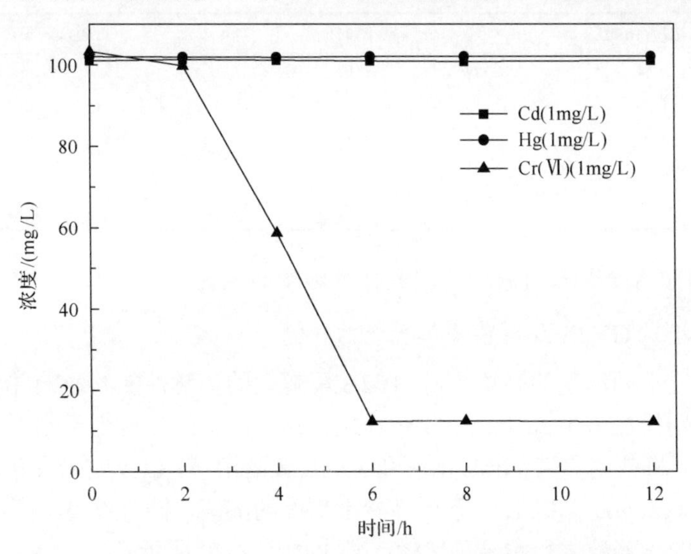

图 8-19　Hg、Cd、Cr(Ⅵ)共存时 GY2B 降解菌降解苯酚过程

体系中并没有对 GY2B 降解菌产生毒害作用，原因可能是 Cr(Ⅵ)在水体环境中以重铬酸根的形态存在，大分子为负电荷，与 GY2B 降解菌表面带电属性一致而防止了六价铬大量吸附进入菌体内部损坏内部降解机制。此外，Cr(Ⅵ)在酸性条件下具有强烈的氧化能力，GY2B 降解菌降解苯酚产生的酸性物质能够大大提升其氧化能力，进行苯酚的化学降解。

不同浓度 Cr(Ⅵ)投加下完成降解的时间和最终的降解率如表 8-4 所示，相比游离 GY2B 降解菌单独降解苯酚，Cr(Ⅵ)的加入能显著加快苯酚的降解，无论是浓度较低或浓度较高的 Cr(Ⅵ)投加量，体系均能在 6h 内完成降解过程。这也再次印证了 Cr(Ⅵ)能在降解体系中起到重要作用，其可能作为电子受体参与微生物与污染物之间的反应，也可能在酸化的环境中对苯酚进行直接的氧化作用。由表 8-4 的数据可知低浓度的 Cr(Ⅵ)投加量对最终的降解率相比游离 GY2B 降解菌具有轻微的增益，Cr(Ⅵ)投加量在 0～2mg/L 时，降解体系具有略优于游离菌或基本相同的降解率。而随着 Cr(Ⅵ)投加量的增大，体系的最终降解率呈下降趋势。当投加量为 5mg/L 时，降解率已开始低于游离菌属；投加量为 10mg/L 以上时，体系最终只有约 80%的降解效率。说明 GY2B 降解菌与 Cr(Ⅵ)共存时并非完全协同的无害化结合，其浓度较低时，GY2B 降解菌具有较好的耐受力且能利用部分 Cr(Ⅵ)促进降解，但 Cr(Ⅵ)浓度较高时，GY2B 降解菌的活性会受到一定的抑制，Cr(Ⅵ)的存在可能对 GY2B 降解菌仍具有一定的毒害作用，高浓度 Cr(Ⅵ)的氧化性会造成细菌表面活性降低，过高浓度的 Cr(Ⅵ)也可能堵塞降解菌的营养物质传输孔径，到降解后期苯酚无法正常摄入，造成降解效率降低。

表 8-4　不同铬离子浓度对降解率的影响

六价铬浓度/(mg/L)	降解时间/h	GY2B -苯酚降解率/%
0	12	86
1	6	88
2	6	86
5	6	85
10	6	80

4. 不同阳离子黏土的影响及其最佳投加量的确定

1) 高岭土对 GY2B 降解菌降解性能的影响

为了研究不同浓度的高岭土对 GY2B 降解菌的降解性能的影响并确定最佳的投加量，分别投加 0.01g、0.2g、0.5g、1g、2g 和 3g 的高岭土于锥形瓶中，依次加入 86mL 无机盐培养液、4mL 菌液和 10mL 苯酚溶液，相应地配成 0.1g/L、2g/L、5g/L、10g/L、20g/L、30g/L 一系列高岭土浓度的溶液，同时设置一组不加入高岭土加入单菌的培养液进行实验和比较，结果如图 8-20 所示。

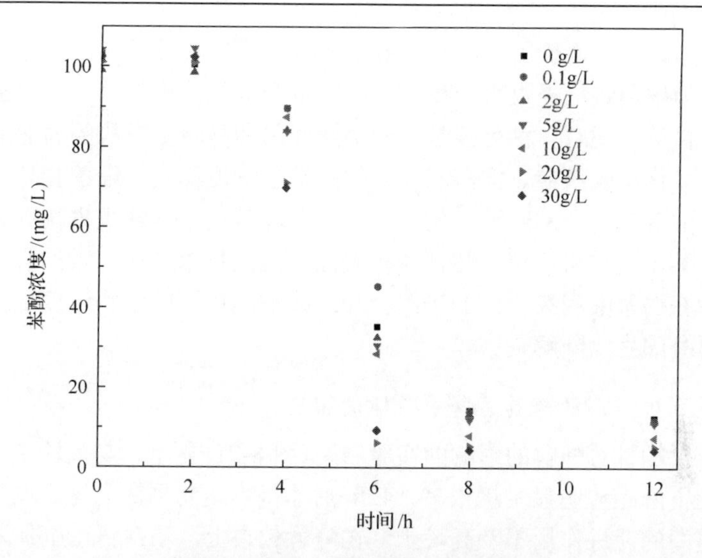

图 8-20　高岭土投加量对降解的影响

由图 8-20 可知，高岭土的投加量对 GY2B 降解菌与高岭土吸附结合的状态、菌体生长状态下的变化代谢、污染物降解进程均可能产生不同影响[44]。实验分析高岭土投加量对 GY2B 降解菌降解性能的影响，确定最佳的高岭土投加量。高岭土吸附固定后的 GY2B 降解菌复合体比游离的 GY2B 降解菌对苯酚的降解效率高，无论是低浓度还是高浓度的高岭土用量均可在一定程度上促进降解，且随着高岭土投加量的增加，苯酚的降解效率相应地升高，说明高岭土对 GY2B 降解菌降解性能的增强与其投加量呈正相关关系。当高岭土投加量达 20g/L 时，体系降解增强的效果趋于稳定，继续增大高岭土用量，降解效率与高岭土浓度为 20g/L 时的降解效率基本一致，此时复合体系苯酚的降解率可达 96%，降解时间为 6h 以内，相比游离 GY2B 降解菌的 12h 内约 86%的降解效率具有明显的提高。这是由于较高浓度的高岭土能够为 GY2B 降解菌提供良好的依附条件，使体系更加趋于真实土壤环境，同时又保留了液态体系良好的流动性，对苯酚的吸收摄取十分有利。高岭土还能在复合体系中起缓冲稳定的作用，因苯酚降解会产生酸性物质及其他可能对 GY2B 降解菌代谢不利的中间产物，高岭土的存在可以在一定程度上保证降解环境的稳定，维持高岭土-GY2B 复合体的高效降解[45]。此外，降解体系在初始阶段高岭土处于不饱和的吸附状态，随着降解的进行，GY2B 降解菌繁殖增长，新生的 GY2B 降解菌能够在复合体系中持续吸附至高岭土界面形成动态平衡，增强降解性能。较高浓度的高岭土具有很好的促进效果，既能提升降解效率，又能缩短降解时间。当细菌吸附在表面时，细菌和化学物有可能吸附在相邻位置，因此促进了细菌对化学物质的去除[46]。Xia 等[47]发现微生物的间接硝化反应速率随着沉淀物浓度的升高而上升，当沉淀物浓度从 0g/L 增加到 0.2g/L 时，平均产生硝酸盐的速率增长了46.77%。由此推断，沉淀物颗粒和硝化速率之间的机制是沉淀物为细菌接触提供表面积，并且胺也会被沉淀物吸附，这就加强了细菌与胺之间的接触；还有一种可能是，当降解细菌和高岭土颗粒的表面复合时，由于苯酚的解吸作用及颗粒表面和液相之间的扩散浓度梯度，细菌会处于颗粒附近的更高浓度的苯酚中。Xia 等[47]的研究中，多环芳烃更多地积累在固体颗粒的外表面，基于其研究结果，位于固体颗粒表面的污染物浓度比一般的固体颗粒吸附浓度高。菲在腐殖酸和黏土上的吸附会使细菌细胞周围的底物浓度更高，并增加细菌细胞自身的生物降解量。

2) 蒙脱石对 GY2B 降解菌降解性能的影响

蒙脱石投加量对降解的影响的实验结果(图 8-21)显示，与高岭土相比，此处苯酚浓度的下降趋势明显平缓很多，12h 后才基本达到平衡，这说明蒙脱石对苯酚的降解速率的促进作用不及高岭土。在降解效果上，当向体系中加入 0.1g/L、1g/L 和 5g/L 的蒙脱石时，苯酚的降解率都高于单菌降解的情况，且 0.1g/L 为该浓度梯度里的最佳浓度，对应的苯酚降解率 Φ 为 90%。然而值得注意的是，蒙脱石的投加量为 10g/L 时，苯酚降解率仅为 82.6%，低于不加蒙脱石的系统的苯酚降解率，说明：①低浓度的蒙脱石在一定程度上促进了苯酚的降解过程；②高浓度的蒙脱石却对苯酚的降解起相反的抑制作用。原因可能有以下几点。

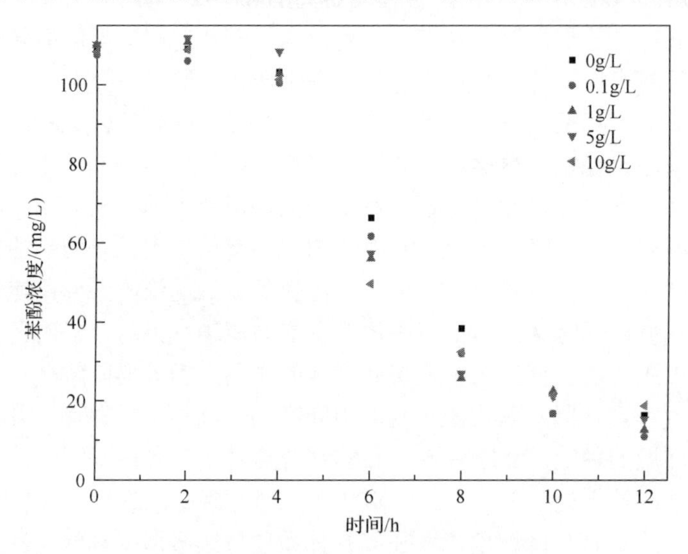

图 8-21 蒙脱石投加量对降解的影响

(1) 大量的蒙脱石抑制了 GY2B 降解菌的生长代谢过程，依据是 Ortegacalvo 和 Saizjimenez[48]关于高浓度的针铁矿会显著降低苏云金芽孢杆菌的新陈代谢的发现。一旦细菌的生长代谢变慢，它对于污染物的降解过程自然也会随之减慢。

(2) GY2B 降解菌之所以能高效降解有机污染物，是因为它能产生高活性的降解酶。若体系中存在大量的固体颗粒(蒙脱石)，酶分子会被吸附或截留在固体基质中，这限制了酶分子和底物两者的接触[49]。

(3) 大量的蒙脱石颗粒吸附在细菌表面，会将细菌包裹成为一个包络，减少细菌的接触表面积。Kieft 和 Caldwell[50]发现，由于附着作用，解蛋白弧菌会失去15%～20%的表面积。还有学者观察到，表面积的减少导致附着的高温毛发菌属的生长速度下降[50]，因此细菌接触表面积的减少会导致细菌与污染物的接触更难发生，与此同时，蒙脱石包络可能会限制底质从液相向细菌细胞的扩散，从而阻碍苯酚的生物降解过程。

因此，在不同的蒙脱石浓度下，苯酚降解率的大小排序为 0.1g/L＞1g/L＞5g/L＞10g/L。

3) 蛭石对 GY2B 降解菌降解性能的影响

图 8-22 结果显示，加入蛭石后，苯酚在 6h 内就能达到降解平衡，比单菌快了一倍，而其终点残留浓度却高于单菌系统，说明蛭石对苯酚的生物降解优化作用微小甚至起抑制作用。蛭石投加量为 0g/L 时，苯酚降解率为 87.6%，若增加蛭石投加量至 0.1g/L，苯酚降解率下降了 3.1%；加入 10g/L 的高浓度蛭石时，苯酚降解率只有 82.6%，比单菌系统低了 5%。无论加入何种浓度的蛭石，其最终的苯酚降解率都稍微低于不加蛭石系统的苯酚降解率，这表明蛭石对 GY2B 降解菌对苯酚的生物降解起轻微的抑制作用。原因可能是蛭石会对 GY2B 降解菌的生长代

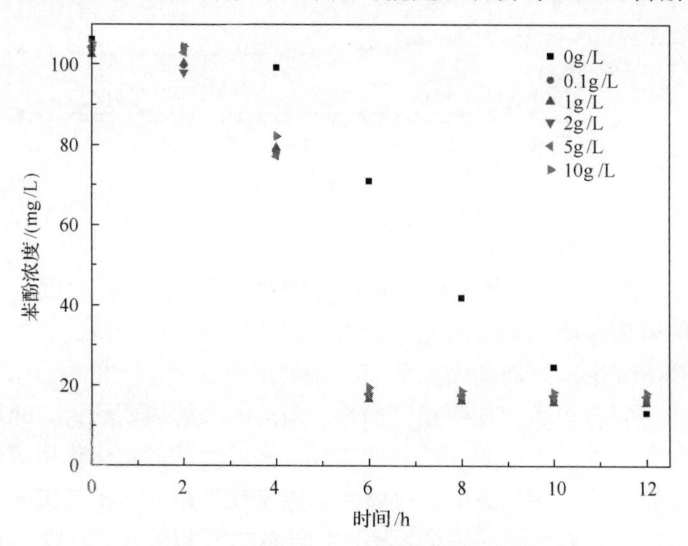

图 8-22　蛭石投加量对降解的影响

谢起一定程度的抑制作用；蛭石颗粒提供的吸附位点少，对细菌和苯酚的接触贡献不大甚至带来阻碍作用。还可以大胆地假设蛭石的加入会使GY2B降解菌产生的苯酚降解酶部分失去活性，导致加入蛭石的系统苯酚的生物降解效果不如单菌系统。

8.3.3　黏土矿物对微生物反应构建-高岭土吸附影响因素

1. 不同底物浓度下高岭土-GY2B复合体降解影响

探索和验证不同苯酚初始浓度尤其是高浓度下高岭土吸附固定对细菌降解能力的影响。设置了苯酚浓度系列实验，取样测定体系中苯酚的残留量，绘图如图8-23所示。

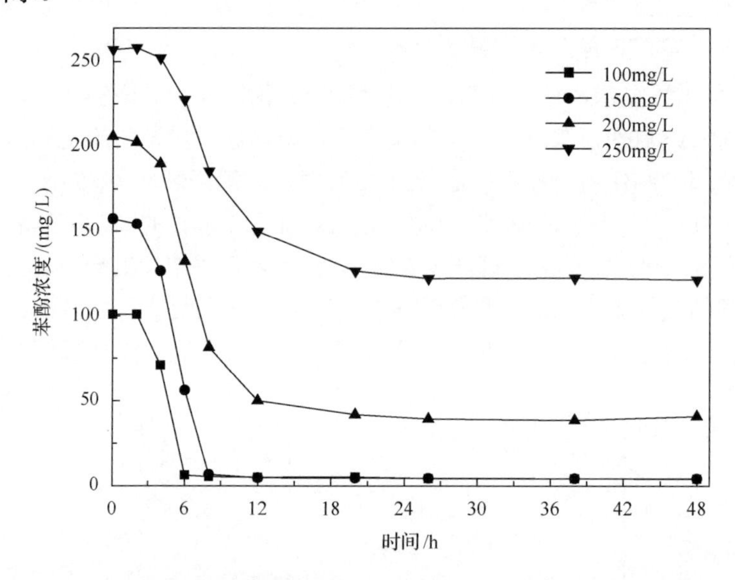

图8-23　不同初始浓度下高岭土-GY2B复合体降解

由图8-23可以看出，高岭土固定GY2B菌对苯酚降解起优化促进作用。GY2B降解菌对苯酚降解率随高岭土的加入能大大加快体系完成降解的速率，低浓度时能将原游离菌12h的降解周期缩短至6h，降解速率提升了一倍。高浓度时由于苯酚的毒害作用，复合体适应期也相应加长，最终的降解周期约为20h，但相对于GY2B游离菌高浓度下36～48h的降解周期，高岭土的固定化作用已经将其降解速率提升了1倍以上。另一方面，高岭土的固定化作用在一定范围内提升了降解菌的环境适应能力和对苯酚的降解效率，由图8-23可以看出，高岭土-GY2B复合体对体系降解过程的迟缓期始终在4h以内，而高浓度下GY2B游离菌的迟缓适应期则可达 20h。浓度在 150mg/L 以下时，高岭土的加入能提升约 10%的降解效率，而高浓度在 250mg/L 以上时，虽然最终的降解效率大大降低(约 54%)，但相比游离菌 40%的降解效率也是有客观的提升作用。

2. 不同 pH 对高岭土-GY2B 降解苯酚的影响

pH 对微生物的生长代谢过程来说是一项至关重要的因素。研究表明，pH 不仅影响有毒污染物的形态及其氧化还原电位，还会影响微生物降解酶的活性。从前文考察 GY2B 游离菌降解苯酚受体系环境 pH 影响的实验可以看出，在 GY2B 降解菌受 pH 的影响较大，尤其在酸性条件下菌体活性受到极大抑制。在 pH 小于 3 时菌体基本丧失降解苯酚的能力。而在碱性条件下 GY2B 降解菌则具有较好的适应性，能在偏碱性较大的环境中保持一定的降解活性，甚至当 pH 达 12 时最终仍具有约 50%的降解率，但在碱性条件下降解性能受到严重抑制，降解周期大大变长，达到 48h，是中性条件下降解周期的 4 倍左右。为了探讨 pH 对复合体降解的影响，利用 NaOH 和 HCl 将体系初始 pH 调节至 1、3、5、7、8、9、10、12 并进行无菌化处理，研究含苯酚的无机盐培养液初始 pH 不同的情况下高岭土-GY2B 复合体对苯酚的降解作用(图 8-24)。

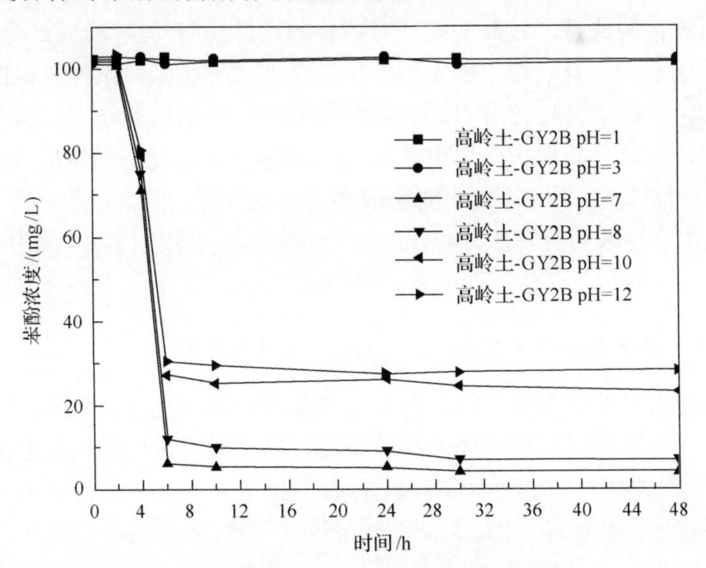

图 8-24　不同 pH 值下高岭土-GY2B 复合体降解作用

与游离降解菌体系一样，在酸性较大的情况下高岭土-GY2B 复合体对苯酚的降解能力基本丧失，在长达 48h 的时间内苯酚并无明显的降解。中性条件下复合体具有最佳的降解效果，能在 6h 内完成 95%～96%的降解率。随着 pH 的继续增大，体系苯酚的降解率略有下降，pH=10 时，体系苯酚降解率约为 75%，pH=12

时体系降解率约为 70%。由图 8-24 可知，在高岭土-GY2B 复合体具备降解能力的 pH 环境下，所有的降解过程均能在 6h 内完成，此中性条件下游离 GY2B 降解菌的 12h 的降解周期缩短为原来的一半，而碱性条件 pH=12 时，游离 GY2B 菌完成降解的时间为 48h，是高岭土-GY2B 复合体的 8 倍。对比二者各自 pH 下的降解效率和时间，可以看出：在酸性条件下高岭土对 GY2B 降解菌降解苯酚性能的增益作用基本丧失，原因可能是在酸性条件下 GY2B 降解菌本身耐受性不佳，其降解酶受到酸性侵蚀失去活性，且酸性条件下高岭土和 GY2B 降解菌的吸附作用受到严重限制，导致降解菌和高岭土颗粒处于独立分散的状态，而菌体失活，高岭土对苯酚几乎无吸附作用，也就造成体系无法降解苯酚的结果；中性条件下高岭土与降解菌具有良好的吸附结合作用，复合体在保持了游离菌优良的流动特性的同时，具有比游离菌更快速的营养物质摄入方式，且高岭土的保护作用缩短了菌体的迟缓适应期，也使菌体免受代谢产物和体系环境 pH 变小酸化的毒害[51]，最终高岭土的加入使 GY2B 降解菌的降解率提升了 10%，同时将降解周期由 12h 缩短至 6h；在降解体系呈碱性时，高岭土-GY2B 复合体对苯酚仍具有较好的降解作用，能在 6h 内降解 70%～75%的苯酚，相比游离降解菌 48h 内 50%的降解率，复合体将降解效率提升了 25%，降解速率提升了 8 倍。原因是一方面 GY2B 降解本身具有耐碱性的特性，较高的碱性对菌体的活性和酶的性质造成一定的抑制，但其活性并未丧失，且高岭土稳定的物化性质使二者在碱性条件下也能较紧密地结合在一起，保证了高岭土对 GY2B 降解菌降解性能的增益作用，从而在降解速率上促进更佳明显，其保护作用也使 GY2B 降解菌具有更佳稳定的降解环境。另一方面，复合体降解作用产生的代谢产物多为苯酚开环后的有机酸，高岭土的加入可以通过吸附作用吸附沉降代谢物质，碱性环境也可将酸性代谢产物中和，因此在碱性条件下复合体仍具有快速而高效的降解过程。

3. 六价铬离子共存下 GY2B/高岭土降解苯酚的影响

在六价铬离子的共存体系中，游离 GY2B 菌对苯酚具有更快速的降解作用。与不含六价铬体系对比，最终的降解效率没有明显提升，如在低浓度铬离子下降解率提高了 2%左右。研究设计了高岭土-GY2B 复合体降解体系中加入铬离子使之共存时降解过程的影响，实验条件控制与前文一致，最终高岭土投加量为 20g/L，苯酚浓度为 100mg/L，菌悬液接种量为 4%，六价铬投加量为 1mg/L，混合降解体系降解过程如图 8-25 所示。可以看出，六价铬的加入，高岭土-GY2B 复合体的降解速率并未再次提升，且降解效率也保持在 95%～96%，即在六价铬共存的体系中，对 GY2B 降解菌降解性能产生增益作用的主导仍是高岭土，高岭土与 GY2B 降解菌结合之后较牢固的结合作用相比六价铬与菌体的作用具有更优先和稳定的地位，且高岭土对六价铬并不存在吸附作用，因而六价铬在体系中与高岭土-GY2B

具有相对独立的存在形态，其存在不会干扰和弱化高岭土对 GY2B 降解菌的吸附固定作用，对其结合位点和对污染物的吸收摄入方式也无干扰作用。此外，高岭土对苯酚降解后产生的有机酸起到缓冲和稳定作用，保证了降解体系在一定时期内都能保持较温和的 pH，避免了过高的酸性促进铬离子的氧化能力，从而对高岭土-GY2B 复合体降解苯酚产生干扰，并造成二次污染。三者相比之下，铬离子能够将 GY2B 降解菌降解苯酚的周期缩短一半，而高岭土则具有更明显的优势，将降解周期缩短一半的同时也能在铬离子共存下维持对降解效率的提升，最终的效率在 95%以上。

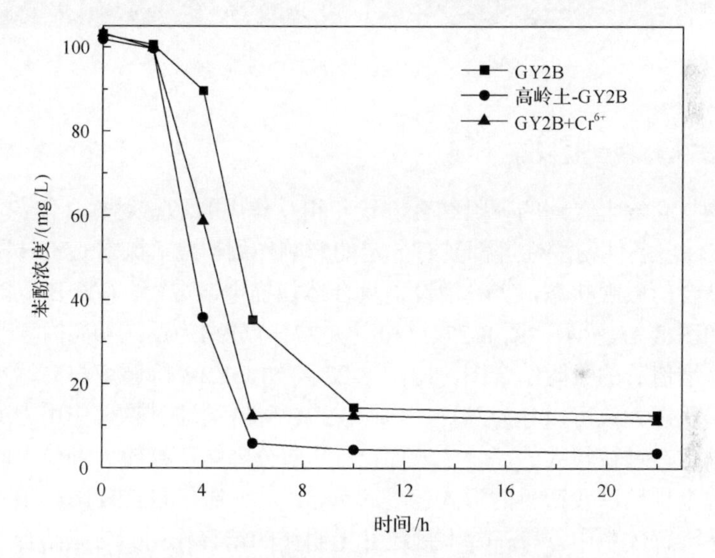

图 8-25　Cr^{6+}共存时高岭土-GY2B 降解作用

8.3.4　黏土矿物对微生物反应构建表征

1. GY2B 降解菌形态特征

如图 8-26 所示，游离 GY2B 降解菌呈短棒趋于球状的形态存在于降解体系中，个体较小且彼此并无交联聚团的现象。细菌本身形态、存在形式甚至尺寸大小都有可能影响菌体在环境中参与污染物降解的方式和效率。GY2B 降解菌具有一般用于污染物降解的降解菌常见的缺点，因其个体较小且分散性较好，在体系中往往具有更好的流动性，这对它摄入营养物质的效率具有积极的作用，但也因此导致其具有易流失和易受毒性物质干扰等缺点，在实际应用工程工艺中受到极大的限制。运用固定化方法进行降解过程的优化则是十分适合 GY2B 降解菌的强化方法，较小的菌体尺寸能够保证细菌牢固地吸附于载体表面或内部，或通过包埋的方法在生物材料内部形成较好的内部结构如孔径、菌体分布等。

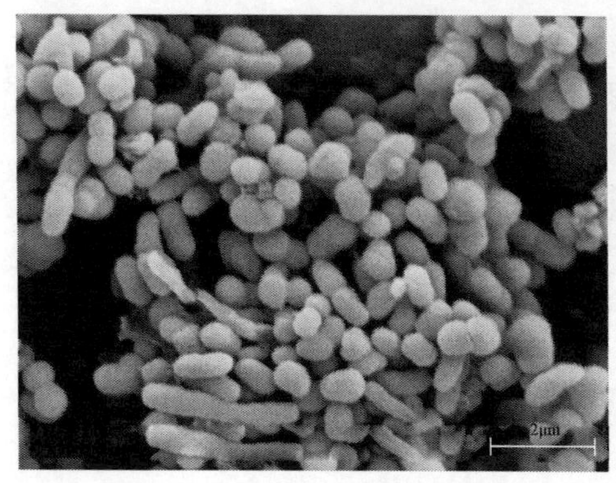

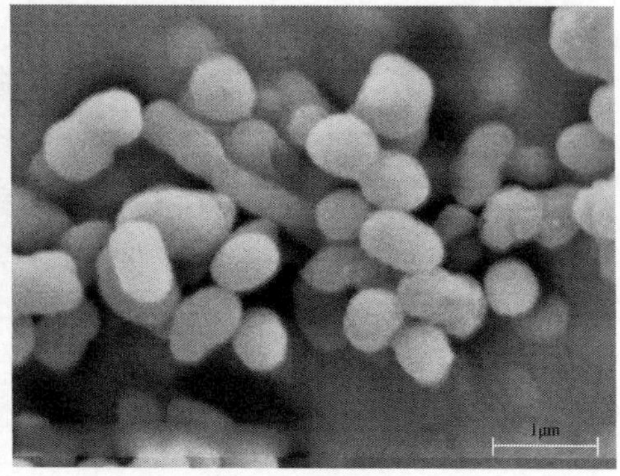

图 8-26　GY2B 降解菌电镜形态

2. 复合体扫描电镜观察

微生物与高岭土之间的吸附结合方式和相互作用的形态对复合体稳定性、营养物质摄入、环境条件耐受性等都具有一定的影响作用。为了探索 GY2B 降解菌与高岭土吸附结合的微观状态，实验增设了复合体扫描电镜观察，GY2B-高岭土复合体微观形态如图 8-27 所示。图 8-27(a)和图 8-27(b)分别为反应初始时菌量较少和反应末端菌体增值后的吸附结合图。由图 8-27 可知 GY2B 降解菌与高岭土在体系中的相互作用状态大致可以分为三种：一是 GY2B 降解菌通过物理作用力或化学键等直接吸附固定在颗粒较大的高岭土表面，二是部分降解菌被较大颗粒高岭土和细散微小的高岭土颗粒以较密封的形式包裹起来，三是小部分 GY2B 降解菌相对独立地分散分布在降解体系中，与高岭土颗粒并无明显的结合作用。这些结合方式一方面保持了体系良好的流动性，分散型的颗粒吸附模式能使复合体形似粒径较大的降解菌体一样在体系中自由流动，对于苯酚的摄入具有更快的速率，高岭土除为较高浓度的 GY2B 降解菌提供类土壤环境之外，其流动性对降解体系起到缓冲作用，可保证降解环境的稳定性；另一方面，吸附结合和包裹式固定能够在一定程度上对降解菌表面、某些降解位点及多数酶活性起保护作用，这也是高岭土在浓度较高的苯酚环境和 pH 较恶劣的降解体系中仍具有较高活性和降解效果的重要原因之一；最后，游离在外的 GY2B 降解菌具备菌体本身的降解能力，因此可与复合体协同降解，复合体系至少能保证具有不低于游离降解菌体系对苯酚的降解效率。

从图 8-27 可以看出，降解作用初始阶段菌液投加量较少，菌体稀疏地吸附或包裹于过量的高岭土颗粒之间。而经过一个周期的降解反应之后，GY2B 降解菌大量繁殖，大部分的 GY2B 降解菌仍能较紧密地吸附于高岭土颗粒上。较大的高岭土投加量能保证繁殖的菌体持续吸附至高岭土颗粒上，保证了大部分新生降解菌都能与高岭土吸附结合，维持高岭土对降解的增进作用，这是高岭土在高岭土-GY2B 复合体中的投加量与复合体中 GY2B 降解菌降解苯酚的效率成正相关的原因

(a) 反应初始时菌量较少的高岭土和GY2B降解菌吸附结合图

(b) 反应末端菌体增值后的高岭土和GY2B降解菌吸附结合图

图 8-27　高岭土-GY2B 复合体扫描电镜图

之一。因此复合体降解苯酚的过程大致可以分为三个阶段：一是接种的少量菌体与高岭土完成吸附固定后摄入苯酚进行降解，高岭土的保护和体系缓冲作用保证复合体降解过程具有间断快速的迟缓适应期进行较快的降解繁殖；二是体系进入快速降解期，GY2B 降解菌大量繁殖，新增的 GY2B 降解菌与过量的高岭土继续吸附作用形成新的高岭土-GY2B 复合体进行苯酚的高效降解，因此 GY2B 降解菌的持续繁殖与高岭土结合形成二者吸附作用的动态平衡，使 GY2B 降解菌始终处于结合和保护的状态下，进而大大加快了反应的进程和最终降解效率的提高；三是小部分游离于体系的 GY2B 降解菌与复合体一同进行降解作用，提升降解效率。因此在适宜的范围内提高高岭土的投加量，不破坏体系良好的流动性，可以实现吸附固定作用的动态平衡，加快和强化降解进程，继续增大高岭土投加量达 30mg/L 时优化效果与 20mg/L 投加量无明显差异，可能的原因是体系营养物质的限制和高岭土浓度过高干扰了 GY2B 降解菌对苯酚营养物质的摄取过程。

3. 游离菌体系与复合体体系降解过程 pH 变化对比

多数情况下稳定的 pH 环境有助于降解菌的生长代谢，适宜的 pH 能保证细菌表面特性和降解酶的活性保持良好。但在降解过程中由于营养物质和部分元素用于生长代谢，降解体系往往会随着反应的进行失衡进而 pH 产生一定的变化[52]。GY2B 降解菌降解苯酚就是一个产生酸性代谢产物使溶液呈酸性的反应过程，高岭土吸附固定 GY2B 降解菌能优化其降解过程提升降解效率和速率，这是因为高岭土的存在对降解体系起缓冲的作用。研究设置了正常降解情况下体系 pH 随时间变化的实验对照，为了保证 pH 具有较明显的变化范围，实验设定苯酚浓度 150mg/L，其他条件控制与前面所述一致。实验结果如图 8-28 所示，单纯高岭土加入体系 pH 恒定在 6.5 左右，高岭土与苯酚无明显反应和接触，具有较稳定的 pH 值环境。从 GY2B 游离菌降解苯酚体系中可以看出，GY2B 降解菌在 6～8h 为迟缓适应期，8h 后进入较快降解苯酚阶段，此后体系 pH 呈快速降低趋势，说明 GY2B 降解菌降解苯酚是一个产生有机酸的过程，随着反应的进行，有机酸物质蓄积导致体系 pH 持续下降，在 16h 之后达到最低点完成降解过程，此时体系 pH 降至 3 以下，与 GY2B 降解菌降解苯酚的过程图具有一致的变化趋势，这也印证了此前游离菌对苯酚的降解过程。由前述 pH 对降解作用的影响可知，pH 小于 3 时 GY2B 降解菌基本丧失对苯酚的降解活性，因此在浓度较高的苯酚环境中，由于代谢产物蓄积和污染物本身的毒害作用造成降解率大大下降也就不足为奇了。相比之下，高岭土-GY2B 复合体系 pH 变化具有更快速更明显的趋势，约 2～4h 的迟缓期并在 8h 内 pH 降至最低(约 4.2 左右)，这与高岭土-GY2B 降解实验苯酚浓度变化过程一致，说明高岭土的吸附固定作用确实在降解速率上有着极大的促进作用。此外，游离菌完成降解过程的 pH 变化范围为 6.8～2.9，而高岭土-GY2B

复合体系的 pH 变化范围则是 6.7～4.1，复合体系具有更小的 pH 变化范围，说明高岭土的加入在体系中起一定的缓冲作用，使 pH 能稳定在适宜降解进行的范围内，原因可能是一方面高岭土本身的性质能在酸性条件下溶出部分中和性物质与酸性物质结合，稳定 pH；另一方面高岭土对代谢出来的酸性物质具有较好的吸附作用[53]，蓄积沉淀之下保证了体系环境的稳定性从而提升了降解效率。

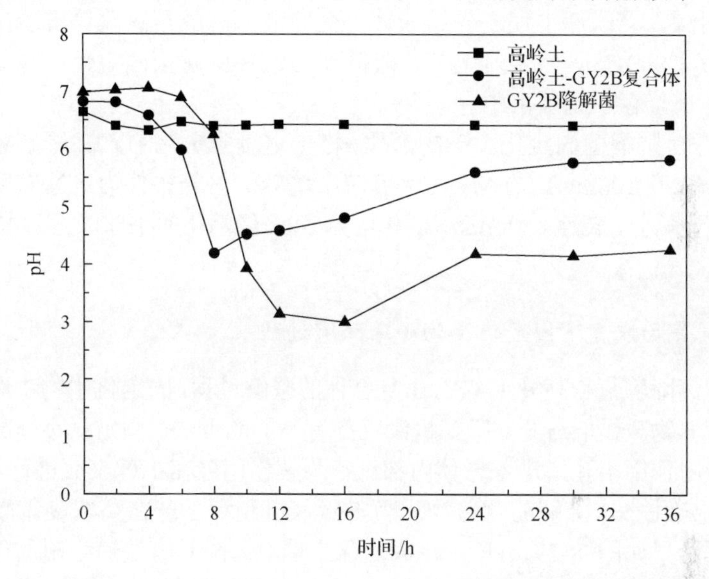

图 8-28　高岭土、GY2B 降解菌、高岭土-GY2B 降解体系 pH 变化

8.3.5 黏土矿物对微生物的界面反应典型实例——固定化生物小球

为达到很高的生物量，可在废水处理系统中调节固定化微生物的量，且固定化微生物可以长期保留在反应器中；高效微生物经固定化后，可以耐受更高浓度的有毒污染物，且可以降解更高浓度的有毒有机污染物，甚至在较极性的 pH 环境值下也具备良好的降解效果。

1. GY2B 固定化生物小球制备

固定化材料的选择需要考虑来源广泛性、成本、生物毒害性和物化性质是否稳定等多方面因素，综合考虑常见固定化载体，并将其与高岭土对高岭土-GY2B 复合体化降解苯酚的强化作用性能作对比，选取聚乙烯醇、高岭土、海藻酸钠作为包埋固定 GY2B 降解菌的负载材料。制备固定化生物小球的过程主要包括以下几点。

(1) 如前所述制备具有稳定降解能力的 GY2B 降解菌悬液待用。

(2) 将适宜重量质量分数浓度的聚乙烯醇于 90℃水浴中加热，搅拌 3h 充分溶解。

(3) 溶解完全的聚乙烯醇溶液降温至 80℃加入适量海藻酸钠，于 80℃水浴加热下继续搅拌，约 2h 溶解完毕。

(4) 条件保持不变，按一定的比例加入适量高岭土，充分搅拌 45min，此时聚乙烯醇、海藻酸钠、高岭土三者充分混合均匀。

(5) 将混合溶液置于紫外光照射下冷却至室温，注入适宜体积分数的 GY2B 降解菌悬液，室温充分搅拌 20min 即得 GY2B 降解菌包埋混合液。所得包埋液以注射器均匀滴入交联液中使之凝结成球，交联液为硼酸与氯化钙混合配成，质量分数分别为 3%、4%。交联固化 24h 即得到 GY2B 降解菌固定化小球。小球用无菌水洗涤 3 次，存于无菌水中。

(6) GY2B 降解菌固定化小球的活化：将一定量固定化 GY2B 降解菌生物小球置于含苯酚浓度 100mg/L 的 MSM 培养液中培养。培养条件为：30℃下恒温震荡培养箱中避光培养，转速 150r/min，活化培养 24h。经活化的小球以无菌水洗涤 3 次，保存在 4℃冰箱中。

2. 不同底物浓度下固定化生物小球降解过程

相比游离降解菌和高岭土-GY2B 复合体的降解过程，固定化生物小球降解苯酚的过程在营养物质摄取方式、降解机制上都有不同的形式。固定化小球的降解需将污染物经吸附作用由孔道进入球体内部进行降解作用或在小球表面进行代谢降解。为了研究固定化小球降解的营养物质吸附摄入机制和小球在高浓度苯酚浓度下的降解效果，结果如图 8-29(a)所示。固定化小球对苯酚具有快速吸附的作用，浓度范围在 100～300mg/L 时，体系均能在 30min 内达到吸附平衡，其吸附量约为 10mg。制备固定化小球所用的材料均为无菌毒害性的中性材料，具有稳定的机械强度同时对大多数有机物都具有一定量的吸附作用，小球对苯酚的吸附作用是降解主体 GY2B 降解菌摄入营养物质的主要方式之一，在降解过程中，菌体生长代谢所需的其他微量元素可通过小球微孔进入内部被菌体利用[54]。因此小球对苯酚的吸附作用是降解菌能正常摄入营养物质同时使固定化小球具有快速降解效率的保证。

图 8-29(b)为固定化小球对不同初始浓度苯酚的降解过程，由此可知固定化小球对降解具有极大的促进和强化作用，在游离菌适宜生长浓度(100mg/L 左右)下，小球能在 6h 内对目标污染物具有 99.6%的降解效率，几乎完全降解，随着苯酚浓度的升高，体系的降解周期逐渐变长，浓度达到 150～200mg/L 时，小球完成降解的时间延长至 16～22h，而苯酚浓度大于 250mg/L 时不适宜 GY2B 降解菌的生长，体系降解时间大大增加，延长至 36h 以上，浓度增大至 300mg/L 时降解时间达 44h。无论是低浓度苯酚环境还是高浓度苯酚降解体系，固定化小球对苯酚的降解率均能达到 99%以上，对完成降解作用的固定化小球进行脱附验证是否有部分苯酚通过吸附残留在小球表面，洗脱液在紫外分光光度计下测定并无明显苯酚残留，说明小球的吸附作用只是降解过程的营养物质摄入过程，并非最终体系浓度保持低浓度的因素之一。相比游离 GY2B 降解菌降解苯酚，包埋法固定作用制成生物小

球进行降解具有以下几点优势：受载体的保护和高岭土的结合作用，固定化小球在降解过程中基本无迟缓适应期，即投即用的降解效果在实际应用中具有重要的优势；在负载材料中加入对 GY2B 降解菌降解性能具有强化作用的高岭土，使 GY2B 降解菌在实现材料化的同时保持了高岭土与 GY2B 降解菌的结合状态，从而保证了高岭土-GY2B 复合体的降解机制，因而固定化小球在降解速率上具有明

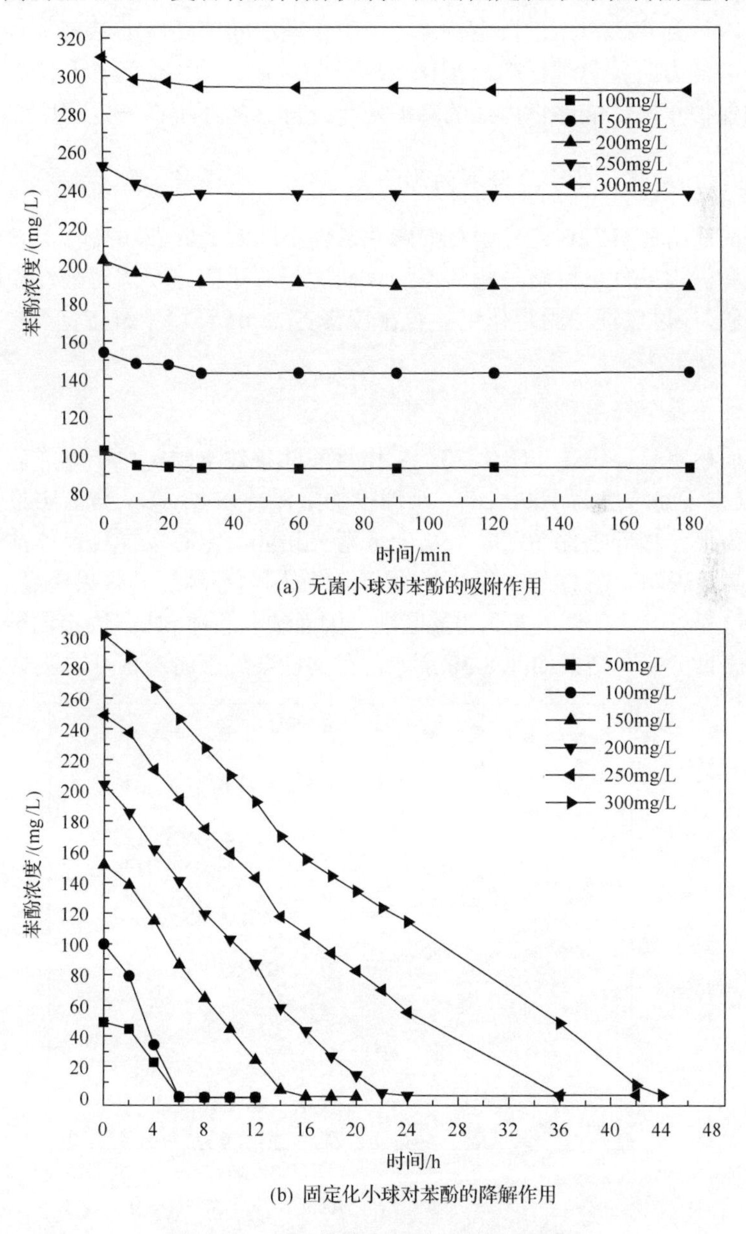

(a) 无菌小球对苯酚的吸附作用

(b) 固定化小球对苯酚的降解作用

图 8-29 不同苯酚浓度下小球降解过程

显的优势，浓度较小时，降解周期可由 12h 缩短至 6h，浓度较高时受目标污染物摄取速率的影响，降解速率的提升幅度有所限制，但降解周期仍有 12h 以上的缩短；固定化小球对苯酚具有更高的耐受能力和更彻底的降解效率，相比游离 GY2B 降解菌在 250mg/L 的条件下活性大大降低，48h 的降解周期内只能完成约 40%的降解率，固定化小球能在 300mg/L 浓度的苯酚环境体系下保持正常的降解能力，且在 44h 内达到 99%以上的降解效率，说明包埋法固定高岭土-GY2B 仍保持了其强化降解的能力，且包埋材料和塑化成球机制对菌体的生命活性和降解性能提供了极佳的保护作用，能够将内部的降解菌与外部恶劣环境在一定程度上隔离开。

3. pH 对固定化生物小球降解的影响

参照前述研究 GY2B 游离菌对酸碱性条件不同的适应性和高岭土-GY2B 复合体在酸性和碱性条件下降解过程的不同，研究设置了固定小球对酸性和碱性条件下降解实验，探讨包埋法固定作用能否在较恶劣的 pH 环境下维持甚至提升 GY2B 降解菌的降解能力。

1) 酸性条件下降解研究

参考前述实验，设置 pH=1，3，5 作为酸性条件下固定化小球降解实验的系列 pH，其中苯酚浓度为 100mg/L，小球投加量保持在 83g/L，与前实验一致，培养条件仍为最佳培养条件 30℃、150r/min 避光培养。定时取样测定体系中苯酚残留浓度，实验表明，在 GY2B 降解菌适应 pH 范围内小球提升效果明显，pH=5 时体系降解过程与中性条件下并无明显区别，因而选取急性 pH 下固定化小球的降解过程为代表做分析，结果如图 8-30 所示。在酸性条件下游离菌基本丧失苯酚的降

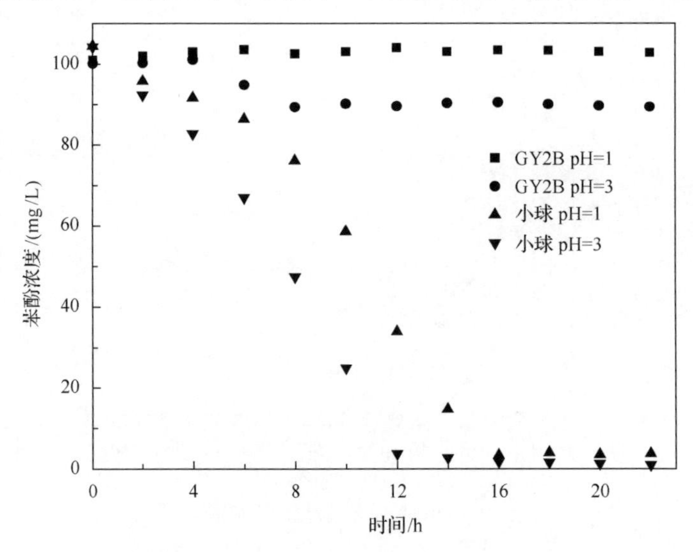

图 8-30 酸性条件下固定化小球降解作用

解能力时，固定化 GY2B 降解菌生物小球仍保持着对苯酚高效的降解作用，从中性条件到酸性条件的变化过程中，pH 过低在降解速率和效率上均会产生一定的抑制，pH=3 时，固定化小球能在 12～14h 内完成降解，降解效率达 97%，当 pH 降低至 1 时，体系苯酚降解速率受到更强的抑制，降解周期延长至 16h，降解效率约为 95%，说明 GY2B 降解菌经高龄土等负载材料的包埋固定之后，具备了极强的耐酸性能力，在 pH=1 时仍能保证正常降解过程，在较短的时间内降解绝大部分污染物。可能的原因是较密闭的球体表面在一定程度上阻碍了高浓度的氢离子与菌体的直接接触，降解相关的酶及菌体细胞的表面特性也得到了良好保护，即使在极性酸性条件下包埋的生物小球内部仍能进行较正常的降解过程[55]。另外，小球空隙结构和内部的网格分布使 GY2B 降解菌降解产生的代谢产物能被溢出小球内部，并被选择性地阻挡在球体表层之外，由此降低了菌体被进一步毒害[56]。前述研究中高岭土对体系 pH 的缓冲作用也能在一定程度上保证固定化小球内部具有相对稳定的降解环境。

2）碱性条件下降解研究

GY2B 对碱性环境具有比酸性条件更佳的适应能力，经高岭土吸附固定的降解菌在碱性条件下也表现出良好的降解效果和更快的降解速率。如图 8-31 所示，在极性碱性的条件下，固定化小球仍能保持高效的降解过程，pH 为 10 或 12 时，最终均有约 95%的降解效率，降解时间约为 18h。由前述实验可知，游离 GY2B 降解菌在 pH=10 或 12 时对苯酚的降解受较大的抑制，最终的降解效果为 50%左右，且在 pH=12 时降解时间长达约 48h，因此包埋固定作用在碱性条件下也同样

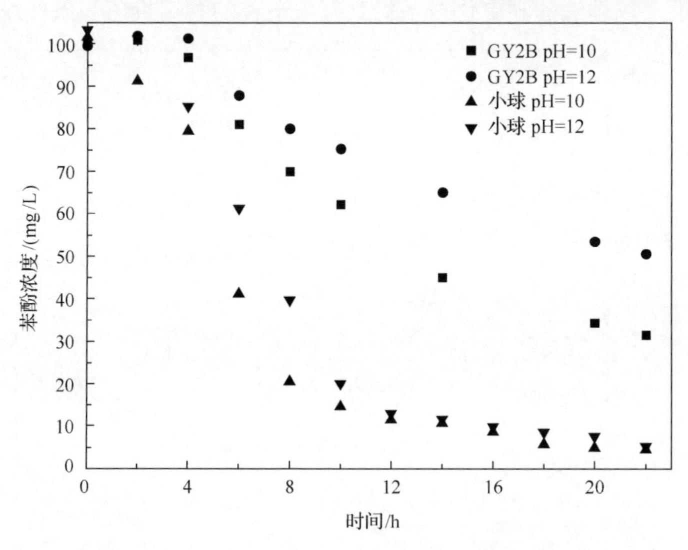

图 8-31　碱性条件下固定化小球降解作用

具备对 GY2B 降解菌的保护作用，虽然在一定程度上受恶劣环境条件的影响，在降解速率上具有一定的限制，但在最终的处理效果上基本达到或接近高岭土-GY2B 复合体在中性条件下展现出的协同降解效率。另一方面小球在酸碱性条件下无法跟中性条件一样保持快速的降解，原因可能是高岭土作为载体材料一同嵌合在固定化小球内部，因此增殖的菌体无法进一步与高岭土结合形成复合体而达到游离状态下的吸附结合平衡，限制了其在降级速率上强化作用的体现。

4. Cr(Ⅵ)共存对固定化生物小球降解苯酚的影响

研究设置了 Cr(Ⅵ)共存时小球降解性能的变化实验，结果如图 8-32 所示，包埋法制备的固定化小球在 Cr(Ⅵ)的存在下仍具有高效的降解率，最终的降解效率可达 95%以上，相比游离菌具有一定的提升，而在一个降解周期中，游离菌和固定化小球菌具有在 2～6h 内快速降解的阶段，并快速达到平衡，此后游离菌不再降解苯酚，而固定化小球则进入一个降解平缓期，在 12h 时完成降解，最终的降解效率约为 95%。相比无重金属离子存在下的固定化小球降解体系 6h 达到降解平衡并有 99.6%的降解率，Cr(Ⅵ)的存在对小球降解性能有着一定的限制作用。原因可能是 Cr(Ⅵ)通过吸附作用富集在小球表面，虽然金属离子浓度较小，但也能造成小球表面部分空隙的闭塞，从而在一定程度上限制减缓了污染物的摄取，Cr(Ⅵ)也可能与代谢产物结合成更大粒径的结合体，限制苯酚的吸收摄入机制，造成降解速率和效率的双重降低。相比之下，苯酚 Cr(Ⅵ)共存体系中，包埋法固定化 GY2B 小球在最终的降解效率上仍能大大领先游离菌，在 6h 游离菌达到平衡的时候，固定化小球虽未达到降解的终点，但此时降解率也已超过游离降解菌。因此在实际水体成分复杂的情况下，包埋法的固定化技术仍具有更适宜的利用价值和条件。

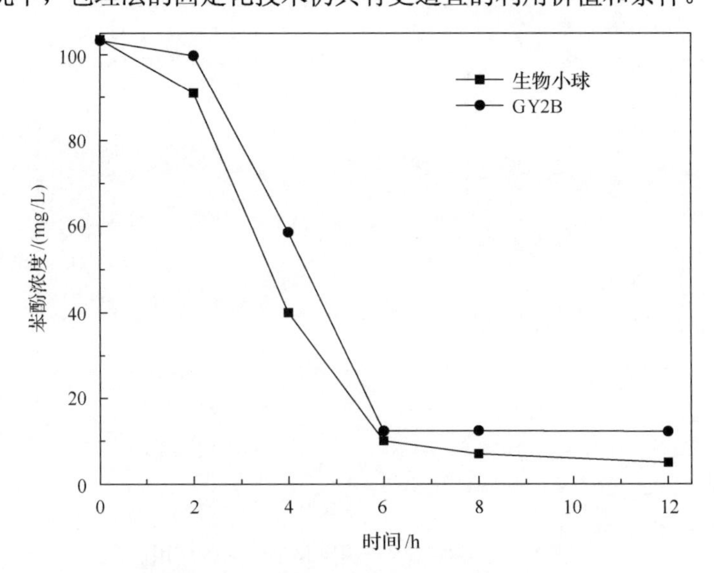

图 8-32 Cr(Ⅵ)共存时固定化小球降解作用

5. 固定化 GY2B 降解菌生物小球循环利用性能研究

利用包埋固定化技术实现降解菌的材料化是一项重要的研究，它不仅在降解菌的降解环境稳定性、降解性能、降解速率和菌体存活性等方面具有关键作用，在解决微生物极易流失缺陷上也提供了极佳的解决办法。而其可循环利用性则在菌体长效利用性、成本和维护成本投入等方面具有实际意义。循环利用结果如图 8-33 所示，固定化小球对苯酚的降解在前三次降解实验中呈降解率提升的趋势，说明随着降解实验的进行，小球内部的 GY2B 降解菌对降解环境有适应的过程，最终在较少的使用次数内达到最佳的降解性能。此时固定化小球对体系苯酚的降解率达到 99.5%以上并在继续使用的情况下保持着不少于该降解效率的降解效果，降解时间均为 6h。当循环使用次数达到 12 次时，固定化小球降解性能产生细微的减小，往后继续使用的降解效率为 97%～98%，可能的原因是小球在多次使用后其内部结构有一定的堵塞和老化[57]，在降解上可能有所迟缓，无法在 6h 内达到与前面使用的小球一致的降解效率。继续使用固定化小球，固定化小球机械强度受到较大的影响和损害[58]，使用次数达 16 次时，虽然小球仍具有极佳的降解效率，但机械强度大大降低，小球出现部分结构破裂并因此引起较明显的菌体泄漏，因此研究判定固定化小球能在 16 次以上的使用率中保持良好的性状和降解效率，继续使用仍能保持良好的降解，但小球本身物化性质的弱化使其不再适用于实际的处理工艺。

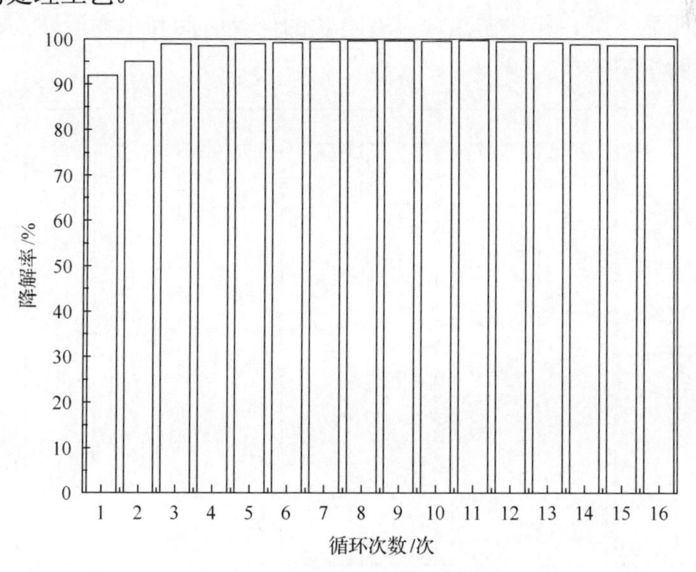

图 8-33　固定化小球循环利用性能

6. 固定化 GY2B 降解菌生物小球存储性能研究

固定化生物体系的保存稳定性在实际应用中是一项极其重要的性质，也是决定该固定化材料能否在实际应用中发挥作用的决定性因素之一。为了确定本研究中固定化小球的储存性能，设置保存时间分别为 0d、15d、30d、45d、60d、75d、90d 的系列降解实验，考察在不同存储时间下固定化小球对苯酚的降解效率变化，储存条件为悬于无菌水中，4℃冰箱保存。每隔 15d 将保存的固定化小球用于降解作用，降解条件为含苯酚浓度 100mg/L 的无机盐培养液中，记录对应保存时间下降解效率如图 8-34 所示。由此可知，固定化小球具有极佳的保存特性，在 4℃环境无菌水中保存 90d 后降解效率相比材料制备初期的降解效率只有轻微的下降，由 99.6%降至约 97%。此外，经 90d 的保存之后，小球机械强度并无明显的降低，在实验进行中也并无游离菌逸散的现象。相比之下，游离 GY2B 降解菌在保存时间为 30d 时活性便大大降低，此时菌体用于体系降解往往基本不具备有效的降解，且菌体活性和耐受性均大大降低，实验中出现大量降解菌裂解破碎的现象，经实验检测最终的降解效果也降低至 30%以下，说明聚乙烯醇、海藻酸钠和高岭土等载体的包埋作用制成的固定化小球具有较强的机械强度[58]，对 GY2B 降解菌具有良好的保护作用，在防止其受外界侵扰的同时保持菌体生命活性。本实验结果表明包埋固定的 GY2B 降解菌具有长久的保存时间，能在至少三个月的时间内保持降解效率无明显下降，相比游离菌具有更长的保存时间和生物活性，在实际应用中有更广阔的实用价值。

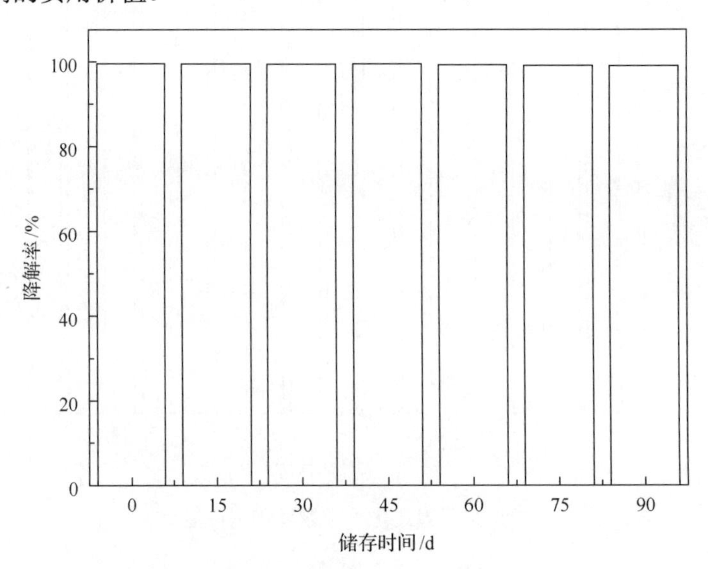

图 8-34　固定化小球存储时间与降解的关系

8.4　黏土矿物对氨基酸、多肽和蛋白质的界面反应

氨基酸是一类广泛存在于自然界中的小分子化合物，其结构特征是含有氨基和羧基。氨基酸可以分为两大类：蛋白质氨基酸和非蛋白质氨基酸。氨基酸是组成蛋白质和酶的基本单元，在生命体系中起着核心作用，维持着细胞和生命体的化学和生物化学过程。非蛋白质氨基酸虽然不参与蛋白质合成，但近年来随着研究的发展，人们发现很多非蛋白质氨基酸有着独特的生物学功能，如参与激素、抗生素等含氮物质的合成等，有些还具有一定的抗癌、抗菌、抗结核、护肝、降血压、升血压的作用。但氨基酸不稳定，需要与载体结合才能使其应用，黏土矿物是氨基酸的一个有利载体。同时氨基酸的聚合物则形成多肽和蛋白质，其与阳离子黏土的吸附作用有很多相似之处。

阳离子黏土对氨基酸、多肽或蛋白质有以下界面反应：①利用阳离子黏土的层状硅酸盐结构吸附氨基酸，如蒙脱石或钠化蒙脱石通过静电驱动可以吸附赖氨酸、丙氨酸、亮氨酸、苯基丙氨酸[59,60]；②改变溶液 pH，蒙脱石可以选择性吸附精氨酸和谷氨基酸[61]；③对一些阳离子黏土如高岭土、蒙脱石、针铁矿和伊利石等进行改性，如进行柠檬酸和草酸改性与羧酸类成键对大部分氨基酸如谷氨酸、丙氨酸、苯丙氨酸和赖氨酸等进行修复[62]；④一些重金属或钙离子可以和氨基酸进行络合作用，方便阳离子黏土进行吸附，如钙离子促进蒙脱石吸附赖氨酸，坡缕石和海泡石对半胱氨酸、组氨酸和铅的同时吸附，方便污染治理[63,64]；⑤阳离子黏土同多肽和蛋白质的界面反应多作为分子药物载体，如蒙脱石作为半胱天冬酶的载体，蒙脱石作为缓慢释放药物载体。同时，蒙脱石可以负载谷胱甘肽作为口服药剂，对聚合赖氨酸进行吸附，和蛋白质结合形成纤维状聚合物材料[65,69]。

以蒙脱石为例，蒙脱石作为氨基酸载体有以下优势：①具有层状硅酸盐结构，制得的客体药物分子与主体材料在分子水平复合；②层间有可交换的离子或水分子存在，蒙脱石层间易通过离子交换插入各种有机物分子而不破坏其层状结构；③药物分子进入蒙脱石的层状结构后，与层间有一定的静电结合力，因此可以起到缓释的作用；④进入层状结构内部的药物分子受外界环境的影响变小，稳定性提高；⑤按目前的认识，部分氨基酸是难溶或不溶，存在严重的溶解和吸收问题，难溶的药物分子进入蒙脱石层间后，在分子水平与主体材料复合，因而增加了药物的使用途径；⑥研究表明蒙脱石的安全性、稳定性、生物相容性和生物可降解性良好，对蒙脱石的细胞毒性和基因毒性的研究也表明蒙脱石是一种安全的材料，可以应用于生物领域。另一方面，以蒙脱土作为氨基酸类药物载体也存在如下问题：①由于蒙脱土层间具有可交换的离子，容易同外界的离子发生插层作用，因而难以和两性的氨基酸分子反应；②由于容易和外界发生作用，蒙脱土层间含有

的杂质较多，作为药物载体使用时提纯过程比较复杂；③层与层之间结合力较弱，形成的插层复合物稳定性差。同时，与高岭土、伊利石、坡缕石、海泡石、针铁矿和凹凸棒等阳离子黏土类似，具有层状机构都可作为氨基酸的载体，其结合方式和优缺点都类同。不过，不同阳离子黏土和不同的氨基酸多肽蛋白质的结合与其本身特性有一定的相关性，需要进一步探讨和研究。

参考文献

[1] 蔡鹏. 土壤活性颗粒与DNA的相互作用及其对DNA稳定性、细胞转化和PCR扩增的影响. 武汉:华中农业大学博士学位论文, 2007.

[2] Cai P, Huang Q Y, Zhang X W, et al. Adsorption of DNA on clay minerals and various colloidal particles from an Alfisol. Soil Biology and Biochemistry, 2006, 38(5): 471-476.

[3] Ogram A, Sayler G S, Gustin D, et al. DNA adsorption to soils and sediments. Environment Science and Technology, 1988, 22(2): 982-984.

[4] 朱俊. 几种阴离子配体和细菌对土壤胶体和矿物吸附DNA的影响. 武汉: 华中农业大学硕士学位论文, 2007.

[5] Xie W, Xie R, Pan W P, et al. Thermal stability of quaternary phosphonium modified montmorillonites. Chemistry of Materials, 2002, 14(3): 4837-4845.

[6] Choy C S, Cheah K P, Chiou H Y, et al. Induction of hepatotoxicity by sanguinarine is associated with oxidation of protein thiols and disturbance of mitochondrial respiration. Journal of Applied Toxicology, 2008, 28(8): 945-956.

[7] Choy J H, Oh J M, Park M, et al. Inorganic-biomolecular hybrid nanomaterials as a genetic molecular code system. Advanced Materials, 2004, 16(14): 1181-1192.

[8] Porazik K, Niebert M, Lu G Q, et al. Systematic studies on the formation of DNA-LDH-nanocomplexes and their application as gene carriers. International Conference on Nanoscience and Nanotechnology (IEEE), Australian, 2006.

[9] Mortland M M. Clay-organic complexes and interaction: Aromatic molecules. Environmental Quality and Safety. Supplement, 1975(3): 226-9.

[10] 王慎阳. 不同电荷类型土壤与矿物对DNA的吸附与解吸特征. 郑州:河南农业大学硕士学位论文, 2009.

[11] Khanna M, Stotzky G. Transformation of Bacillus subtilis by DNA bound on montmorillonite and effect of DNase on the transforming ability of bound DNA. Apply Environment Microbiology, 1992, 58(6): 1930-1939.

[12] Pietramellara G, Ascher J, Ceccherini M T, et al. Adsorption of pure and dirty bacterial DNA on clay minerals and their transformation frequency. Biology and Fertility of Soils. 2007(43): 731-739.

[13] 吴平霄, 叶代启, 明彩兵. 柱撑黏土矿物层间域的性质及其环境意义. 矿物岩石地球化学通报, 2002, 21(4): 228-233.

[14] Hibino T, Ohya H. Synthesis of crystalline layered double hydroxides: Precipitation by using urea hydrolysis and subsequent hydrothermal reactions in aqueous solutions . Applied Clay Science, 2009, 45(1): 123-132.

[15] Wang Y C, Zhang F Z, Xu S L, et al. Preparation of layered double hydroxide microspheres by spray drying . Industrial and Engineering Chemistry Research, 2008, 47(1): 5746-5750.

[16] 李荣. 有机柱撑蛭石的制备及其层间结构分析. 广州: 华南理工大学硕士学位论文, 2005.

[17] Cant M, Lpez-Salinas E, Valente J S, et al. SO Removal by calcined MgAlFe hydrotalcite-like materials: Effect of the chemical composition and the cerium incorporation method. Environmental Science and Technology, 2005, 39(24): 9715-9720.

[18] 吴平霄. 聚羟基铁铝复合柱撑蒙脱石的微结构特征. 硅酸盐学报 2003, 31(10): 1016-1020.

[19] 吴平霄. 环境污染物在蒙脱石层间域中的环境化学行为. 地学前缘, 2001, 8(1): 106-111.

[20] 周建兵, 吴平霄, 朱能武, 等, 十二烷基磺酸钠(SDS)改性蒙脱石对 Cu^{2+}、Cd^{2+}的吸附研究. 环境科学学报, 2010, 30(1): 88-96.

[21] Cai P, Huang Q Y, Zhang X W.Interactions of DNA with clay minerals and soil colloidal particles and protection against degradation by dnase. Environment Science Technology, 2006, 40(1): 2971-2976.

[22] 王代长, 王慎阳, 蒋新, 等. 可变电荷与恒电荷土壤胶体对 DNA 吸附与解吸特征. 环境科学 2009, 30(9): 2761-2766.

[23] Calamai L, Lozzi I, Stotzky G, et al. Interaction of catalase with montmorillonite homoionic to cations with different hydrophobicity: Effect on enzymatic activity and microbial utilization. Soil Biology and Biochemistry, 2000, 32(6): 815-823.

[24] Crecchio C, Ruggiero P, Curci M, et al. Binding of DNA from Bacillus subtilis on montmorillonite-humic acids-aluminum or iron hydroxypolymers: Effects on transformation and protection against DNase. Soil Science Society of America Journal, 2005, 69(3): 834-841.

[25] Wang A H, Quigley G J, KolPak F J, et al.Molecular structure of a left-handed double helical DNA fragment at atomic resolution. Nature, 1979, 282(1): 680-688.

[26] 林黛琴. 分光光度法和电化学分析研究小分子与 DNA 作用. 南昌: 南昌大学硕士学位论文, 2005.

[27] Baron M H, Revault M, Servagent-Noinville S, et al. Chymotrypsin adsorption on montmorillonite: Enzymatic activity and kinetic FTIR structural analysis. Journal of Colloid and Interface Science. 1999, 214(3): 319-332

[28] Yang Y K, Liang L, Wang D Y. Effect of dissolved organic matter on adsorption and desorption of mercury by soils. Journal Environment Sci-China, 2008, 20(2): 1097-1102.

[29] Cárdenas M, Nylander T, Lindman B. DNA and cationic surfactants at solid surfaces. Colloids and surfaces A: Physicochemical and Engineerng Aspects, 2005, 270(1): 33-43.

[30] He H P, Zhou Q, Kloprogge J J, et al. Micro structure of $HDTMA^+$-modified montmorillonite and its influence on sorption characteristics. Clays and Clay Minerals, 2006, 54(6): 689-696.

[31] 杨英. 有机柱撑脱石的制备和应用. 合肥: 合肥工业大学硕士学位论文, 2005.

[32] 张学文. DNA 在红壤活性颗粒表面吸附解吸、降解及微量热特性. 武汉: 华中农业大学硕士学位论文, 2005.

[33] 毛小西. 硅基柱撑蒙脱石的制备及其表征. 长沙: 中南大学硕士学位论文, 2011.

[34] Dursun A Y, Tepe O. Internal mass transfer effect on biodegradation of phenol by Ca–alginate immobilized Ralstonia eutropha. Journal of Hazardous Materials B126, 2005: 105-111.

[35] 何丽媛, 党志, 唐霞, 等. 混合菌对原油的降解及其降解性能的研究.环境科学学报, 2010, 30(6): 1220-1227.

[36] 陶雪琴, 卢桂宁, 易筱筠, 等. 菲高效降解菌的筛选及其降解中间产物分析. 农业环境科学学报, 2006, 25(1): 190-195.

[37] Tao X Q, Lu G N, Dang Z, et al. Isolation of phenanthrene-degrading bacteria and characterization of phenanthrene metabolites. World Journal of Microbiology and Biotechnology. 2006, 23: 647-654.

[38] Rong X, Huang Q, Chen W. Microcalorimetric investigation on the metabolic activity of Bacillus thuringiensis as influenced by kaolinite, montmorillonite and goethite. Applied Clay Science,2007,38(1): 97-103.

[39] Lin X, Liu Y, Liu P, et al. Microcalorimetric investigation on the growth model and the protein yield of Bacillus thuringiensis. Journal of Biochemical and Biophysical Methods, 2004, 59(3): 267-274.

[40] Wong D, Suflita J M, McKinley J P, et al. Impact of clay minerals on sulfate-reducing activity in aquifers. Microbial Ecology, 2004, 47(1): 80-86.

[41] David C S, Mein hard S, Alice L A, et al. Intense hydrolytic enzyme activity on marine aggregates and im plications for rapid particle dissolution. Letters to Nature, 1992, 359: 139-142.

[42] Martin J P, Filip Z, Haider K. Effect of montmorillonite and humate on growth and metabolic activity of some actinomycetes. Soil Biology & Biochemistry, 1976, 8(5): 409-413.

[43] Stotzky G. Influence of soil minerals colloids on metabolic processes, growth, adhesion, and ecology of microbes and viruses. Bulletin Du Cancer,1986,66(2): 113-88.

[44] Lin H Y, Chen Z L, Megharaj M, et al. Biodegradation of TNT using Bacillus mycoides immobilized in PVA-sodium alginate-kaolin. Applied Clay Science, 2013, 83-84(5): 336-342.

[45] Smith D C, Simon M, Alldredge A L, et al. Intense hydrolytic enzyme activity on marine aggregates and implications for rapid particle dissolution. Nature, 1992, 359(6391): 139-142

[46] Laor Y, Strom P F, Farmer W J. Bioavailability of phenanthrene sorbed to mineral-associated humic acid. Water Research, 33(7): 1719-1729.

[47] Xia X H, Yang Z F, Zhang X Q. Effect of suspended-sediment concentration on nitrification in river water: Importance of suspended sediment-water interface. Environ mental Science and Technology,2009, 43(10): 3681-3687.

[48] Ortegacalvo J J, Saizjimenez C. Effect of humic fractions and clay on biodegradation of phenanthrene by a Pseudomonas fluorescens strain isolated from soil. Applied and Environmental Microbiology, 1998, 64(8): 3123-3126.

[49] Gianfreda L, Rao M A. Potential of extra cellular enzymes in remediation of polluted soils: A review . Enzyme and Microbial Technology, 2004, 35(4): 339-354.

[50] Kieft T L, Caldwell D E. Chemostat and in-situ colonization kinetics of thermothrix thiopara on calcite and pyrite surfaces. Geomicrobiologg Journal, 1984, 3(3): 217-229.

[51] Alekseeva T, Prevot V, Sancelme M, et al. Enhancing atrazine biodegradation by Pseudomonas sp. strain ADP adsorption to Layered Double Hydroxide bionanocomposites. Journal of Hazardous Materials, 2011,191(1): 126-135.

[52] You Y, Vance G F, Sparks D L, et al., Sorption of MS2 bacteriophage to Layered Double Hydroxides: Effects of reaction time, pH, and competing anions. Journal of Environmental Quality, 2003, 32(6): 2046-2053.

[53] Zhao G, Huang Q Y, Cai P, et al. Biodegradation of methyl parathion in the presence of goethite: The effect of Pseudomonas sp.Z1 adhesion. International Biodeterioration & Biodegradation, 2014, 86(11): 294-299.

[54] Dursun A Y, Tepe O. Internal mass transfer effect on biodegradation of phenol by Ca–alginate immobilized Ralstonia eutropha. Journal of Hazardous Materials, 2005, 126(1): 105-111.

[55] Wang J L, Hou W H, Qian Y, Immobilization of microbial cells using polyvinyl alcohol(PVA)–polyacrylamide gels. Biotechnology Techniques, 1995, 9(3): 203-208.

[56] Ha J, Engler C R, Wild J R. Biodegradation of coumaphos, chlorferon and diethylthiophosphate using bacteria immobilized in Ca–alginate gel beads. Bioresource Technology, 2009, 100(3): 1138-1142.

[57] Zhang L S, Wu W Z, Wang J L. Immobilization of activated sludge using improved polyvinyl alcohol (PVA) gel. Journal of Environmental Sciences, 2007, 19(11): 1293-1297.

[58] Lin H Y, Chen Z L, Megharaj M, et al. Biodegradation of TNT using Bacillus mycoides immobilized in PVA–sodium alginate–kaolin. Applied Clay Science, 2013, 83-84(5): 336-342.

[59] Kitadai N, Yokoyama T, Nakashima S. In situ ATR-IR investigation of L-lysine adsorption on montmorillonite . Journal of Colloid and Interface Science, 2009, 338(2): 395-401.

[60] Mallakpour S, Dinari M. Preparation and characterization of new organoclays using natural amino acids and Cloisite Na^+. Applied Clay Science, 2011, 51: 353-359.

[61] Jaber M, Georgelin T, Bazzi H, et al. Selectivities in adsorption and peptidic condensation in the (arginine and Glutamic Acid) /Montmorillonite Clay System. 2014, 118 (44) : 25447-25455.

[62] Yeasmin S, Singh B, Kookana R S, et al. Influence of mineral characteristics on the retention of low molecular weight organic compounds: A batch sorption–desorption and ATR-FTIR study. Journal of Colloid and Interface Science, 2014, 432 (20) : 246-257.

[63] Shirvani M, Sherkat Z, Khalili B, et al. Sorption of Pb (II) on palygorskite and sepiolite in the presence of amino acids: Equilibria and kinetics. Geoderma, 2015, 249-250 : 21-27.

[64] Yang Y L, Wang S R, Liu J Y, et al. Adsorption of lysine on Na-montmorillonite and competition with Ca^{2+}: A combined XRD and ATR-FTIR Study. Langmuir, 2016, 32 (19) : 4746-4754.

[65] Liu Q, Liu Y C, Xiang S L, et al. Apoptosis and cytotoxicity of oligo (styrene-co-acrylonitrile) -modified montmorillonite. Applied Clay Science, 2011, 51 (3) : 214-219.

[66] Drummy L F, Koerner H, Phillips D M, et al. Repeat sequence proteins as matrices for nanocomposites. Materials Science and Engineering C, 2009, 29 (4) : 1266-1272.

[67] Baek M, Choi S J. Effect of orally administered glutathione-montmorillonite hybrid systems on tissue distribution . Journal of Nanomaterials, 2012 (1-3) : 3517-3526.

[68] Hule R A, Pochan D J. Poly (L-lysine) and clay nanocomposite with desired matrix secondary structure: Effects of polypeptide molecular weight. Journal of Polymer Science: Part B: Polymer Physics, 2007, 45 (3) : 239-252.

[69] Krikorian V, Kurian M, Galvin M E, et al. Polypeptide-Based nanocomposite: Structure and properties of poly (L-lysine) /Na-montmorillonite. Journal of Polymer Science: Part B: Polymer Physics, 2002, 40 (22): 2579-2586.